气体和两相流燃烧
——理论和数值模拟

Combustion in Gas and Two-Phase Flows
Theory and Numerical Modeling

周力行 著

科学出版社
北 京

内 容 简 介

湍流气体和两相流燃烧广泛存在于能源动力、航空航天和化工冶金等工程中. 本书阐述了其中的基本理论和基本现象、数学物理模型、数值模拟结果和实验检验, 以及数值模拟的应用. 本书的特点是把湍流模型理论、多相流体力学理论和燃烧理论结合起来. 本书是基于作者及其研究组多年来的研究和教学成果, 也引入了国内外最新的研究成果. 全书分成 12 章. 第 1~7 章分别为燃烧过程、多相流动和湍流的基本理论和知识. 第 8~12 章分别为湍流两相流动和燃烧的基本方程、湍流气体流动模型、湍流两相流动模型、湍流燃烧模型和数值模拟的应用.

本书可作为流体力学、工程热物理、能源动力、航空和航天、化工冶金等领域的研究和技术人员, 以及高校教师和研究生的科研、设计、教学与学习的参考用书.

图书在版编目(CIP)数据

气体和两相流燃烧: 理论和数值模拟/周力行著. —北京: 科学出版社, 2022.9

ISBN 978-7-03-073039-8

Ⅰ. ①气⋯ Ⅱ. ①周⋯ Ⅲ. ①湍流-多相流体力学 ②湍流-数值模拟
Ⅳ. ①O357.5

中国版本图书馆 CIP 数据核字 (2022) 第 161311 号

责任编辑: 刘信力 杨 探 / 责任校对: 杨聪敏
责任印制: 赵 博 / 封面设计: 无极书装

科 学 出 版 社 出版
北京东黄城根北街 16 号
邮政编码: 100717
http://www.sciencep.com

北京建宏印刷有限公司印刷
科学出版社发行 各地新华书店经销
*

2022 年 9 月第 一 版　　开本: B5(720 × 1000)
2025 年 2 月第三次印刷　　印张: 22 1/4
字数: 445 000

定价: 198.00 元
(如有印装质量问题, 我社负责调换)

自 序

湍流气体和两相流燃烧广泛存在于能源动力、航空航天、化工冶金和矿业等工程中. 本书是基于作者在国内外高校和科研院所的讲学内容, 涵盖了作者所在的研究组多年的科研成果以及国内外研究进展.

本书的特点, 第一是三个领域的结合. 湍流气体和两相流燃烧是十分复杂的过程, 涉及燃烧理论、两相流体动力学和湍流模型理论. 国内外其他研究者的著作往往只涉及一个或两个领域, 本书则将此三个领域有机地结合起来. 第二是两个方面的结合, 即基础理论和数值模拟的结合. 基础理论和直接数值模拟可以直截了当地让我们认识燃烧现象的机理, 提供大涡模拟和雷诺平均模拟的子模型, 定性或定量地判断数值模拟的合理性, 而大涡模拟和雷诺平均模拟可以用来解决实际工程中复杂流动的燃烧问题, 架起了基础理论和工程应用之间的桥梁. 其他研究者的著作往往只偏重一个方面, 本书则对两个方面都进行了详细的叙述. 和作者过去已经出版的有关著作相比, 本书在国内外和作者所在的研究组取得的最近成果上, 内容都有了很大更新和扩展.

作者首先感谢吴承康院士、庄逢辰院士、陶文铨院士和已故的张涵信院士、周光坰教授及卞荫贵教授生前对本书的评审和提出的有益建议.

感谢 20 世纪 50 到 60 年代与作者合作的已故同事吴学曾教授和罗林教授, 作者在苏联进行副博士学位论文研究时他们曾经协助我进行实验研究, 所取得的成果成为本书第 4 章内容的一部分.

十分感谢 20 世纪 80 年代开始到现在和作者合作过的同事及学生——林文漪教授、蒋铮博士、李荣先教授、王希麟教授 (已故)、张健教授、黄晓晴博士、朱超教授、洪涛博士、廖昌明博士、周彪教授、郭印诚教授、张会强教授、李勇博士、陈涛博士、马占华博士、王德新博士、徐一博士、邱泰庆博士、单玲博士、张宇教授、张夏博士、罗刚博士、杨玟博士、李力博士、古红霞教授、于勇教授、陈兴隆博士、胡瓅元教授、王方教授、乔丽教授、曾卓雄教授、刘阳博士、李科教授、罗伟炜博士、孙凯梅博士、王文丽博士、柳朝晖教授、邹春教授、陈立红教授等. 他们和作者合作所取得的研究成果充实了本书的内容.

此外, 借此机会作者还要提到倪诗茂博士、杨泽亮教授、袁全超博士、陆耀军博士、李志强教授、周俊洋博士、陈晓东教授、李卫东博士、庄文红博士、虞建博士和肖洪伟博士等, 他们都是作者指导过的硕士生、博士生或博士后, 是作者所在的研究组成员,也取得了重要研究成果,但是由于本书篇幅所限,没有收录进来.

最后,作者要感谢科学出版社刘信力等编辑,他们对本书的编辑和定稿做出了很多努力,使本书得以顺利出版问世.

衷心欢迎同行专家和广大读者在阅读本书后提出批评和宝贵意见.

周力行

2022 年 8 月于北京清华园

前　言

"燃烧"指有强烈放热和发光的化学反应.固体(煤,非金属的碳、硅、硼,金属的钨、钼、钛、锆、钾、钠、钙、镁,固体推进剂)、液体(石油产品和液态烃)和气体燃料(天然气和气态烃)的氧化,类氧化——氮化、氯化和氟化等,分解反应——联氨分解为氮和氢,以及代替反应——钠加水成为氢和氧化钠的反应等,都是燃烧.从另一个角度看,燃烧又不只是纯粹的化学反应,而是流动、传热、传质和反应的相互作用的现象.正是这种相互作用控制了着火和灭火、火焰传播、燃烧速率等规律.燃烧所产生的火焰在外观上主要是高温燃烧产物,但是从科学意义上讲,火焰主要指的是温度和浓度发生急剧变化的区域.按照燃烧前燃料和氧化剂是否预先混合来看,火焰可以分成预混火焰和扩散火焰.按照流动状态来看,火焰可以分成层流火焰和湍流火焰,单相气体火焰和两相火焰(例如,液雾火焰、煤粉火焰和固体推进剂火焰).预混火焰能自动传播,火焰传播速度指火焰相对于冷的新鲜可燃混合物的速度.火焰传播可能有两种工况:传播速度为 0.2~1.0 m/s 的缓燃和传播速度为 3000m/s 左右的爆震.火焰还具有如下特性:生碳、碳粒和烟粒辐射、层流预混火焰的电离,以及湍流火焰的噪声和各种污染物的生成等.

燃烧的获取和在生活与生产中的应用有悠久的历史.人类祖先远在无文字可考的旧石器时代就已学会了用火,火是人类最早征服的自然力之一.我国上古传说盘古时代的燧人氏(代表原始部落的某个氏族)钻木取火,古希腊传说天神普罗米修斯把天火带给人间.各种考古发掘,包括周口店北京猿人遗迹的考古发现,至少五十万年前人类已经学会了用火.火的使用使得人类学会熟食,在进化过程中大脑更加发达,使人类脱离了茹毛饮血的野蛮状态而进入文明时代.因此,恩格斯在《自然辩证法》中指出:"只是人类学会了摩擦取火之后,人才第一次使某种无生命的自然力为自己服务."但是,只有当火的使用由生活的领域进入到生产领域之后,燃烧才逐渐形成为一门独立的科学,并有了迅速的发展.

早在中国远古时代,就发明了取火和用火.《史记》[1]中已经提到燧人氏钻木取火.《庄子》[2]中有"木与木相摩则燃"的记载.早在新石器时代的仰韶文化期,中国已用窑炉烧制陶器[3].战国时期的齐国田单曾经用火牛阵破燕[3],最早把燃烧用于军事技术.据晋代张华《博物志》记载[3],当时四川居民已经用烧天然气的方法煮盐.众所周知,火箭技术是中国最早发明和使用的.宋代已出现了喷气发动机的雏型——用燃烧产物推动的走马灯.

燃烧学的形成是受燃烧技术的出现和发展的推动. 从 17 世纪的产业革命蒸汽机的出现和 18 世纪内燃机的出现开始, 到 20 世纪 40 年代的航空航天技术的发展和 20 世纪 70 年代的能源危机, 以及近代能源和航天航空技术的创新要求, 促进了燃烧技术的大发展. 燃烧技术被广泛地用于能源、航空和航天、化工冶金、机械等工业中, 用来发电, 产生动力、冶炼、制备化工产品、机械加工、制备煤气、钻探及破碎岩石、喷撒农药, 以及用于军事武器等. 这些技术领域的不断革新, 特别是能源、喷气及火箭技术的发展, 以及环境保护的加强, 对燃烧技术提出了越来越高的要求. 首先是航天航空技术要求燃烧不断强化和趋于更高的能量水平, 这就是高能或高温、高压 (超临界)、高速 (超音速)、强旋、强湍流和脉冲爆震等条件下的燃烧. 近年来受到国际上很大重视的超音速燃烧和爆震燃烧就是这种趋势的反映. 其次是能源利用问题要求解决高效率、节省燃料的燃烧过程, 要求使用所谓替代燃料. 例如, 烧轻油的航空发动机和内燃机改成烧重质液体燃料或其他替代燃料, 烧油的锅炉或工业炉改成烧煤或烧煤浆 (水煤浆、油煤浆、水油煤浆等), 研制能烧劣质煤的流化床等. 在烧劣质煤中出现了低负荷燃烧稳定和不用油的直接点燃等问题.

"燃烧学" 的产生和发展有其本身的特点. 虽然人类用火已有五十万年以上的历史, 而用电则只不过才有三百多年的历史, 但是人类发现和应用电磁现象之后不久就掌握了它的规律和本质, 到 19 世纪已经建立了 Maxwell 方程等电磁场的数学理论. 然而对燃烧的认识则要困难得多, 这是由于燃烧是一个受多种物理和化学因素控制的复杂过程. 18 世纪中叶以前, 人们对燃烧现象的本质几乎一无所知, 把物质能否燃烧归结为是否含有一种特殊的 "燃素". 18 世纪中叶, 俄国 Lomonosov 和法国 Lavoisier 于 1756 年和 1777 年分别通过他们各自的实验观测, 提出 "燃烧是物质的氧化" 这一概念, 可以看成是燃烧学的萌芽. 到了 19 世纪, 由于热化学和化学热力学的发展, 出现了 "燃烧热力学", 把燃烧装置作为热力学体系, 考察其初态、终态间关系, 阐明了燃烧热、产物平衡组分及绝热燃烧温度的规律性. 例如 Hess 定律和 Kirchoff 定律 [4]. 这对了解燃烧系统的静特性是必要和有用的, 不过当时曾把热力学的特点看成是燃烧的唯一特点. 某些特性, 如着火温度, 被错误地看成是燃料的固定不变的属性. 从 20 世纪初到 20 世纪 30 年代, 建立了燃烧过程的动态理论, 出现了 "燃烧反应动力学"(combustion reaction kinetics), 苏联 Semonov 等提出了燃烧的链式反应机理 [5]. 20 世纪 30 到 50 年代, 苏联 Frank-Kamenetsky 和 Zeldovich, 美国 Lewis, Elbe 和 F.A. Williams 等由反应动力学和传热传质相互作用的观点, 建立了着火和灭火、层流火焰传播、油滴和碳粒燃烧, 以及湍流燃烧理论等, 被苏联学者称为 "燃烧物理学"[6]. 20 世纪 50 到 60 年代, 美国 von Karman 和中国钱学森提出了用连续介质力学来研究燃烧, 称之为 "化学流体力学" 或 "反应流体力学"(reactive fluid dynamics) 或

前　言

"燃烧"指有强烈放热和发光的化学反应. 固体 (煤，非金属的碳、硅、硼，金属的钨、钼、钛、锆、钾、钠、钙、镁，固体推进剂)、液体 (石油产品和液态烃) 和气体燃料 (天然气和气态烃) 的氧化，类氧化——氮化、氯化和氟化等，分解反应——联氨分解为氮和氢，以及代替反应——钠加水成为氢和氧化钠的反应等，都是燃烧. 从另一个角度看，燃烧又不只是纯粹的化学反应，而是流动、传热、传质和反应的相互作用的现象. 正是这种相互作用控制了着火和灭火、火焰传播、燃烧速率等规律. 燃烧所产生的火焰在外观上主要是高温燃烧产物，但是从科学意义上讲，火焰主要指的是温度和浓度发生急剧变化的区域. 按照燃烧前燃料和氧化剂是否预先混合来看，火焰可以分成预混火焰和扩散火焰. 按照流动状态来看，火焰可以分成层流火焰和湍流火焰，单相气体火焰和两相火焰 (例如，液雾火焰、煤粉火焰和固体推进剂火焰). 预混火焰能自动传播，火焰传播速度指火焰相对于冷的新鲜可燃混合物的速度. 火焰传播可能有两种工况：传播速度为 0.2~1.0 m/s 的缓燃和传播速度为 3000m/s 左右的爆震. 火焰还具有如下特性：生碳、碳粒和烟粒辐射、层流预混火焰的电离，以及湍流火焰的噪声和各种污染物的生成等.

燃烧的获取和在生活与生产中的应用有悠久的历史. 人类祖先远在无文字可考的旧石器时代就已学会了用火，火是人类最早征服的自然力之一. 我国上古传说盘古时代的燧人氏 (代表原始部落的某个氏族) 钻木取火，古希腊传说天神普罗米修斯把天火带给人间. 各种考古发掘，包括周口店北京猿人遗迹的考古发现，至少五十万年前人类已经学会了用火. 火的使用使得人类学会熟食，在进化过程中大脑更加发达，使人类脱离了茹毛饮血的野蛮状态而进入文明时代. 因此，恩格斯在《自然辩证法》中指出："只是人类学会了摩擦取火之后，人才第一次使某种无生命的自然力为自己服务. " 但是，只有当火的使用由生活的领域进入到生产领域之后，燃烧才逐渐形成为一门独立的科学，并有了迅速的发展.

早在中国远古时代，就发明了取火和用火. 《史记》[1] 中已经提到燧人氏钻木取火. 《庄子》[2] 中有 "木与木相摩则燃" 的记载. 早在新石器时代的仰韶文化期，中国已用窑炉烧制陶器[3]. 战国时期的齐国田单曾经用火牛阵破燕[3]，最早把燃烧用于军事技术. 据晋代张华《博物志》记载[3]，当时四川居民已经用烧天然气的方法煮盐. 众所周知，火箭技术是中国最早发明和使用的. 宋代已出现了喷气发动机的雏型——用燃烧产物推动的走马灯.

燃烧学的形成是受燃烧技术的出现和发展的推动. 从 17 世纪的产业革命蒸汽机的出现和 18 世纪内燃机的出现开始, 到 20 世纪 40 年代的航空航天技术的发展和 20 世纪 70 年代的能源危机, 以及近代能源和航天航空技术的创新要求, 促进了燃烧技术的大发展. 燃烧技术被广泛地用于能源、航空和航天、化工冶金、机械等工业中, 用来发电, 产生动力、冶炼、制备化工产品、机械加工、制备煤气、钻探及破碎岩石、喷撒农药, 以及用于军事武器等. 这些技术领域的不断革新, 特别是能源、喷气及火箭技术的发展, 以及环境保护的加强, 对燃烧技术提出了越来越高的要求. 首先是航天航空技术要求燃烧不断强化和趋于更高的能量水平, 这就是高能或高温、高压(超临界)、高速(超音速)、强旋、强湍流和脉冲爆震等条件下的燃烧. 近年来受到国际上很大重视的超音速燃烧和爆震燃烧就是这种趋势的反映. 其次是能源利用问题要求解决高效率、节省燃料的燃烧过程, 要求使用所谓替代燃料. 例如, 烧轻油的航空发动机和内燃机改成烧重质液体燃料或其他替代燃料, 烧油的锅炉或工业炉改成烧煤或烧煤浆(水煤浆、油煤浆、水油煤浆等), 研制能烧劣质煤的流化床等. 在烧劣质煤中出现了低负荷燃烧稳定和不用油的直接点燃等问题.

"燃烧学"的产生和发展有其本身的特点. 虽然人类用火已有五十万年以上的历史, 而用电则只不过才有三百多年的历史, 但是人类发现和应用电磁现象之后不久就掌握了它的规律和本质, 到 19 世纪已经建立了 Maxwell 方程等电磁场的数学理论. 然而对燃烧的认识则要困难得多, 这是由于燃烧是一个受多种物理和化学因素控制的复杂过程. 18 世纪中叶以前, 人们对燃烧现象的本质几乎一无所知, 把物质能否燃烧归结为是否含有一种特殊的"燃素". 18 世纪中叶, 俄国 Lomonosov 和法国 Lavoisier 于 1756 年和 1777 年分别通过他们各自的实验观测, 提出"燃烧是物质的氧化"这一概念, 可以看成是燃烧学的萌芽. 到了 19 世纪, 由于热化学和化学热力学的发展, 出现了"燃烧热力学", 把燃烧装置作为热力学体系, 考察其初态、终态间关系, 阐明了燃烧热、产物平衡组分及绝热燃烧温度的规律性. 例如 Hess 定律和 Kirchoff 定律[4]. 这对了解燃烧系统的静特性是必要和有用的, 不过当时曾把热力学的特点看成是燃烧的唯一特点. 某些特性, 如着火温度, 被错误地看成是燃料的固定不变的属性. 从 20 世纪初到 20 世纪 30 年代, 建立了燃烧过程的动态理论, 出现了"燃烧反应动力学"(combustion reaction kinetics), 苏联 Semonov 等提出了燃烧的链式反应机理[5]. 20 世纪 30 到 50 年代, 苏联 Frank-Kamenetsky 和 Zeldovich, 美国 Lewis, Elbe 和 F.A. Williams 等由反应动力学和传热传质相互作用的观点, 建立了着火和灭火、层流火焰传播、油滴和碳粒燃烧, 以及湍流燃烧理论等, 被苏联学者称为"燃烧物理学"[6]. 20 世纪 50 到 60 年代, 美国 von Karman 和中国钱学森提出了用连续介质力学来研究燃烧, 称之为"化学流体力学"或"反应流体力学"(reactive fluid dynamics) 或

空气热化学 (aerothermochemistry). 把经典流体力学方法用于求解层流火焰传播速度, 将边界层和射流理论以及摄动法等用于研究燃烧. 此后在飞行器头部烧蚀问题中广泛开展了这类研究[7]. 随着大型数字电子计算机的出现以及计算流体力学和计算传热学的发展, 从20世纪70年代初开始, 建立了燃烧的数值模拟理论和方法, 英国Spalding进行了开创性的研究, 系统地把计算流体力学用于研究层流及湍流气体燃烧, 液雾及煤粉两相流燃烧, 发展了一系列计算程序软件. 自20世纪80年代初至今的四十多年来, 本书作者把多相流体力学和单相湍流模型理论结合起来, 又把无反应湍流模型理论和反应流体力学结合起来, 研究了多相湍流反应流动的规律, 称为"多相湍流反应流体力学"(multiphase turbulent reactive fluid dynamics)[8,9]. 其中系统地对多相湍流反应流动的理论、数值模拟、量测及其在燃烧中的应用进行了研究. 目前已经出现了一系列商业软件, 在工程中取得了广泛的应用. 与此同时, 激光诊断技术的发展使人们有可能用非接触法直接测量燃烧条件下的气体速度、温度、组分浓度和湍流度、颗粒速度、浓度、尺寸分布和湍流度等, 可以检验数值模拟结果, 从而使人们对燃烧机理的了解不断深入. 近年来, 出现了燃烧过程细观的"大涡模拟"(large-eddy simulation)和"直接数值模拟"(direct numerical simulation), 可以揭示湍流和燃烧的产生和发展的细观结构, 有助于更深入地了解湍流和反应相互作用的本质, 从而完善统观的数学模型. 可以说, 燃烧学已经由定性的科学发展成能严格地用数学描述的定量科学了. 因此本书作者认为有必要撰写一本阐述气体和两相流燃烧的基础理论及其数值模拟的书籍.

参 考 文 献

[1] 司马迁. 史记. 上海: 商务印书馆, 1935
[2] 刘仙洲. 中国机械工程发明史. 北京: 科学出版社, 1962
[3] 张子高. 中国化学史. 北京: 科学出版社, 1964
[4] 徐旭常, 周力行. 燃烧技术手册, 北京: 化工出版社, 2006
[5] Semenov N N. Chemical Kinetics and Chain Reactions. Oxford: Oxford University Press, 1935
[6] Khitrin L N. Physics of Combustion and Explosion. Washington, D.C.: National Science Foundation, 1962
[7] 周力行. 燃烧理论和化学流体力学. 北京: 科学出版社, 1986
[8] 周力行. 多相湍流反应流体力学. 北京: 国防工业出版社, 2002
[9] Lixing Zhou. Theory and Modeling of Dispersed Multiphase Turbulent Reacting Flows. N.Y.: B-H Elsevier, 2018

符 号 表

拉丁字母符号

A	面积；反应物
a	导温（热扩散）系数；声速
B	指数前因子；传热传质无量纲数
b	宽度
C	组分的质量浓度
c	经验常数；比热；进展变量
c_D	阻力（曳力）系数
d	直径
D	扩散系数；Damköhler 数
E	活化能
e	内能
F	力，相对质量分数；火焰面积
f	混合物分数
G	产生项；总物质流；油滴或颗粒蒸发/燃烧率
g	重力加速度；浓度脉动均方值；物质流；蒸发率
H	滞止焓
h	焓
J	扩散流
k	湍流动能；反应率系数；玻尔兹曼常量
K	蒸发常数；碳的燃烧率系数；着火延迟中的常数
L	长度尺度
L_0	理论空气量
Le	Lewis 数
l	湍流尺度；混合长度
M	分子量；无量纲蒸发率
m	质量；层流预混火焰质量传播速度；真实反应级数
Ma	马赫数
N	颗粒数总通量；颗粒数密度

n	数密度，数密度脉动；粒径分布指数；反应级数；摩尔浓度
Nu	Nusselt 数
p	压力；概率密度分布函数；温度梯度
PDF	概率密度分布函数
Pe	Peclet 数
Pr	Prandtl 数
Q	热量；热效应
q	热流
R	通用气体常数；颗粒重量分数
r	半径；径向坐标
Re	雷诺数
R_f	通量 Richardson 数
S	源项；火焰传播速度；变形率张量
Sc	Schmidt 数
Sh	Sherwood 数
T	温度
t	时间
u,v,w	速度分量
u'	脉动速度
V	体积；漂移速度；流量
w	化学反应率
x,y,z	坐标
X	综合质量分数；摩尔分数
Y	质量分数
Z	综合浓度

希腊字母符号

α	体积分数；过量空气系数；气液边界条件中的系数
β	化学当量比；体积膨胀率
δ_{ij}	单位张量
Γ	通用输运系数
Λ	无量纲火焰传播速度
μ	动力黏性系数
η	无量纲坐标；混合物分数
ξ	无量纲坐标

符号	含义
ν	运动黏性系数；化学当量比系数
λ	导热系数
ε	湍能耗散率；黑度系数；反应度
ϕ	通用因变量；过量空气系数的函数
Φ	耗散能；雷诺输运定理中通用变量
θ	无量纲温度；无量纲时间；切向坐标
ϑ	无量纲温度
τ	剪切应力；特征时间
ρ	密度；组分的绝对浓度
σ	Stefan-Boltzmann 常量；广义 Prandtl 数；着火理论中的函数
ψ	流函数；预蒸发分数；二阶矩燃烧模型中的变量
ω	涡量

下角标

符号	含义
A, a	空气
c	原煤，反应；对流
ch	反应，焦炭
cr	临界
d, D	扩散
e	有效，出口，蒸发
E	灭火
F, fu	燃料
f	火焰，流体
g	气体
h	焦炭，异相
hr	异相
i	着火
i, in	初始，进口
iner	惰性气体
i, j, k	坐标方向
k	k 组颗粒
l	液体的；层流的
m	混合物；平均值；最大值
n	法向
0	初始的

ox	氧，氧化物
p	颗粒；一次的
pr	燃烧产物
r	辐射，反应
s	s 组分；二次的；表面的
st	定常的
t	切向的
T	湍流的，传热的
v	挥发分
w	水分；壁面
∞	来流；无穷大

目 录

自序
前言
符号表

第一篇　气体和两相流燃烧理论

第 1 章　层流多组分有反应流动基本定律和守恒方程 ·················· 3
1.1　基本关系式和输运定律 ·················· 3
1.2　化学反应动力学基本关系式 ·················· 5
1.3　雷诺通用输运定理 ·················· 7
1.4　连续方程、组分方程和动量方程 ·················· 8
1.5　能量方程 ·················· 9
1.6　多组分有反应流动的相似准则 ·················· 12
1.7　相分界面边界条件和 Stefan 流 ·················· 13
1.8　Zeldovich 转换和广义雷诺比拟 ·················· 16
参考文献 ·················· 17

第 2 章　着火和灭火理论 ·················· 18
2.1　基本概念和量纲分析 ·················· 18
2.2　密闭容器内预混气体着火的 Semenov 非定常模型 ·················· 20
2.3　着火延迟 ·················· 23
2.4　流动系统着火的非定常分析法 ·················· 25
2.5　热板点燃的 Khitrin-Goldenberg 模型 ·················· 26
2.6　良好搅拌反应器中的 Vulis 着火和灭火模型 ·················· 29
2.7　密闭容器内着火的 Frank-Kamenetsky 定常模型 ·················· 31
2.8　一般流动系统着火条件的定常分析法 ·················· 32
参考文献 ·················· 34

第 3 章　层流气体燃烧理论 ·················· 35
3.1　层流预混火焰 ·················· 35
3.2　层流预混火焰传播方程 ·················· 35
3.3　层流预混火焰传播方程的若干性质 ·················· 36

  3.3.1 绝热边界条件和本征值问题 ·· 36
  3.3.2 冷端难题 ·· 36
  3.3.3 温度和浓度剖面的相似及焓值的守恒 ····························· 36
 3.4 层流预混火焰传播速度的一般表达式 ·· 37
 3.5 层流预混火焰传播方程的近似解 ·· 37
 3.6 层流预混火焰传播方程的精确解 ·· 41
 3.7 各种外参数对传播速度的影响 ··· 42
 3.8 统观反应动力学参数的推算 ·· 42
 3.9 层流扩散火焰 ·· 43
 参考文献 ··· 44

第 4 章 液体燃料燃烧理论 ·· 45
 4.1 液体燃料燃烧方式和特点 ··· 45
 4.2 常温环境中的液滴蒸发 ·· 45
 4.3 液滴在高温环境中的蒸发和燃烧 ·· 46
 4.4 液滴蒸发和燃烧的主要实验结果 ·· 50
 4.5 蒸发和燃烧的液滴周围轴对称二维流动的解析解与三维流动的
   数值模拟 ·· 53
  4.5.1 有蒸发/燃烧液滴周围轴对称气体流动的"厚交换层"理论 ····· 53
  4.5.2 有蒸发和燃烧的乙醇液滴周围三维气体流动的数值模拟 ······ 57
 4.6 液滴的着火和灭火 ··· 61
 4.7 内回流对液滴蒸发的作用 ··· 64
 4.8 多组分液滴燃烧和微爆现象 ·· 65
 4.9 液雾燃烧和液滴群燃烧的实验现象 ··· 66
 4.10 液雾火焰传播速度理论分析 ··· 73
 4.11 热燃烧产物点燃冷液雾-空气两相流动 ······································ 74
 参考文献 ··· 79

第 5 章 固体燃料——碳和煤的燃烧理论 ···································· 81
 5.1 固体燃料的燃烧 ··· 81
 5.2 煤的热解挥发 ·· 82
 5.3 固态碳异相反应 ··· 83
 5.4 碳的异相氧化反应的基本方程 ··· 84
 5.5 碳粒燃烧的单火焰面模型 ··· 85
 5.6 碳粒燃烧的某些实验结果 ··· 88
 5.7 碳粒燃烧的双火焰面模型 ··· 88
 5.8 煤粒燃烧 ·· 90

| 5.9 | 煤粒和碳粒的着火及灭火 | 92 |

参考文献 ··································· 92

第 6 章 湍流燃烧经典理论初步 ··························· 93
- 6.1 背景 ························· 93
- 6.2 湍流射流扩散燃烧 ···················· 93
- 6.3 湍流预混火焰的 Damköhler-Shelkin 皱褶火焰面模型 ·············· 95
- 6.4 湍流预混火焰的 Summerfield-Shetsinkov 容积燃烧模型 ············· 95
- 6.5 湍流火焰稳定理论 ···················· 96

参考文献 ··································· 98

第二篇 湍流两相流燃烧的数值模拟

第 7 章 离散型多相/两相流和湍流基本知识 ····················· 101
- 7.1 离散型多相/两相流的研究背景 ············· 101
- 7.2 多相湍流流动的不同流型 ················ 102
- 7.3 颗粒群/液雾的若干基本性质 ············· 102
  - 7.3.1 颗粒/液滴尺寸及其分布律 ············· 102
  - 7.3.2 表观密度和体积分数 ··················· 103
  - 7.3.3 颗粒/液滴阻力(曳力)和传热传质 ············ 104
- 7.4 颗粒动力学 ······················ 105
  - 7.4.1 单颗粒运动方程 ··················· 105
  - 7.4.2 单颗粒在均匀流场中的运动 ············· 105
  - 7.4.3 颗粒的重力沉降 ··················· 106
  - 7.4.4 非均匀流场中的颗粒受力 ············· 106
  - 7.4.5 一般形式的颗粒运动方程 ············· 107
  - 7.4.6 颗粒动力学的近期研究 ··············· 108
- 7.5 湍流的基本现象 ··················· 108
- 7.6 湍流变量的雷诺展开和时间平均 ············· 109
- 7.7 湍流脉动的概率密度分布函数 ············· 109
- 7.8 湍流的关联量、长度尺度和时间尺度 ··········· 111

参考文献 ··································· 112

第 8 章 湍流两相流动和燃烧的基本方程组 ······················ 113
- 8.1 引言 ························· 113
- 8.2 两相流动系统的控制体 ················ 113
- 8.3 各相内"细观"守恒方程组 ··············· 114
- 8.4 层流/瞬态两相流动体积平均守恒方程组 ········· 115

  8.5 稀疏湍流两相反应流动的雷诺时平均方程组 ·· 119
  8.6 湍流两相流动的概率密度函数方程和统计平均方程组 ······················ 121
  8.7 两相雷诺应力和标量输运方程组 ·· 124
  参考文献 ··· 127

第 9 章 单相湍流流动的数值模拟 ·· 129
  9.1 引言 ··· 129
  9.2 单相湍流动能方程的封闭 ··· 130
  9.3 k-ε 双方程模型 ··· 131
  9.4 雷诺应力输运方程的二阶矩封闭 ·· 135
  9.5 雷诺应力和热流输运方程模型 ·· 137
  9.6 代数应力和热流模型——扩展的 k-ε 模型 ································· 139
  9.7 DSM 和 ASM 的应用及其与其他模型的比较 ································ 141
  9.8 湍流流动的大涡模拟 ··· 149
  9.9 湍流流动的直接数值模拟 ··· 153
  参考文献 ··· 155

第 10 章 湍流两相流动的数值模拟 ···································· 158
  10.1 引言 ·· 158
  10.2 颗粒湍流脉动的 Hinze-Tchen 代数模型 (Ap 模型) ······················ 160
  10.3 统一二阶矩两相湍流模型 ·· 161
  10.4 k-ε-k_p 和 k-ε-Ap 两相湍流模型 ······································· 165
  10.5 USM, k-ε-k_p 和 k-ε-Ap 两相湍流模型的应用和检验 ·············· 166
  10.6 改进的二阶矩两相湍流模型 ··· 177
  10.7 质量加权平均的二阶矩两相湍流模型 ·· 182
  10.8 k-ε-PDF 与 DSM-PDF 两相湍流模型 ······································· 189
  10.9 颗粒湍流的 Monte-Carlo 模拟 ·· 198
  10.10 两相湍流的非线性 k-ε-k_p 模型 ·· 203
  10.11 稠密颗粒流动的动力论模型 ··· 208
  10.12 稠密气粒流动的两相湍流模型 ·· 211
  10.13 两相流动的欧拉-拉格朗日 (轨道) 模拟 ··································· 214
    10.13.1 确定轨道模型的基本守恒方程组 ································ 214
    10.13.2 颗粒湍流扩散的修正 ·· 215
    10.13.3 颗粒随机轨道模型 ··· 216
    10.13.4 稠密气粒流动的离散单元模拟 ································ 218
  10.14 湍流两相流动的大涡模拟 ··· 219
    10.14.1 引言 ·· 219

	10.14.2 旋流气粒流动的 E-L 大涡模拟	221
	10.14.3 气泡-液体流动的 E-L 大涡模拟	223
	10.14.4 旋流气粒流动的双流体大涡模拟	224
10.15	湍流两相流动的直接数值模拟	226

参考文献 ········· 230

第 11 章 湍流燃烧的数值模拟 235

- 11.1 引言 235
- 11.2 湍流燃烧模型的基本问题 235
- 11.3 湍流燃烧的涡破碎/涡耗散模型 236
- 11.4 湍流燃烧的预设 PDF 模型 238
  - 11.4.1 简化 PDF 的概念 238
  - 11.4.2 简化 PDF-局部瞬时不混合的快速反应模型 240
  - 11.4.3 简化 PDF-局部瞬时平衡的快速反应模型 242
  - 11.4.4 湍流反应的简化 PDF-有限反应率模型 245
- 11.5 湍流燃烧的 PDF 输运方程模型 249
- 11.6 湍流预混燃烧的 Bray-Moss-Libby 模型 253
- 11.7 湍流燃烧的条件矩封闭模型 253
- 11.8 湍流燃烧的层流小火焰模型 255
- 11.9 湍流燃烧的二阶矩模型 256
  - 11.9.1 只考虑浓度脉动的二阶矩模型 257
  - 11.9.2 对温度指数函数做级数展开近似的二阶矩模型 258
  - 11.9.3 两种二阶矩-PDF 模型 260
  - 11.9.4 终版的湍流燃烧的二阶矩模型 262
- 11.10 湍流两相燃烧的数值模拟 269
  - 11.10.1 两相燃烧的双流体模型 269
  - 11.10.2 湍流两相燃烧的欧拉-拉氏模拟 272
- 11.11 湍流燃烧的大涡模拟 272
  - 11.11.1 气体湍流燃烧大涡模拟过滤的控制方程和封闭模型 272
  - 11.11.2 各种气体湍流燃烧的大涡模拟 274
  - 11.11.3 乙醇-空气液雾燃烧的大涡模拟 279
  - 11.11.4 旋流煤粉燃烧的大涡模拟 281
- 11.12 湍流燃烧的直接数值模拟 288

参考文献 ········· 292

第 12 章 湍流两相流燃烧数值模拟的应用 297

- 12.1 引言 297

12.2 大速差射流燃烧室内两相流动和煤粉燃烧 ………………………… 297
12.3 旋流燃烧器中煤粉燃烧和氮氧化物生成 ………………………… 300
12.4 固排渣涡旋炉内煤粉燃烧 ………………………………………… 302
12.5 固排渣喷腾旋风炉内两相流动和煤燃烧 ………………………… 304
12.6 电站煤粉炉内两相流动和燃烧 …………………………………… 308
12.7 液雾燃烧 …………………………………………………………… 320
12.8 结束语 ……………………………………………………………… 332
参考文献 ………………………………………………………………… 332

名词索引 ……………………………………………………………… 335

第一篇
气体和两相流燃烧理论

第 1 章 层流多组分有反应流动基本定律和守恒方程

1.1 基本关系式和输运定律

钱学森和 von Karman[1] 首先用连续介质力学, 即流体力学来研究燃烧过程, 因此, 定量地研究燃烧过程的出发点是有化学反应流动的基本守恒方程. 这种流动是多组分的, 例如, 在气体燃烧中至少有一种燃料、一种氧化剂、燃烧产物、惰性气体以及各种原子、自由基、离子和电子等. 多组分有反应流动的热力学性质和输运性质, 不仅是压力和温度的函数, 而且也是组分浓度的函数. 描述这一类流动的基本方程除了连续、动量和能量方程外, 还有扩散方程, 而在扩散方程和能量方程中则出现了化学反应所造成的物质源、物质汇或热源、热汇. 首先要给出多组分有反应流动的热力学性质基本关系式和分子输运定律 [1-4].

对于多组分气体, 总质量密度应当是各组分质量浓度之和, 总压力也应当是各组分的分压之和, 即

$$\rho = \sum_s \rho_s \tag{1.1.1}$$

$$p = \sum_s p_s \tag{1.1.2}$$

s 组分的质量分数 (相对浓度) 和摩尔分数 (摩尔相对浓度) 分别是

$$Y_s = \rho_s/\rho, \quad X_s = p_s/p \tag{1.1.3}$$

气体混合物和 s 组分的质量密度以及摩尔数密度之间的关系分别为

$$\rho = nM \tag{1.1.4}$$

$$\rho_s = n_s M_s \tag{1.1.5}$$

除少数温度很高或压力很高的情况之外, 大多数有反应流动中, 可以认为多组分气体混合物及其各组分都服从完全气体 (perfect gas) 的状态关系, 因此有如下的状态关系式:

$$p_s = \rho_s RT/M_s = n_s RT, \quad p = \rho RT/M = nRT \tag{1.1.6}$$

由此得到

$$X_s = p_s/p = n_s/n$$

又由于

$$n = \sum n_s, \quad \rho = \sum \rho_s = \sum n_s M_s = nM$$

从而可以得到平均分子量与各组分分子量、质量相对浓度与摩尔相对浓度之间的关系如下：

$$M = \sum X_s M_s, \quad X_s = Y_s M/M_s$$
$$\sum (Y_s M/M_s) = 1, \quad M = \left(\sum Y_s/M_s\right)^{-1} \quad (1.1.7)$$
$$M/M_s = \left(M_s \sum Y_s/M_s\right)^{-1}$$

多组分气体中有三种宏观速度：v 为混合气相对于实验室坐标系的速度；v_s 为 s 组分相对于实验室坐标系的速度；V_s 为 s 组分相对于混合气的运动速度，即由分子不规则运动引起的扩散漂移速度.

显然，应当有

$$V_s = v_s - v \quad (1.1.8)$$

与上述三种线速度相对应的有三种物质流：$\rho v = g$ 为混合气（气体混合物）物质流；$\rho_s v_s = g_s$ 为 s 组分物质流；$\rho_s V_s = J_s$ 为 s 组分扩散流.

显然，s 组分相对于实验室坐标系运动的物质流，应当等于该组分相对于混合气的扩散物质流加上混合气所携带的该组分物质流，即

$$g_{sj} = \rho_s v_{sj} = J_{sj} + Y_s \rho v_j = \rho_s V_{sj} + \rho_s v_j \quad (1.1.9)$$

混合气物质流应当是各组分物质流之和：

$$g_j = \rho v_j = \sum g_{sj} = \sum \rho_s v_{sj} = \sum \rho_s V_{sj} + \rho v_j$$

因此得到

$$\sum \rho_s V_{sj} = \sum J_{sj} = 0 \quad (1.1.10)$$

下面给出分子输运过程的基本定律. 对于双组分混合气中由浓度梯度引起的组分 1 和组分 2 之间的扩散 (分子扩散)，可用唯象的扩散定律或 Fick 定律表达为

$$J_{sj} = -\rho D_{12} \frac{\partial Y_s}{\partial x_j} \quad (1.1.11)$$

对于多组分混合气，Fick 定律仍然保持相似的形式：

$$J_{sj} = -\rho D_s \frac{\partial Y_s}{\partial x_j} \quad (1.1.12)$$

只不过这时的分子扩散系数 D_s 是各组分浓度的函数. 在很多情况下往往采用进一步的简化假定, 例如设各组分的扩散系数相等:

$$D_1 = D_2 = \cdots = D_s = D$$

对于能量输运, 考虑到进入和离开混合气微元体的各组分扩散流所携带的净焓, 必须对导热的 Fourier 定律进行修正, 多组分气体中的总热流是

$$q_j = -\lambda \frac{\partial T}{\partial x_j} + \sum \rho_s V_{sj} h_s \qquad (1.1.13)$$

式 (1.1.13) 为修正的 Fourier 定律. 其中, h_s 为 s 组分的焓, 包括化学生成焓和热焓, 即

$$h_s = h_{0s} + \int_{T_0}^{T} c_{ps} \mathrm{d}T \qquad (1.1.14)$$

混合物的焓为

$$h = \sum Y_s h_s = \sum Y_s h_{0s} + \int_{T_0}^{T} \sum Y_s c_{ps} \mathrm{d}T = h_0 + \int_{T_0}^{T} c_p \mathrm{d}T \qquad (1.1.15)$$

式中, h_{0s} 为 s 组分的生成焓; c_{ps} 为 s 组分的比热, 也是 p 和 T 的函数.

对于动量传递中应力与变形率之间的关系, 仍然可以用单组分无反应流动的广义牛顿-斯托克斯定律来描述:

$$p_{ij} = -p\delta_{ij} + \mu\left(\frac{\partial v_i}{\partial x_j} + \frac{\partial v_j}{\partial x_i}\right) - \frac{2}{3}\mu\left(\frac{\partial v_j}{\partial x_j}\right)\delta_{ij} \qquad (1.1.16)$$

这里的分子黏性系数不仅是温度和压力的函数, 也是组分浓度的函数.

1.2 化学反应动力学基本关系式

化学反应的当量比关系式可以表达为

$$\sum \nu_s A_s \rightarrow \sum \nu'_s A'_s$$

这里 A_s, A'_s 分别代表反应物和产物, ν_s, ν'_s 是对应的当量比系数. s 组分的反应率是单位时间和单位体积内反应所消耗或产生的质量, 其定义是

$$w_s = -(\mathrm{d}\rho_s/\mathrm{d}t)_{\text{chem}}$$

显然, 化学反应的当量比关系给出

$$w_1/\nu_1 = w_2/\nu_2 = \cdots = -w'_1/\nu'_1 = -w'_2/\nu'_2 = \cdots$$

反应动力学的质量作用定律是

$$w_s = k_s \prod_{s=1}^{z} C_s^{\nu_s}$$

这里，C_s 可以是质量浓度 ρ_s，或者摩尔浓度 $X_s M_s$；k_s 是反应率系数；z 是组分总数；$\nu = \nu_1 + \nu_2 + \cdots = \sum \nu_s$ 是表观反应级数. 多数情况下真实的反应级数不等于表观级数，即

$$w_s = k_s \prod_{s=1}^{z} C_s^{m_s}$$

其中，$m_s \neq \nu_s, m = \sum m_s \neq \nu = \sum \nu_s$，$m$ 是真实反应级数. 对于同时进行的基元反应，第 r 个反应的基元反应率是

$$\sum_{s=1}^{z} \nu_{sr} A_s \to \sum_{s=1}^{z} \nu'_{sr} A'_s$$

因此总反应率是

$$w_s = \sum_r w_{sr} = \sum_r k_{sr} \prod_{s=1}^{z} C_s^{m_{sr}} \tag{1.2.1}$$

对于可逆反应，其当量关系为

$$\sum \nu_s A_s \Leftrightarrow \sum \nu'_s A'_s$$

正反应率为 $w_{s+} = k_s \prod_s C_s^{m_s}$，逆反应率为 $w_{s-} = k'_s \prod_s C_s'^{m'_s}$，因此净反应率为

$$w_s = w_{s+} - w_{s-} = k_s \prod_s C_s^{m_s} - k'_s \prod_s C_s'^{m'_s} \tag{1.2.2}$$

如果同时有若干个可逆的基元反应，则总反应率为

$$w_s = \sum_r w_{sr} = \sum_r \left(k_{sr} \prod_s C_s^{m_{sr}} - k'_{sr} \prod_s C_s'^{m'_{sr}} \right) \tag{1.2.3}$$

反应率系数 k_s 是温度的强烈非线性函数，可以表达为 Arrhenius 定律形式

$$k_s = B \exp(-E/(RT)) \tag{1.2.4}$$

式中，E 为活化能，代表发生反应的能量障碍；R 是通用气体常数；B 是指数前因子. 在理论分析或者初步的数值模拟中，往往把复杂的反应当作一步统观反应来处理，这时的反应率表达式是

$$w_s = B\rho^m \exp(-E/(RT)) \prod_s Y_s^{m_s} \tag{1.2.5}$$

其中，指数前因子 B, 活化能 E 和各组分的真实反应级数 m_s 都是基于实验结果的经验性的化学动力学常数.

1.3 雷诺通用输运定理

对于流场中各种变量的输运，根据流体力学的原理，可以得到通用的输运定理及守恒定律. 由运动学的原理可知, 流体微元中任一个变量 ϕ 在拉格朗日坐标系 (简称拉氏坐标系) 中的变化和在欧拉坐标系中的变化之间的关系是

$$\frac{\mathrm{d}\phi}{\mathrm{d}t} = \frac{\partial \phi}{\partial t} + v_j \frac{\partial \phi}{\partial x_j}$$

现在来考察在拉氏坐标系中运动的控制体 V 内流体的某特征量 ϕ 的积分量

$$\Phi(t) = \int_V \phi(x_i, t) \delta V$$

该量沿控制体轨道因流体运动而产生的变化率为

$$\frac{\mathrm{d}\Phi}{\mathrm{d}t} = \frac{\mathrm{d}}{\mathrm{d}t} \int_V \phi \delta V = \int_V \frac{\mathrm{d}}{\mathrm{d}t}(\phi \delta V) = \int_V \frac{\mathrm{d}\phi}{\mathrm{d}t} \delta V + \int_V \phi \frac{\mathrm{d}\delta V}{\delta V \mathrm{d}t} \delta V$$
$$= \int_V \left(\frac{\mathrm{d}\phi}{\mathrm{d}t} + \phi \frac{\partial v_j}{\partial x_j} \right) \delta V = \int_V \left[\frac{\partial \phi}{\partial t} + \frac{\partial}{\partial x_j}(\phi v_j) \right] \delta V$$

由此可以推导出雷诺通用输运定理

$$\frac{\mathrm{d}\Phi}{\mathrm{d}t} = \frac{\partial \Phi}{\partial t} + \int_S \phi v_n \mathrm{d}S = \frac{\partial \Phi}{\partial t} + \int_V \frac{\partial}{\partial x_j}(\phi v_j) \delta V \qquad (1.3.1)$$

其中,

$$\Phi = \int_V \phi \delta V$$

是通用变量 ϕ 在控制体内的积分量. 方程 (1.3.1) 的含义是, 在拉氏坐标系中运动的控制体中任一变量 ϕ 的积分量 Φ 的变化等于欧拉坐标系内该量的静止的时间变化率加上对流产生的变化率.

通用的守恒定律是

$$\frac{\mathrm{d}\Phi}{\mathrm{d}t} + \int_V S_\phi \delta V = 0 \qquad (1.3.2)$$

其中, S_ϕ 是 ϕ 的源项, 即单位体积内 ϕ 的产生率或销毁率.

1.4 连续方程、组分方程和动量方程

对于混合气质量守恒,可以取

$$\phi = \rho, \quad S_\phi = 0, \quad \frac{\mathrm{d}\Phi}{\mathrm{d}t} = 0$$

因此得到连续方程

$$\frac{\partial \rho}{\partial t} + \frac{\partial}{\partial x_j}(\rho v_j) = 0 \tag{1.4.1}$$

或者

$$\frac{\mathrm{d}\rho}{\mathrm{d}t} + \rho \frac{\partial v_j}{\partial x_j} = 0 \tag{1.4.2}$$

可见,多组分有反应流动的连续方程在形式上和单组分无反应流动的连续方程没有不同之处.

对于组分质量守恒,可以取

$$\phi = \rho_s = Y_s \rho$$

并且考虑到运动的控制体内某组分质量的变化是由化学反应和通过该控制体包围表面的净扩散流造成的,即

$$\int_V S_\phi \delta V = \int_S J_s \mathrm{d}S + \int_V w_s \delta V$$

于是,在使用雷诺输运定理和 Fick 定律之后,可以得到 s 组分质量守恒或扩散方程

$$\frac{\partial}{\partial t}(\rho Y_s) + \frac{\partial}{\partial x_j}(\rho Y_s v_j) = \frac{\partial}{\partial x_j}\left(D\rho \frac{\partial Y_s}{\partial x_j}\right) - w_s \tag{1.4.3}$$

或者在使用连续方程之后,可以得到

$$\rho \frac{\mathrm{d}Y_s}{\mathrm{d}t} = \frac{\partial}{\partial x_j}\left(D\rho \frac{\partial Y_s}{\partial x_j}\right) - w_s \tag{1.4.4}$$

对于动量守恒,可以取 $\phi = \rho v_i$,并且按牛顿第二定律,运动中的控制体内动量变化等于作用于该控制体的一切外力,即体积力和表面力之和,因此有

$$\frac{\mathrm{d}}{\mathrm{d}t}\int_V \rho v_i \delta V = -\int_V S_v \delta V = \int_V \left(\frac{\partial p_{ij}}{\partial x_j} + \sum \rho_s F_{si}\right)\delta V$$

使用雷诺输运定理和广义牛顿黏性定律,得到

$$\frac{\mathrm{d}}{\mathrm{d}t}\int_V \rho v_i \delta V = \int_V \left[\frac{\partial}{\partial t}(\rho v_i) + \frac{\partial}{\partial x_j}(\rho v_j v_i)\right]\delta V$$

$$p_{ij} \approx \mu\left(\frac{\partial v_i}{\partial x_j} + \frac{\partial v_j}{\partial x_i}\right) - p\delta_{ij}$$

1.5 能量方程

于是得到动量方程

$$\frac{\partial}{\partial t}(\rho v_i) + \frac{\partial}{\partial x_j}(\rho v_j v_i) = -\frac{\partial p}{\partial x} + \frac{\partial}{\partial x_j}\left[\mu\left(\frac{\partial v_i}{\partial x_j} + \frac{\partial v_j}{\partial x_i}\right)\right] + \sum \rho_s F_{si} \quad (1.4.5)$$

或者

$$\rho \frac{\mathrm{d} v_i}{\mathrm{d} t} = -\frac{\partial p}{\partial x} + \frac{\partial}{\partial x_j}\left[\mu\left(\frac{\partial v_i}{\partial x_j} + \frac{\partial v_j}{\partial x_i}\right)\right] + \sum \rho_s F_{si} \quad (1.4.6)$$

动量方程中的体积力可以是重力 ρg_i, 静电力 $\rho_e E_i$ 或磁力 $(J \times B)_i$. 由这两个方程可以看出, 除了体积力项中有些差别和当前的黏性系数是各组分浓度的函数外, 多组分有反应流动的动量方程和无反应单组分流动的动量方程在形式上相同.

1.5 能量方程

能量守恒方程的物理基础是热力学第一定律, 即所考察的流动中控制体和外界的热交换等于该控制体中能量的变化加上各种力对外做功的总和. 首先运用雷诺输运定理和连续方程, 令

$$\phi = \rho\left(e + \frac{v^2}{2}\right)$$

其中, e 和 $v^2/2$ 分别为单位质量的内能和动能, 则可以写出运动中的控制体内总能量, 即内能加动能的变化

$$\frac{\mathrm{d}}{\mathrm{d} t}\int_V \rho\left(e + \frac{v^2}{2}\right)\delta V = \int_V \left[\frac{\partial}{\partial t}\rho\left(e + \frac{v^2}{2}\right) + \frac{\partial}{\partial x_j}\rho v_j\left(e + \frac{v^2}{2}\right)\right]\delta V$$

$$= \int_V \rho \frac{\mathrm{d}}{\mathrm{d} t}\left(e + \frac{v^2}{2}\right)\delta V$$

其次, 通过导热、辐射和多组分扩散传给控制体的净热是

$$\int_V \frac{\partial}{\partial x_j}\left(\lambda \frac{\partial T}{\partial x_j} + q_{rj} + \sum_s D\rho \frac{\partial Y_s}{\partial x_j} h_s\right)\delta V$$

内容复杂的是对外做功. 一般说来, 可有体积力功和表面力功, 它们分别是

$$\int_V \sum \rho_s F_{si} v_{si} \delta V = \int_V \left(v_i \sum \rho_s F_{si} + \sum \rho_s F_{si} V_{si}\right)\delta V$$

和

$$\int_S \frac{\partial}{\partial x_j}(p_{ij} v_i)\delta V$$

因此按热力学第一定律, 总能量守恒方程或者能量方程的完整形式是

$$\rho \frac{\mathrm{d}}{\mathrm{d} t}\left(e + \frac{v^2}{2}\right) = \frac{\partial}{\partial x_j}\left(\lambda \frac{\partial T}{\partial x_j}\right) + \frac{\partial q_{rj}}{\partial x_j} + \frac{\partial}{\partial x_j}\left(\sum_s D\rho \frac{\partial Y_s}{\partial x_j} h_s\right)$$

$$+ v_i \sum \rho_s F_{si} + \sum \rho_s F_{si} V_{si} + \frac{\partial}{\partial x_j}(p_{ij} v_i) \quad (1.5.1)$$

进一步可以分析表面力功的各个部分. 表面力功可以分成应力功和变形功两个部分：

$$\frac{\partial}{\partial x_j}(p_{ij}v_i) = v_i\frac{\partial p_{ij}}{\partial x_j} + p_{ij}\frac{\partial v_i}{\partial x_j}$$

式中, 右端第一项即应力功, 将通过动量方程和动能及体积力与混合物速度所做的功发生联系. 如果将动量方程各项点乘 v_i, 可以得到动能守恒方程:

$$v_i\rho\frac{\mathrm{d}v_i}{\mathrm{d}t} = \rho\frac{\mathrm{d}}{\mathrm{d}t}\left(\frac{v^2}{2}\right) = v_i\frac{\partial p_{ij}}{\partial x_j} + v_i\sum\rho_s F_{si} \tag{1.5.2}$$

另一方面, 变形功 $p_{ij}\dfrac{\partial v_i}{\partial x_j}$ 又可以分成如下两个部分:

$$p_{ij}\frac{\partial v_i}{\partial x_j} = (-p\delta_{ij} + \tau_{ij})\frac{\partial v_i}{\partial x_j} = -p\frac{\partial v_j}{\partial x_j} + \tau_{ij}\frac{\partial v_i}{\partial x_j} \tag{1.5.3}$$

其中, 右端第一项为压缩/膨胀功, 第二项为剪切变形功, 或称耗散能, 即

$$\Phi \equiv \tau_{ij}\frac{\partial v_i}{\partial x_j} = \left[2\mu\dot{S}_{ij} - \left(\frac{2}{3}\mu\frac{\partial v_j}{\partial x_j}\right)\delta_{ij}\right]\frac{\partial v_i}{\partial x_j}$$

由张量运算法则, 可知

$$\frac{\partial v_i}{\partial x_j} = \frac{1}{2}\left[\left(\frac{\partial v_i}{\partial x_j} + \frac{\partial v_j}{\partial x_i}\right) + \left(\frac{\partial v_i}{\partial x_j} - \frac{\partial v_j}{\partial x_i}\right)\right] = \dot{S}_{ij} + \xi_{ij}$$

$$\dot{S}_{ij}\cdot\xi_{ij} = 0, \quad \delta_{ij}\cdot\xi_{ij} = 0, \quad \tau_{ij}\cdot\xi_{ij} = 0, \quad \delta_{ij}\frac{\partial v_i}{\partial x_j} = \frac{\partial v_j}{\partial x_j}$$

因此, 耗散能的最终表达式为

$$\Phi = 2\mu\dot{S}_{ij} - \frac{2}{3}\mu\left(\frac{\partial v_j}{\partial x_j}\right)^2 = 2\mu(\dot{S}_{11}^2 + \dot{S}_{22}^2 + \dot{S}_{33}^2 + \dot{S}_{12}^2 + \dot{S}_{23}^2 + \dot{S}_{31}^2) - \frac{2}{3}\mu(\dot{S}_{11} + \dot{S}_{22} + \dot{S}_{33})^2 \tag{1.5.4}$$

将动能方程和变形功的表达式代入总能量方程, 最后可以得到内能变化形式的能量方程:

$$\rho\frac{\mathrm{d}e}{\mathrm{d}t} + p\frac{\partial v_j}{\partial x_j} = \frac{\partial}{\partial x_j}\left(\lambda\frac{\partial T}{\partial x_j}\right) + \left(\frac{\partial q_{rj}}{\partial x_j}\right) + \frac{\partial}{\partial x_j}\left(\sum D\rho\frac{\partial Y_s}{\partial x_j}h_s\right) + \Phi + \sum\rho_s F_{si}V_{si} \tag{1.5.5}$$

方程 (1.5.1) 是完整形式的能量方程, 它包括内能和动能的变化、热交换和机械功. 方程 (1.5.2) 只是动能守恒方程, 它包括动能和一部分机械功的变化, 而和传热无关. 方程 (1.5.5) 只是内能守恒方程, 它包括内能变化、传热和另一部分机械功, 与动能无关. 所以后两个方程都是部分能量的守恒方程. 通常在理论研究和数值模

1.5 能量方程

拟中更倾向于使用焓形式的能量方程. 利用热力学中焓和内能间的关系以及连续方程, 可以得到

$$\frac{\mathrm{d}h}{\mathrm{d}t} = \frac{\mathrm{d}}{\mathrm{d}t}(e + p/\rho) = \frac{\mathrm{d}e}{\mathrm{d}t} + \frac{1}{\rho}\frac{\mathrm{d}p}{\mathrm{d}t} - \frac{p}{\rho^2}\frac{\mathrm{d}\rho}{\mathrm{d}t}, \quad p\frac{\partial v_j}{\partial x_j} = -\frac{p}{\rho}\frac{\mathrm{d}\rho}{\mathrm{d}t}$$

于是得到了焓形式的能量方程

$$\rho\frac{\mathrm{d}h}{\mathrm{d}t} - \frac{\mathrm{d}p}{\mathrm{d}t} = \frac{\partial}{\partial x_j}\left(\lambda\frac{\partial T}{\partial x_j}\right) - \frac{\partial q_{rj}}{\partial x_j} + \frac{\partial}{\partial x_j}\left(\sum D\rho\frac{\partial Y_s}{\partial x_j}h_s\right) + \varPhi + \sum \rho_s F_{si} V_{si} \quad (1.5.6)$$

由焓的定义可知

$$h = \sum Y_s h_s, \quad h_s = h_{0s} + \int c_{ps}\mathrm{d}T, \quad \sum_s Y_s c_{ps} = c_p$$

$$\frac{\partial h}{\partial x_j} = \sum_s h_s \frac{\partial Y_s}{\partial x_j} + c_p \frac{\partial T}{\partial x_j}$$

因此方程 (1.5.6) 在忽略体积力和辐射的情况下可以改写成

$$\rho\frac{\mathrm{d}h}{\mathrm{d}t} - \frac{\mathrm{d}p}{\mathrm{d}t} = \frac{\partial}{\partial x_j}\left[\frac{\mu}{Pr}\frac{\partial h}{\partial x_j} + \mu\left(\frac{1}{Sc} - \frac{1}{Pr}\right)\sum_s h_s\frac{\partial Y_s}{\partial x_j}\right] \quad (1.5.7)$$

当 $Pr = Sc = Le = 1$ 时, 式 (1.5.7) 可以简化为

$$\frac{\partial}{\partial t}(\rho h) + \frac{\partial}{\partial x_j}(\rho v_j h) = \frac{\mathrm{d}p}{\mathrm{d}t} + \frac{\partial}{\partial x_j}\left(\mu\frac{\partial h}{\partial x_j}\right) + \varPhi \quad (1.5.8)$$

在经典燃烧理论中, 通常使用温度形式的能量方程. 按定义, 混合气的焓可以展开为

$$h = \sum_s Y_s\left(h_{0s} + \int c_{ps}\mathrm{d}T\right) = h_0 + \int c_p \mathrm{d}T$$

其真导数为

$$\rho\frac{\mathrm{d}h}{\mathrm{d}t} = \rho c_p\frac{\mathrm{d}T}{\mathrm{d}t} + \sum h_{0s}\rho\frac{\mathrm{d}Y_s}{\mathrm{d}t} = \rho c_p\frac{\mathrm{d}T}{\mathrm{d}t} + \sum h_{0s}\left[\frac{\partial}{\partial x_j}\left(D\rho\frac{\partial Y_s}{\partial x_j}\right) - w_s\right]$$

$$= \rho c_p\frac{\mathrm{d}T}{\mathrm{d}t} + \frac{\partial}{\partial x_j}\left(\sum D\rho\frac{\partial Y_s}{\partial x_j}h_{0s}\right) - \sum w_s h_{0s}$$

由于

$$h_s - h_{0s} = \int c_{ps}\mathrm{d}T, \quad \sum w_s h_{0s} = w_s Q_s$$

其中，$w_s Q_s$ 为反应中各组分生成焓的净变化，即反应放热. 由此得到温度形式的能量方程

$$\rho c_p \frac{\mathrm{d}T}{\mathrm{d}t} - \frac{\mathrm{d}p}{\mathrm{d}t} = \frac{\partial}{\partial x_j}\left(\lambda \frac{\partial T}{\partial x_j}\right) + \frac{\partial q_{rj}}{\partial x_j} + \frac{\partial}{\partial x_j}\left(\sum D\rho \frac{\partial Y_s}{\partial x_j}\int c_{ps}\mathrm{d}T\right)$$
$$+ w_s Q_s + \Phi + \sum \rho_s F_{si} V_{si} \tag{1.5.9}$$

在马赫 (Mach) 数比 1 小得多的情况下，和焓变化相比可以忽略压力变化和耗散能，如果再忽略体积力功和辐射传热，并且设各组分比热近似地相等，即

$$c_{p1} = c_{p2} = c_{ps} = \cdots = c_p$$

则能量方程可以简化为

$$\rho c_p \frac{\mathrm{d}T}{\mathrm{d}t} - \frac{\partial p}{\partial t} = \frac{\partial}{\partial x_j}\left(\lambda \frac{\partial T}{\partial x_j}\right) + w_s Q_s \tag{1.5.10}$$

方程 (1.5.10) 为 Zeldovich 和 Frank-Kamenetsky 在燃烧理论中使用的，可以称之为能量方程的 ZFK 形式，被广泛用于经典燃烧理论，例如，着火、灭火和火焰传播等理论中.

1.6 多组分有反应流动的相似准则

在马赫数比 1 小得多的情况下，和焓变化相比，可以忽略压力变化和耗散能，如果再忽略体积力功和辐射传热，并且设各组分比热近似地相等，对于最简单的层流多组分有反应流动，设统观反应为一步二级反应，则基本方程组可以归纳为

$$\frac{\partial \rho}{\partial t} + \frac{\partial}{\partial x_j}(\rho v_j) = 0$$
$$\frac{\partial}{\partial t}(\rho v_i) + \frac{\partial}{\partial x_j}(\rho v_j v_i) = -\frac{\partial p}{\partial x_i} + \frac{\partial}{\partial x_j}\left[\mu\left(\frac{\partial v_i}{\partial x_j} + \frac{\partial v_j}{\partial x_i}\right)\right] + \rho g_i$$
$$\frac{\partial}{\partial t}(\rho Y_s) + \frac{\partial}{\partial x_j}(\rho v_j Y_s) = \frac{\partial}{\partial x_j}\left(D\rho \frac{\partial Y_s}{\partial x_j}\right) - w_s$$
$$\frac{\partial}{\partial t}(\rho c_p T) + \frac{\partial}{\partial x_j}(\rho v_j c_p T) - \frac{\partial p}{\partial t} = \frac{\partial}{\partial x_j}\left(\lambda \frac{\partial T}{\partial x_j}\right) + w_s Q_s$$
$$w_s = B\rho^2 Y_1 Y_2 \exp(-E/(RT))$$
$$p = \rho RT \sum Y_s / M_s$$

对上述动量方程和能量方程进行量纲分析，即取各变量的特征量，将其变成无量纲形式，可以得到多组分有反应流动的相似准则.

流动相似准则：

$$\text{欧拉数}(Eu) = \text{压力头}/\text{速度头} = p_\infty/(\rho_\infty u_\infty^2)$$

$$\text{雷诺数}(Re) = \text{惯性力}/\text{黏性力} = u_\infty L/\nu_\infty$$

$$\text{马赫数}(Ma) = \text{动能}/\text{热能} = u_\infty/a$$

传热相似准则：

$$\text{Peclet}\text{数}(Pe) = Re \cdot Pr = \text{对流热}/\text{导热}$$
$$= (u_\infty L/\nu_\infty)(\nu_\infty c_p \rho_\infty/\lambda_\infty) = u_\infty L c_p \rho_\infty/\lambda_\infty$$

燃烧相似准则——Damköhler 数：

$$D_\mathrm{I} = \text{反应热}/\text{对流热} = \text{流动时间}/\text{反应时间} = \frac{w_{s\infty} Q_s}{\rho_\infty u_\infty c_p T_\infty/L} = \tau_f/\tau_c$$

$$D_\mathrm{II} = \text{反应热}/\text{导热} = \text{扩散时间}/\text{反应时间} = \frac{w_{s\infty} Q_s}{\lambda_\infty T_\infty/L^2} = \tau_d/\tau_c$$

1.7 相分界面边界条件和 Stefan 流

有化学反应的流动系统中的气相与固相或液相间的分界面可能是通道壁、烧蚀表面、有催化作用的表面、固体燃料表面或液体燃料表面. 在相分界面上, 往往有物理变化或化学变化, 如蒸发或凝结、升华、挥发和异相 (固气) 反应. 另一方面, 在惰性壁面, 例如陶瓷壁上, 则没有物理和化学变化. 相分界面上的这些物理及化学过程, 决定了分界面上传热与传质过程的基本特点. 在表面的物理或化学过程的作用和各组分扩散流的相互干涉下, 表面处会产生一个和外部流场无关的法向的净物质流 $\rho_w v_w$, Frank-Kamenetsky 首先指出这个现象, 称为 Stefan 流 [5]. 首先考察图 1.7.1 所示的水面的蒸发.

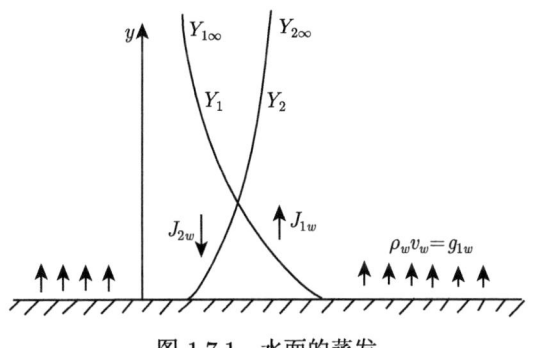

图 1.7.1 水面的蒸发

相分界面上的物质流是

$$g_{1w} = J_{1w} + Y_{1w}\rho_w v_w = -D\rho\left(\frac{\partial Y_1}{\partial y}\right)_w + Y_{1w}\rho_w v_w$$
$$g_{2w} = J_{2w} + Y_{2w}\rho_w v_w = -D\rho\left(\frac{\partial Y_2}{\partial y}\right)_w + Y_{2w}\rho_w v_w = 0 \quad (1.7.1)$$

$$g_{1w} = -D\rho\left(\frac{\partial Y_1}{\partial y}\right)_w + Y_{1w}\rho_w v_w = D\rho\left(\frac{\partial Y_2}{\partial y}\right)_w + Y_{1w}\rho_w v_w$$
$$= (Y_{2w} + Y_{1w})\rho_w v_w = \rho_w v_w - D\rho\left(\frac{\partial Y_1}{\partial y}\right)_w = (1 - Y_{1w})\rho_w v_w \quad (1.7.2)$$

可以看到，水面的蒸发率是总物质流，而不只是分子扩散流. 水分的总物质流等于其分子扩散流加上混合气流动所携带的该组分的物质流. 水的蒸发率也等于混合气的总物质流，就是 Stefan 流. 下面再考察碳在氧环境中的燃烧，如图 1.7.2 所示.

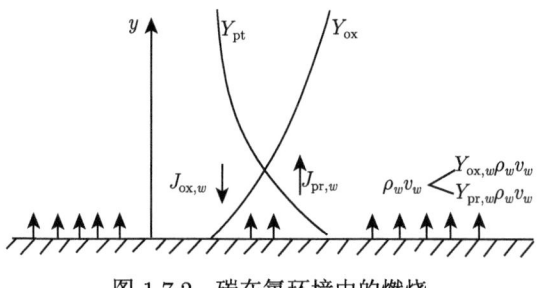

图 1.7.2 碳在氧环境中的燃烧

假设碳表面上只有碳和氧生成二氧化碳这一种反应

$$C + O_2 \longrightarrow CO_2$$

若各组分的扩散系数相等，由于空间只有两种气体组分，碳表面处的扩散流和物质流是

$$\left(\frac{\partial Y_{\text{ox}}}{\partial y}\right)_w = -\left(\frac{\partial Y_{\text{pr}}}{\partial y}\right)_w, \quad J_{\text{ox},w} = -J_{\text{pr},w}$$
$$g_{\text{ox},w} + g_{\text{pr},w} = \rho_w v_w = -\frac{12}{32}g_{\text{ox},w} = g_c, \quad g_{\text{ox},w} = -\frac{32}{44}g_{\text{pr},w}$$
$$g_{\text{ox},w} = -D\rho\left(\frac{\partial Y_{\text{ox}}}{\partial y}\right)_w + Y_{\text{ox},w}\rho_w v_w, \quad g_{\text{pr},w} = -D\rho\left(\frac{\partial Y_{\text{pr}}}{\partial y}\right)_w + Y_{\text{pr},w}\rho_w v_w$$
$$(1.7.3)$$

这种情况下，氧和二氧化碳的物质流不是其扩散流，而且二者也都不等于总物质流，即 Stefan 流. 从以上两个例子可以总结出 Stefan 流存在的充分和必要

条件：相分界面上有物理或化学变化；有朝向或离开相分界面的多组分扩散. 以上两种情况的 Stefan 流是正向的，即从表面流向气体空间. 但是也有 Stefan 流是负向的情况，即从气体空间流向表面. 例如，金属镁在空气中燃烧形成固态燃烧产物氧化镁 (MgO) 的情况. 正确了解 Stefan 流的概念，对于给定气液和气固分界面上的边界条件十分重要. 考虑到 Stefan 流的存在，气液分界面上的边界条件如图 1.7.3 所示.

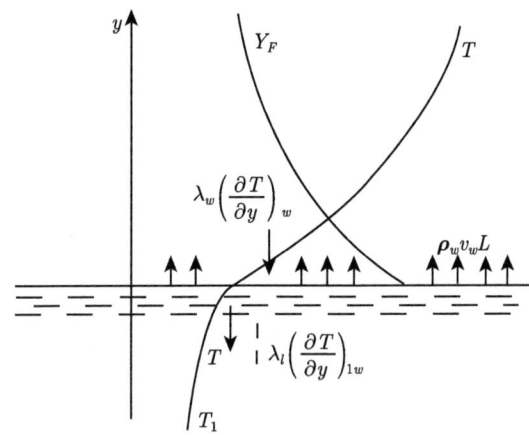

图 1.7.3 气液分界面上的边界条件

各组分物质流和浓度的边界条件是

$$g_{sw} = -D\rho \left(\frac{\partial Y_s}{\partial y}\right)_w + Y_{sw}\rho_w v_w = \alpha_s \rho_w v_w$$
$$(s = F, \quad \alpha_s = 1; \quad s = \text{ox}, \text{pr}, \text{iner}, \cdots, \quad \alpha_s = 0) \tag{1.7.4}$$

$$\sum g_{sw} = \rho_w v_w = g_{F,w}, \quad \sum Y_s = Y_F + Y_{\text{ox}} + Y_{\text{pr}} + Y_{\text{iner}} = 1$$

热流的边界条件是

$$\lambda\left(\frac{\partial T}{\partial y}\right)_w + \varepsilon\sigma(T_\infty^4 - T_w^4) = \rho_w v_w L + \lambda_l\left(\frac{\partial T}{\partial y}\right)_{1w}, \quad Y_{F,w} = B_w \exp(-E_w/(RT_w)) \tag{1.7.5}$$

如果忽略热辐射和液体内部的导热，则有

$$\lambda\left(\frac{\partial T}{\partial y}\right)_w = \rho_w v_w L = \rho_w v_w q_e \tag{1.7.6}$$

气固交界面上的边界条件如图 1.7.4 所示.

各组分物质流和浓度的边界条件是

$$g_{sw} = -D\rho\left(\frac{\partial Y_s}{\partial y}\right)_w + Y_{sw}\rho_w v_w = \sum_r w_{sr}$$

$$g_{\text{iner}} = -D\rho\left(\frac{\partial Y_{\text{iner}}}{\partial y}\right)_w + Y_{\text{iner},w}\rho_w v_w = 0 \quad (1.7.7)$$

$$\sum_s g_{sw} = \rho_w v_w, \quad \alpha g_{F,w} = \beta g_{\text{ox},w} = \cdots$$

其中, α 和 β 是化学当量比系数. 热流边界条件是

$$\sum_r w_{sr} Q_{sr} = \lambda_w\left(\frac{\partial T}{\partial y}\right)_w + \lambda_l\left(\frac{\partial T}{\partial y}\right)_{1w} + \varepsilon\sigma(T_w^4 - T_\infty^4) \quad (1.7.8)$$

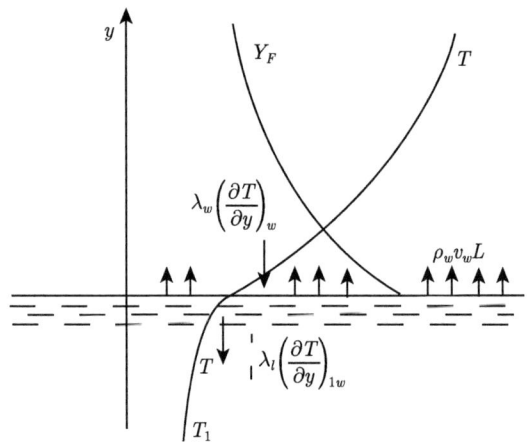

图 1.7.4 气固交界面上的边界条件

1.8 Zeldovich 转换和广义雷诺比拟

Zeldovich 提出一种转换法 [2]，将能量方程和组分方程或者两种组分方程合并，从表面上消去化学反应源项，所得到的综合函数称为保守型标量 (conservative scalar)，其输运方程是没有源项的方程，便于求解，在解析理论和数值模拟中都极为有用. 取综合函数

$$Y = Y_s - \beta Y_k, \quad Z = c_p T + Y_s Q_s$$

其中，下角标 s 和 k 代表不同组分，β 为化学当量比系数. 在 $Le = D\rho c_p/\lambda = 1$ 和 $c_p=$const 的情况下，可以得到

$$\frac{\partial}{\partial x_j}(\rho v_j Y) = \frac{\partial}{\partial x_j}\left(\frac{\lambda}{c_p}\frac{\partial Y}{\partial x_j}\right), \quad \frac{\partial}{\partial x_j}(\rho v_j Z) = \frac{\partial}{\partial x_j}\left(\frac{\lambda}{c_p}\frac{\partial Z}{\partial x_j}\right)$$

这两个方程在形式上和无反应的扩散方程或者能量方程相同. 在解析解, 例如, 有反应气体流过层流平板边界层中, 如果 $Pr = Sc = Le = 1$, 则无须求解连续、动量、组分扩散和能量方程, 就可以得到无量纲的综合浓度场和速度场以及焓场相等的关系[2], 可以称为广义雷诺比拟.

通常无反应单组分流动的传热传质问题中, 在壁面处存在着雷诺比拟关系, 即剪切力, 热流和物质流有着如下类似的形式:

$$\tau = \mu \left(\frac{\partial u}{\partial y}\right), \quad q = -\lambda \left(\frac{\partial T}{\partial y}\right), \quad g = J = -D\rho \left(\frac{\partial Y}{\partial y}\right)$$

但是在多组分有反应流动中, 由于相分界面上有 Stefan 流的存在, 相分界面处热流和物质流分别是

$$q_w = \lambda \left(\frac{\partial T}{\partial y}\right)_w, \quad g_{sw} = -D\rho \left(\frac{\partial Y_s}{\partial y}\right)_w + Y_{sw}\rho_w v_w$$

因此, 一般地说, 即使在 $Pr = Sc = Le = 1$ 时, 雷诺比拟关系也不复成立了. 可是如果取

$$F = Y_F/(1 - Y_{F,w}), \quad \theta = c_p(T_\infty - T)/q_e$$

则可以得到

$$\rho_w v_w = -D_w \rho_w \left(\frac{\partial F}{\partial y}\right)_w = -\frac{\lambda}{c_p}\left(\frac{\partial \theta}{\partial y}\right)_w$$

这也是一种广义的雷诺比拟关系.

参 考 文 献

[1] von Karman T. Selected Combustion Problems: II. London: AGARD, 1956: 167-194.
[2] 周力行. 燃烧理论和化学流体力学. 北京: 科学出版社, 1986: 4-35.
[3] 周力行. 湍流气粒两相流动和燃烧的理论与数值模拟. 陈文芳, 林文漪, 译. 北京: 科学出版社, 1994: 11-35.
[4] Williams F A. Combustion Theory. New York: Addison Wesley, 1965. 中译本: (美) 威廉斯. 燃烧理论. 李荫亭, 等译. 北京: 科学出版社, 1976: 1-18.
[5] Frank-Kamenetsky D A. Diffusion and Heat Exchange in Chemical Kinetics. Moscow: Academy of Sciences USSR Press, 1947.

第 2 章 着火和灭火理论

2.1 基本概念和量纲分析

着火和灭火是燃烧中最有代表性的临界现象,它是由低温缓慢反应向高温快速反应的过渡及其反过程. 通常观察的着火现象有两类: ① 自燃,包括密闭容器、良好搅拌反应器、柴油机等装置中,由加热整个系统而引起的热着火,以及没有外部加热的煤堆或草堆的自燃; ② 强迫着火,用炽热表面、电火花、小火焰或其他局部热源的点燃,例如,燃气轮机燃烧室和汽油机中的点火. 但是,无论是自燃还是点燃,着火现象的机理都是化学反应放热与导热、对流、辐射引起的热损失之间的相互作用的结果. 很早以前,甚至到现在,人们往往认为着火温度是每一种燃料的固有特性;但是燃烧理论告诉我们,着火温度是压力、速度、几何尺寸、燃料和空气比,以及燃料和氧化剂特性的函数,并且存在一个表达着火或灭火条件的函数关系式. 一般的手册上燃料特性所指的着火温度,只是一定条件下的测量结果. 在一定的初始条件或边界条件下,从某一瞬间或某一位置开始,化学反应能自动加速并迅速达到高温状态,这个初始条件或边界条件称为着火条件.

引起着火临界现象是由于燃烧反应有两个重要特点:第一,燃烧反应的高热效应,例如,碳、碳氢燃料和氢的燃烧 (氧化) 产生的热效应分别是 3.68×10^4 kJ/kg、4.18×10^4 kJ/kg 和 1.38×10^5 kJ/kg;第二,反应的活化能高,反应率随温度的升高而剧增. 碳氢燃料燃烧的活化能 E 处于 $8.36\times10^4 \sim 1.67\times10^5$ kJ/(kg·mol). 假设反应率 w_s 正比于 $\exp(-E/(RT))$, 活化能为 $E = 8.36 \times 10^4$ kJ/(kg·mol),则有

$$T_1=500\text{K 时}, \exp(-E/(RT_1)) \text{ 约为 } 2\times10^{-9}$$

$$T_2=1000\text{K 时}, \exp(-E/(RT_2)) \text{ 约为 } 4\times10^{-5}$$

这就是说,温度增加一倍,反应率可以增大为原来的 20000 倍. 因此,临界现象——着火与灭火总是由于高热效应和高活化能的化学反应 (动力学) 和传热传质 (流体流动) 之间相互作用而引起. 着火与灭火的理论或临界现象的理论,是分析流动与化学反应之间的相互作用的. 一般说来,对于给定的进口条件和边界条件,数值模拟可以预报空间中有反应流动的速度、温度和浓度分布及其随时间的变化,由此可以判断临界现象是否存在,但是,如果只需要定性地判断有无临界

2.1 基本概念和量纲分析

现象发生,以及何时何处发生临界现象,那么无须进行数值计算,着火与灭火理论就可以达到这一目的.

首先仿照 Frank-Kamenetsky[1],对能量方程进行量纲分析,可以得到一般性规律. 出发点是低马赫数、各组分比热相等且为常数、忽略热辐射和体积力的有反应层流流动的能量方程 [1,2]:

$$\rho c_p \frac{\mathrm{d}T}{\mathrm{d}t} - \frac{\partial p}{\partial t} = \frac{\partial}{\partial x_j}\left(\lambda \frac{\partial T}{\partial x_j}\right) + w_s Q_s$$

假设着火前燃料和氧化剂浓度、混合气体密度以及导热系数接近于保持不变,分别取特征的反应时间、扩散时间和无量纲温度为

$$\tau_c = \frac{RT_1^2}{E}\frac{\rho c_p}{w_{s1}Q_s}, \quad \tau_d = \rho c_p L^2/\lambda, \quad RT_1^2/E$$

以及无量纲温度、无量纲时间及无量纲坐标

$$\theta = (T-T_1)/(RT_1^2/E), \quad \bar{t} = t/\tau_d, \quad \xi = x_j/L$$

可以得到无量纲形式的能量方程:

$$\frac{\mathrm{d}\theta}{\mathrm{d}(t/\tau_c)} = \frac{1}{D}\frac{\partial}{\partial \xi}\left(\frac{\partial \theta}{\partial \xi}\right) - w_s/w_{s1} \tag{2.1.1}$$

其中,$D = \tau_d/\tau_c$. 采用 Frank-Kamenetsky 近似分析法 [1],取

$$(T-T_1)/T_1 = \Delta T/T_1 \ll 1$$

$$\exp\left(-\frac{E}{RT}\right) = \exp\left[-\frac{E}{RT_1(1+\Delta T/T_1)}\right]$$

$$\approx \exp\left(-\frac{E}{RT_1}\right)\exp\left(\frac{E}{RT_1^2}\Delta T\right) = \exp\left(-\frac{E}{RT_1}\right)\mathrm{e}^{\theta}$$

因此有

$$w_s \approx w_{s1}\mathrm{e}^{\theta}$$

从而得到

$$\frac{\mathrm{d}\theta}{\mathrm{d}\bar{t}} = \frac{\partial}{\partial \xi_j}\left(\frac{\partial \theta}{\partial \xi_j}\right) + D\mathrm{e}^{\theta} \tag{2.1.2}$$

方程解的一般形式是

$$\theta = \theta(D, \xi_j, \bar{t}) \tag{2.1.3}$$

式中唯一的参量是 D. 因此,当该参量为某个值时,温度在空间中或时间的变化将出现临界现象,着火条件应当是

$$\tau_d/\tau_c = D_{\mathrm{cr}} = \mathrm{const} \tag{2.1.4}$$

对于定常流动系统将有

$$\frac{\mathrm{d}\theta}{\mathrm{d}\bar{t}} = v_j \frac{\partial \theta}{\partial x_j} = \frac{\partial}{\partial \xi_j}\left(\frac{\partial \theta}{\partial \xi_j}\right) + D\mathrm{e}^{\theta}$$

或

$$\bar{v}_j \frac{\partial \theta}{\partial x_j} = \frac{1}{Pe}\frac{\partial}{\partial \xi_j}\left(\frac{\partial \theta}{\partial \xi_j}\right) + D\mathrm{e}^{\theta} \tag{2.1.5}$$

其中,

$$\bar{v}_j = v_j/u_\infty, \quad Pe = u_\infty L/[\lambda/(c_p \rho_\infty)]$$

该方程的一般解是

$$\theta = \theta(Pe, D, \bar{v}_j, \xi_j)$$

因此,着火条件是

$$\tau_d/\tau_c = f(Pe)$$

对于静止定常系统,其解为

$$\theta = \theta(D, \xi_j)$$

因此着火条件也是

$$\tau_d/\tau_c = D_{\mathrm{cr}} = \mathrm{const}$$

方程 (2.1.5) 中函数的最终形式,将由方程 (2.1.2) 不同的简化分析解来确定,因为方程 (2.1.2) 的完整形式只有通过数值方法才能求解.

2.2 密闭容器内预混气体着火的 Semenov 非定常模型

文献 [1-3] 阐述了 Semenov 提出的密闭容器内预混气体着火的非定常模型. 假设一个密闭球形容器内有静止可燃混合物,没有强迫对流和自然对流,内部均匀分布的温度只随时间变化,即 $T = T(t)$. 浓度分布也是均匀的,着火前忽略浓度变化,球体和周围环境间只有导热 (图 2.2.1). 假设用某种加热方法,使环境和容器内部在初始时刻 $t = 0$ 都达到 $T = T_\infty$,此后容器内温度由于反应而上升,环境温度则维持不变. 这个系统的简化能量方程是

$$\rho V c_v \frac{\mathrm{d}T}{\mathrm{d}t} = V w_s Q_s - 2\pi\lambda(T - T_\infty)$$

或

$$\rho c_v \frac{\mathrm{d}T}{\mathrm{d}t} = q_1 - q_2 = w_s Q_s - \frac{12}{d^2}(T - T_\infty) \tag{2.2.1}$$

2.2 密闭容器内预混气体着火的 Semenov 非定常模型

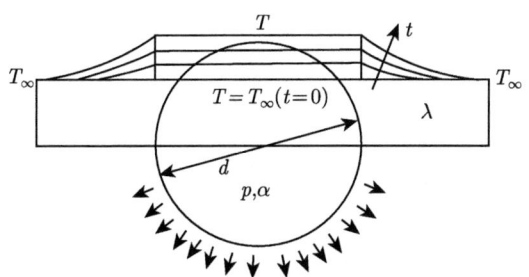

图 2.2.1　密闭容器内的着火

对任何平衡态 (图 2.2.2) 将有

$$q_1 = q_2, \quad \frac{dT}{dt} = 0$$

平衡点可能是稳态缓慢反应, 也可能是假平衡. 增大初始温度可以使放热曲线和散热曲线相切, 切点就是过渡到非稳态的临界点. 因此得到判断着火的准则

$$q_1 = q_2, \quad \frac{\partial q_1}{\partial T} = \frac{\partial q_2}{\partial T} \tag{2.2.2}$$

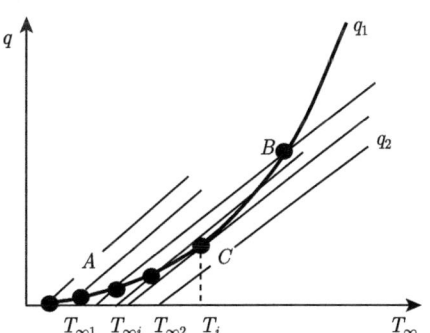

图 2.2.2　反应放热和散热随环境温度的变化

增大压力或降低导热系数或减小容器尺寸都可以导致着火. 着火温度指满足着火条件的进口温度, 不是切点温度, 最终燃烧发生在比切点温度高得多的温度下, 由式 (2.2.1) 和式 (2.2.2) 可以有

$$q_1 = q_2 \rightarrow w_s Q_s = 12\lambda(T_i - T_\infty)/d^2$$
$$\frac{\partial q_1}{\partial T} = \frac{\partial q_2}{\partial T} \rightarrow E w_s Q_s /(RT_i^2) = 12\lambda/d^2$$
$$T_i - T_{\infty i} = RT_i^2/E, \quad T_i \approx T_{\infty i} + RT_{\infty i}^2/E$$

从而可以推导出着火条件：

$$\frac{E}{RT_\infty^2}w_{s\infty}Q_s = 12\lambda/d^2 \tag{2.2.3}$$

上述结果表明，着火是化学动力学因素和传热传质因素相互作用的结果，着火条件是温度、压力、混合比、容器尺寸构成的函数关系. 着火温度随压力的上升而下降，随容器尺寸的增大而下降. 压力和容器直径不变时如果改变混合比，存在着火温度最小值和着火浓度的贫限与富限. 理论结果和实验结果符合，见图 2.2.3~图 2.2.5.

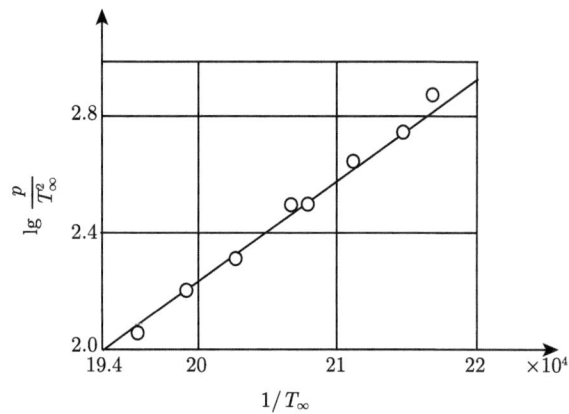

图 2.2.3　着火压力随温度的变化

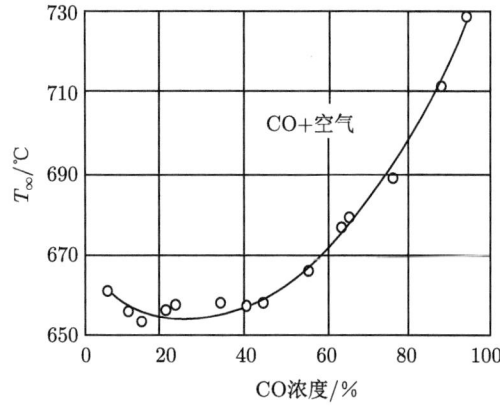

图 2.2.4　着火温度随浓度的变化

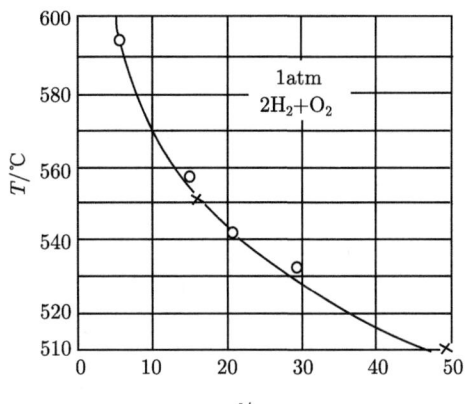

图 2.2.5　着火温度随容器直径的变化

1atm=1.01325×10⁵Pa

2.3　着火延迟

即使系统满足着火条件，着火也不是立即到来. 着火延迟是由初始状态的瞬间到发生温度快速增长的瞬间所需的时间间隔. 系统满足着火条件时，着火延迟取得最大有限值. 即使系统初始条件优于着火条件，着火延迟也不为零. 着火延迟和着火条件不是一回事，但相互间有密切关系. 从能量方程得到的温度随时间变化的曲线 $T(t)$ 可以看到

$$T_\infty < T_{\infty i}, \quad \frac{dT}{dt} \to 0, \quad \tau_i = \infty$$

$$T_\infty = T_{\infty i}, \quad \frac{dT}{dt} > 0 \to \frac{dT}{dt} = 0, \quad t = \tau_i$$

$$T_\infty > T_{\infty i}, \quad \frac{d^2T}{dt^2} < 0 \to \frac{d^2T}{dt^2} > 0, \quad \frac{d^2T}{dt^2} = 0, \quad \frac{dT}{dt} \neq 0$$

求解能量方程

$$c_v \frac{dT}{dt} = w_s Q_s - 12\lambda(T - T_\infty)/d^2$$

将该方程乘以 $E/(RT_\infty^2)$ 并除以 $\rho_\infty c_v$ 取

$$\tau_c = \frac{RT_\infty^2}{E} \frac{\rho_\infty c_v}{w_{s\infty} Q_s}, \quad \tau_d = \rho_\infty c_v d^2/\lambda, \quad \theta = E(T - T_\infty)/(RT_\infty^2), \quad \bar{t} = t/\tau_c$$

可以得到

$$\frac{d\theta}{d\bar{t}} = e^\theta - 12\theta/D, \quad D = \tau_d/\tau_c$$

取

$$q_2 = 0, \quad \frac{d\theta}{dt} = e^\theta/\tau_c, \quad \int_0^\theta e^\theta d\theta = \int_0^t d\left(\frac{t}{\tau_c}\right), \quad t/\tau_c = 1 - e^\theta$$

$$t = \tau_i, \quad \theta_i = 1, \quad \tau_i = \left(1 - \frac{1}{e}\right)\tau_c = \frac{RT_\infty^2}{E}\frac{\rho_\infty c_v}{w_{s\infty}Q_s}$$

于是得到绝热着火延迟

$$\tau_i = \left(1 - \frac{1}{e}\right)\tau_c = \frac{RT_\infty^2}{E}\frac{\rho_\infty c_v}{w_{s\infty}Q_s} \tag{2.3.1}$$

其展开式是

$$\tau_i = Kp^{1-n}[\phi(\alpha)]^{-1}\exp(E/(RT_\infty)) \tag{2.3.2}$$

式中,K, n, E 和 $\phi(\alpha)$ 由实验确定. 可以看到, 当压力和混合比不变时, 着火延迟和温度的关系是

$$\ln \tau_i \approx E/(RT) + \text{const}$$

当温度和混合比不变时, 着火延迟和压力的关系是

$$\tau_i \propto p^{1-n}$$

这就是说, 着火延迟随温度升高而急剧下降, 随压力的上升而缩短. 温度和压力不变时, 改变混合比, 有一个最低着火延迟, 及其上限和下限. 用加添加剂的办法可以降低着火延迟. 理论结果被实验所证实 (图 2.3.1 和图 2.3.2). 如果实验得到了 τ_i 和 T_∞ 间的关系 (图 2.3.1) 以及 τ_i 和 p 间的关系 (图 2.3.2), 则可以确定活化能 E 和反应级数 n.

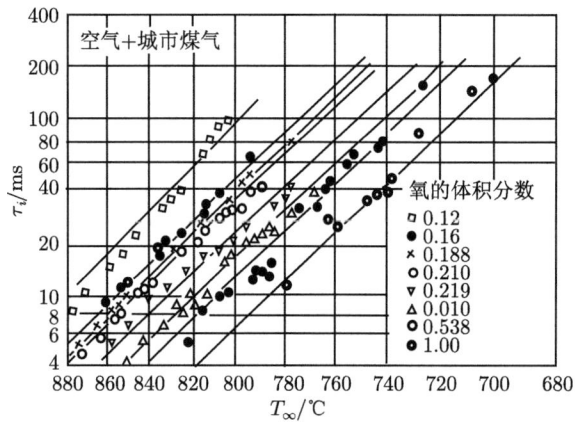

图 2.3.1 着火延迟随温度的变化

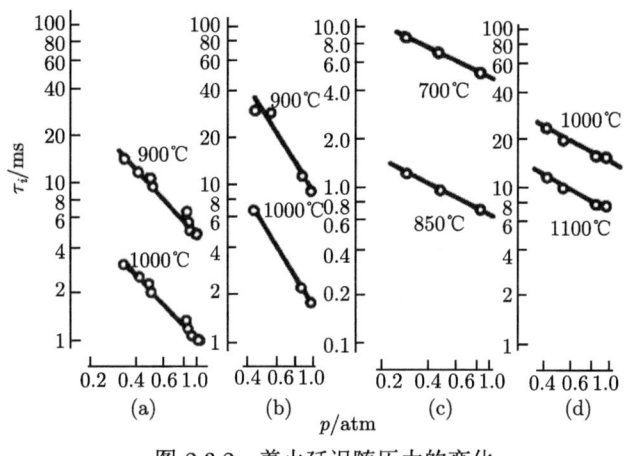

图 2.3.2 着火延迟随压力的变化

2.4 流动系统着火的非定常分析法

以上是密闭容器内静止气体混合物着火的非定常模型. 可以用这个思路, 对有反应的流动系统进行非定常法的分析 [2]. 追踪流场中某一微元体, 考察其能量方程

$$\rho c_p \frac{\mathrm{d}T}{\mathrm{d}t} = \frac{\partial}{\partial x_j}\left(\lambda_e \frac{\partial T}{\partial x_j}\right) + w_s Q_s$$

可以把该方程右端的第一项导热项看成是微元体的热损失, 右端第二项显然是微元体的反应放热. 运用 Semenov 的分析法, 则该微元体的着火条件是

$$\frac{\partial}{\partial x_j}\left(\lambda_e \frac{\partial T}{\partial x_j}\right) = -w_s Q_s$$

$$\frac{\partial}{\partial T}\left[\frac{\partial}{\partial x_j}\left(\lambda_e \frac{\partial T}{\partial x_j}\right)\right] = -Q_s \frac{\partial w_s}{\partial T}$$

其无量纲形式是

$$\frac{\partial}{\partial \xi_j}\left[f_1(\theta)\frac{\partial \theta}{\partial \xi_j}\right] = -D\varphi(\theta)$$

$$\frac{\partial}{\partial \theta}\left\{\frac{\partial}{\partial \xi_j}\left[f_2(\theta)\frac{\partial \theta}{\partial \xi_j}\right]\right\} = -D\varphi'(\theta)$$

其中, $D = \tau_d/\tau_c; \varphi(\theta) = f_2(\theta)\exp(\theta)$.

最终的着火条件则可以归结为 D 是雷诺数和 Prandtl 数的温度分布函数.

2.5 热板点燃的 Khitrin-Goldenberg 模型

点燃可以用电火花、小火焰、热线、热表面. 点燃靠局部高温在局部首先达到着火. 当多组分有反应气体流过加热平板, 板温很高 (如近于 1300K) 时, 着火可能发生于某一个 x 距离处, 此后温度分布产生峰值. 可以规定壁面温度梯度为零处为着火距离, 因为此后热将由气体传给壁面. 若板长 L 小于此着火距离, 则点燃不成功 (图 2.5.1).

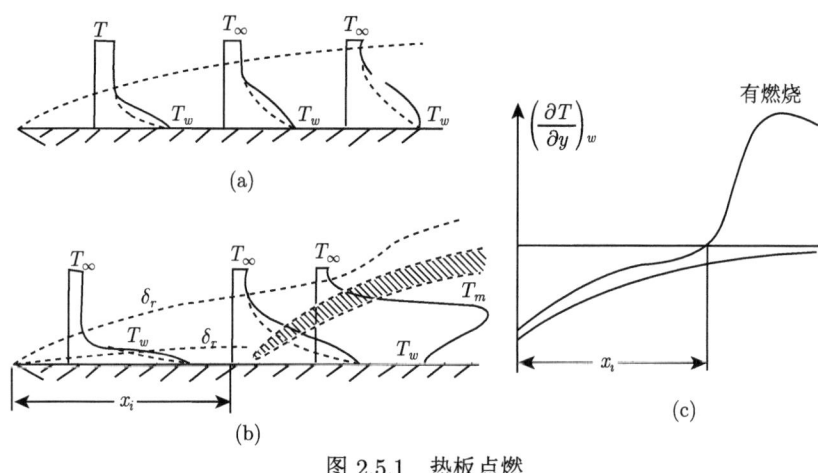

图 2.5.1 热板点燃

由二维层流边界层的能量方程出发

$$\rho u c_p \frac{\partial T}{\partial x} + \rho v c_p \frac{\partial T}{\partial y} = \frac{\partial}{\partial y}\left(\lambda \frac{\partial T}{\partial y}\right) + w_s Q_s \quad (2.5.1)$$

采用 Khitrin-Goldenberg 的分区近似法 [2,3], 将热边界层分成两个区, 紧靠壁面为反应薄层, 其中高温低速, 忽略对流项. 其外部为低温的对流预热区, 忽略反应项.

对反应区, $\delta_r < y < \delta_T$, 忽略对流项, 能量方程简化为

$$\lambda_w \frac{\partial}{\partial y}\left(\frac{\partial T}{\partial y}\right) = -w_s Q_s \quad (2.5.2)$$

对预热区, $0 < y < \delta_r$, 忽略反应项, 能量方程简化为

$$\rho u c_p \frac{\partial T}{\partial x} + \rho v c_p \frac{\partial T}{\partial y} = \frac{\partial}{\partial y}\left(\lambda \frac{\partial T}{\partial y}\right) \quad (2.5.3)$$

2.5 热板点燃的 Khitrin-Goldenberg 模型

按照 Zeldovich 提出的, 着火处壁面温度梯度为 0 的概念 [4], 意味着此后的壁面温度梯度由正值变成负值, 即热量从壁面传向气体变成由气体传向壁面, 则方程 (2.5.2) 的解给出

$$\frac{\partial}{\partial y}\left(\frac{\partial T}{\partial y}\right) = \frac{\partial T}{\partial y}\frac{\partial}{\partial T}\left(\frac{\partial T}{\partial y}\right) = \frac{1}{2}\frac{\partial}{\partial T}\left(\frac{\partial T}{\partial y}\right)^2$$

$$\left(\frac{\partial T}{\partial y}\right)_w^2 - \left(\frac{\partial T}{\partial y}\right)_1^2 = \frac{2Q_s}{\lambda_w}\int_{T_w}^{T_r} w_s \mathrm{d}T \approx \frac{2Q_s}{\lambda_w}\int_{T_w}^{T_\infty} w_s \mathrm{d}T$$

$$x = x_i, \quad \left(\frac{\partial T}{\partial y}\right)_w = 0, \quad \left(\frac{\partial T}{\partial y}\right)_1 = \sqrt{\frac{2Q_s}{\lambda_w}\int_{T_\infty}^{T_w} w_s \mathrm{d}T}$$

方程 (2.5.3) 的解给出

$$\left(\frac{\partial T}{\partial y}\right)_2 \approx \frac{h^*(T_w - T_\infty)}{\lambda_w} = \frac{Nu_x^*}{x}(T_w - T_\infty)$$

其中, 下标 1 代表预热区, 下标 2 代表反应区. 两区的耦合条件是

$$\left(\frac{\partial T}{\partial y}\right)_1 - \left(\frac{\partial T}{\partial y}\right)_2$$

由此得到着火条件

$$\left(\frac{Nu_x^*}{x}\right)^2 = \frac{1}{(T_w - T_\infty)^2}\frac{2Q_s}{\lambda_w}\int_{T_\infty}^{T_w} w_s \mathrm{d}T, \quad Nu_x^* = f''(0)Re_x^{0.5} = 0.332 Re_x^{0.5}$$

$$\tau_i = x_i/u_\infty = \rho c_p (T_w - T_\infty)^2 \bigg/ \left(0.332 Q_s \int_{T_\infty}^{T_w} w_s \mathrm{d}T\right)$$

$$\bar{\tau}_c = \rho c_p (T_w - T_\infty)^2 \bigg/ \left(Q_s \int_{T_\infty}^{T_w} w_s \mathrm{d}T\right), \quad \tau_i/\bar{\tau}_c = 0.332$$

(2.5.4)

其中, Nu^* 为无反应流动对流换热的 Nusselt 数. $Nu^* = f''(0)(T_\infty/T_w)\sqrt{u_\infty x/\nu_\infty}/2$. $f''(0)$ 为层流边界层 Blasius 解的常数 0.332. 上述结果表明, 点燃距离和来流速度成正比, 点燃距离随板温的升高呈指数规律迅速下降, 其他因素不变而只改变混合比时, 有最小点燃距离和点燃浓度的贫限与富限. 理论结果为实验所证实, 见图 2.5.2 ~ 图 2.5.4.

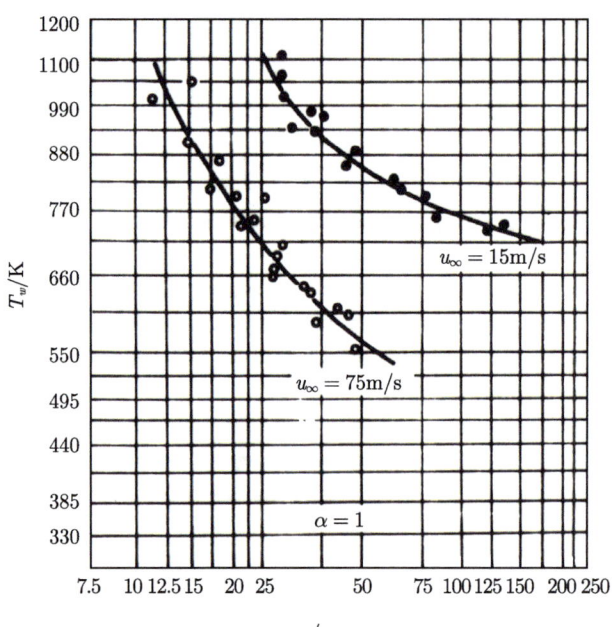

图 2.5.2　点燃距离随板温的变化 (对数坐标)

α 为过量空气系数

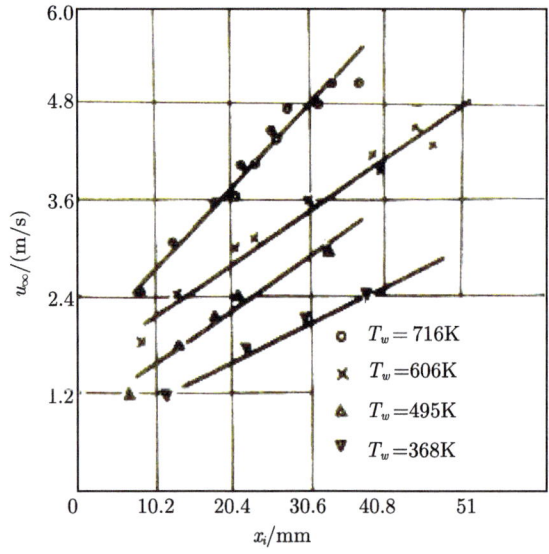

图 2.5.3　点燃距离随来流速度的变化

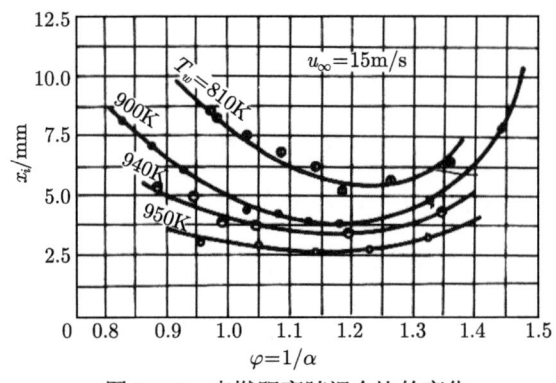

图 2.5.4 点燃距离随混合比的变化

α 为过量空气系数

2.6 良好搅拌反应器中的 Vulis 着火和灭火模型

密闭容器中, 如果考虑浓度的变化, 放热曲线和散热曲线会在高温区有第二个交点, 即稳定燃烧态. 这时如果降低器壁温度, 可以达到第二个临界点, 即灭火点. 灭火点和着火点不重合, 虽然两者的规律有类似之处, 但着火和灭火不是完全可逆的. Vulis[5] 分析了一个简单开口容器——良好搅拌反应器（图 2.6.1）的着火和灭火. 假设该容器中温度 T 和浓度 Y 均匀分布, 燃烧产物的温度和浓度分别是 T 和 Y, 进口温度和浓度分别为 T_∞ 和 Y_∞, 物质流为 M, 壁面绝热, 一级反应. 从放热和散热随温度变化的曲线来看, 有缓慢稳定反应和稳定燃烧的两个交点及两个切点——着火和灭火 (图 2.6.2 和图 2.6.3).

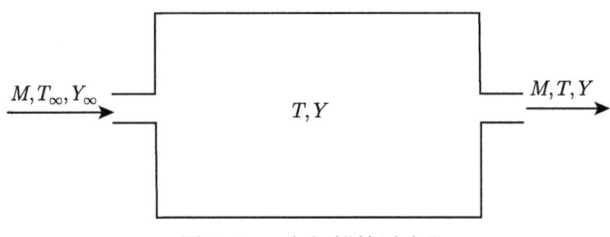

图 2.6.1 良好搅拌反应器

从稳态放热量的曲线来看 (图 2.6.3), 改变进口温度 T_∞ 或者改变物质流和体积之比 M/V, 都可以达到着火和灭火的目的. 有三个区域: 只有燃烧; 只有稳定缓慢反应; 不能着火但如果已经燃烧也不灭火. 放热和热损失, 进入的和消耗的组分物质流是

$$Q_1 = VQ_sB\rho_\infty Y \exp(-E/(RT)), \quad Q_2 = Mc_p(T - T_\infty)$$
$$G_1 = VB\rho_\infty Y \exp(-E/(RT)), \quad G_2 = M(Y - Y_\infty)$$

对于任何稳定反应态 (缓慢反应态或燃烧态) 应当有

$$Q_1 = Q_2, \quad G_1 = G_2$$

$$VQ_sB\rho_\infty Y \exp(-E/(RT)) = Mc_p(T - T_\infty)$$

$$VB\rho_\infty Y \exp(-E/(RT)) = M(Y - Y_\infty)$$

$$c_p(T - T_\infty) = Q_s(Y_\infty - Y), \quad c_p(T_m - T_\infty) = Q_sY_\infty$$

$$q_1 = Q_1/V = Q_sB\rho_\infty Y_\infty \left(\frac{T_m - T}{T_m - T_\infty}\right) \exp(-E/(RT))$$

$$q_2 = Q_2/V = Mc_p(T - T_\infty)/V$$

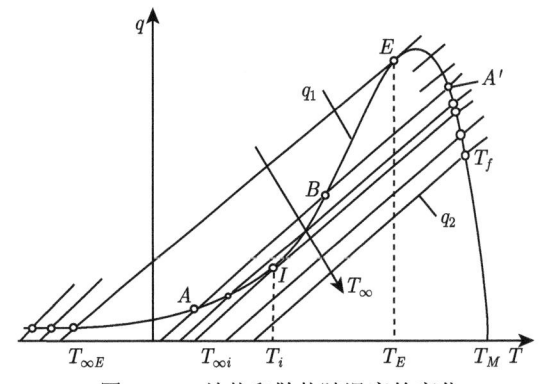

图 2.6.2 放热和散热随温度的变化

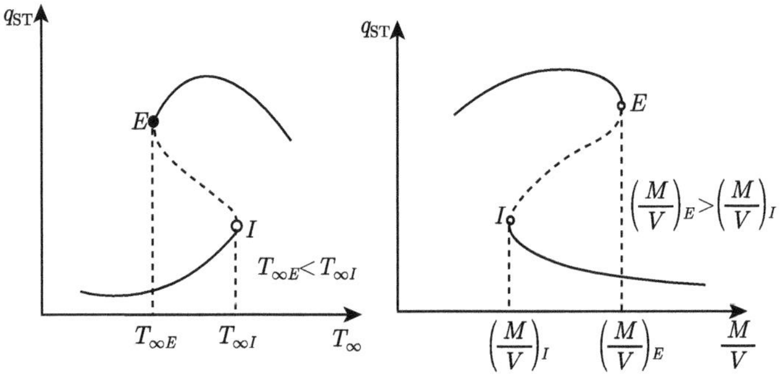

图 2.6.3 稳定态热量随进口参数的变化

可以推导出着火和灭火条件及其表达式. 着火和灭火的条件是

$$Q_1 = Q_2, \quad G_1 = G_2, \quad \frac{\partial Q_1}{\partial T} = \frac{\partial Q_2}{\partial T}$$

着火和灭火函数关系的表达式是

$$1 + \frac{M}{\rho_\infty VB}\exp\left(\frac{E}{RT_\infty}\right) = \frac{Y_\infty QE}{c_p RT_\infty^2}$$
$$\frac{M}{\rho_\infty VB}\exp\left(\frac{E}{RT_m}\right)\left[1 + \frac{M}{\rho_\infty VB}\exp\left(\frac{E}{RT_m}\right)\right]^{-2} = \frac{Rc_p T_m^2}{EY_\infty Q} \qquad (2.6.1)$$

可以看到，着火和灭火都是受速度、尺寸、温度、初始浓度影响的临界现象，有类似的趋势. 但是着火和灭火条件不相等. 在着火条件中，温度影响较大，浓度影响较小，而在灭火条件中，浓度影响较大，温度影响较小.

2.7 密闭容器内着火的 Frank-Kamenetsky 定常模型

前面叙述的 Frank-Kamenetsky 的量纲分析已经给出静止条件下着火条件的一般形式

$$\tau_d/\tau_c = D_{\text{cr}} = \text{const}$$

为了求出该式右端临界值的具体值，Frank-Kamenetsky [1] 考察了一个厚 $2L$、无穷宽和无穷长的板形反应区，其能量方程是

$$\frac{\mathrm{d}^2\theta}{\mathrm{d}\xi_j^2} = Dc^\theta \qquad (2.7.1)$$

其边界条件是

$$\xi = 0, \quad \frac{\mathrm{d}\theta}{\mathrm{d}\xi} = 0$$
$$\xi = 1, \quad \theta = 0$$

方程 (2.7.1) 的解是

$$\theta = \ln[a/(\text{ch}^2\sqrt{aD/2}\xi)], \quad a = \text{ch}^2\sqrt{aD/2} \qquad (2.7.2)$$

令 $\sigma = \sqrt{aD/2}$，于是有

$$\theta = \ln[\text{ch}^2\sigma/\text{ch}^2(\sigma\xi)]$$

σ 和 D 之间的关系为

$$\text{ch}\sigma/\sigma = (D/2)^{-1/2}$$

图 2.7.1 显示出 σ 和 D 之间的关系.

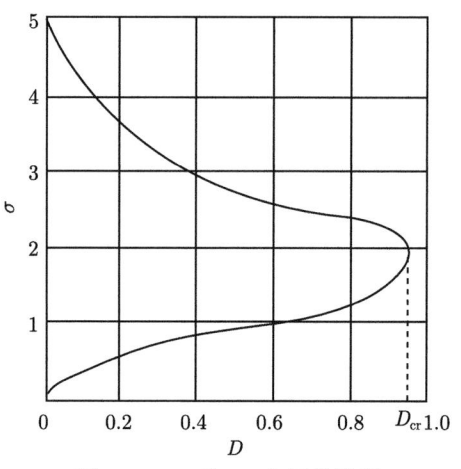

图 2.7.1 σ 和 D 之间的关系

对于一个给定的 D 值,有两个可能的 σ 值,对应两种可能的定常温度分布,其中高 σ 值没有物理意义,因为在方程中没有考虑浓度变化. 可以看到,当 D 值超过 0.88 之后, σ 没有解,也就是定常的温度分布不可能存在了. 因此着火条件是

$$D_{\mathrm{cr}} = 0.88 \tag{2.7.3}$$

用类似的定常分析的思路,可以通过解析解或数值解找到柱形反应器的着火条件为 $D_{\mathrm{cr}} = 2.0$,球形反应器的着火条件为 $D_{\mathrm{cr}} = 3.32$. Semenov 的非定常分析解相当于给出球形反应器的着火条件为 $D_{\mathrm{cr}} = 3$,柱形反应器的着火条件为 $D_{\mathrm{cr}} = 2.0$,以及板形反应器的着火条件为 $D_{\mathrm{cr}} = 1.0$. 可见,两种分析方法给出的结果差别不大.

2.8 一般流动系统着火条件的定常分析法

对于有燃烧反应的一般流动系统,也可以用定常法分析其着火条件[2]. 仿照前文,可以将流场分成反应区和无反应区两个区域. 相应的简化后的能量方程是

$$\frac{\partial}{\partial x_j}\left(\lambda_e \frac{\partial T}{\partial x_j}\right) = -w_s Q_s \tag{2.8.1}$$

$$\rho v_j c_p \frac{\partial T}{\partial x_j} = \frac{\partial}{\partial x_j}\left(\lambda_e \frac{\partial T}{\partial x_j}\right) \tag{2.8.2}$$

对于反应区,由定常解可以找到稳定缓慢反应的极限情况下边界处的温度梯度. 对于无反应区,边界处的温度梯度可以从通常的对流传热的分析解中得到. 在

2.8 一般流动系统着火条件的定常分析法

流场的某处，当前者大于后者时，就意味着稳定缓慢反应的温度分布维持不下去了，此处就开始着火了. 例如，让我们再来考察前文中的炽热平板点燃混合物气体流动的边界层问题. 反应区是一个紧靠壁面的薄层，其厚度为 δ_r，壁面温度为 T_w. 无量纲形式的能量方程是

$$\frac{\partial^2 \theta}{\partial \xi_j^2} = -De^\theta \tag{2.8.3}$$

式中各量的含义为

$$D = \tau_d/\tau_c, \quad \tau_c = \frac{RT_{w1}^2}{E}\frac{\rho c_p}{w_{sw}Q_s}, \quad \tau_d = \rho c_p \delta_r^2/\lambda, \quad \theta = (T-T_w)/(RT_w^2/E), \quad \xi = y/\delta_r$$

由

$$\frac{\partial \theta}{\partial \xi} = p, \quad \frac{\partial^2 \theta}{\partial \xi^2} = p\frac{\partial p}{\partial \theta} = \frac{\partial(p^2/2)}{\partial \theta}$$

可得

$$\frac{\partial \theta}{\partial \xi} = \sqrt{2D(a - e^\theta)} \tag{2.8.4}$$

其中，a 为常数. 稳定缓慢反应的极限情况相当于达到最大温升处，即在

$$\frac{\partial \theta}{\partial \xi} = 0, \quad \theta \approx 1$$

处，因此有

$$\frac{\partial \theta}{\partial \xi} = \sqrt{2D(e - e^\theta)}$$

反应区边界处的温度梯度相当于取 $\theta=0$，于是得到

$$\left(\frac{\partial \theta}{\partial \xi}\right)_2 = \sqrt{2D(e - 1)}$$

或者还原为有量纲形式

$$\left(\frac{\partial T}{\partial y}\right)_2 = \sqrt{2(e-1)RT_w^2 w_{sw}Q_s/(E\lambda_w)}$$

无反应区的能量方程是

$$\rho u c_p \frac{\partial T}{\partial x} + \rho v c_p \frac{\partial T}{\partial y} = \frac{\partial}{\partial y}\left(\lambda \frac{\partial T}{\partial y}\right)$$

认为反应区厚度 δ_r 比热边界层厚度 δ_T 小得多，可以近似地取无反应时的热边界层在壁面处的温度梯度作为有反应情况下紧邻反应区一侧的温度梯度，即

$$\left(\frac{\partial T}{\partial y}\right)_1 = -f''(0)(T_w - T_\infty)(T_\infty/T_w)\sqrt{u_\infty/(\nu_\infty x)_i}$$

着火的临界条件为
$$\left(\frac{\partial T}{\partial y}\right)_1 = \left(\frac{\partial T}{\partial y}\right)_2$$

因此得到着火条件的表达式

$$f''(0)(T_w - T_\infty)(T_\infty/T_w)\sqrt{u_\infty/(\nu_\infty x_i)} = \sqrt{8(e-1)RT_w^2 w_{sw} Q_s/(E\lambda_w)} \quad (2.8.5)$$

式中，f 为层流边界层 Blasius 解的函数. 此式也可以表达为

$$\tau_i/\tau_{cw} = 8[f''(0)]^2 (T_\infty/T_w)^{0.5}(e-1)[E/(RT_w)]^2[(T_w - T_\infty)/T_w]^2 \quad (2.8.6)$$

式中，
$$\tau_i = x_i/u_\infty, \quad \tau_{cw} = \rho_w c_p RT_w^2/(w_{sw} Q_s E)$$

将式 (2.8.6) 和式 (2.5.4) 相比，可见两者的主要变量关系接近，但是方程右端在定量上有差别.

参 考 文 献

[1] Frank-Kamenetsky D A. Diffusion and Heat Exchange in Chemical Kinetics. Princeton: Princeton University Press, 1955.
[2] 周力行. 燃烧理论和化学流体力学. 北京: 科学出版社，1986.
[3] Khitrin L N. Physics of Combustion and Explosion. Washington, D.C.: National Science Foundation, 1962.
[4] Zeldovich, Ya B. The Mathematical Theory of Combustion and Explosions. Moscow: Izd Acad. Nauk., USSR, 1985.
[5] Vulis L A. Thermal Regimes of Combustion. New York: McGraw-Hill, 1961.

第 3 章 层流气体燃烧理论

3.1 层流预混火焰

依据气体燃料燃烧前混合状态的不同和流动速度范围的不同，可以分成预混火焰和扩散火焰，层流火焰和湍流火焰．实际燃烧装置中，由于尺寸大，速度高，或者雷诺数高，都是湍流火焰．燃料和氧化剂在燃烧区之前就预先混合完毕的火焰是预混火焰，反之称为扩散火焰或者非预混火焰．在扩散火焰中，控制燃烧速率的主要因素是燃料和氧化剂的扩散，而不是反应动力学．预混火焰是扩散和反应动力学同时有控制作用的火焰．本章首先探讨最简单的情况——层流预混火焰，它的特性是研究湍流火焰的基础．研究层流预混火焰的目的是了解反应动力学特性．所谓火焰，指的是温度和浓度发生剧烈变化的、有反应和传热传质的薄层区域．层流预混火焰中由冷端到热端，燃料和氧浓度变成零，燃烧产物浓度和温度成为最大值．火焰的传播是靠高温燃烧产物通过导热不断使相邻的新鲜混气升温，着火，燃烧．导热和反应是支配层流预混火焰传播的两个重要因素．

3.2 层流预混火焰传播方程

假设有个一维、定常、层流有反应流动，忽略辐射传热和体积力，物态为完全气体，比热为常数，马赫数远小于 1，对于绝热环境，可以得到如下的连续、动量、组分和能量方程 [1-3]

$$\rho u = \rho_\infty u_\infty = \rho_\infty S_l = m = \text{const}$$
$$p \approx \text{const}$$
$$\rho u \frac{dY_s}{dx} = \frac{d}{dx}\left(D\rho \frac{dY_s}{dx}\right) - w_s \quad (3.2.1)$$
$$\rho u c_p \frac{dT}{dx} = \frac{d}{dx}\left(\lambda \frac{dT}{dx}\right) + w_s Q_s$$

由综合连续和能量方程，可得到 Zeldovich-Frank-Kamenetsky 火焰传播方程

$$\rho_\infty S_l c_p \frac{dT}{dx} = \frac{d}{dx}\left(\lambda \frac{dT}{dx}\right) + w_s Q_s \quad (3.2.2)$$

其绝热边界条件是

$$x \to -\infty, \quad T = T_\infty, \quad \frac{dT}{dx} = 0$$
$$x \to +\infty, \quad \frac{dT}{dx} = 0$$

3.3 层流预混火焰传播方程的若干性质

3.3.1 绝热边界条件和本征值问题

上述绝热边界条件使得二阶微分方程有三个边界条件，其解只存在于某些特定的参量 S_l，这就是本征值问题. 求解的目的不是求温度分布和浓度分布，而是找出火焰传播速度 S_l.

3.3.2 冷端难题

令

$$p = \frac{dT}{dx}, \quad \lambda = \text{const}$$

则有

$$\frac{\lambda}{c_p \rho_\infty} p \frac{dp}{dT} - S_l p + \frac{w_s Q_s}{c_p \rho_\infty} = 0, \quad x \to -\infty, \quad T = T_\infty, \quad p = 0$$

可见，在冷端，由于温度梯度为零，如果反应率不为零，则火焰传播速度为无限大，即没有解，因此解的存在要求冷端反应率为零，意味着冷端无着火. 实际上冷端的反应率不为零，这就是冷端难题 (cold boundary difficulty). 但是由于冷端温度较低，反应率接近于零，因此数学描述近似地满足了物理过程.

3.3.3 温度和浓度剖面的相似及焓值的守恒

综合利用连续、能量和组分方程，可得

$$\rho_\infty S_l c_p \frac{dT}{dx} = \frac{d}{dx}\left(\lambda \frac{dT}{dx}\right) + w_1 Q_1$$
$$\rho_\infty S_l \frac{dY_1}{dx} = \frac{d}{dx}\left(D\rho \frac{dY_1}{dx}\right) - w_1$$

由冷端到热端积分可得

$$\rho_\infty S_l c_p (T_m - T_\infty) = \int_{-\infty}^{+\infty} w_1 Q_1 dx, \quad \rho_\infty S_l Y_{1\infty} Q_1 = \int_{-\infty}^{+\infty} w_1 Q_1 dx$$
$$c_p(T_m - T_\infty) = Y_{1\infty} Q_1, \quad c_p T_m = Y_{1\infty} Q_1 + c_p T_\infty \tag{3.3.1}$$

显然，不论 Lewis 数 $Le = D\rho c_p/\lambda$ 是否为 1，冷端和热端的焓值都相等，热端温度为绝热燃烧温度. 当 Lewis 数为 1 时，则有

$$\theta = c_p(T_m - T_\infty)/(Y_1 Q_1) = (T_m - T)/(T_m - T_\infty)$$

$$F = Y_1/Y_{1\infty}$$

$$S_l \frac{\mathrm{d}\theta}{\mathrm{d}x} = \frac{\mathrm{d}}{\mathrm{d}x}\left(D\rho \frac{\mathrm{d}\theta}{\mathrm{d}x}\right) - w_1/Y_{1\infty} \quad (3.3.2)$$

$$S_l \frac{\mathrm{d}F}{\mathrm{d}x} = \frac{\mathrm{d}}{\mathrm{d}x}\left(D\rho \frac{\mathrm{d}F}{\mathrm{d}x}\right) - w_1/Y_{1\infty}$$

即火焰的各个断面处温度和浓度剖面相似. 当 Lewis 数为 1，而且只有 Lewis 数为 1 时，垂直于火焰方向上的焓值处处守恒.

3.4 层流预混火焰传播速度的一般表达式

取无量纲温度

$$\theta = (T - T_\infty)/(T_m - T_\infty)$$

和无量纲坐标

$$\mathrm{d}\xi = mc_p \mathrm{d}x/\lambda = S_l \mathrm{d}x/a, \quad a = \lambda/(\rho_\infty c_p)$$

可以得到无量纲形式的能量方程及其边界条件

$$\frac{\mathrm{d}\theta}{\mathrm{d}\xi} = \frac{\mathrm{d}}{\mathrm{d}\xi}\left(\frac{\mathrm{d}\theta}{\mathrm{d}\xi}\right) + aw_s Q_s\big/[S_l^2 c_p \rho_\infty(T_m - T_\infty)] \quad (3.4.1)$$

$$(\theta)_{-\infty} = 0, \quad (\theta)_{+\infty} = 1, \quad \left(\frac{\mathrm{d}\theta}{\mathrm{d}\xi}\right)_{-\infty} = \left(\frac{\mathrm{d}\theta}{\mathrm{d}\xi}\right)_{+\infty} = 0$$

将式 (3.4.1) 从冷端到热端积分，可以得到层流火焰传播速度的精确表达式

$$S_l = \sqrt{\frac{\lambda Q_s \int_{-\infty}^{+\infty} w_s(\xi)\mathrm{d}\xi}{\rho_\infty^2 c_p^2 (T_m - T_\infty)^2}} \quad (3.4.2)$$

3.5 层流预混火焰传播方程的近似解

要找出火焰传播速度，必须求解火焰传播方程. 由于该方程包含强烈非线性的温度指数函数项，对其求解不是容易的事情，可以用差分法求数值解或迭代法求精确解. 这里首先讨论经典的分区近似解. Zeldovich 和 Frank-Kamenetsky[1,4]

首先提出了二区近似模型. 近似地将火焰分成两个区 (图 3.5.1): 预热区和反应区. 预热区内忽略反应, 反应区内忽略对流. 近似后的预热区和反应区的能量方程分别是

$$\rho_\infty S_l c_p \frac{\mathrm{d}T}{\mathrm{d}x} = \frac{\mathrm{d}}{\mathrm{d}x}\left(\lambda \frac{\mathrm{d}T}{\mathrm{d}x}\right) \tag{3.5.1}$$

$$\frac{\mathrm{d}}{\mathrm{d}x}\left(\lambda \frac{\mathrm{d}T}{\mathrm{d}x}\right) + w_1 Q_1 = 0 \tag{3.5.2}$$

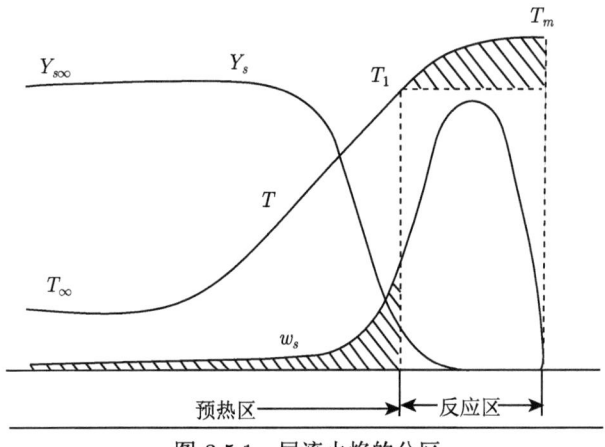

图 3.5.1　层流火焰的分区

两个区的接壤条件是

$$T_1 = T_2, \quad \left(\frac{\mathrm{d}T}{\mathrm{d}x}\right)_1 = \left(\frac{\mathrm{d}T}{\mathrm{d}x}\right)_2$$

对于预热区, 从冷端到和反应区交界处的积分, 给出

$$\rho_\infty S_l c_p \frac{\mathrm{d}T}{\mathrm{d}x} = \frac{\mathrm{d}}{\mathrm{d}x}\left(\lambda \frac{\mathrm{d}T}{\mathrm{d}x}\right), \quad \rho_\infty S_l c_p (T_1 - T_\infty) = \lambda \left(\frac{\mathrm{d}T}{\mathrm{d}x}\right)_1$$

对于反应区, 从其和预热区的交界到热端的积分, 给出

$$\frac{\mathrm{d}}{\mathrm{d}x}\left(\lambda \frac{\mathrm{d}T}{\mathrm{d}x}\right) + w_1 Q_1 = 0, \quad \left(\frac{\mathrm{d}T}{\mathrm{d}x}\right)_2 = \sqrt{\frac{2Q_1}{\lambda} \int_{T_2}^{T_m} w_1 \mathrm{d}T}$$

利用接壤条件和进一步的近似处理

$$T_1 - T_\infty \approx T_m - T_\infty, \quad \int_{T_1}^{T_m} w_1 \mathrm{d}T \approx \int_{T_\infty}^{T_m} w_1 \mathrm{d}T$$

3.5 层流预混火焰传播方程的近似解

于是对方程 (3.5.1) 和 (3.5.2) 的联合求解给出层流火焰传播速度的表达式

$$S_l = \sqrt{\frac{2\lambda Q_1 \int_{T_\infty}^{T_m} w_1 \mathrm{d}T}{\rho_\infty^2 c_p^2 (T_m - T_\infty)^2}} \tag{3.5.3}$$

可以看到,层流预混火焰传播速度是反映放热和导热相互作用的结果,它只取决于反应动力学和热物理参数,和流动速度以及管道尺寸无关. 它随着压力的减小而略有升高,随混合比的变化有极值,即呈下列关系:

$$S_l \sim \sqrt{\lambda}, \quad S_l \sim \sqrt{\overline{w}_1}, \quad S_l \sim p^{n/2-1}, \quad S_l \sim \varphi(\alpha)$$

Tsukhanova 和 Bondarenko[5] 分别提出一种修正的近似解. 利用了如图 3.5.2 所示的精确数值解结果.

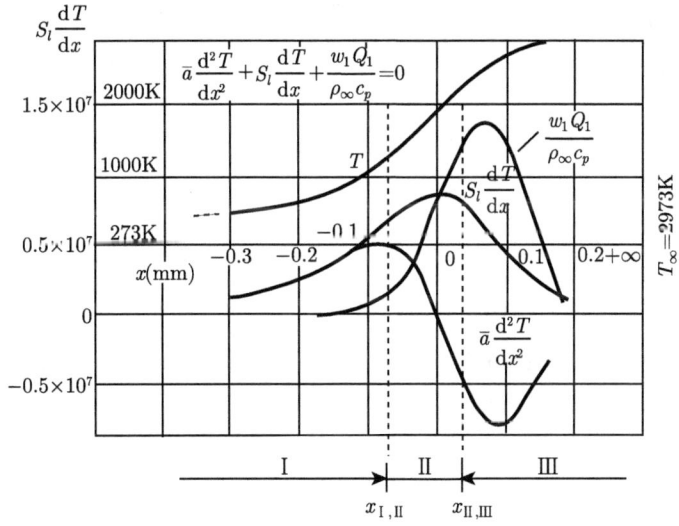

图 3.5.2 能量方程的精确解

火焰被分成三区:预热区,前燃区和后燃区,即分别为一区、二区、三区.

$$\text{一区 } w_1 Q_1 \approx 0, \quad S_l \frac{\mathrm{d}T}{\mathrm{d}x} = \frac{\mathrm{d}}{\mathrm{d}x}\left(\frac{\lambda}{c_p \rho_\infty} \frac{\mathrm{d}T}{\mathrm{d}x}\right)$$

$$\text{二区 } \frac{\mathrm{d}^2 T}{\mathrm{d}x^2} \approx 0, \quad S_l \frac{\mathrm{d}T}{\mathrm{d}x} = \frac{w_1 Q_1}{c_p \rho_\infty}$$

$$\text{三区 } S_l \frac{\mathrm{d}T}{\mathrm{d}x}, \quad \frac{\mathrm{d}}{\mathrm{d}x}\left(\lambda \frac{\mathrm{d}T}{\mathrm{d}x}\right) = -w_1 Q_1$$

二区模型
$$\left(\frac{dT}{dx}\right)_{1,3} = \left(\frac{dT}{dx}\right)_{3,1}$$

修正的模型
$$\left(\frac{dT}{dx}\right)_{1,2} = \left(\frac{dT}{dx}\right)_{2,1}$$

二区模型是取一区和三区接壤,而修正的模型则取一区和二区接壤,由此得到

$$\left(\frac{dT}{dx}\right)_{1,2} = \rho_\infty c_p S_l (T_1 - T_\infty)/\lambda, \quad \left(\frac{dT}{dx}\right)_{2,1} = \frac{w_1 Q_1}{\rho_\infty c_p S_l}$$

$$S_l = \sqrt{\frac{\lambda_1 Q_1 w_{11}}{\rho_\infty^2 c_p^2 (T_1 - T_\infty)}}$$

用接壤条件来确定 T_1

$$\frac{\partial}{\partial T}\left[\left(\frac{dT}{dx}\right)_{1,2}\right] = \frac{\partial}{\partial T}\left[\left(\frac{dT}{dx}\right)_{2,1}\right] \quad \text{或} \quad \left(\frac{d^2 T}{dx^2}\right)_{1,2} = \left(\frac{d^2 T}{dx^2}\right)_{2,1}$$

$$\rho_\infty c_p S_l / \lambda_1 = \frac{Q_1}{\rho_\infty c_p S_l} w_1'(T_1)$$

最终的表达式是

$$S_l = \sqrt{\frac{\lambda_1 Q_1 w_1}{\rho_\infty^2 c_p^2 (T_1 - T_\infty)}}, \quad \frac{1}{(T_1 - T_\infty)} = \frac{w_1'(T_1)}{w_1(T_1)} \tag{3.5.4}$$

和上述近似解不同的是 von Karman 的积分近似解[6],其基本思路是不用分区近似,而是引入"反应度"的概念,并且对反应度取近似. 将反应度定义为

$$\varepsilon = \int_{-\infty}^{x} w_s dx \Big/ \left(\int_{-\infty}^{\infty} w_s dx\right) \tag{3.5.5}$$

以及火焰质量传播速度 $\rho_\infty S_l = m$,则积分形式的扩散方程为

$$\frac{d\varepsilon}{dx} = w_s/(mY_{s\infty}) \tag{3.5.6}$$

取无量纲温度 $\theta = (T - T_\infty)/(T_m - T_\infty)$ 和无量纲坐标 $d\xi = mc_p dx/\lambda = S_l dx/a$,$a = \lambda/(\rho_\infty c_p)$,可以得到无量纲积分形式的能量方程

$$\frac{d\theta}{d\xi} = \theta - \varepsilon \tag{3.5.7}$$

取无量纲反应率

$$\bar{w}_s = w_s/[k_{0s} Y_{s\infty} \rho_\infty \exp(-E/(RT_\infty))]$$

和无量纲火焰传播速度

$$\Lambda = \lambda k_{0s} \rho_\infty \exp(-E/(RT))/(m^2 c_p)$$

最终得到

$$\Lambda I = 1/2 - \int_0^1 (1-\theta) d\varepsilon \tag{3.5.8}$$

如果取零阶近似 $\varepsilon \ll \theta$, 就是认为反应度的变化远小于温度的变化, 则有 $\Lambda I = 1/2$, 由此得到

$$S_l = \sqrt{\frac{2\lambda Q_s \int_{T_\infty}^{T_m} w_s dT}{\rho_\infty^2 c_p^2 (T_m - T_\infty)^2}}$$

可见, Karman 零阶积分近似解的结果和 Zeldovich-Frank-Kamenetsky 分区近似解的结果相同. Prudnikov 和本书作者分别采取了其他方法的积分近似解, 详见文献 [1].

3.6 层流预混火焰传播方程的精确解

董道义 (T. Y. Toong)[3] 用迭代法直接寻求火焰传播方程的精确解. 首先把火焰传播方程由冷端到热端积分, 得到

$$\rho_\infty S_l (h_m - h_\infty) = Q_s \int_{-\infty}^{+\infty} w_s dx \tag{3.6.1}$$

其中, $h = c_p dT$. 然后将反应率对坐标的积分改成对焓值的积分, 得到火焰传播速度的表达式

$$S_l = Q_s \left[\int_{h_\infty}^{h_m} w_s dh \bigg/ \left(\frac{dh}{dx} \right) \right] / [\rho_\infty (h_m - h_\infty)] \tag{3.6.2}$$

式 (3.6.2) 中的火焰传播速度最终取决于反应率对温度或焓值的平均值, 而不是对坐标的平均值. 如果能把 $\dfrac{dh}{dx}$ 表达为 h 的函数, 就能找到火焰传播速度. 为此再一次把火焰传播方程从任一个 x 积分到热端, 可得

$$\frac{dh}{dx} = \frac{c_p Q_s}{\lambda} \int_h^{h_m} w_s dh \bigg/ \left(\frac{dh}{dx} \right) - \rho_\infty c_p S_l (h_m - h)/\lambda \tag{3.6.3}$$

式 (3.6.2) 和 (3.6.3) 是迭代法求解的基础. 上述两个方程包含两个未知量 dh/dx 和 S_l. 用迭代法求两者的准确值. 给定一个 dh/dx, 就可以得到 S_l. 知道了 S_l, 又能得到新的 dh/dx. 在迭代法开始时, 可以取近似解作为基础, 即对 dh/dx 取一阶近似. 对能量方程忽略对流项 (这里没有分区概念), 得到

$$\frac{dh}{dx} = \sqrt{\left(2c_p^2 \int_T^{T_m} w_s dT\right)/\lambda}$$

把此式代入式 (3.6.2)，就能得到一阶近似值，就等于分区近似值的结果. 再把 S_l 和 dh/dx 的一阶近似值代入式 (3.6.3) 中. 可以得到 dh/dx 的二阶近似值. 如此重复下去，直到这两个量收敛到稳定值为止.

3.7 各种外参数对传播速度的影响

Khitrin[7] 报道了层流火焰传播速度的实验结果，见图 3.7.1. 实验和理论均表明，层流火焰传播速度随混合比的变化有极值，在化学当量比时最大，其值在 $0.2 \sim 2 \mathrm{m/s}$，和燃料种类有关，乙烯的值比甲烷的值大得多，和初温的 $1.5 \sim 2$ 次方成正比，和压力的 $-0.15 \sim -0.33$ 次方成正比. 它是混合物的物性，和流动及几何尺寸无关.

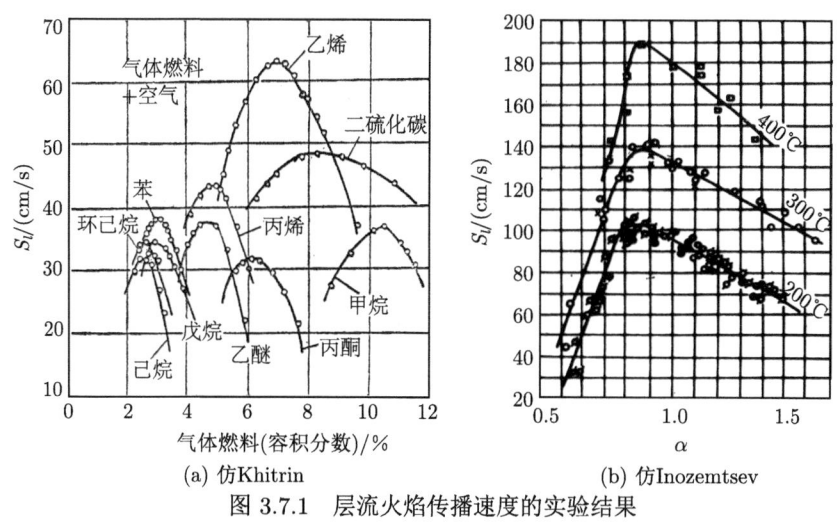

图 3.7.1 层流火焰传播速度的实验结果

α 代表过量空气系数

3.8 统观反应动力学参数的推算

整理层流火焰传播速度和温度及压力关系的实验结果，可以求出统观一步反应动力学参数. 层流火焰传播速度和温度及压力关系可以表达为

$$\ln S_l = (n/2 - 1)\ln p + c_1$$
$$\ln S_l^2 = -E/(RT_m) + c_2$$

例如，按照上述两个公式，整理实验结果，可以得到 CO 和空气反应动力学的表达式：

$$w_{\mathrm{CO}} = (1.14 \sim 2.5) \times 10^6 Y_{\mathrm{CO}} Y_{\mathrm{ox}}^{0.25} \rho^{1.25} T^{-2.25} \exp\left(-\frac{46000}{RT}\right)$$

3.9 层流扩散火焰

根据相似理论对扩散方程进行简化处理，可以导出气体燃料与空气等速同向流动层流扩散火焰的火焰长度 L 的表达式：

$$L = \frac{V}{2\pi D}$$

式中，V 为燃料气和空气的流量；D 为扩散系数.

从上式可知，在流量一定的条件下层流扩散火焰长度与喷嘴直径及喷射压力无关.

文献 [8] 报道了 Burke 和 Schumann 用解析方法分析了同心射流喷嘴，燃料自内管，空气自外管等速流出，且在出口截面上流速均匀的层流扩散火焰，假定全部反应在燃料气与氧的化学当量比的位置上瞬间完成，视火焰为无限薄面，得到火焰面方程

$$\sum \frac{1}{\varphi} \frac{\mathrm{J}_1\left(\varphi\dfrac{d}{2}\right) \cdot \mathrm{J}_0(\varphi y_f)}{\mathrm{J}_0^2\left(\varphi\dfrac{d'}{2}\right)} \exp\left(-\frac{D\varphi^2 x}{U}\right) = \frac{d'^2 C_2}{4 d_t C_0} - \frac{d}{4}$$

式中，d 和 d' 分别为内管和外管直径；J_0 和 J_1 分别为零级和一级贝塞尔函数；C_1 和 C_2 分别为喷口位置的燃料煤气浓度和空气中氧浓度；$C_0 = C_1 + C_2/i$ 为出口截面上的初始气体燃料浓度，其中 i 为 1mol 燃料燃烧的理论需氧摩尔数. 当供氧量少于理论需氧量时得到开口形状火焰，反之得到闭口形状火焰，计算结果与实测值能很好吻合. 文献 [8] 报道了 Hottel 和 Hawthorne 修正了上述公式，得出层流扩散火焰长度 L 的公式

$$L = \frac{U d^2 \theta}{4D} = \frac{V\theta}{\pi D} = \frac{V}{\pi D} \frac{1}{4} \frac{1}{\ln\dfrac{1+a_t}{a_t - a_0}}$$

其中，$\theta = 4Dt/d^2$ 是无量纲时间，d 是管口直径，D 是扩散系数. 由此得到的计算结果与实测值相当一致. 此外，Hottel 等还给出了火焰长度 L 的实验关系式

$$L = A \lg V\theta + B$$

式中，A 和 B 均为常数.

参 考 文 献

[1] 周力行. 燃烧理论和化学流体力学. 北京: 科学出版社，1986.
[2] Williams F A. Combustion Theory. 2nd ed. New York: Benjamin/Cummings Publishing Company, 1965.
[3] Toong T Y. Combustion Dynamics: the Dynamics of Chemically Reacting Fluids. New York: McGraw-Hill, 1983.
[4] Frank-Kamenetsky D A. Diffusion and Heat Exchange in Chemical Kinetics. Princeton: Princeton University Press, 1955.
[5] Tsukhanova, et al. Kinetics and Propagation of Flames (in Russian). Moscow: USSR Academy of Science Press, 1960.
[6] von Karman T. Selected combustion problems II. AGARD, 1956: 167-194.
[7] Khitrin L N. Physics of Combustion and Explosion. Washington, D.C.: National Science Foundation, 1962.
[8] Lewis B, von Elbe G. Combustion, Flames and Explosions in Gases. Amsterdam: Elsevier, 1987.

第 4 章 液体燃料燃烧理论

4.1 液体燃料燃烧方式和特点

液体燃料的燃烧通常有液面燃烧、液雾燃烧、预蒸发燃烧等几种不同方式. 液面燃烧发生于储油罐和油池失火等情况. 液雾燃烧广泛存在于各种燃烧装置如航空发动机、液体燃料火箭、烧油锅炉和工业炉以及燃用柴油的内燃机中. 预蒸发燃烧曾经在早期的航空发动机内进行过实验,因为积碳严重,没有得到应用,只用于手提工具,例如煤油喷灯中. 液体燃料燃烧的一个突出特点是,液面处没有化学反应,燃烧只发生在气相中. 因为液面的温度总是比沸点低,而沸点又比着火条件所要求的温度低得多. 通常,碳氢燃料和空气混合物的着火条件要求的温度超过 900 K. 各种石油产品的沸点是

汽油	360~380 K
煤油	420~500 K
变压器油	560~610 K
润滑油	620~670 K

此外,蒸发的潜热比起反应的活化能来要小得多. 因此,液体燃料总是先蒸发后燃烧,而且液面或液滴的燃烧常常是扩散控制的燃烧,因为燃料蒸气和氧在燃烧之前从相反的方向朝火焰区扩散. 实验中观测到,液体燃料的燃烧率反比于其密度. 上述这些特点都表明,蒸发在液体燃料燃烧中起重要作用. 液雾燃烧是液体燃料燃烧中用得最广泛的方式. 按进口温度、液滴尺寸和燃料种类的不同,液雾燃烧有完全蒸发后燃烧、液滴扩散燃烧和蒸气火焰加液滴扩散燃烧三种方式. 在任何情况下,研究有燃烧和没有燃烧的液滴蒸发,对于了解液体燃料燃烧机理和两相流动及燃烧的数值模拟都极为重要.

4.2 常温环境中的液滴蒸发

蒸发是指液体自由表面的分子由环境吸收能量而气化的相变过程. 蒸发的静特性,即潜热和沸点,以及饱和温度与饱和蒸气分压之间的关系是热力学性质,而蒸发的动力学特性即蒸发速率则取决于传热传质. 对于常温环境中的蒸发,蒸

过程对流动和传热传质的反作用可以忽略不计,因此液滴的蒸发可以看成是普通无蒸发球体传热传质的结果 [1]. 球体受热总量是

$$Q = \pi d_p^2 q_w = \pi d_p^2 \lambda_w \left(\frac{dT}{dr}\right)_w = \pi d_p Nu\lambda(T_g - T_w), \quad Q = Gq_e$$

其中,G 为液滴蒸发率,q_e 为蒸发热,由此得到

$$G = \pi d_p Nu\lambda(T_g - T_w)/q_e = \pi d_p Nu\frac{\lambda}{c_p}B, \quad B = \frac{c_p(T_g - T_w)}{q_e} \tag{4.2.1}$$

同理,由传质定律可以得到

$$G = \pi d_p^2 g_w = \pi d_p Nu D\rho(Y_w - Y_g) \tag{4.2.2}$$

液滴表面温度和蒸气浓度取决于传热传质平衡条件

$$D\rho(Y_w - Y_g) = \frac{\lambda}{c_p}B \tag{4.2.3}$$

和饱和参数条件

$$Y_w = B_w \exp(-E_w/(RT_w)) \tag{4.2.4}$$

因此液滴蒸发率正比于其直径、环境气体的导热系数、扩散系数以及无量纲温度差或浓度差,即

$$G \sim d_p, \quad G \sim \lambda, \quad G \sim B, \quad G \sim D\rho, \quad G \sim (Y_w - Y_g)$$

实验指出,即使在高温环境中蒸发,液滴蒸发率仍然正比于其直径、环境气体的导热系数或扩散系数,但是液滴蒸发率和无量纲温度差或浓度差的线性关系就不存在了.

4.3 液滴在高温环境中的蒸发和燃烧

高温环境中的液滴蒸发和燃烧 (图 4.3.1),由于液体表面上有 Stefan 流出现,对传热传质有影响,因此不能套用现成的传热传质规律,要重新求解基本方程组. 先假设液滴在静止 (无自然对流和强迫对流) 的高温环境中蒸发和燃烧,其周围只有 Stefan 流引起的准定常球对称径向一维流动,燃料气由液滴表面向四周扩散,氧气由四周向液滴表面扩散. 有燃烧时,高温火焰区放出的热量一部分传给液滴表面,用于蒸发,大部分则释放于环境中. 这时的连续、动量、组分和能量方程是 [1]

$$4\pi r^2 \rho v = 4\pi r^2 \rho_w v_w = G = \text{const} \tag{4.3.1}$$

4.3 液滴在高温环境中的蒸发和燃烧

$$p \approx \text{const} \tag{4.3.2}$$

$$\rho v \frac{dY_s}{dr} = \frac{1}{r^2}\frac{d}{dr}\left(r^2 D\rho \frac{dY_s}{dr}\right) - w_s \tag{4.3.3}$$

$$\rho v c_p \frac{dT}{dr} = \frac{1}{r^2}\frac{d}{dr}\left(r^2 \lambda \frac{dT}{dr}\right) + w_s Q_s \tag{4.3.4}$$

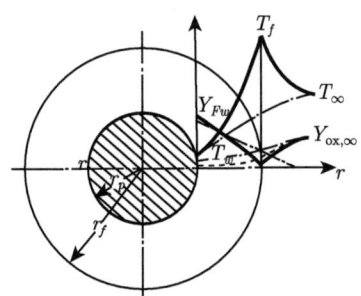

图 4.3.1 高温环境中的液滴蒸发和燃烧

液滴表面和无穷远处的边界条件是

$$r = r_p: v = v_w, \quad -D\rho\left(\frac{dY_s}{dr}\right)_w + Y_{sw}\rho_w v_w = \alpha_s \rho_w v_w \quad (s = F, \alpha_s = 1; s \neq F; \alpha_s = 0)$$

$$\lambda\left(\frac{dT}{dr}\right)_w = \rho_w v_w q_e = Gq_e/(4\pi r_p^2), \quad Y_{F,w} = B_w \exp(-E_w/(RT_w))$$

$$r = \infty$$

$$T = T_g, \quad Y_F = Y_{\text{pr}} = 0, \quad Y_{\text{ox}} = Y_{\text{ox},\infty}, \quad Y_{\text{iner}} = Y_{\text{iner},\infty}$$

运用连续方程和内边界条件，由表面到任何一个半径处积分，可得

$$\frac{d}{dr}(GY_s) = \frac{d}{dr}\left(4\pi r^2 D\rho \frac{dY_s}{dr}\right) - 4\pi r^2 w_s$$

$$\frac{d}{dr}(Gc_pT) = \frac{d}{dr}\left(4\pi r^2 \lambda \frac{dT}{dr}\right) + 4\pi r^2 w_s Q_s$$

$$G[c_p(T - T_w) + q_e] = 4\pi r^2 \lambda \frac{dT}{dr} + \int_{r_p}^{r} 4\pi r^2 w_s Q_s dr$$

$$G[Y_F - 1] = 4\pi r^2 D\rho \frac{dY_F}{dr} - \int_{r_p}^{r} 4\pi r^2 w_F dr$$

$$GY_{\text{ox}} = 4\pi r^2 D\rho \frac{dY_{\text{ox}}}{dr} - \int_{r_p}^{r} 4\pi r^2 w_{\text{ox}} dr$$

$$w_{\text{ox}} = \beta w_F$$

对于纯蒸发，反应率为零，将上述一阶微分方程由液滴表面到半径为无限大处积分，可以得到蒸发率表达式

$$G = 2\pi d_p \frac{\lambda}{c_p} \ln\left[1 + \frac{c_p(T_g - T_w)}{q_e}\right]$$
$$G = 2\pi d_p D\rho \ln\left(1 + \frac{Y_{F,w}}{1 - Y_{F,w}}\right) \quad (4.3.5)$$

当 $Le = 1$ 时，将有

$$G = 2\pi d_p \frac{\lambda}{c_p} \ln(1 + B), \quad B = \frac{c_p(T_g - T_w)}{q_e} = \frac{Y_{F,w}}{1 - Y_{F,w}}$$
$$Y_{F,w} = B_w \exp(-E_w/(RT_w)) \quad (4.3.6)$$

蒸发率受各参数的影响是

$$G \sim d_p, \quad G \sim \lambda, \quad G \sim \ln(1 + B), \quad \ln(1 + B) < B$$

$B \ll 1$ 时，

$$\ln(1 + B) \sim B$$

蒸发率和参数 B 之间的关系反映了高温环境中蒸发形成的 Stefan 流对传热传质有削弱作用. 对有燃烧时的液滴蒸发，运用 Zeldovich 转换，得到综合浓度 Z 的输运方程，其中无反应源项. 在 $Le = 1$ 时，可以把扩散和能量方程合并，即

$$Z = c_p T + Y_{\text{ox}} Q_{\text{ox}}, \quad Le = 1$$

$$G = [(Z - Z_w) + q_e + Y_{\text{ox},w} Q_{\text{ox}}] = 4\pi r^2 \frac{\lambda}{c_p} \frac{dZ}{dr}$$

从而得到有燃烧时的蒸发率表达式

$$G = 2\pi d_p \frac{\lambda}{c_p} \ln\left(1 + \frac{Z_\infty - Z_w}{q_e + Y_{\text{ox},w} Q_{\text{ox}}}\right)$$
$$G = 2\pi d_p \frac{\lambda}{c_p} \ln\left[1 + \frac{c_p(T_g - T_w) + (Y_{\text{ox},\infty} - Y_{\text{ox},w}) Q_{\text{ox}}}{q_e + Y_{\text{ox},w} Q_{\text{ox}}}\right] \quad (4.3.7)$$

对于扩散燃烧，液滴表面处的氧浓度为零，因此有

$$G = 2\pi d_p \frac{\lambda}{c_p} \ln\left[1 + \frac{c_p(T_m - T_w)}{q_e}\right] = 2\pi d_p \frac{\lambda}{c_p} \ln(1 + B_f)$$
$$B_f = c_p(T_m - T_w)/q_e, \quad T_m = T_g + Y_{\text{ox},\infty} Q_{\text{ox}}/c_p \quad (4.3.8)$$

4.3 液滴在高温环境中的蒸发和燃烧

有燃烧时的蒸发率也和反应动力学无关,表面处温度接近于沸点,但略低于沸点,即 $G=\mathrm{inv}$(反应动力学);T_w 近似等于但小于 T_b. 以上是在静止环境中的蒸发.

有强迫对流时,引入"驻膜"(stagnant film) 的概念 [1]. 考察一个驻膜,先设其中无蒸发和燃烧,令真实的对流传热等价于其中的导热. 再考察无对流的驻膜内球对称的液滴蒸发和燃烧 (图 4.3.2). 驻膜的半径取决于

$$Q = \pi d_p^2 h^*(T_g - T_w) = \frac{\pi d_1 d_p}{r_1 - r_p}\lambda(T_g - T_w), \quad Nu^* = h^* d_p/\lambda, \quad Nu^* = d_1/(r_1 - r_p)$$
$$d_1 = d_p Nu^*/(Nu^* - 2)$$
$$Nu^* = 2, \quad d_1 = \infty; \quad Nu^* = \infty, \quad d_1 = d_p$$

无蒸发的对流传热规律是 Ranz-Marshell 定理

$$Nu^* = 2 + 0.6 Re_p^{0.5} Pr^{0.33}, \quad Re_p = |v_g - v_p| d_p/\nu \tag{4.3.9}$$

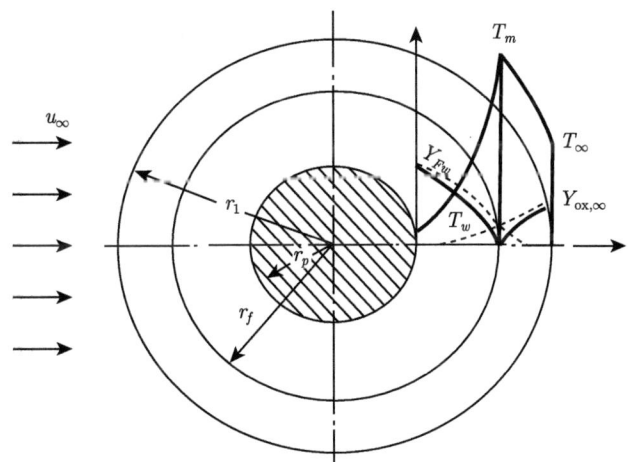

图 4.3.2 有强迫对流的液滴蒸发和燃烧

r_f 为火焰半径

用驻膜半径来代替无限大外边界,可以得到强迫对流下的无燃烧和有燃烧的液滴蒸发率

$$G = \pi d_p Nu^* \frac{\lambda}{c_p} \ln\left[1 + \frac{c_p(T_g - T_w)}{q_e}\right]$$
$$G = \pi d_p Nu^* \frac{\lambda}{c_p} \ln\left[1 + \frac{c_p(T_m - T_w)}{q_e}\right] \tag{4.3.10}$$

如果定义 $Nu = \frac{hd_p}{\lambda} = Gq_ed_p\big/[\pi d_p^2\lambda(T_g-T_w)]$，则高强度蒸发、有燃烧的蒸发和低强度蒸发所对应的 Nu 分别为

$$Nu = Nu_e = \frac{\pi d_p Nu^*\dfrac{\lambda}{c_p}\ln(1+B)q_ed_p}{\pi d_p^2\lambda(T_g-T_w)} = Nu^*\ln(1+B)/B \tag{4.3.11}$$
$$Nu = Nu_f = Nu^*\ln(1+B_f)/B$$
$$Nu = Nu^*$$

可以看到，Stefan 流削弱了传热传质，而燃烧则强化了传热传质. 以上的理论分析得到的规律是: 液滴蒸发率正比于液滴直径和气体导热系数，正比于 $\ln(1+B)$ 或 $\ln(1+B_f)$，正比于相对速度的平方根. 无论有无燃烧，液滴蒸发率均与反应动力学无关. 在液滴蒸发问题中有一个称之为"滴径平方的线性递减率"，即俄国学者所谓的"Sreznevsky 定律"或西方学者所谓的"d^2-Law". 由蒸发率的定义可以得到

$$G = \pi d_p^2\rho_l\frac{\mathrm{d}(d_p/2)}{\mathrm{d}t} = \frac{\pi d_p}{4}\rho_l\frac{\mathrm{d}(d_p^2)}{\mathrm{d}t}, \quad K \equiv \frac{\mathrm{d}(d_p^2)}{\mathrm{d}t} = \frac{4G}{\pi d_p\rho_l} \tag{4.3.12}$$
$$K = 4\frac{Nu^*\lambda}{\rho_l c_p}\ln(1+B), \quad K_f = 4\frac{Nu^*\lambda}{\rho_l c_p}\ln(1+B_f)$$

显然，只有同样的燃料，若环境温度和氧浓度不变，忽略 Nu 的变化，则滴径平方的线性递减率才成立

$$K = \text{const}, \quad K_f = \text{const}$$
$$d_{p0}^2 - d_p^2 = Kt, \quad d_{p0}^2 - d_p^2 = K_f t \tag{4.3.13}$$

K 或 K_f 称为蒸发常数. 液滴生存时间为

$$\tau_s = d_{p0}^2/K, \quad \tau_s = d_{p0}^2/K_f \tag{4.3.14}$$

于是，对于液滴蒸发我们可以得出如下结论:

(1) 蒸发率总是正比于液滴直径、导热系数和 $\ln(1+B)$ 或 $\ln(1+B_f)$;

(2) 无论有无燃烧，蒸发率都和反应动力学无关;

(3) 液滴直径平方随时间的线性递减律，不是普适的定律，只在一定条件下才成立.

4.4 液滴蒸发和燃烧的主要实验结果

文献中对液滴的蒸发和燃烧，曾分别在球形燃烧器、多孔球燃烧器、悬挂滴实验器、下落滴实验器及其他实验器中进行过实验研究. 本书作者[2]对悬挂液滴

4.4 液滴蒸发和燃烧的主要实验结果

的蒸发和燃烧进行了实验研究,实验装置见图 4.4.1.

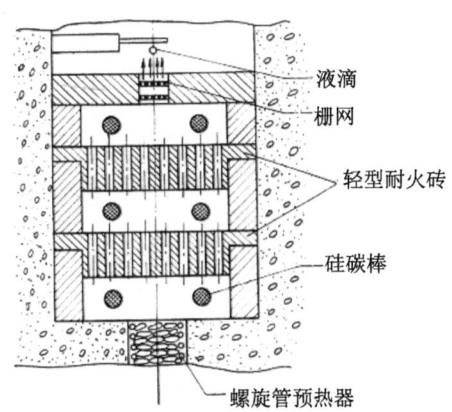

图 4.4.1 悬挂液滴蒸发和燃烧的实验装置

用硅碳棒加热空气流,可以改变气体温度 293~1273K,压力 1~0.1atm,气体速度 0~10m/s. 使用电磁阀门笼罩悬挂液滴. 阀门打开后使液滴暴露在热气流中,立即开始测量过程. 用电影摄影机测量滴径的缩小以及用电磁示波器测量蒸发过程的进展时间,研究了压力、气体温度、气流速度、氧浓度及其他因素对悬挂液滴蒸发率的影响,测量有燃烧的液滴蒸发时,液滴或是在高温气流中自动着火,或是在低温环境中用电火花点燃. 实测的辛烷滴直径的平方随时间的变化曲线指出 (图 4.4.2),滴径平方减小的直线定律近似成立,实际上液滴有初始的膨胀、预热、着火前纯蒸发、燃烧、灭火后的纯蒸发等不同阶段,其滴径变化规律不尽相同. 压力大于 1atm 时,K 正比于 p 的 0.25 次方,是自然对流的影响. 压力小于 1atm 时,K 几乎和压力无关 (图 4.4.3). 实验中首次发现,随着气流速度的增加或蒸发中滴径的减小,液滴在高温环境中的蒸发和燃烧有四种模态:全包火焰、半包火焰、尾部火焰 (降落伞火焰) 和纯蒸发. 气流相对速度对蒸发常数的影响见图 4.4.4 和图 4.4.5,显示出上述的四种状态. 全包火焰和纯蒸发时,K 和相对速度的 1/2 次方成正比. 煤油、辛烷、柴油、石蜡烷、重油的蒸发常数分别为 $0.96\text{mm}^2/\text{s}$,$0.95\text{mm}^2/\text{s}$,$0.79\text{mm}^2/\text{s}$,$0.7\text{mm}^2/\text{s}$ 和 $0.5\text{ mm}^2/\text{s}$.

令人预想不到的是环境温度对油滴蒸发率的影响. 按照球对称驻膜理论[1],环境温度对蒸发常数的影响应当是 $k \propto \ln(1+B), B = c_p(T_g - T_d)/q_e$,其中 T_g 是环境温度. 也就是,环境温度对蒸发常数的影响比线性关系弱. 但是实验结果是,蒸发率正比于 B 的平方,也就是环境温度对液滴蒸发率的影响比驻膜理论预报的强得多. 后文将说明,利用厚交换层理论得到的结果[2] 和实验结果趋势一致,而驻膜理论和边界层理论的结果则与实验结果趋势不一致.

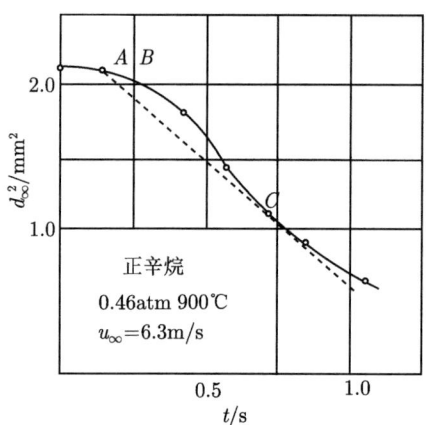

图 4.4.2　正辛烷滴直径的平方随时间的变化

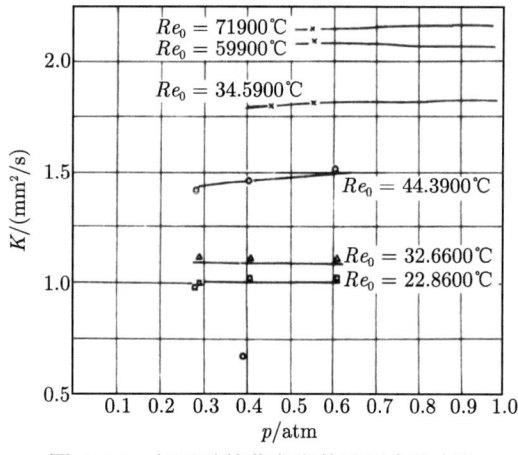

图 4.4.3　低压时的蒸发常数随压力的变化

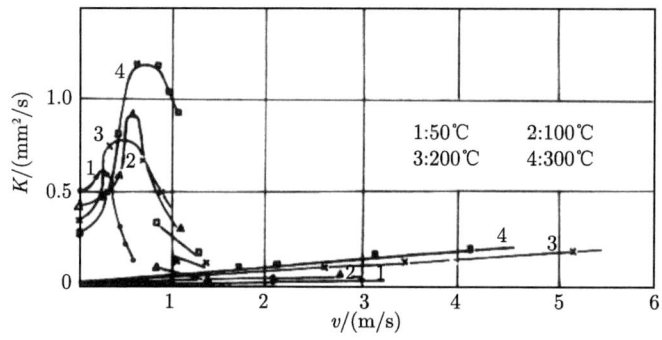

图 4.4.4　蒸发常数随相对速度的变化

(a) 全包火焰　　(b) 半包火焰　　(c) 尾部火焰

图 4.4.5　液滴燃烧的三种模态

4.5 蒸发和燃烧的液滴周围轴对称二维流动的解析解与三维流动的数值模拟

4.5.1 有蒸发/燃烧液滴周围轴对称气体流动的"厚交换层"理论

文献 [2] 对液滴的蒸发和燃烧进行了二维流动的解析理论研究. 液滴周围的气体流动处于中小雷诺数的情况下, 其动量、传热和传质区域不属于边界层性质, 可以称为 "厚交换层". 假设: ① 液滴蒸发处于准稳态 (忽略蒸发中液滴尺寸的缩小); ② 不考虑液滴内部的流动和导热; ③ 对混合气体的热物理性质, 取其液滴表面和环境气体或火焰面之间的平均值; ④ 环绕液滴的扩散火焰面为无穷薄, 该处的燃料蒸气和氧浓度为零; ⑤ 无自然对流; ⑥ 忽略火焰面前后的压力变化. 强迫对流下有蒸发的液滴及其扩散火焰, 见图 4.5.1.

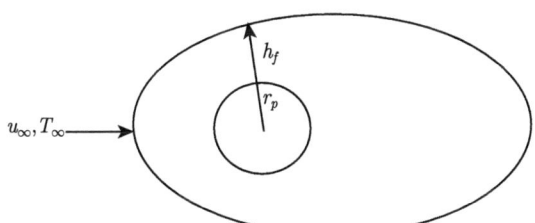

图 4.5.1　强迫对流下有蒸发的液滴及其扩散火焰

球坐标下轴对称二维流动的连续、动量、组分和能量方程分别是

$$\frac{\partial}{\partial r}(\rho r^2 v_r \sin\theta) + \frac{\partial}{\partial \theta}(\rho r v_\theta \sin\theta) = 0 \tag{4.5.1}$$

$$p \approx \text{const} \tag{4.5.2}$$

$$\rho v_r \frac{\partial Y_s}{\partial r} + \rho \frac{v_\theta}{r}\frac{\partial Y_s}{\partial \theta} = \frac{2}{r^2}\frac{\partial}{\partial r}\left(r^2 D\rho \frac{\partial Y_s}{\partial r}\right) - w_s \tag{4.5.3}$$

$$\rho v_r c_p \frac{\partial T}{\partial r} + \rho \frac{v_\theta}{r} c_p \frac{\partial T}{\partial \theta} = \frac{2}{r^2}\frac{\partial}{\partial r}\left(r^2 \lambda \frac{\partial T}{\partial r}\right) + w_s Q_s \tag{4.5.4}$$

无穷远处边界条件是

$$r = \infty, \quad v = u_\infty, \quad T = T_\infty, \quad Y_f = 0, \quad Y_{\text{ox}} = Y_{\text{ox},\infty}$$

火焰面处边界条件是

$$r = h_f, \quad Y_f = 0, \quad Y_{\text{ox}} = 0, \quad T = T_m$$

考虑 Stefan 流的液滴表面处边界条件是

$$r = r_p, \quad v_\theta = 0, \quad v_r = v_{rw}$$

$$g_w = -D\rho_w \left(\frac{\partial Y_s}{\partial r}\right)_w + Y_{sw}\rho_w v_{rw} = \alpha_s \rho_w v_{rw}, \quad s = f, \quad \alpha_s = 1, \quad s \neq f, \quad \alpha_s = 0$$

$$-\lambda_w \left(\frac{\partial T}{\partial r}\right)_w = g_w q_e$$

液面处饱和条件是

$$Y_w = Y_w(T_w)$$

取以下无量纲变量

$$u_r = v_r/u_\infty, \quad u_\theta = v_\theta/u_\infty, \quad F = Y/(1-Y_w), \quad \vartheta = c_p(T_\infty - T), \quad \xi = r/r_p$$

$$\bar{\rho} = \rho/\rho_w, \quad Pe_D = u_\infty d_p/D, \quad Pe_T = u_\infty d_p/[\lambda/(c_p\rho)], \quad \bar{h}_D = h_D/r_p, \quad \bar{h}_T = h_T/r_p$$

则连续、扩散和能量方程的无量纲形式分别为

$$\frac{\partial}{\partial \xi}(\bar{\rho}\xi^2 u_r \sin\theta) + \frac{\partial}{\partial \theta}(\bar{\rho}\xi u_\theta \sin\theta) = 0$$

$$\bar{\rho}u_r \frac{\partial F}{\partial \xi} + \bar{\rho}\frac{u_\theta}{\xi}\frac{\partial F}{\partial \theta} = \frac{2}{\xi^2}\frac{\partial}{\partial \xi}\left[\xi^2 \frac{\bar{\rho}}{Pe_D}\left(\frac{\partial F}{\partial \xi}\right)\right]$$

$$\bar{\rho}u_r \frac{\partial \vartheta}{\partial \xi} + \bar{\rho}\frac{u_\theta}{\xi}\frac{\partial \vartheta}{\partial \theta} = \frac{2}{\xi^2}\frac{\partial}{\partial \xi}\left[\xi^2 \frac{\bar{\rho}}{Pe_T}\left(\frac{\partial \vartheta}{\partial \xi}\right)\right]$$

运用连续方程和边界条件,则扩散方程和能量方程可以转变成以下的积分形式

$$\frac{dG}{d\theta} = 2\pi(1 + F_w)u_{rw}\sin\theta$$

$$\frac{dQ}{d\theta} = 2\pi(1 + \vartheta_w)u_{rw}\sin\theta$$

这里,

$$G = \int_{\bar{\psi}_w}^{\bar{\psi}_D} 2\pi F d\bar{\psi}, \quad Q = \int_{\bar{\psi}_w}^{\bar{\psi}_T} 2\pi \vartheta d\bar{\psi}$$

$$\bar{\psi} = \psi/(u_\infty \rho r_p^2) = \bar{\psi}(\theta,\xi), \quad \rho v_r = (-1/(r^2\sin\theta))\frac{\partial \psi}{\partial \theta}, \quad \rho v_\theta = (-1/(r\sin\theta))\frac{\partial \psi}{\partial r}$$

其中,ψ 是流函数. 采取类似于求解有压力梯度边界层流动的 Karman-Pohlhausen 积分近似法 [3],取流函数的一般形式为

$$\bar{\psi} = P(\xi)\varphi(\theta), \quad P(\xi) = A_0 Pe_{Dw}^m + \frac{1}{2}\xi^2 \left(\sum_{n=1}^{k}\frac{A_n}{\xi^n}\right)$$

取浓度和温度剖面分布的近似多项式为

$$F = B_0 + B_1\left(\frac{\xi-1}{\bar{h}_D}\right) + B_2\left(\frac{\xi-1}{\bar{h}_D}\right)^2$$

$$\vartheta = C_0 + C_1\left(\frac{\xi-1}{\bar{h}_T}\right) + C_2\left(\frac{\xi-1}{\bar{h}_T}\right)^2$$

传热率和传质率定义为

$$Nu_D = \frac{4F_w}{(Y_w - Y_\infty)\bar{h}_D}, \quad Nu_T = gd_p q_e/[\lambda(T_m - T_w)] = 4/\bar{h}_T$$

这里,g 代表圆周角 θ 处当地的蒸发率. 最后得到的圆周角 θ 处当地有燃烧的液滴蒸发的传质率和传热率分别为

$$Nu_D = 2\frac{\ln(1+F_w)}{F_w/(1+F_w)}\left(\frac{T_m+T_w}{2T_w}\right)^{0.5} + \frac{2}{3\varsigma}F_w^2 Re^{0.33}Sc^{0.33}(1+\cos\theta)$$

$$Nu_T = 2\frac{\ln(1+\vartheta_w)}{\vartheta_w}\left(\frac{T_m+T_w}{2T_w}\right)^{0.5} + \frac{2}{3\varsigma}\frac{\vartheta_w^2}{1+\vartheta_w}Re^{0.33}Pr^{0.33}(1+\cos\theta)$$
$$\text{(4.5.5)}$$

这里,$F = Y_f/(1-Y_{fw})$ 是燃料蒸气浓度的函数;$\vartheta = c_p(T_m-T)/q_e$ 是无量纲温度; ς 是一个经验常数. 方程 (4.5.5) 指出,当地蒸发率或传热传质率随圆周角的增加而递减,在前驻点处最大,后驻点处最小. 在有燃烧的情况下当地的火焰半径和前驻点处火焰半径的比值是

$$h_f/h_{f,(\theta=0)} = 2/(1+\cos\theta) \tag{4.5.6}$$

图 4.5.2 给出无燃烧情况下蒸发的当地 Nu 随圆周角 θ 的变化. 可以看到,理论结果和 Frossling [4] 测量的樟脑球在 Re=48 下升华的实验结果符合得很好,比不考虑 Stefan 流的 Garner 公式 [5] 计算的结果合理得多.

图 4.5.3 显示火焰半径随圆周角变化的理论结果和 Agoston 等 [6] 对环绕蒸发的多孔球的扩散火焰半径的测量结果的对比,两者符合得很好. 可以看到,火焰

半径在前驻点处最小，随圆周角的增大而增大. 当气体相对速度增大到一定程度时，火焰将在液滴前方熄灭，成为部分包围的火焰.

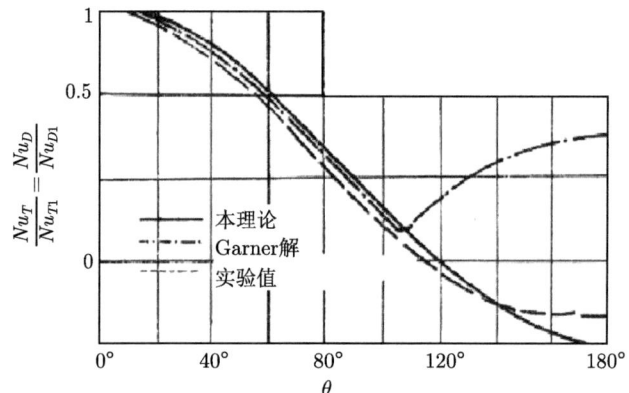

图 4.5.2　蒸发 (升华) 的当地 Nu 随圆周角 θ 的变化

下角标 1 为前驻点处的值

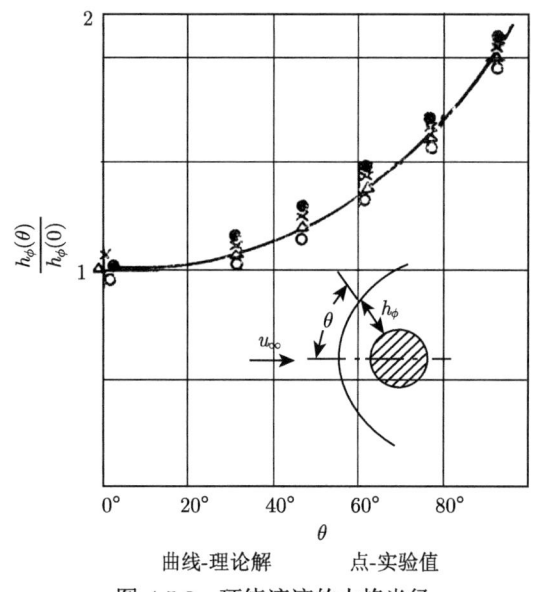

曲线-理论解　　点-实验值

图 4.5.3　环绕液滴的火焰半径

厚交换层理论给出的无量纲环境温度 B 对液滴蒸发常数的影响和诸多实验结果以及其他理论结果的对比见图 4.5.4. 可见，厚交换层理论得到的结果和实验结果趋势一致，而驻膜理论和边界层理论的结果则与实验结果趋势不符合.

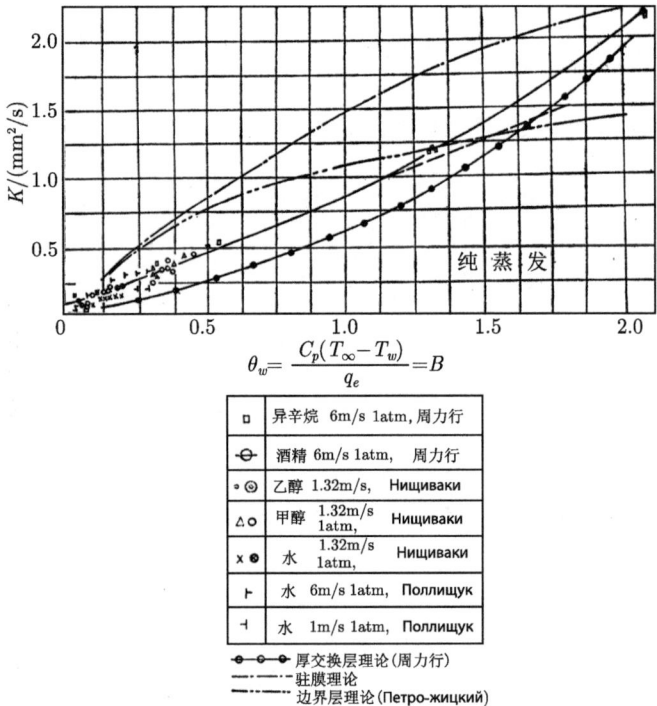

图 4.5.4　环境温度对油滴蒸发率的影响

4.5.2　有蒸发和燃烧的乙醇液滴周围三维气体流动的数值模拟

上述的解析理论解有一定的近似性. 不久前对有蒸发和燃烧的乙醇液滴周围气体流动进行了三维数值模拟[7], 所用的控制方程是

$$\frac{\partial \rho}{\partial t} + \frac{\partial}{\partial x_i}(\rho u_i) = 0 \tag{4.5.7}$$

$$\frac{\partial}{\partial t}(\rho u_i) + \frac{\partial}{\partial x_j}(\rho u_i u_j) = \frac{\partial}{\partial x_j}\left(\mu \frac{\partial u_i}{\partial x_j}\right) - \frac{\partial p}{\partial x_i} \tag{4.5.8}$$

$$\frac{\partial \rho Y_s}{\partial t} + \frac{\partial}{\partial x_j}(\rho u_j Y_s) = \frac{\partial}{\partial x_j}\left(\frac{\mu}{S_C}\frac{\partial Y_s}{\partial x_j}\right) - w_s \tag{4.5.9}$$

$$\frac{\partial \rho h}{\partial t} + \frac{\partial}{\partial x_j}(\rho h u_j) = \frac{\partial}{\partial x_j}\left(\frac{\mu}{P_r}\frac{\partial h}{\partial x_j}\right) \tag{4.5.10}$$

对乙醇-氧燃烧采用单步统观反应

$$2C_2H_5OH + 6O_2 \longrightarrow 4CO_2 + 6H_2O \tag{4.5.11}$$

其 Arrhenius 表达式是

$$w_s = 8.345 \times 10^9 \rho^2 Y_{\text{fu}} Y_{\text{ox}} \exp[-1.26 \times 10^8/(RT)] \qquad (4.5.12)$$

液滴表面处考虑 Stefan 流的边界条件是

$$\lambda_w \left(\frac{\mathrm{d}T}{\mathrm{d}r}\right)_w = \rho_w v_w q_e = \frac{G}{4\pi r_w^2} q_e, \quad -D_w \rho_w \left(\frac{\mathrm{d}Y_s}{\mathrm{d}r}\right)_w + Y_s \rho_w v_w = \alpha_s \rho_w v_w$$

$$\sum Y_s = \sum Y_F + \sum Y_{\text{ox}} + \sum Y_{\text{pr}} + \sum Y_{\text{in}} = 1$$

其中，$s = F(\text{fuel}), \alpha_s = 1; s \neq F, \alpha_s = 0$. 液滴表面处蒸气分压和温度关系，用 Antoine 公式：

$$\ln p = A - B/(T + C)$$

模拟得到的气体温度云图见图 4.5.5. 可以看到，当气体相对速度 U 增大时 ($1\sim 10\text{m/s}$)，有三种燃烧模态：全包火焰、半包火焰和尾部火焰. 这个结果和前文的

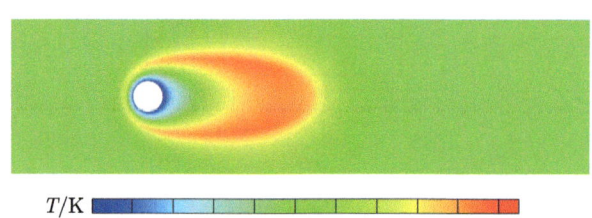
(a) $U=1\text{m/s}$

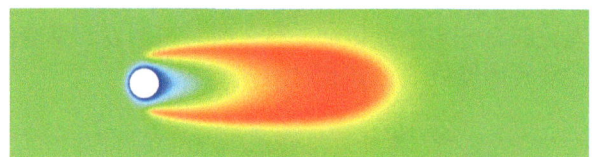
(b) $U=2\text{m/s}$

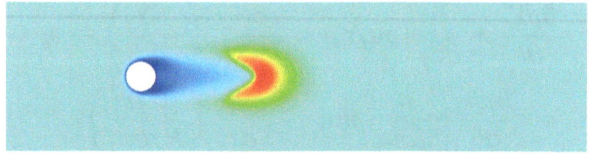
(c) $U=10\text{m/s}$

图 4.5.5　预报的乙醇滴附近的气体温度云图

实验结果一致，可以解释实验中发现的蒸发常数 K 随气体速度的增加先增大，然后减小最后下降到一个低值的规律，也和最近文献中报道的激光诱导荧光法 (PLIF) 测量结果 [8] 一致，见图 4.5.6. 图 4.5.7 给出预报的液滴周围的速度矢量. 可以清晰地看到液滴表面处蒸发产生不均匀的 Stefan 流，而一个冷的固体颗粒表面就不会存在这种现象. 因此，认为蒸发纯粹是由分子扩散造成的假设是错误的.

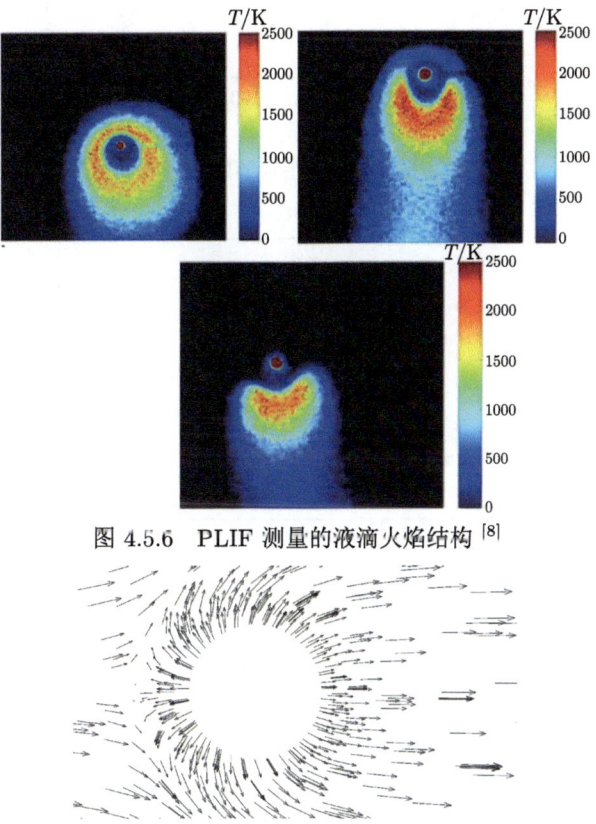

图 4.5.6 PLIF 测量的液滴火焰结构 [8]

图 4.5.7 液滴周围的速度矢量

图 4.5.8 给出无量纲火焰半径 $r_{f,\theta}/(r_{f,\theta=0})$ 随圆周角 θ 的变化，对应于相对速度 1.0m/s，来流温度 1200K 和液滴直径为 1000μm 的全包火焰. 可以看到，在圆周角为 0°~90° 的范围内，数值解和解析解一致. 当然两者都比球形火焰的一维解合理. 图 4.5.9 给出无量纲局部蒸发率 $g_{fw,\theta}/(g_{fw,\theta=0})$ 随圆周角 θ 的变化. 在圆周角为 0°~90° 的范围内，数值解和解析解一致. 两者都比球形驻膜的一维解合理. 在 $\theta > 90°$ 处解析解和数值解的差别是由于解析解是针对液滴后方没有流动分离的情况，和樟脑球升华的实验情况一致，而数值解的情况有流动分离和拟序结构 (coherent structures) 出现.

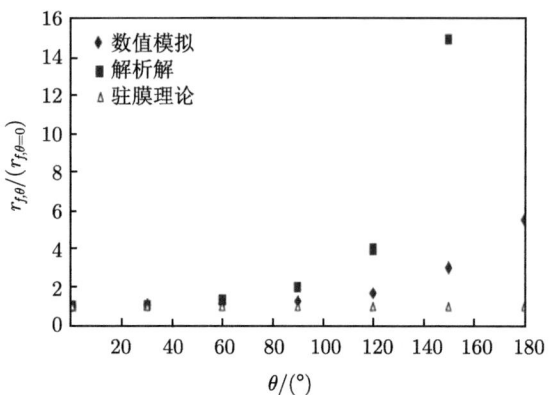

图 4.5.8　无量纲火焰半径随圆周角的变化图

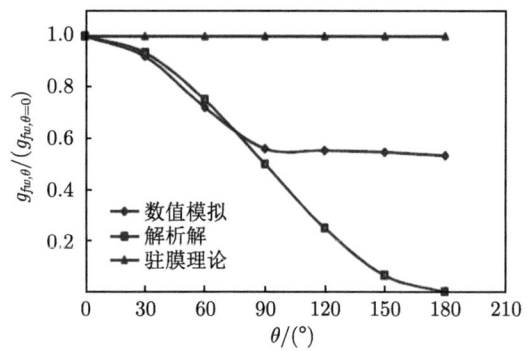

图 4.5.9　无量纲局部蒸发率随圆周角的变化

根据数值模拟得到的液滴周围的压力分布，可以得到有蒸发和燃烧的液滴运动阻力 (曳力). 表 4.5.1 给出预报的阻力系数值和冷的固体颗粒的阻力公式 [5] $c_D = 24(1 + Re_p^{2/3}/6)/Re_p$ 的对比，以及与球形驻膜理论给出的有蒸发液滴阻力系数 $c_D/c_{D0} = \ln(1+B)/B$ 的对比，其中，$B = c_p(T_m - T_b)/q_e$，c_{D0} 是冷颗粒的阻力系数. 显然，有蒸发和燃烧的液滴的阻力系数不仅远小于冷的固体颗粒的阻力系数，而且也比球形驻膜理论的修正值小，因此有必要研究有蒸发和燃烧的液滴阻力系数的新规律.

表 4.5.1　液滴的阻力系数

V_{vel}/(m/s)	c_{D0}(Wallis-Kliachko 公式)	c_D (大涡模拟)	$c_{D0} \ln(1+B)/B$
0.2	3.950	1.100	2.370
1.0	1.960	0.344	1.176
4.0	0.963	0.235	0.576

4.6 液滴的着火和灭火

可以用热面点燃理论来分析液滴的着火 [9]. 运用 Frank-Kamenestsky 处理非线性反应项的近似方法, 将驻膜内气层近似地分成两区: 一个靠外缘的非常薄的反应区和一个纯传热区 (图 4.6.1), 反应区的厚度比传热区的厚度小得多. 在紧邻热边界的反应区, 即 1 区, $r_c < r < r_1$, 其中, r_1 是驻膜半径, r_c 是反应区内半径, 该区内能量方程的对流项和反应项相比可以忽略. 在传热区, 即 2 区, $r_p < r < r_c$, 其中, r_p 是液滴半径, 该区内反应项可以忽略. 因此两区内近似的能量方程分别是

$$0 = \frac{d}{dr}\left(\lambda \frac{dT}{dr}\right) + w_s Q_s$$

$$\rho v c_p \frac{dT}{dr} = \frac{1}{r^2}\frac{d}{dr}\left(r^2 \lambda \frac{dT}{dr}\right)$$

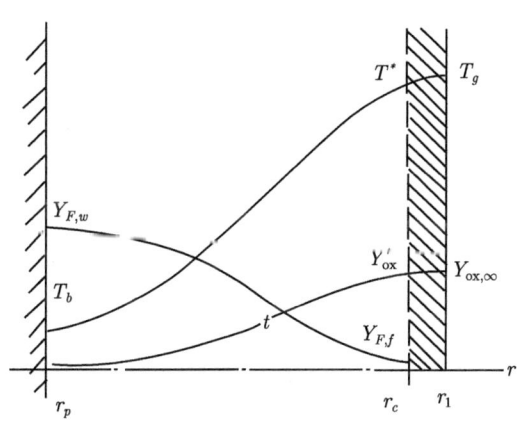

图 4.6.1 液滴的着火

下角标 f 表示火焰

假设着火首先发生在热边界处, 用 Zeldovich 判断热面着火准则 [1]

$$\left(\frac{dT}{dr}\right)_1 = 0$$

基于气体着火的经验, 在着火瞬间, 反应区内边界的温度可以近似取为

$$T^* \approx T_g + RT_g^2/E$$

反应区内平均的氧和燃料浓度可以近似取为

$$Y_{ox} \approx Y_{ox,\infty}, \quad Y_F \approx Y_{F,w} RT_g/E$$

忽略薄反应区的曲率变化，能量方程简化为

$$\frac{\mathrm{d}^2 T}{\mathrm{d}r^2} = -w_s Q_s / \lambda_\infty$$

1 区内此能量方程从 r_c 到 r_1 的积分给出

$$\left(\frac{\mathrm{d}T}{\mathrm{d}r}\right)_c = \sqrt{\frac{2Q_s}{\lambda_\infty} \int_{T^*}^{T_g} w_s \mathrm{d}T}$$

此处取一步二级总包反应机理

$$w_s = B\rho_\infty^2 Y_{F,w} Y_{\mathrm{ox},\infty} (RT_g/E)(T_g^2/T^2) \exp(-E/(RT))$$

反应项的积分近似地给出

$$\int_{T^*}^{T_g} w_s \mathrm{d}T \approx (1-1/e)(R^2 T_g^3/E^2) B\rho_\infty^2 Y_{F,w} Y_{\mathrm{ox},\infty} \exp(-E/(RT_g))$$

2 区的能量方程从 r_p 到 r_c 的积分给出

$$\left(\frac{\mathrm{d}T}{\mathrm{d}r}\right)_2 = \dot{m}_p [c_p(T_g - T_b) + q_e]/(4\pi r_1^2 \lambda_\infty)$$

其中蒸发率是

$$\dot{m}_p = \pi d_p Nu^* (\lambda/c_p) \ln[1 + c_p(T_g - T_b)/q_e]$$

因此得到

$$\left(\frac{\mathrm{d}T}{\mathrm{d}r}\right)_2 = (Nu^* - 2)^2/(d_p Nu^*)[(T_g - T_b) + q_e/c_p] \ln[1 + c_p(T_g - T_b)/q_e]$$

耦合条件是反应放热等于向液滴表面的散热，即

$$\left(\frac{\mathrm{d}T}{\mathrm{d}r}\right)_c = \left(\frac{\mathrm{d}T}{\mathrm{d}r}\right)_2$$

因此得到液滴着火条件的函数关系

$$\{(Nu^* - 2)^2/(d_p Nu^*)[(T_g - T_b) + q_e/c_p] \ln[1 + c_p(T_g - T_b)/q_e]\}^2$$
$$= 2Q_s(1-1/e)(R^2 T_g^3/E^2) B\rho_\infty^2 Y_{F,w} Y_{\mathrm{ox},\infty} \exp(-E/(RT_g))/\lambda_\infty \qquad (4.6.1)$$

该条件可以更简单地表达为

$$\frac{1}{d_p^2}\left[\frac{(Nu^* - 2)^2}{Nu^*}\right]^2 = AT_g^n \exp(-E/(RT_g)) \qquad (4.6.2)$$
$$Nu^* = 2 + 0.6 Re_d^{0.5} Pr^{0.33}$$

4.6 液滴的着火和灭火

其中, A 是一个实验因子, 包含反应的指数前因子、液滴表面燃料浓度、驻膜外空间氧浓度等. 考虑到简化模型的误差, 可以认为 A 和 n 取决于实验.

当 $Nu^* \gg 2$ 时

$$Nu^* \sim (u_\infty d_p)^{1/2}$$

所以液滴着火模型可以简单地表达为

$$u_\infty/d_p = (v_g - v_p)/d_p = A\exp(-E/(RT_g)) \qquad (4.6.3)$$

由上述理论结果可知, 当环境温度不变时, 将有 $u_\infty \sim d_p$. 当相对速度不变时, 将有 $d_p \sim T_g^{-n}\exp(E/(RT_g))$. 这就是说, 着火的相对速度正比于液滴尺寸, 液滴尺寸增大时着火的气体温度下降. 理论结果定性地符合文献 [10-12] 的实验结果, 如图 4.6.2~图 4.6.4 所示, 可见理论结果是合理的.

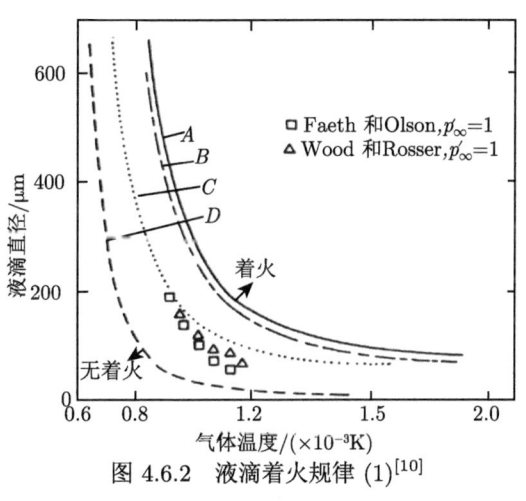

图 4.6.2 液滴着火规律 (1)[10]

A、B、C、D 表示不同研究者的理论结果

类似地可以推导出液滴灭火条件:

$$(Nu^* - 2)^2/Nu^* = AT_m^n(S_l d_p c_p \rho/\lambda) \qquad (4.6.4)$$

不难看到, 温度比氧气浓度对着火的影响强, 而氧气浓度比温度对灭火的影响强.

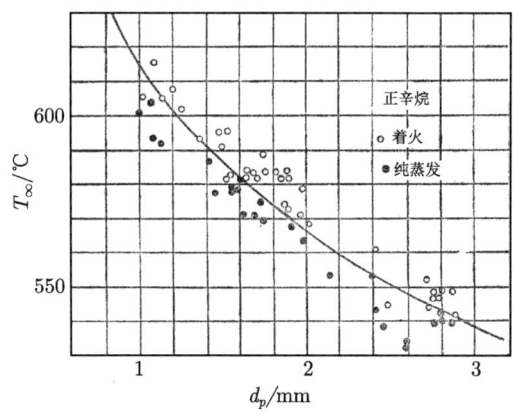

图 4.6.3　液滴着火规律 (2)[11]

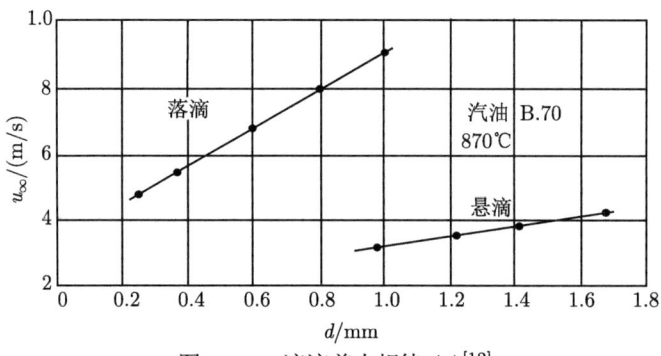

图 4.6.4　液滴着火规律 (3)[12]

4.7　内回流对液滴蒸发的作用

实际的燃烧装置中，按照液滴和气体之间相对速度定义的雷诺数往往达到 100, 甚至更高，在气液交界面上有相当大的切应力，可以在液滴内部造成回流. 液体的运动对液滴内部的传热传质过程产生重要的影响，因而有可能改变它的蒸发速率. 文献 [13] 对这个问题进行了综述. Sirignano 等在文献 [14, 15] 中提出了一个理论模型，用于计算液滴内部有回流时的液滴蒸发速率. 该理论表明，在液滴生存的大部分时间内，在靠近液滴表面的液相和气相中各有一个边界层，液体的对流是液滴内部传热的一个重要机理. 他们在理论模型中假定，在靠近液滴表面的液相中有一个薄边界层. 按照与解黏性边界层方程类似的方法求解热边界层方程，可以计算出液滴的加热过程. 首先根据表面速度和温度的初次猜想值求解气相的边界层. 然后，用求解气相边界层得到的切应力和热通量，求解液相中的黏性和热边界层，随即求解热核心区，反复求解气相和液相中的流动、传热过程，直至收敛. 最后，计算出下一个时刻的液滴半径，并在下一个时刻重复上述计算过程. 因为随着时间的增加，液滴不断被加热，可以计算出任何瞬时的总的蒸发速率. 用上述方法计算了三种碳氢化合物燃料 (n-己烷、n-癸烷和 n-十六烷)，在 $T=1000K$, $p=10atm$ 条件下，在空气中的蒸发过程. 据此计算所得的蒸发率比不考虑液滴内部回流的低 15%~20%. 为了比较不同液滴的寿命，计算了三种燃料液滴的半径随时间变化的曲线. 尽管三种燃料的挥发性差别很大，尤其在蒸发的初期，挥发性低的燃料其蒸发率也较低，但它们的寿命大约只有 10% 的差别. 为了理解挥发性不同的液滴，其寿命基本相同的原因，需要分析不同燃料液滴的温度随时间的变化情况. 在加热过程的初期，表面温度迅速升高，但经过一段时间后，变化逐渐减小. 即使在液滴寿命的末期，三种燃料液滴的表面温度仍低于各自的沸点. 挥发性越差的燃料 (如十六烷)，表面温度与沸点的差别也越大. 在蒸发的初期，液滴中心的温度比表面温度低得多. 在液滴蒸发的后期，十六烷液滴中心的温度大约比表面温度低 20K, 己烷 (挥发性最好的燃料) 大约低 6K. 单滴寿命变化不大的原因可能是，在准定常热边界层形成时的一个很短时间内，低挥发性燃料的表面温度很快升高到一个较大的值. 热边界层形成以后. 表面温度继续慢慢升高，所以低挥发性燃料的温度始终比较高，因此，挥发性的差别对液滴寿命没有很大影响. 一般来说，可以预计，在液滴蒸发的初期，内部的回流使向内部的传热速率增大，因而液滴表面温度和蒸发率比没有内回流的情况低，在蒸发液滴的绝大部分生存时间内，蒸发过程是非定常的，低挥发性的燃料尤其如此. 与此同时，在蒸发的绝大部分时间内，液滴内部的温度分布都不均匀，挥发性越差的燃料，液滴表面和内部的温度差越大.

4.8 多组分液滴燃烧和微爆现象

文献 [16] 系统地报道了用落滴实验研究多组分液滴燃烧的结果. 沸点接近的丙烷和庚烷的混合物液滴燃烧的蒸发规律与单组分液滴的类似，仍然服从 d^2 定律，蒸发常数随着丙烷含量的加大而增大. 沸点不同的庚烷和十六烷混合物的液滴燃烧的蒸发规律则与单组分液滴的有明显差别，液滴直径随时间变化的曲线分成三个阶段，有两个稳定的蒸发段，其间有一个平坦的过渡区. 其物理机理是，开始时易挥发的庚烷在液滴表面处蒸发，因此蒸发特性接近于纯庚烷的蒸发特性. 表面处的消耗诱导庚烷由液滴内部向表面的扩散，但是液体组分的扩散很慢，因此导致表面处十六烷浓度加大，出现液滴升温而停止蒸发的阶段. 最后则出现了第二个稳定蒸发阶段. 一个很重要的现象是，一定条件下多组分液滴燃烧会出现微爆现象. 如果液滴表面附近聚集了高浓度的不易挥发的组分，而内部的易挥发的组分扩散不出来,则当表面温度不断升高到一定程度,但是尚未达到不易挥发的组分的沸点以前,内部易挥发的组分达到沸点而气化,就会引起液滴的剧烈破碎,称之为"微爆". 产生微爆的液滴直径和庚烷与十六烷的比例、压力等因素有关. 在庚烷与十六烷的某个比例下,产生微爆的液滴直径最大. 压力的升高则有助于微爆的产生. 油水乳化物曾经被用于液体燃料燃烧中来降低污染和提高燃烧效率. 实验结果表明,油水乳化物液滴的微爆只发生于水和比较重的烷类混合物的情况下,微爆的趋势随压力和水含量的升高而增大.

4.9 液雾燃烧和液滴群燃烧的实验现象

液雾燃烧现象远比单个液滴燃烧复杂. 多年来研究者一直进行着这方面的实验研究. 文献 [1] 综述了 20 世纪 50 到 60 年代不同的研究者分别用凝结雾、压电晶体压力脉动产生的滴径较均匀的液雾火焰、离心喷嘴反向喷雾火焰、小火焰稳定的正锥液雾火焰、燃烧产物点燃的气动喷嘴液雾火焰、钝体或中心小火焰稳定的气动喷嘴倒锥液雾火焰、圆盘稳定器后方的离心喷嘴液雾火焰及单个气动喷嘴附近的液雾火焰等滴径不均匀的液雾火焰,研究了层流及湍流液雾燃烧的基本现象. 研究发现,液雾极细时 (如滴径小于 $10\mu m$),其火焰接近于蓝色而透明的气体火焰. 当滴径达到 $20 \sim 40\mu m$ 时,出现刷状黄色火焰. 实验结果表明,直观看上去是连续黄色的液雾火焰,在较高曝光速度下的摄影中发现其中有连续蓝色背景及明亮黄色光道,曝光时间越短则亮道长度越短 (图 4.9.1). 降低空气预热温度,则黄色光道部分所占比重加大,蓝色背景逐渐散开. 当空气-燃料比足够大,空气预热很差而且雾化较粗时,只剩下黄色光道. 在对比了火焰的直接照相和高速摄影后,发现蓝色背景中明亮的黄色燃烧区呈分散的块状或小岛状. 对液雾火焰的纹影照相,发现其中仍有连续的温度梯度高的边界线,大致对应于蓝色背景火焰边界. 用速度更高的旋镜摄影,发现液雾火焰中有亮团或亮道形式的局部燃烧区及其间的局部暗区,还有未燃的液滴 (图 4.9.2),并且还发现,火焰及气体介质的脉动频率比液滴脉动频率高. 用闪频及显微摄影拍摄钝体稳定的倒锥异己烷液雾火焰,发现滴径为 $110\mu m$ 的液雾火焰为蓝色火焰 (即液滴在火焰区前方蒸发完),而滴径为 $285\mu m$ 时,无蓝色火焰,火焰形状不规则,液滴在火焰前方预热区中未完全蒸发. 当滴的数目较少时,可以看到个别滴周围的包围火焰. 以上这些实验都是喷嘴与火焰稳定区之间有一定距离的情况. 根据这些实验结果,文献 [1] 曾经提出了四种液雾燃烧模式 (图 4.9.3): 预蒸发型气体燃烧,滴群扩散燃烧,复合燃烧,部分预蒸发型气体燃烧加液滴燃烧. 第一种情况相当于进口气温高,或雾化细或喷嘴与火焰稳定区间距离长,液滴到达火焰区前方全部蒸发完毕,燃烧完全在无蒸发的气相区中发生,蒸发对火焰长度的影响不大. 另一个极端是第二

4.9 液雾燃烧和液滴群燃烧的实验现象

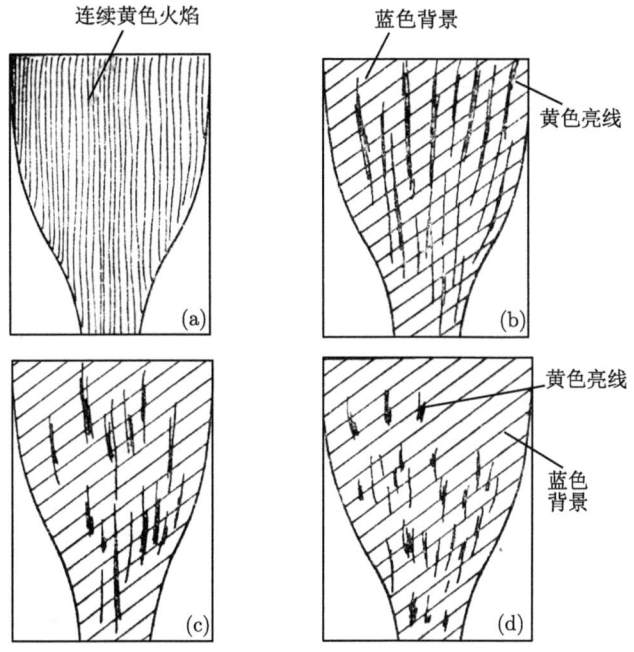

$u_\infty = 20.5$ m/s, $T_\infty = 310℃$, $\alpha = 2.54$

雾化压力 $\Delta p_A = 10$ kg/cm²

曝光时间：(a) 1/2 s；(b) $\frac{1}{125}$ s；(c) $\frac{1}{500}$ s；(d) $\frac{1}{1250}$ s

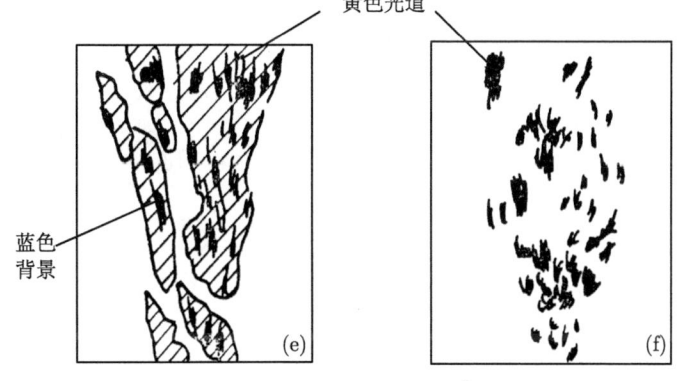

$u_\infty = 20.5$ m/s，曝光 $\frac{1}{1250}$ s

(e) $T_\infty = 210℃$，$\Delta p_T = 19$ kg/cm²，$\alpha = 2.38$

(f) $T_\infty = 100℃$，$\Delta p_T = 10$ kg/cm²，$\alpha = 4.08$

图 4.9.1　液雾燃烧的高速摄影

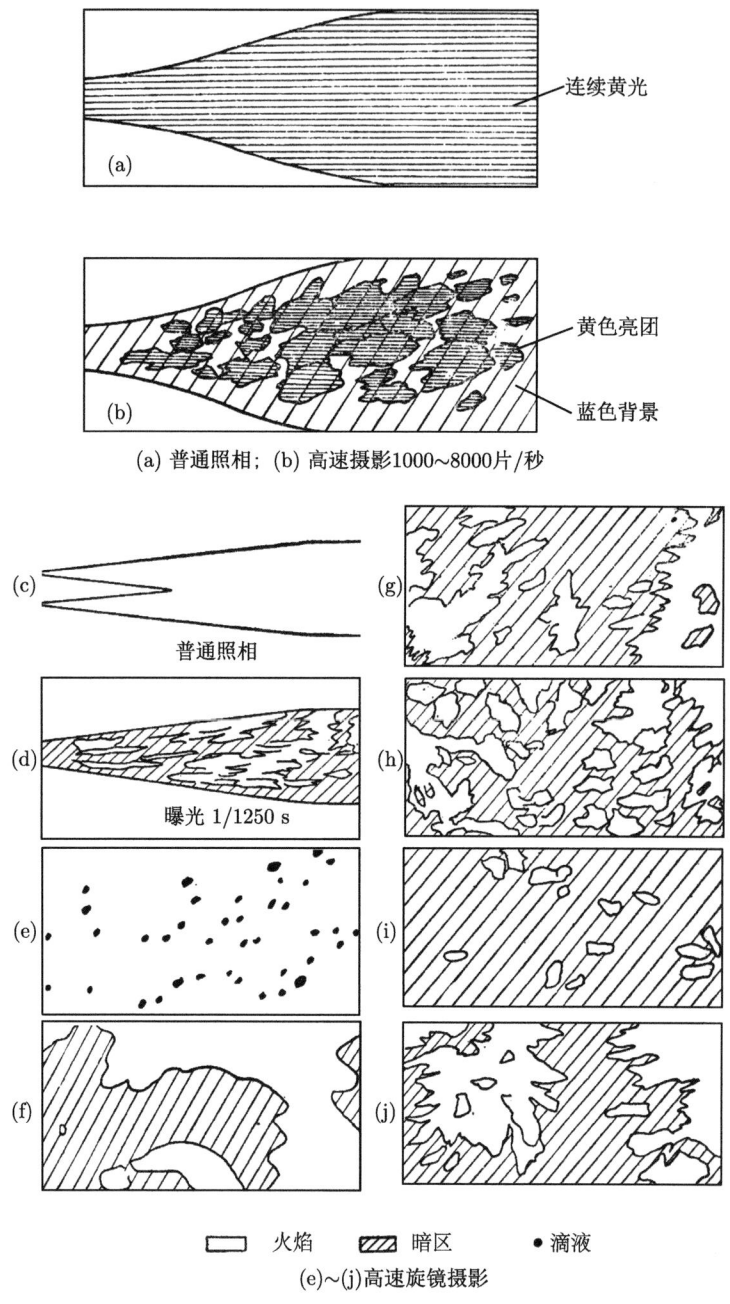

图 4.9.2 液雾燃烧的高速旋镜摄影

4.9 液雾燃烧和液滴群燃烧的实验现象

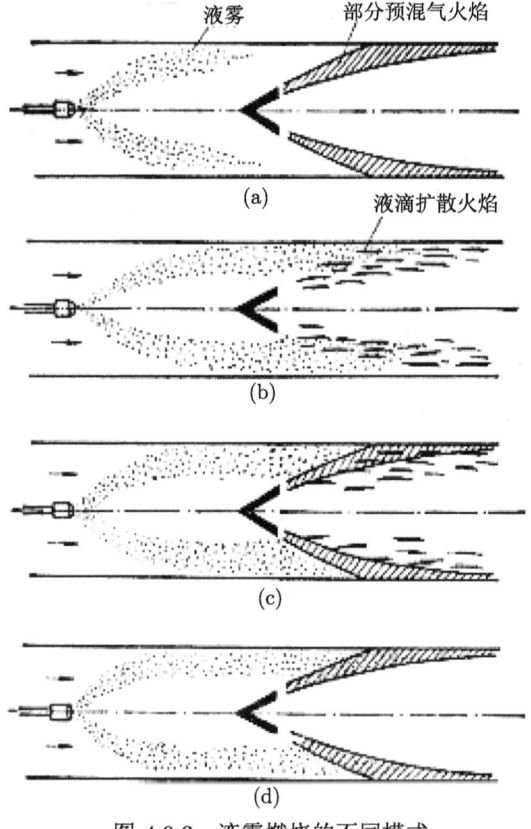

图 4.9.3 液雾燃烧的不同模式

种情况,相当于进口温度低或雾化粗 (或蒸发性能差),形成所谓 "接力棒式" 火焰传播. 这时反应动力学因素影响不大. 第三种情况和第四种情况介于第一、第二种情况之间,例如,较常见的液雾中较小的滴在火焰区前方蒸发完,形成预混型气体火焰,较粗的滴到达火焰区时尚未蒸发完毕,这时可能产生滴群扩散火焰,也可能由于滴径已缩得过小或滴数过密而只有蒸发. 第三及第四种情况下,蒸发因素、反应动力学因素、湍流因素都将对燃烧起作用. 不仅各种燃烧装置由于其工作条件不同而使液雾火焰有不同的特点,而且同一燃烧装置由于处于不同工况 (如航空发动机在地面及空中) 或是使用不同燃料 (如柴油及重油),也会使液雾火焰性质改变. 对喷嘴直接处于火焰稳定区中的液雾火焰,测量了空心锥液雾火焰中液相浓度、氧浓度及温度分布 (图 4.9.4),发现靠喷嘴出口的液雾核中为缺氧区,其中液相浓度高而气温低,气动喷嘴出口附近也有冷雾核心. 对这类情况文献 [17] 提出了与前文不同的液雾燃烧图案,认为液雾密集的根部区域中只有滴的蒸发而无单个液滴的燃烧,在液雾根部所在的回流区外边缘处已蒸发的燃料与氧相遇,其燃烧近于气相扩散火焰规律. 气动喷嘴由于其中心处液雾浓度更高, 液滴速度更高, 因而液雾燃烧被认为是更近于气体射流扩散火焰. 按照这种看法, 只有离喷嘴较远的下游处, 温度及氧浓度较有利而液滴已散开之处, 才可能出现液滴扩散燃烧.

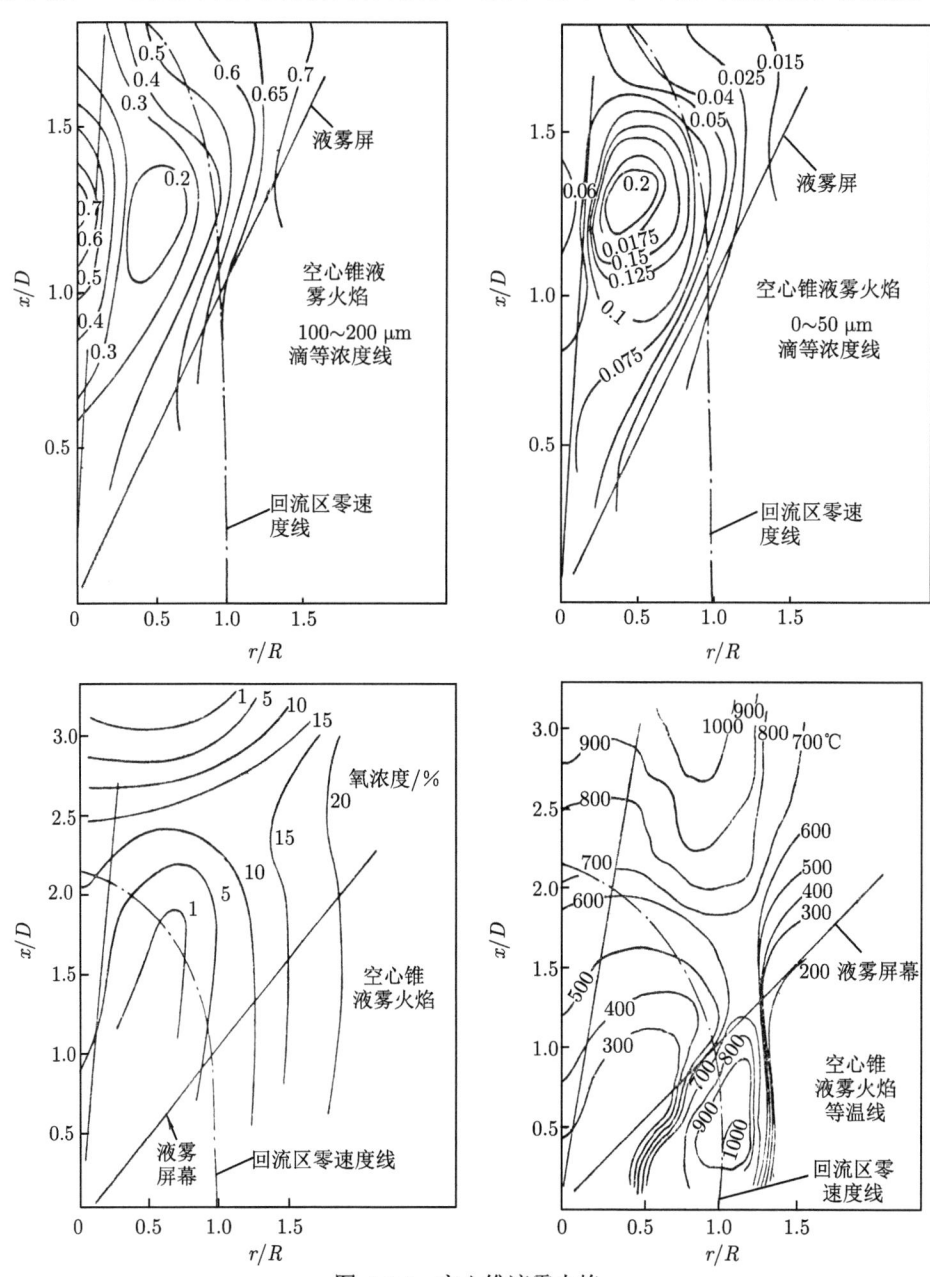

图 4.9.4 空心锥液雾火焰
D 表示燃烧室直径

4.9 液雾燃烧和液滴群燃烧的实验现象

另一个问题是，液雾中液滴蒸发或燃烧率和单滴的蒸发或燃烧率是否相同的问题. 由于液雾中的滴除了时平均运动之外, 还有湍流脉动 (turbulent fluctuation), 因此在实验中追踪液雾中某个滴来观测其蒸发率很困难, 这正如在气体湍流运动中我们无法追踪一个微团一样. 有的研究者曾把单管中辛烷雾和空气燃烧完全度随氧浓度变化的实验数据与根据单滴燃烧率推算出的燃烧完全度作对比, 发现在低氧浓度范围内两者不一致, 由此认为单滴燃烧率数据不能用于说明液雾燃烧特性, 但是这很难确切地说明, 究竟是由于单滴和液雾中滴燃烧率的差别, 还是由于计算方法本身引起的误差. 有不少文献试图由人工排列的十分靠近的液滴组的相互影响来研究液滴蒸发及燃烧的相互影响和干扰, 但这些结果如何用于真实液雾还不清楚, 因为在真实液雾中, 平均滴间距离远大于平均滴径, 而且由于湍流脉动作用, 滴与滴间的方位和距离瞬息万变, 所以用静止的互相靠近的滴来反映液滴之间的影响, 对液雾的代表性如何, 还要进一步商榷. 用照相法记录了旋盘产生的液雾在空气中燃烧时滴径平方的平均减小律, 所得的蒸发常数比单滴实验结果低. 用炭黑印痕法记录了中心流线上平均的滴径平方减小律, 也发现蒸发常数的平均值比单滴实验结果低, 而且发现, 小于 $80\mu m$ 的滴, 其滴径平方减小律不是直线. 研究者曾用所谓 "着火概率" 来解释后一现象. 有人曾经将用电磁振荡法产生的均匀液滴流中滴径平方减小律的数据与其他研究者的数据进行比较, 发现差别很大, 这是可以理解的. 实际上, 单滴和液雾中滴蒸发率的差别主要是: 第一, 单滴所处环境的温度、氧浓度和相对速度 (时平均) 是不变的, 而液雾中的滴在其燃烧过程中这三者是不断改变的; 第二, 单滴与气流之间以及液雾中滴与气流之间, 其相对脉动不同. 液雾中滴的燃烧率之所以低于单滴的燃烧率, 可能的原因之一就是液雾中氧浓度在燃烧过程中不断减小. 由于温度、氧浓度、相对速度不断变化, 因此液雾中的滴不再有所谓的 "蒸发常数", 实验所测得的只能是平均量的概念. 此外, 液雾中有尺寸大小不同的滴, 在燃烧过程中, 随着直径的减小将陆续发生灭火, 这也会影响总体的平均燃烧率. 所谓 "着火概率" 其实就是液滴着火和灭火现象的表现. 因此可以认为单滴的蒸发与液雾中滴的蒸发没有本质差别, 只是环境条件不同而已.

邱辉煌等[18]曾提出了所谓 "滴群燃烧" 模型, 认为液雾中的液滴成群地燃烧. 该模型的依据之一是实验中观测到煤油火焰和气体燃料火焰在结构上的相似之处, 即控制煤油喷雾燃烧速率的是燃料蒸气和空气的混合, 而不是通常所设想的液滴的蒸发. 当然, 对于低挥发性燃料大尺寸液滴, 蒸发仍然是控制液雾燃烧的重要因素. 该模型的第二个依据是压力雾化和空气雾化的液雾火焰实验, 观察到液雾中心有低氧浓度和低温区域. 这个区域的存在, 使火焰向液雾外边界偏移. 滴群燃烧模型认为, 液雾中心液滴密集, 会形成富燃料混合物. 在该区域由于没有足够的空气透入, 只有液滴蒸发, 不会着火燃烧. 气相燃料以对流和扩散方式沿半径方向向外输运,在距气流中心线一定距离处形成了可燃混合物,并以气相扩散火焰的形式燃烧. 随着液滴向液雾的稠密核心区以外运动,液滴之间的分散距离增大,液滴尺寸减小,周围的空气浓度增大. 在这种情况下,有些液滴周围会出现火焰,形成单个液滴的燃烧,另一些液滴则可能以成群的形式燃烧. 核心区域由低氧浓度的气氛中蒸发的液滴组成,而外部区域的液滴可能以滴群火焰的方式燃烧. 滴群燃烧模型提出一个准则数 G,其定义为,两相间总的传热率和蒸发吸热率之比,后来又定义为两相间总的传热率和对流传热率之比. 利用 G 的概念将液雾燃烧分成四种模式,如图 4.9.5 所示. $G > 10^2$ 时的液雾,产生了一种外层燃烧,由中心区不蒸发的液滴群和包围它的蒸发液滴群组成,液雾边界处有火焰. G 值大的液雾有较高的滴群燃烧率,中心区温度较低. 中等 G 值的液雾 ($G > 1$),液滴群的外部燃烧非常强烈,雾区内部有一团蒸发的液滴群,远离液滴群边界的位置上出现扩散火焰. 当 $10^{-2} < G < 1$ 时,燃烧为团内燃烧方式,主火焰在雾团边界内部,而在液雾的外部区域出现单个液滴的燃烧. 当 G 很小时 ($< 10^{-2}$),完全成为单独液滴燃烧的模式. 设想的液雾燃烧的一种结构如图 4.9.6 所示,可以分成:位核区、蒸发液滴区、核心边界湍流扩散火焰区、内部液滴群燃烧区和外围湍流刷式火焰区. 虽然根据滴群燃烧模型或者成团液滴燃烧模型,提出了液雾燃烧的许多重要特点,但是迄今为止,尚未见到如何用于实际的湍流两相燃烧的定

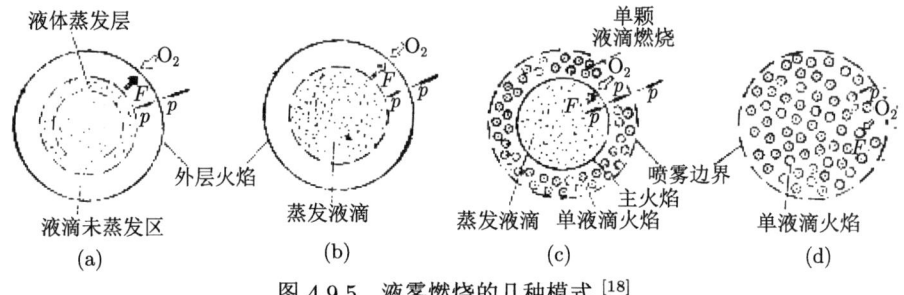

图 4.9.5 液雾燃烧的几种模式 [18]

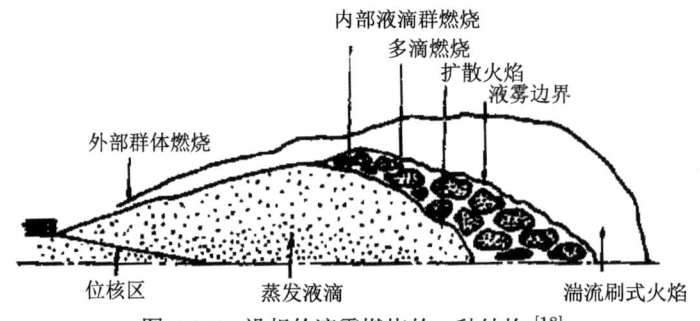

图 4.9.6 设想的液雾燃烧的一种结构 [18]

量数值模拟中. 而且在实际的湍流两相流动中, 成团的原因十分复杂, 受到很多因素的影响, 例如, 液滴的碰撞与聚合、湍流的大涡结构等, 尚需进一步研究.

4.10 液雾火焰传播速度理论分析

文献 [19] 用一维模型对双模态液雾火焰传播进行了理论分析, 设想的火焰结构见图 4.10.1. 假设小液滴在高温空气中蒸发, 形成可燃气体混合物, 预蒸发分数为 ψ_1, 产生了气体火焰, 大液滴着火, 形成液滴周围的小扩散火焰. 假设预蒸发气体和大液滴同时着火, 形成综合燃烧, 此后只有液滴扩散火焰. 再后方是燃烧产物.

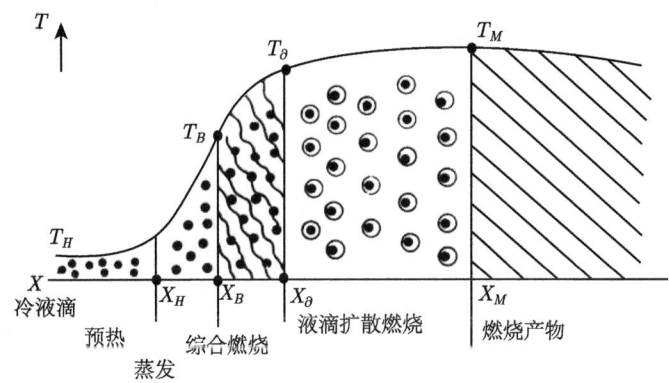

图 4.10.1 双模态液雾燃烧示意图

下角标 H, B, ∂ 和 M 分别代表冷态、着火、液滴燃烧和燃烧产物对应的温度和距离

为简单起见, 忽略液滴蒸发对气体流动的影响, 则气体连续方程是

$$\rho u = \text{const} = m = \rho_\infty S_T \tag{4.10.1}$$

预热区和反应区的气体能量方程分别是

$$\rho u c_p \frac{dT}{dx} = \frac{d}{dx}\left(\lambda \frac{dT}{dx}\right) - n_{d2} \dot{m}_{d2} q_e \tag{4.10.2}$$

$$\rho u c_p \frac{dT}{dx} = \frac{d}{dx}\left(\lambda \frac{dT}{dx}\right) + w_s Q_s + n_{d1} \dot{m}_{d1} Q_f \tag{4.10.3}$$

冷端和热端的绝热边界条件分别是

$$x \to -\infty, \quad T \to T_\infty, \quad \frac{dT}{dx} \to 0$$

$$x \to +\infty, \quad T \to T_f, \quad \frac{dT}{dx} \to 0$$

这里，n_{d1} 和 n_{d2} 分别是着火的和未着火的液滴的数密度. 需要注意的是，方程 (4.10.3) 中同时考虑了预混气体燃烧和液滴扩散燃烧的放热，也就是双模态燃烧. 采用类似于 Frank-Kamenetsky 在单相层流火焰中的两区近似法[14]，可以得到两相湍流火焰的传播速度

$$S_T = \sqrt{\frac{\lambda_{T1}}{\rho_\infty^2 c_p^2 (T_f - T_\infty)} \left[\psi_1^m w_s^* Q_s + \frac{3}{2} \frac{\rho_\infty Q_F}{\alpha L_0 \tau_{sf}} (1-\psi_1)^{1/3} \right]} \quad (4.10.4)$$

这里，ψ_1 是燃烧区前预蒸发分数，m 是实验指数，λ_{T1} 是湍流导热系数，w_s^* 是假想的全蒸发情况的反应率，τ_{sf} 是着火的液滴的生存时间，α 是过量空气系数，L_0 是空气对燃料的化学当量比. 所预报的两相火焰传播速度见图 4.10.2，和文献 [20] 的实验结果一致. 此理论结果显示出双模态液雾燃烧的机理. 可以看到，对于尺寸小于 100μm 的液滴，存在预混气体火焰和液滴扩散火焰的综合火焰，对于尺寸大于 100μm 的液滴，只有液滴扩散火焰 (图 4.10.2(a)). 预蒸发分数约为 20% 时，火焰传播速度最小 (图 4.10.2(b)).

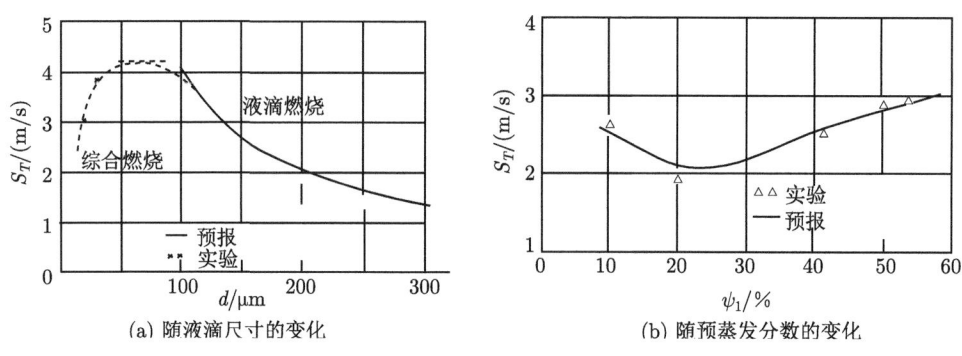

图 4.10.2　液雾火焰传播速度的理论值和实验值

4.11　热燃烧产物点燃冷液雾-空气两相流动

作者在文献 [2] 中对热燃烧产物点燃冷液雾-空气两相流动，进行了实验研究，实验装置见图 4.11.1 和图 4.11.2. 装置上方是气体燃烧室，用气体燃料——液化丙烷和空气混合物，产生温度为 953～1273K 的燃烧产物. 装置下方是混合室，用气动喷嘴产生冷的含 10～200μm 液滴的煤油液雾-空气两相流动，如果着火，两者接触的混合层中是两相火焰，包括气体火焰和液滴扩散火焰. 实验中研究了主流速度 u_1、燃烧产物速度 u_2、过量空气系数 α_Σ 及液滴尺寸 d 对发生着火的燃烧产物点燃温度 T_2 的影响，其结果见图 4.11.3～图 4.11.5. 可以看到，燃烧产

速度基本上对着火温度没有什么影响，而过量空气系数和液滴尺寸则有明显的影响. 点燃温度随两相流中空气量的加大和液滴尺寸的减小而升高.

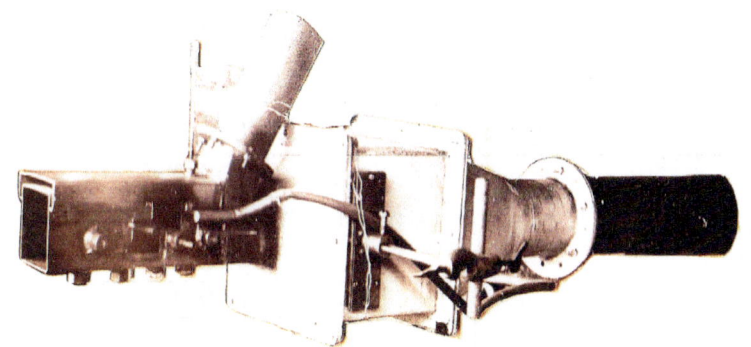

图 4.11.1　热燃烧产物点燃冷液雾的实验装置

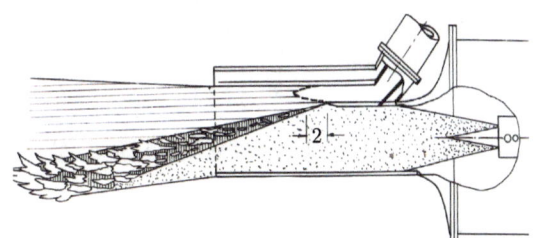

图 4.11.2　点燃液雾两相流动的实验段

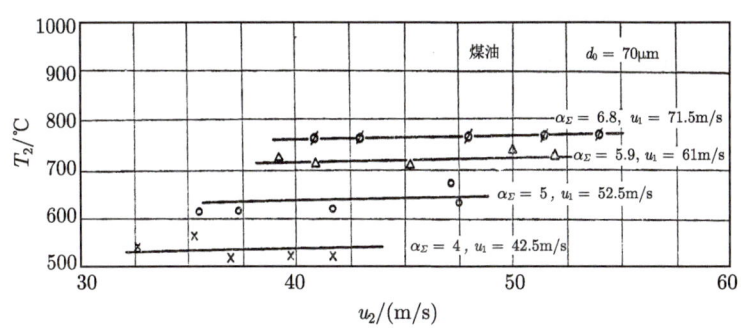

图 4.11.3　燃烧产物速度对点燃温度的影响 (实验)

对炽热燃烧产物点燃冷液雾两相流动进行了简化理论分析. 假设有半无限冷的液雾两相流动和另一个半无限炽热惰性气流发生混合, 如图 4.11.6 和图 4.11.7 所示.

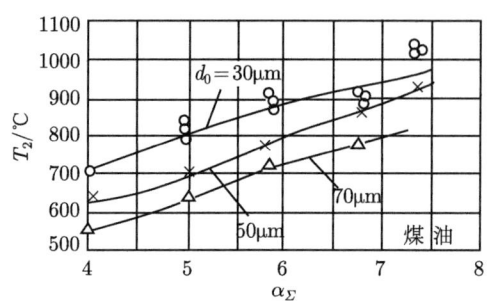

图 4.11.4 过量空气系数对点燃温度的影响 (实验)

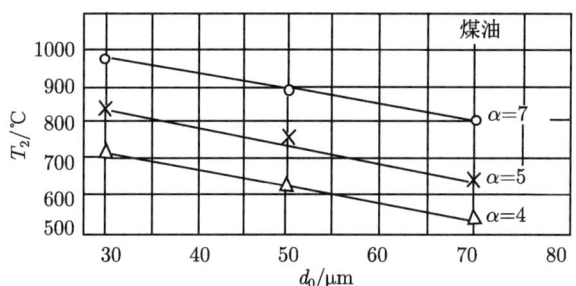

图 4.11.5 液滴尺寸对点燃温度的影响 (实验)

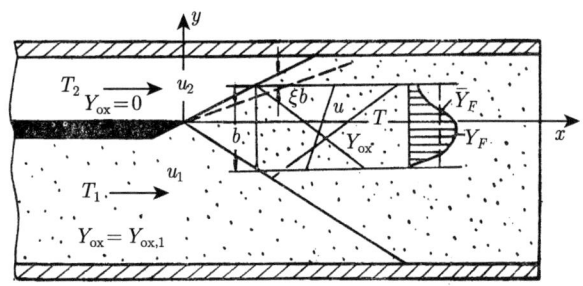

图 4.11.6 炽热燃烧产物点燃液雾的理论模型

显然, 所有的热量和质量交换以及着火现象必然只发生在混合层内. 只研究各参数沿断面平均值的变化, 就是一个一维模型. 假设: ①混合层宽度正比于轴向距离 x; ②速度、温度和氧浓度剖面为直线分布; ③着火前, 纯气体射流规律适用于混合层宽度的发展; ④混合层内液滴蒸发常数不变. 考察混合层内各断面上平均燃料气浓度的变化, 假设其主要取决于液滴蒸发. 燃料气浓度平均值沿流动方向的守恒方程为

$$\bar{u}\frac{\mathrm{d}}{\mathrm{d}x}(b\rho\bar{Y}_F) = \frac{\mathrm{d}}{\mathrm{d}t}(b\rho\bar{Y}_F) = \int_{y_1}^{b/2} 4\pi r^2 \rho_p \frac{\mathrm{d}r}{\mathrm{d}t} N_0 \mathrm{d}y = \int_{y_1}^{b/2} \frac{\pi d}{4} K \rho_p N_0 \mathrm{d}y \quad (4.11.1)$$

4.11 热燃烧产物点燃冷液雾-空气两相流动

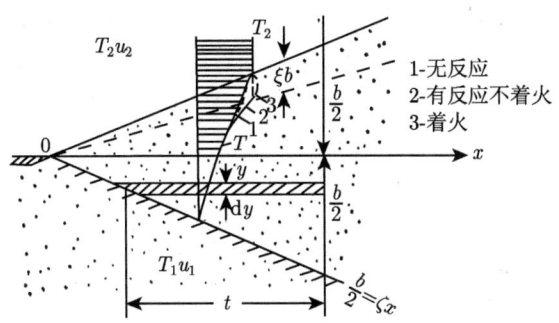

图 4.11.7 混合层内着火的示意图

式中，$\bar{u}$ 为混合层内平均速度，$\bar{u} = (\rho_1 u_1 + \rho_2 u_2)/(\rho_1 + \rho_2)$；$\bar{Y}_F$ 是燃料气在混合层内平均浓度；ρ_p 是液体密度；N_0 是液滴数密度；K 是液滴蒸发常数；y_1 是横坐标起算位置. 混合层边界发展规律取为

$$b = 2\zeta x = cx(\rho_2 u_2 - \rho_1 u_1)/(\rho_2 u_2 + \rho_1 u_1) \tag{4.11.2}$$

液滴数密度为

$$N_0 = \rho_\infty (1 - \psi_0)/(\rho_p \alpha L_0 \pi d^3/6) \tag{4.11.3}$$

经过运算和积分，得到

$$\begin{aligned} &t < \tau_s, \quad \bar{Y}_F = \{1 + 2\tau_s[(1-t/\tau_s)^{5/2}/(5t) - 1]\}/(\alpha L_0) \\ &t > \tau_s, \quad \bar{Y}_F = [1 - 2\tau_s/(5t)]/(\alpha L_0) \\ &\tau_s = d_0^2/K \end{aligned} \tag{4.11.4}$$

着火发生于混合层内温度和燃料浓度综合条件最佳处，即靠近热边界的厚度为 ξb 的薄层内，ξ 为小量，其中的能量守恒方程为

$$\begin{aligned} \xi b \rho_2 c_p \frac{dT}{dx} = Q_1 - Q_2 - Q_3 = &\xi b Q_s k_{0s} \rho_2 \bar{Y}_F \bar{Y}_{\text{ox}} \exp(-E/(RT)) - \xi S_0 c_p (T - T_2) \\ &- \kappa \xi (\rho_2 u_2 - \rho_1 u_1)(T - T_2) \end{aligned} \tag{4.11.5}$$

式中，κ 为经验系数. 着火条件为

$$Q_1 = Q_2 + Q_3$$

$$\frac{\partial Q_1}{\partial T} = \frac{\partial (Q_2 + Q_3)}{\partial T}$$

最后得到 $t > \tau_s$ 情况下，液雾着火条件表达式

$$k_{0s} Q_s \rho(t - 2\tau_s/5) Y_{\text{ox},\infty} E \exp(E/(RT_2))/(R^2 T_2^2) = A\alpha L_0 c_p \tag{4.11.6}$$

其中，A 为经验系数. 可见，引起着火的燃烧产物温度 T_2 和液滴尺寸 d(反映在液滴生存时间 τ_s 内) 以及过量空气系数 α 有关. 图 4.11.8 是液滴尺寸和引起着火的燃烧产物温度的关系的理论结果及实验结果的对比. 两者符合得很好，都说明随着液滴尺寸的增大，着火所需要的燃烧产物温度下降.

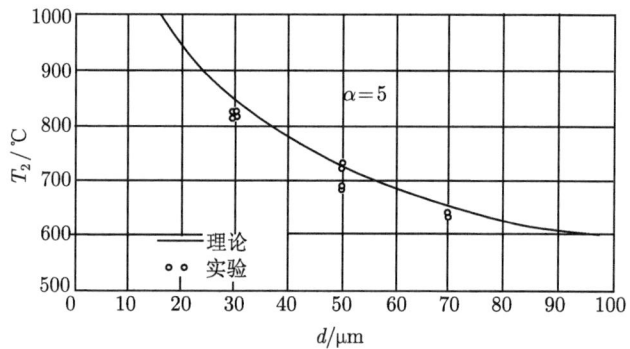

图 4.11.8 液滴尺寸和引起着火的燃烧产物温度的关系

图 4.11.9 给出过量空气系数和引起着火的燃烧产物温度的关系. 虽然两者都显示出随着过量空气系数的增大，着火要求的燃烧产物温度升高，但是实际的影响比理论预计的强烈. 这是因为，理论中考察的是理想的两股平行的无限边界的冷热的气流混合，但是实际情况是两股有限尺寸的气流混合，全泄漏到周围冷环境中. 随着过量空气系数的增大，从观测窗看到有越来越多的冷空气吸入热燃烧产物，因此比理论情况有更高的着火温度.

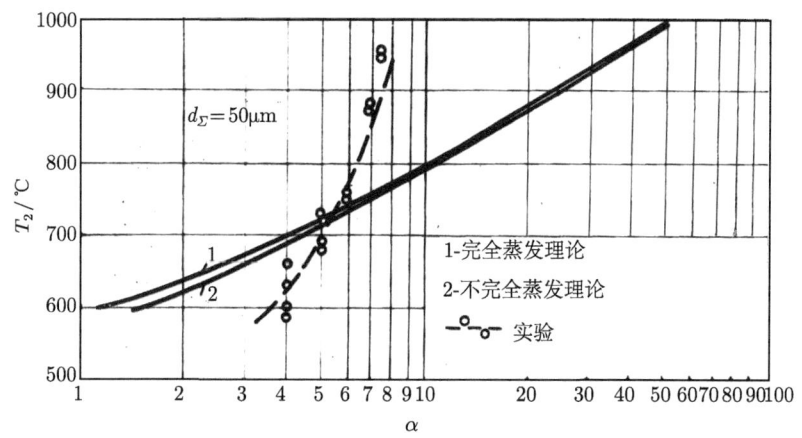

图 4.11.9 过量空气系数和引起着火的燃烧产物温度的关系

参 考 文 献

[1] 周力行. 燃烧理论和化学流体力学. 北京：科学出版社，1986.

[2] 周力行. 碳氢燃料单液滴和液雾在空气中的蒸发和燃烧 (俄文). 圣彼得堡：苏联列宁格勒工业大学 (现俄罗斯圣彼得堡技术大学), 1961.

[3] Loitsiangsky L G. Mechanics of Liquids and Gases. Moscow: Gostsehizdat, 1958.

[4] Frosslling N. Über die verdunstung fallender Trofen. Gerland Beitr,Geophys, 1983, 52: 170-216.

[5] Garner F H, Keey R B. Mass-transfer from single solid spheres– 380 I: transfer at low Reynolds numbers. Chem. Eng. Sci. 1958, 9: 119-129.

[6] Agoston G A, Wise H, Rosser W A. Dynamic factors affecting the combustion of liquid spheres. Sixth Symposium (International) on Combustion, Yale University, The Combustion Institute, Reinhold Publishing Cooperation, 1957: 708-717.

[7] Zhou L X, Li K. Analytical and numerical studies on a single-droplet evaporation and combustion under forced convection. Acta Mechanica Sinica, 2015, 31: 523-530.

[8] Mercier X, Orain M, Grisch F. Investigation of droplet combustion in strained counter-flow diffusion flames using planar laser-induced fluorescence. Appl. Phys., 2007, B88: 151-160.

[9] Zhou L X, Wang F, Li K. A droplet ignition model under forced convection using Frank-Kamenetsky's approximation. 10th Asia-Pacific Conference on Combustion, July 19-22, Beijing, 2015.

[10] Aggarwal S K. Single droplet ignition: theoretical analysisand experimental fimdings. Progress in Energy and Combustion Science, 2014, 45: 79-107.

[11] Kliachko L A, Istratova Z V. On the theory of lower limits of flame propagation in two-phase mixtures (in Russian). Proceedings of the Third All-Union Conference on Combustion Theory, Moscow, 1960, 2: 48-57.

[12] Agafonova F A, Gurevich M A, Tarasova E F. Conditions for the stable combustion of single liquid-fuel droplets (in Russian). Proceedings of the Third All-Union Conference on Combustion Theory, Moscow, 1960, 2: 29-39.

[13] Kuo K K. Principle of Combustion. 郑楚光，等译. 武汉：华中理工大学出版社，1991.

[14] Prakash S, Sirignano W A. Liquid fuel droplet heating with internal circulation. International Journal of Heat and Mass Transfer, 1978, 21: 885-895.

[15] Prakash S, Sirignano W A. Theory of convective droplet vaporization with unsteady heat transfer in the circulating liquid phase. International Journal of Heat and Mass Transfer, 1980, 23: 253-268.

[16] Law C K. Recent advances in droplet vaporization and combustion. Progress in Energy and Combustion Science, 1982, 8: 171-201.

[17] Chigier N A, et al., Measurements of hollow-cone spray flames. Acta Astronautica, 1974, 1: 687-710.

[18] Qiu H H, Liou T M. Group combustion of liquid droplets. Combustion Science and Technology, 1977, 17: 127-142.

[19] Zhou L X, Wang F. Studies on two-mode spray combustion. International Journal of Astronautical and Aeronautical Engineering, 2017: 2: 1-9.

[20] Chekalin E K. Spray flame propagation (in Russian). Journal of Technical Physics, 1960, 3(6): 22-38.

第 5 章 固体燃料——碳和煤的燃烧理论

5.1 固体燃料的燃烧

固体燃料包括金属、非金属、固体推进剂和天然化石燃料 (即煤). 固体燃料燃烧广泛存在于各种固定能源和动力装置及航天发动机中，也包括各种合成液体燃料和重质液体燃料所析出的碳粒燃烧，燃烧产物中烟粒子的燃烧，以及火箭发动机尾喷管中固体颗粒的燃烧等. 本章只讨论碳和煤的燃烧. 按照不同的生成年代和碳氢比，煤可以分成无烟煤、贫煤、烟煤、褐煤、泥煤等. 煤的成分可以用元素分析 (碳、氢、氧、氮、硫等)、工业分析 (挥发分、固定碳、水分、灰分) 和岩相分析来确定. 固体燃料燃烧方式有表面燃烧 (固体推进剂的装药燃烧，飞行器头部烧蚀燃烧等)、型煤燃烧、固定床燃烧、移动床燃烧、流化床燃烧、粉状燃烧 (悬浮燃烧或夹带燃烧) 和浆状燃烧 (水煤浆 (CWM)、油煤浆 (COM) 和油水煤浆 (CWOM)) 等. 煤是地球上的廉价燃料，其中包括挥发物 (各种烃类)、固定碳、水分和杂质 (灰分). 煤的燃烧过程如图 5.1.1 和图 5.1.2 所示. 煤受热升温后，首先是水分蒸发和挥发分逸出，然后多数情况下挥发分首先着火燃烧，其后随着温度的升高，挥发分和焦炭共同燃烧以及纯粹的焦炭燃烧，后者时间最长，发热的贡献最大. 碳的燃烧不同于液体燃料燃烧. 后者是先蒸发后燃烧，而前者由于沸点很高 (近于 5000K)，在气态氧化剂环境中表面上就发生异相燃烧反应. 煤粒燃烧的升温和质量损失过程的实验结果见图 5.1.3[1].

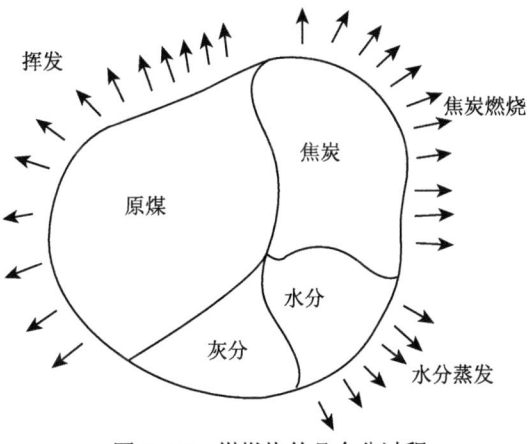

图 5.1.1 煤燃烧的几个分过程

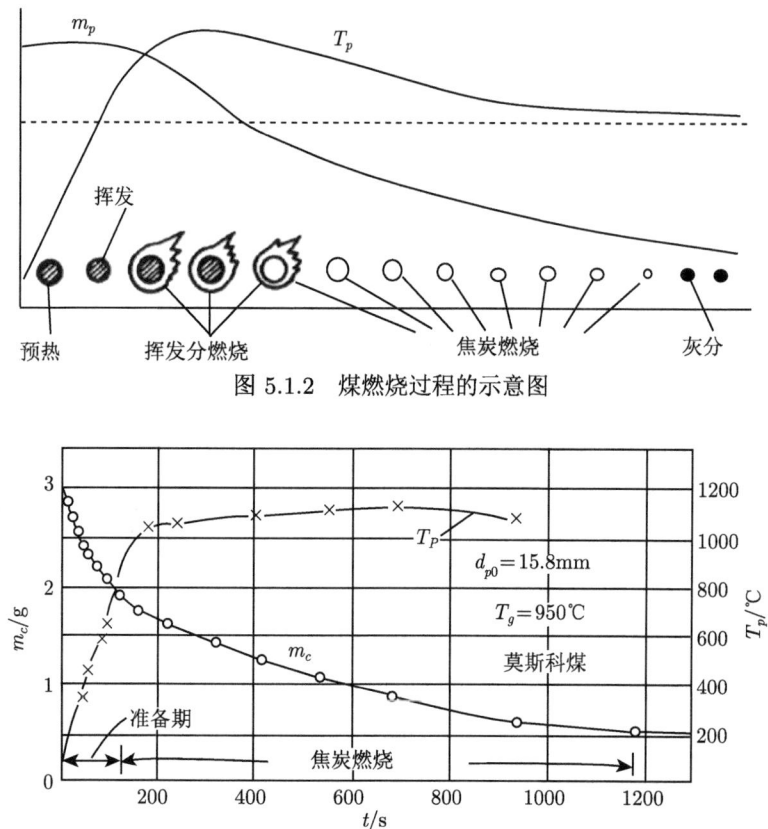

图 5.1.2 煤燃烧过程的示意图

图 5.1.3 煤燃烧过程的实验结果

5.2 煤的热解挥发

实验表明,当煤升温到 773~873K 时,开始释放出一氧化碳、碳氢化物、氮、水汽等,称为热解挥发. 煤的热解挥发是一个复杂的物理化学过程,包括一些化学键的破裂,形成不稳定的中间产物,叫做官能团,然后形成最终的稳定的热解产物. 热解速率和反应动力学及传热传质有关. 一个煤颗粒中含有干而无灰的煤 (dry-and-ash-free, Daf 煤)、焦炭、灰分和水分. Daf 煤热解放出挥发分,焦炭和环境中的氧发生异相反应,放出一氧化碳和二氧化碳等. 煤粒的质量损失率等于水分蒸发率加挥发分释放率,再加焦炭燃烧率. 煤的热解挥发对着火和火焰稳定有重要作用. 虽然焦炭燃烧对煤粒燃烧起主要作用,但挥发分释放影响煤的孔隙率,从而间接影响焦炭燃尽过程. 煤的热解挥发模型有单方程、双方程和多方程模型等,其中目前常用的是双方程模型 [2]. 按照煤热解挥发的双方程模型,有两个平行的热解挥发反应,一个在常规燃烧温度下起支配作用 (相当于工业分析的挥发分),另一个在高温下起支配作用. 挥发分释放率正比于 Daf 煤质量,和煤粒温度呈指数关系.

若 m_c、m_h、m_a 和 m_w 分别代表原煤、焦炭、灰分和水分的质量,则煤粒的质量组成及其质量损失率分别是

$$m = m_c + m_h + m_a + m_w$$
$$\dot{m} = \dot{m}_c + \dot{m}_h + \dot{m}_w = \dot{m}_v + \dot{m}_{hr} + \dot{m}_w$$

挥发分的释放规律是

Daf 煤 $\to \alpha_1 \cdot \text{Volatile1} + (1-\alpha_1) \cdot \text{Char1} + \to \alpha_2 \cdot \text{Volatile2} + (1-\alpha_2) \cdot \text{Char2}$
$\dot{m}_v = k\alpha m_c, \quad k = B_v \exp(-E_v/(RT_w))$
$\dot{m}_v = m_c[\alpha_1 B_{v1}\exp(-E_{v1}/(RT_w)) + \alpha_2 B_{v2}\exp(-E_{v2}/(RT_w))]$
$\dot{m}_c = \dfrac{\mathrm{d}m_c}{\mathrm{d}t} = -\dfrac{\dot{m}_{v1}}{\alpha_1} - \dfrac{\dot{m}_{v2}}{\alpha_2} = -m_c[B_{v1}\exp(-E_{v1}/(RT_w)) + B_{v2}\exp(-E_{v2}/(RT_w))]$
$\alpha_1 \approx \alpha_{\text{prox}}, \quad \alpha_2 \approx 0.8, \quad B_{v2} > B_{v1}, \quad E_{v2} > E_{v1}$
低温:$k_1 > k_2$; 高温:$k_2 > k_1$

(5.2.1)

对于美国烟煤,文献 [2] 取

$B_{v1} = 3.7 \times 100000 \text{s}^{-1}, \quad E_{v1} = 17.7 \times 1000 \text{kcal}^{①}/(\text{kg} \cdot \text{mol})$
$B_{v2} = 1.46 \times 10000000000000 \text{s}^{-1}, \quad E_{v2} = 60.24 \times 1000 \text{kcal}/(\text{kg} \cdot \text{mol})$

挥发分释放规律是初始时刻很快上升,达到最大时随后有一个长长的尾巴,渐渐趋于零,这是因为,开始时段温度起主要作用,而后期则是原煤质量起主要作用.

5.3 固态碳异相反应

由于碳的沸点远大于其着火条件下的温度,因此固态碳表面会发生异相反应,碳分子和吸附在碳表面的气体组分发生反应,然后通过解吸,释放出燃烧产物,最主要的是一氧化碳和二氧化碳. 如果气体环境中有水蒸气存在,碳与之反应还将生成氢和甲烷. 此外还有二氧化碳还原为一氧化碳的反应以及碳表面生成的一氧化碳、氢和甲烷在碳粒附近的气相空间中与氧发生所谓容积反应,形成二氧化碳和水蒸气.

表面一次反应之一

$$C + O_2 \longrightarrow CO_2 + 94200 \text{kcal/mol}$$

---

① 1cal=4.1868J.

表面一次反应之二

$$2C + O_2 \longrightarrow 2CO + 52300 \text{kcal/mol}$$

表面二次反应

$$C + CO_2 \longrightarrow 2CO - 41950 \text{kcal/mol} \tag{5.3.1}$$

容积反应 (二次反应)

$$2CO + O_2 \longrightarrow 2CO_2 + 136200 \text{kcal/mol}$$

可以认为，碳表面的反应动力学仍然服从统观的 Arrhenius 定律的形式. 反应级数一般可以按照供应不足的组分的表面处浓度的一级反应来处理. 文献 [3] 的实验表明，碳和二氧化碳的反应的确是一级反应，而和其他气体组分的反应级数则小于 1, 为 0.5~0.8. 理论研究仍然用一级反应来处理. 实验发现，温度小于 1073K 时以生成二氧化碳为主, 1273~2273K 时以生成一氧化碳为主. 文献 [3] 推荐的碳的反应动力学是

$$\begin{aligned}
&w_{ox1} = B_1 \rho_w Y_{ox,w} \exp(-E_1/(RT_w)) = k_{ox1} \rho_w Y_{ox,w} \\
&w_{ox2} = B_2 \rho_w Y_{ox,w} \exp(-E_2/(RT_w)) = k_{ox2} \rho_w Y_{ox,w} \\
&w_{CO_2,3} = B_3 \rho_w Y_{CO_2 w} \exp(-E_3/(RT_w)) = k_{CO_2,3} \rho_w Y_{CO_2 w} \\
&w_{ox4} = 6.6 \times 10^4 \rho Y_{CO} \exp(-15000/(RT)) \\
&k_r = B_r \exp(-E_r/(RT)) = k_* \exp\left[-\frac{E_r}{RT}\left(1 - \frac{T}{T_*}\right)\right] \\
&\quad = k_* \exp\left(\frac{E_r}{RT_*}\right) \exp(-E_r/(RT)) \\
&B_r = k_* \exp\left(\frac{E_r}{RT_*}\right), \quad k_* = 10 \text{m/s}, \quad T_* = 2000 \text{K} \\
&E_1 = (21 \sim 23) \times 10^3 \text{kcal/mol}, \quad E_2/E_1 = 1.2, \quad E_3/E_2 = 2.2 \\
&E_3 > E_2 > E_1, \quad B_3 > B_2 > B_1
\end{aligned} \tag{5.3.2}$$

较低温度 (E 重要)

$$k_1 > k_2 > k_3$$

较高温度 (B 重要)

$$k_1 < k_2 < k_3$$

5.4 碳的异相氧化反应的基本方程

球对称一维层流有反应流动, 有一氧化碳和氧相遇扩散的基本方程及其边界条件是 [4]

$$4\pi r^2 \rho v = 4\pi r_p^2 \rho_w v_w = G = \text{const}, \quad p \approx \text{const}$$
$$\rho v \frac{\mathrm{d}Y_s}{\mathrm{d}r} = \frac{1}{r^2}\frac{\mathrm{d}}{\mathrm{d}r}\left(r^2 D\rho \frac{\mathrm{d}Y_s}{\mathrm{d}r}\right) - w_s, \quad \rho v c_p \frac{\mathrm{d}T}{\mathrm{d}r} = \frac{1}{r^2}\frac{\mathrm{d}}{\mathrm{d}r}\left(r^2 \lambda \frac{\mathrm{d}T}{\mathrm{d}r}\right) + w_s Q_s$$

$r = r_p$ 处

$$g_{sw} = -D\rho\left(\frac{\mathrm{d}Y_s}{\mathrm{d}r}\right)_w + Y_{sw}\rho_w v_w = \sum_r B_{sr}\rho_w Y_{sw}\exp(-E_r/(RT_p))$$
$$\sum_r Q_{sr}B_{sr}\rho_w Y_{sw}\exp(-E_r/(RT_p)) = \varepsilon\sigma(T_g^4 - T_p^4) - \lambda\left(\frac{\mathrm{d}T}{\mathrm{d}r}\right)_w$$
$$\sum_s g_{sw} = \rho_w v_w = g_{\mathrm{CO}w} + g_{\mathrm{CO}_2 w} + g_{\mathrm{O}_2 w}$$

$r = r_1$ 处

$$T = T_g, \quad Y_s = Y_{s\infty}, \quad \sum_s Y_s = 1, \quad g_{\mathrm{iner}} = 0 \tag{5.4.1}$$

表面反应的化学当量比关系是

$$\begin{aligned}
g_{\mathrm{O}_2 w} &= g_{\mathrm{O}_2 w}^{(1)} + g_{\mathrm{O}_2 w}^{(2)} \\
g_{\mathrm{CO}w} &= g_{\mathrm{CO}w}^{(2)} + g_{\mathrm{CO}w}^{(3)} \\
g_{\mathrm{CO}_2 w} &= g_{\mathrm{CO}_2 w}^{(1)} + g_{\mathrm{CO}_2 w}^{(3)} \\
g_{\mathrm{O}_2 w}^{(1)} &= -32/(44 g_{\mathrm{CO}_2 w}^{(1)}) \\
g_{\mathrm{O}_2 w}^{(2)} &= -32/(56 g_{\mathrm{CO}w}^{(2)}) \\
g_{\mathrm{CO}_2 w}^{(3)} &= -44/(56 g_{\mathrm{CO}w}^{(3)}) \\
56/(44 g_{\mathrm{CO}w}) &+ 56/(32 g_{\mathrm{O}_2 w}) + g_{\mathrm{CO}w} = 0 \\
g_c = g_{c1} + g_{c2} + g_{c3} &= \sum_s g_{sw} = \rho_w v_w = g
\end{aligned} \tag{5.4.2}$$

5.5 碳粒燃烧的单火焰面模型

按照单火焰面模型 [4], 燃烧的碳粒周围的温度和组分浓度分布的定性状态如图 5.5.1 所示.

假设只有表面反应 1, 无容积反应以及驻膜内热物性为常数, 通过对基本方程的积分, 可以得到

$$G(Y_{\mathrm{O}_2} - Y_{\mathrm{O}_2 w}) = 4\pi r^2 D\rho\left(\frac{\mathrm{d}Y_{\mathrm{O}_2}}{\mathrm{d}r}\right) - 4\pi r_p^2 D\rho\left(\frac{\mathrm{d}Y_{\mathrm{O}_2}}{\mathrm{d}r}\right)_w$$
$$Gc_p(T - T_p) = 4\pi r^2 \lambda\left(\frac{\mathrm{d}T}{\mathrm{d}r}\right) - 4\pi r_p^2 \lambda\left(\frac{\mathrm{d}T}{\mathrm{d}r}\right)_w$$
$$-4\pi r^2 D\rho\left(\frac{\mathrm{d}Y_{\mathrm{O}_2}}{\mathrm{d}r}\right) + GY_{\mathrm{O}_2} = G_{\mathrm{O}_2} = 4\pi r_p^2 g_{\mathrm{O}_2 w}$$

$$4\pi r^2 \lambda \left(\frac{dT}{dr}\right) = G[c_p(T - T_p) + q_w], \quad q_w = 4\pi r_p^2 \lambda \left(\frac{dT}{dr}\right)_w \Big/ G$$

$$G = G_{O_2} + G_{CO_2} = -\frac{3}{8}G_{O_2}(反应 1) \quad 或 \quad G = -\frac{3}{4}G_{O_2}(反应 2)$$

$$G = -G_{O_2}/\beta, \quad \beta = 8/3 或 4/3$$

$$4\pi r^2 D\rho \left(\frac{dY_{O_2}}{dr}\right) = G(Y_{O_2} + \beta), \quad 4\pi r^2 \lambda \left(\frac{dT}{dr}\right) = G[c_p(T - T_p) + q_w]$$

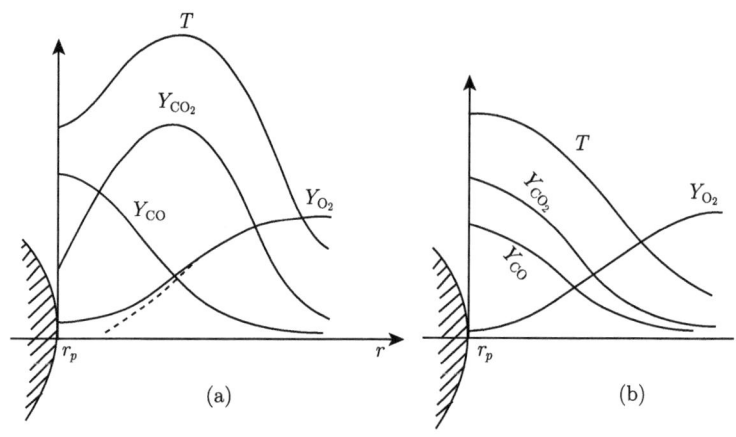

图 5.5.1 燃烧的碳粒周围的温度和组分浓度分布示意图

(a) 和 (b) 分别是驻膜内有 CO 着火和无着火的情况

由 r_p 到 r_1 积分, 得到

$$G = G_c = \pi d_p Nu^* D\rho \ln\left[1 + \frac{Y_{O_2\infty} - Y_{O_2w}}{\beta + Y_{O_2w}}\right] = \pi d_p Nu^* \frac{\lambda}{c_p} \ln\left[1 + \frac{c_p(T_g - T_p)}{q_w}\right]$$

$$G_{O_2} = -4\pi r_p^2 B_r Y_{O_2w}\rho \exp(-E_r/(RT_p)), \quad r = 1, 2$$

$$\frac{\pi d_p^3}{6}\rho_c c_c \frac{dT_p}{dt} = 4\pi r_p^2 \varepsilon\sigma(T_g^4 - T_p^4) - Gq_w + GQ_c$$

(5.5.1)

可以看到, 碳粒燃烧率 G 和反应动力学及传热传质都有关系. 如果只有反应 2, 其燃烧率 G 比反应 1 的大. 定常状态和达到辐射平衡时, 壁面热流等于燃烧放热, 则燃烧率、壁面氧浓度和颗粒温度取决于

$$G = G_c = \pi d_p Nu^* D\rho \ln\left[1 + \frac{Y_{O_2\infty} - Y_{O_2w}}{\beta + Y_{O_2w}}\right]$$

$$\frac{c_p(T_p - T_g)}{Q_c} = \frac{Y_{O_2\infty} - Y_{O_2w}}{\beta + Y_{O_2w}}$$

$$G_{O_2} = -\pi d_p^2 B_r Y_{O_2w}\rho \exp(-E_r/(RT_p))$$

(5.5.2)

5.5 碳粒燃烧的单火焰面模型

多数情况下

$(Y_{O_2\infty} - Y_{O_2w})/(\beta + Y_{O_2w}) \ll 1$

$\ln[1 + (Y_{O_2\infty} - Y_{O_2w})/(\beta + Y_{O_2w})] \approx (Y_{O_2\infty} - Y_{O_2w})/\beta$

$g_{O_2w} = G_{O_2}/(\pi d_p^2) = -\dfrac{Nu^* D\rho}{d_p}(Y_{O_2\infty} - Y_{O_2w}) = h_d^* \rho (Y_{O_2\infty} - Y_{O_2w})$

$g_{O_2w} = -k_{O_2}\rho Y_{O_2w}, \quad Y_{O_2w} = Y_{O_2\infty} h_d^*/(h_d^* + k_{O_2})$

$g_{O_2w} = -KY_{O_2\infty}, \quad K = 1 \Big/ \left(\dfrac{1}{h_d^*} + \dfrac{1}{k_{O_2}}\right)$

$k_{O_2} \gg h_d^*, \quad D = \tau_d/\tau_c = k_{O_2}/h_d^* \gg 1, \quad K \approx h_d^*, \quad Y_{O_2w} \approx 0$

$g_{O_2w} \approx -h_d^* \rho Y_{O_2\infty} = -Nu^* D\rho Y_{O_2\infty}/d_p, \quad g_{O_2w} = \text{inv}(T_g) \sim \sqrt{\dfrac{u_\infty}{d_p}}$，扩散燃烧

$T_p = T_g + Y_{O_2\infty} Q_c/(\beta c_p), \quad$ 最大

$k_{O_2} \ll h_d^*, \quad D \ll 1, \quad K \approx k_{O_2}, \quad Y_{O_2w} \approx Y_{O_2\infty}, \quad T_p \approx T_g \quad (T_p \text{最小})$

$g_{O_2w} \approx -k_{O_2} Y_{O_2\infty}, \quad g_{O_2w} \sim T_g = \text{inv}(u_\infty, d_p),$ 动力燃烧

(5.5.3)

碳粒的扩散燃烧和动力燃烧的特点见图 5.5.2.

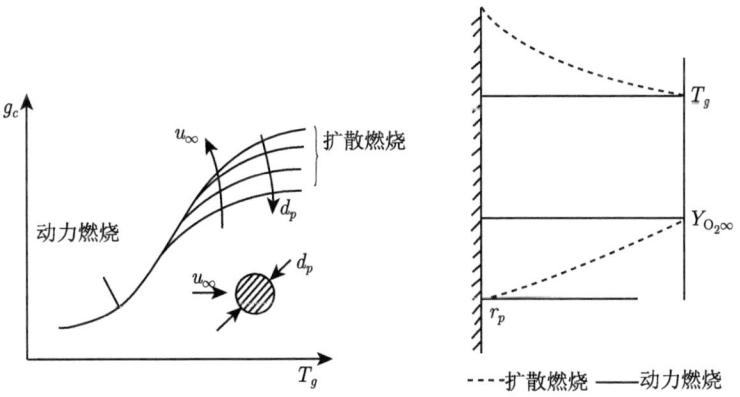

图 5.5.2 碳粒的扩散燃烧和动力燃烧

不难看到，液滴燃烧率只和传热传质有关，而碳的燃烧率和反应动力学及传热传质都有关. 液滴燃烧总是扩散燃烧，碳粒燃烧一般是扩散-动力燃烧. 当高温、大颗粒、低相对速度时，碳粒燃烧趋于扩散燃烧. 当低温、小颗粒、高相对速度时，碳粒燃烧趋于动力燃烧. 动力燃烧时，燃烧率随温度升高而增长，和粒径及速度无关. 扩散燃烧时，燃烧率随速度的增大和粒径的减小而增大，和温度无关. 液滴燃烧时液滴温度低于环境温度，碳粒燃烧时碳粒温度高于环境温度，但两者的表面氧浓度都低于环境值. 动力燃烧时，碳粒表面处氧浓度最高，温度最低. 扩散燃烧时，碳粒表面处氧浓度最低，温度最高. 扩散燃烧时，碳粒直径平方的减

小服从线性递减律, 而动力燃烧时, 碳粒直径的一次方的减小服从线性递减律.

5.6 碳粒燃烧的某些实验结果

文献 [5] 给出电极碳和无烟煤焦炭燃烧的实验结果, 见图 5.6.1. 由此可见, 理论分析结果和直径为 1.5cm 的悬挂碳粒燃烧以及直径为 25mm 的电极碳粒燃烧的实验结果定性一致. 当环境温度小于 1073K 时为动力燃烧, 1073~1273K 时为扩散-动力燃烧, 1273~1473K 时为扩散燃烧. 但是当环境温度大于 1473K 时, 再度出现扩散-动力燃烧. 这时观察到碳粒周围有蓝色透明的 CO 火焰和气相空间中局部高温出现. 看来温度不太高时, 单火焰面模型近似正确, 但是温度更高时必须考虑 CO_2 表面还原反应和 CO 容积反应.

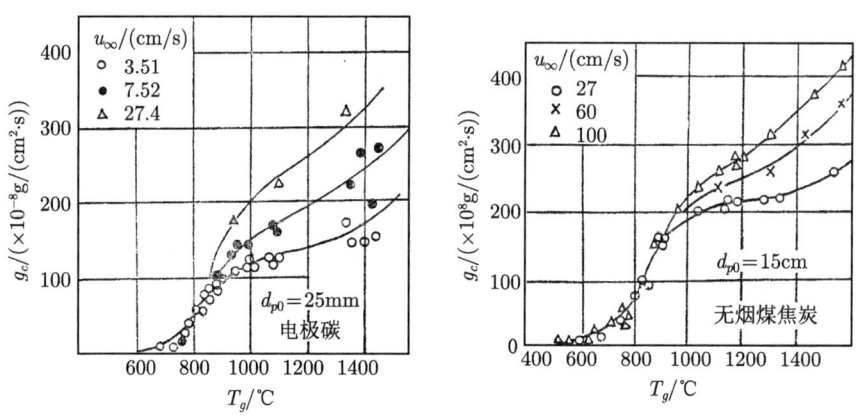

图 5.6.1 碳粒燃烧的实验结果

5.7 碳粒燃烧的双火焰面模型

设碳表面上只有 CO_2 还原反应和驻膜内有 CO 扩散燃烧, 驻膜内热物性为常数, 则基本方程和边界条件分别是 [4]

$$G\frac{dY_s}{dr} = \frac{d}{dr}\left(4\pi r^2 D\rho \frac{dY_s}{dr}\right) - w_s$$

$$Gc_p\frac{dT}{dr} = \frac{d}{dr}\left(4\pi r^2 \lambda \frac{dT}{dr}\right) + w_s Q_s$$

$r = r_p$ 处

$$u = 0, \quad v = v_w \neq 0$$

5.7 碳粒燃烧的双火焰面模型

$$g_{sw} = -D\rho \left(\frac{dY_s}{dr}\right)_w + Y_{sw}\rho_w v_w = B_{c3}\rho_w Y_{sw}\exp(-E_3/(RT_p))$$

(T_p 取决于前述能量方程)

$$Y_{O_2w} = 0, \quad \left(\frac{dY_{O_2}}{dr}\right)_w = 0$$

$$g_c = g_w = \sum g_{sw} = g_{COw} + g_{CO_2w} = \rho_w v_w$$

$$g_{COw} = -\frac{11}{14}g_{CO_2w}, \quad g_c = g_w = -\frac{3}{11}g_{CO_2w} \tag{5.7.1}$$

使用 Zeldovich 转换

$$Y = Y_{O_2} + 4Y_{CO_2}/11, \quad Z = c_p T + Y_{O_2}Q_{O_2,4}$$

$$G\frac{dY}{dr} = \frac{d}{dr}\left(4\pi r^2 D\rho \frac{dY}{dr}\right), \quad G\frac{dZ}{dr} = \frac{d}{dr}\left(4\pi r^2 \frac{\lambda}{c_p}\frac{dZ}{dr}\right)$$

$$G(Y - Y_w) = 4\pi r^2 D\rho\left(\frac{dY}{dr}\right) - 4\pi r_p^2 D\rho\left(\frac{dY}{dr}\right)_w$$

$$G(Z - Z_w) = 4\pi r^2 \frac{\lambda}{c_p}\left(\frac{dZ}{dr}\right) - 4\pi r_p^2 \frac{\lambda}{c_p}\left(\frac{dZ}{dr}\right)_w$$

$$-D\rho\left(\frac{dY}{dr}\right)_w = -D\rho\left[\left(\frac{dY_{O_2}}{dr}\right)_w + \frac{4}{11}\left(\frac{dY_{CO_2}}{dr}\right)_w\right] = -\frac{4}{11}D\rho\left(\frac{dY_{CO_2}}{dr}\right)_w$$

$$- \frac{4}{11}(g_{CO_2w} - Y_{CO_2w}g_w) = -g_w\left(\frac{1}{3} + \frac{4}{11}Y_{CO_2w}\right)$$

$$(Y - Y_w) = Y - \left(Y_{O_2w} + \frac{4}{11}Y_{CO_2w}\right) = Y - \frac{4}{11}Y_{CO_2w}$$

$$G(Y + 4/3) = 4\pi r^2 D\rho\left(\frac{dY}{dr}\right) \tag{5.7.2}$$

最后扩散方程给出

$$G = \pi d_p D\rho Nu^* \ln\left[1 + \frac{Y_{O_2\infty} - 4Y_{CO_2w}/11}{\frac{4}{3} + 4Y_{CO_2w}/11}\right]$$

类似地, 由气相能量方程可得

$$G = \pi d_p \frac{\lambda}{c_p} Nu^* \ln\left[1 + \frac{c_p(T_g - T_p)}{q_w}\right]$$

表面反应动力学

$$G = G_c = \pi d_p^2 B_{c3}\rho_w Y_{CO_2w}\exp(-E_3/(RT_p))$$

其中, T_p 取决于颗粒能量方程

$$(\pi d_p^3/6)\rho_c c_c \frac{dT_p}{dt} = \pi d_p^2 \varepsilon\sigma(T_g^4 - T_p^4) + Gq_w - GQ_{c3} \tag{5.7.3}$$

式中, G_c 取决于扩散和表面反应动力学, 但和 CO 空间反应动力学无关.

双火焰面模型和单火焰面模型的差别是: 反应 3 的动力学代替了反应 1 或反应 2 的. $4Y_{CO_2 w}/11$ 代替了 $Y_{O_2 w}$; T_p 取决于 Q_{c3} 和 $Q_{O_2,4}$, 而不是 Q_{c1} 和 Q_{c2}.

5.8 煤 粒 燃 烧

煤粒的燃烧比碳粒的更复杂, 要考虑有同时进行的水分蒸发、热解挥发和焦炭燃烧. 设煤粒表面同时有三种反应, 但不考虑驻膜内的挥发分和 CO 反应. 文献 [6] 提出了煤粒燃烧模型, 基本方程和边界条件是

$$\begin{aligned}
&G_s = -4\pi r^2 D\rho \frac{dY_s}{dr} + GY_s = \text{const} \\
&4\pi r^2 \lambda \frac{dT}{dr} = G[c_p(T - T_p) + q_w] \\
&G_s = G_{sw} = \pi d_p^2 \rho Y_{sw} \sum B_r \exp(-E_r/(RT_p)) \\
&G = G_c + G_v + G_w, \quad G_c = -3G_{O_2}/4 - 3G_{CO_2}/11 \\
&m_p c_c \frac{dT_p}{dt} = \pi d_p^2 \sigma\varepsilon(T - T) + Gq_w - G_w L_w - G_v \Delta h_v + \sum G_{cr} Q_{cr}
\end{aligned} \tag{5.8.1}$$

该方程组的解给出

$$G_w = \pi d_p Nu^* D\rho \ln\left(\frac{G_s/G - Y_{s\infty}}{G_s/G - Y_{sw}}\right), \quad G = \pi d_p Nu^* \frac{\lambda}{c_p} \ln\left[1 + \frac{c_p(T_g - T_p)}{q_w}\right]$$

$$q_w = c_p(T_g - T_p)\left[\exp\left(\frac{Gc_p}{\pi d_p Nu^* \lambda}\right) - 1\right]^{-1}$$

最终的表达式:

$$\begin{aligned}
&G_w = \pi d_p Nu^* D\rho \ln\left(\frac{1 - Y_{w\infty}}{1 - Y_{ww}}\right), \quad Y_{ww} = B_w \exp(-E_w/(RT_p)) \\
&G_v = m_c[\alpha_1 B_{v1} \exp(-E_{v1}/(RT_p)) + \alpha_2 B_{v2} \exp(-E_{v2}/(RT_p))] \\
&\frac{dm_c}{dt} = -m_c[B_{v1} \exp(-E_{v1}/(RT_p)) + B_{v2} \exp(-E_{v2}/(RT_p))] \\
&G = \pi d_p Nu^* D\rho \ln\left(\frac{G_{CO_2}/G - Y_{CO_2\infty}}{G_{CO_2}/G - Y_{CO_2 w}}\right) = \pi d_p Nu^* D\rho \ln\left(\frac{G_{O_2}/G - Y_{O_2\infty}}{G_{O_2}/G - Y_{O_2 w}}\right) \\
&G_{O_2} = \pi d_p^2 \rho Y_{O_2 w}[B_1 \exp(-E_1/(RT_p)) + B_2 \exp(-E_2/(RT_p))] \\
&G_{CO_2} = \pi d_p^2 \rho\left[\frac{8}{11}Y_{O_2 w} B_1 \exp(-E_1/(RT_p)) - Y_{CO_2 w} B_3 \exp(-E_3/(RT_p))\right]
\end{aligned} \tag{5.8.2}$$

5.8 煤粒燃烧

$$G_c = -3G_{O_2}/4 - 3G_{CO_2}/11, \quad G_c = G - G_w - G_v$$

$$m_c c_c \frac{dT_p}{dt} = \pi d_p^2 \varepsilon \sigma (T_g^4 - T_p^4) + G c_p (T_g - T_p) \left[\exp\left(\frac{G c_p}{\pi d_p N u^* \lambda}\right) - 1\right]^{-1}$$

$$- G_w L_w + G_{O_2}^{(1)} Q_{O_2}^{(1)} + G_{O_2}^{(2)} Q_{O_2}^{(2)} - G_{CO_2}^{(3)} Q_{CO_2}^{(3)}$$

$$G_{O_2}^{(1)} = \pi d_p^2 \rho Y_{O_2 w} B_1 \exp(-E_1/(RT_p))$$

$$G_{O_2}^{(2)} = \pi d_p^2 \rho Y_{O_2 w} B_2 \exp(-E_2/(RT_p))$$

$$G_{CO_2}^{(3)} = \pi d_p^2 \rho Y_{CO_2 w} B_3 \exp(-E_3/(RT_p)) \tag{5.8.3}$$

对以上方程组只能进行数值求解.

图 5.8.1 和图 5.8.2 分别给出悬挂的 7~8mm 淮南烟煤粒燃烧的质量损失和温升的实验结果及其与理论结果的对照 [6], 证实上述煤粒燃烧的理论模型符合实际, 可以作为煤粉两相流燃烧的子模型. 图中还表明, 挥发分燃烧期差不多占整个燃烧期的六分之一. 文献 [7] 报道了实验观测的悬挂的 0.15~0.8mm 褐煤粒燃烧, 得到着火期、挥发分燃烧期和焦炭燃烧期的经验公式

$$\tau_i = K_1 T_g^{-4} d_{p0} \text{ 或 } \tau_i = K_1 Y_{O_2 \infty}^{-0.15} T_g^{-2.5} d_{p0}^{1.2}$$

$$\tau_v = K_2 d_{p0}^2$$

$$\tau_{ch} = K_3 T_g^{-0.9} Y_{O_2 \infty}^{-1} d_{p0}^2$$

$$\tau_{ch} = K_3 T_g^{-0.5} Y_{O_2 \infty}^{-1} d_{p0}^2 \tag{5.8.4}$$

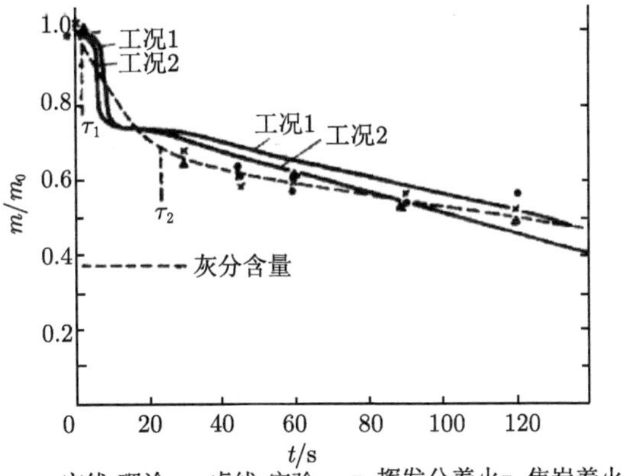

图 5.8.1 淮南烟煤粒的燃烧过程的质量损失

实线-理论 虚线-实验 τ_1-挥发分着火 τ_2-焦炭着火

工况 1 为煤粒直径 7mm, 工况 2 为煤粒直径 6mm

可见着火时间、挥发分燃烧时间和焦炭燃烧时间分别正比于粒径的一次方或二次方, 反比于氧浓度的 0.15~1 次方和温度的 0.5~4 次方. 挥发分燃烧期间, 煤粒直径几乎保持不变, 煤粒表面局部地区有挥发分射流喷出, 而焦炭燃烧期间, 煤粒直径不断缩小.

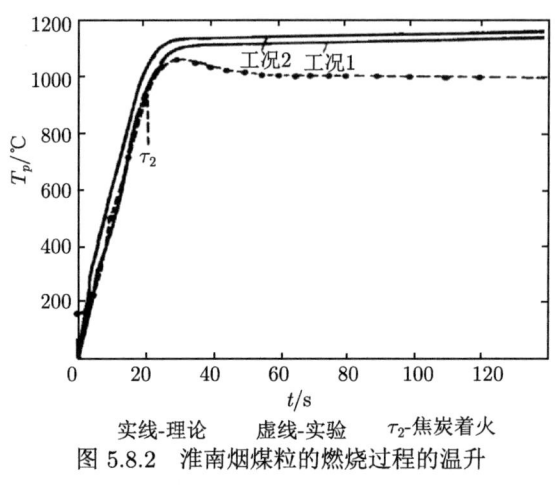

实线-理论　　虚线-实验　　τ_2-焦炭着火
图 5.8.2　淮南烟煤粒的燃烧过程的温升
工况 1 为煤粒直径 7mm，工况 2 为煤粒直径 6mm

5.9　煤粒和碳粒的着火及灭火

如果环境温度不太高或辐射换热不太强，则挥发分首先着火燃烧，然后焦炭着火燃烧，反之，也有焦炭首先着火的情况. 对于挥发分首先着火，可以仿照分析液滴着火的办法[4]，得到

$$(Nu^*-2)^2/(Nu^*d_p)[(T_g-T_p)+q_v/c_p]\ln[1+c_p(T_g-T_p)/q_v] = \sqrt{2Q_F/\lambda \int_{T_p}^{T_g} w_F \mathrm{d}T}$$
(5.9.1)

其中，煤粒表面温度和挥发分浓度一方面取决于传热传质的平衡关系

$$Y_{F,w}/(1-Y_{F,w}) = c_p(T_g-T_p)/q_v \tag{5.9.2}$$

另一方面还取决于前文中的挥发动力学公式.

参 考 文 献

[1] Predvoditelev A S. Carbon Combustion (in Russian). Moscow: Izd. AN, USSR, 1949.
[2] Stickler D B, et al. On coal devolatilization. AIAA 17th Aerospace Science Meeting, Paper 79-0298, 1979.
[3] Pomerantsev V V. Fundamentals of Practical Theory of Combustion (in Russian). Moscow: Energia, 1973.
[4] 周力行. 燃烧理论和化学流体力学. 北京: 科学出版社，1986.
[5] Khitrin L N. Physics of Combustion and Explosion (in Russian). Moscow: Moscow University Press, 1957.
[6] 周力行，张健. 淮南烟煤粉燃烧的初步研究. 工程热物理学报，1984, 5: 396-401.
[7] Ivanova I P, Babii V I. Thermal Engineering (in Russian). 1966, 76(6): 25-36.

第 6 章 湍流燃烧经典理论初步

6.1 背　　景

通常的燃烧装置尺寸大,其中流动速度较高,因此实际燃烧过程都是湍流的. 湍流燃烧的两个重要问题是燃烧强度 (或者火焰长度) 和火焰稳定 (flame stabilization) 性. 湍流燃烧的研究目的是提高火焰稳定性和燃烧强度 (缩短火焰长度). 实验中发现湍流扩散火焰长度和来流速度无关. 湍流预混火焰长度比层流预混火焰的短, 受速度影响比层流的弱, 火焰厚, 有噪声. 钝体后方闭式湍流预混火焰扩张角随 x 增加而变小. 增大湍流使火焰缩短. 高速时火焰张角不随混合比和来流速度变化. 湍流现象本身及其和化学反应的相互作用十分复杂, 时至今日主要靠数值模拟对其进行研究 (见第二篇). 但是早在 20 世纪 30 年代, 就已经出现经典的湍流燃烧理论, 试图阐明其机理, 这些理论有助于建立今日的湍流燃烧数学模型以及分析数值模拟结果. 这里只阐述基础理论的初步内容. 湍流的基本特征有湍流强度、湍流尺度和频率等, 见第 7 章, 其中只有两个独立变量. 湍流燃烧经典理论就是探讨湍流对火焰特征的影响.

6.2 湍流射流扩散燃烧

湍流射流扩散燃烧是各种燃烧装置中常遇到的火焰类型. 可以用最简单的分析方法探讨其特性. 轴对称二维有反应射流的基本方程可以写成

$$\begin{aligned}
&\frac{\partial}{\partial x}(\rho u r) + \frac{\partial}{\partial r}(\rho v r) = 0 \\
&\rho u \frac{\partial u}{\partial x} + \rho v \frac{\partial u}{\partial r} = \frac{1}{r}\frac{\partial}{\partial r}\left(r \nu_T \rho \frac{\partial u}{\partial r}\right) \\
&\rho u \frac{\partial Y_s}{\partial x} + \rho v \frac{\partial Y_s}{\partial r} = \frac{1}{r}\frac{\partial}{\partial r}\left(r D_T \rho \frac{\partial Y_s}{\partial r}\right) - w_s \\
&\rho u c_p \frac{\partial T}{\partial x} + \rho v c_p \frac{\partial T}{\partial r} = \frac{1}{r}\frac{\partial}{\partial r}\left(r \lambda_T \frac{\partial T}{\partial r}\right) + w_s Q_s
\end{aligned} \qquad (6.2.1)$$

Prandtl 混合长模型给出

$$\nu_T = D_T = \lambda_T/(c_p \rho) = c x^2 \left|\frac{\partial u}{\partial r}\right|$$

边界条件是
$$r = r_1, \quad u = u_1, \quad T = T_1, \quad Y_{ox} = 0, \quad Y_F = 1$$
$$r = r_2, \quad u = u_2, \quad T = T_2, \quad Y_{ox} = Y_{ox,\infty}, \quad Y_F = 0$$
$$r = r_f, \quad Y_{ox} = Y_F = 0$$

这个方程组只能用数值法求解. 但是也可以不用求解方程, 而是通过分析得到射流燃烧的一般特性. 使用 Zeldovich 转换后, 可以得到

$$Y = Y_{ox} - \beta Y_F, \quad Z = c_p T + Y_{ox} Q_{ox}$$

$$\rho u \frac{\partial Y}{\partial x} + \rho v \frac{\partial Y}{\partial r} = \frac{1}{r} \frac{\partial}{\partial r} \left(r \frac{\lambda_T}{c_p} \frac{\partial Y}{\partial r} \right)$$

$$\rho u \frac{\partial Z}{\partial x} + \rho v \frac{\partial Z}{\partial r} = \frac{1}{r} \frac{\partial}{\partial r} \left(r \frac{\lambda_T}{c_p} \frac{\partial Z}{\partial r} \right)$$

不用求解方程, 可以知道

$$\frac{Y - Y_2}{Y_1 - Y_2} = \frac{Z - Z_2}{Z_1 - Z_2} = \theta(x/R, r/R) \tag{6.2.2}$$

在火焰面处有

$$\theta_f = \frac{Y_{ox,\infty}}{Y_{ox,\infty} + \beta} = \frac{c_p(T_f - T_2) - Y_{ox,\infty} Q_{ox}}{-Y_{ox,\infty} Q_{ox}} \tag{6.2.3}$$

因此绝热射流扩散火焰的温度是

$$T_f = T_2 + \frac{Y_{ox,\infty} Q_{ox}}{c_p(1 + Y_{ox,\infty}/\beta)} \tag{6.2.4}$$

火焰形状取决于

$$(x/R)_f = (x/R)_f [\theta_f, (r/R)_f] \tag{6.2.5}$$

火焰长度决定于

$$(x/R)_f = L_f/R, \quad r_f/R = 0$$
$$L_f/R = f(\theta_f), \quad L_f/R = a\theta_f + b \tag{6.2.6}$$
$$L_f = R \left(a \frac{Y_{ox,\infty} + \beta}{Y_{ox,\infty}} + b \right)$$

实验结果是

$$L_f = R \left(10 \frac{Y_{ox,\infty} + \beta}{Y_{ox,\infty}} + 4 \right) \tag{6.2.7}$$

由此知道

$$\because Y_{ox,\infty} \ll \beta, \quad 10 \frac{Y_{ox,\infty} + \beta}{Y_{ox,\infty}} \gg 4$$

$$\therefore L_f \sim R, \quad L_f \sim 1/Y_{ox,\infty}$$

可见湍流扩散火焰长度只和管口半径及环境氧浓度有关，和速度以及其他因素无关. 火焰长度正比于管口半径，火焰长度大致和环境氧浓度成反比.

6.3 湍流预混火焰的 Damköhler-Shelkin 皱褶火焰面模型

Damköhler[1] 和 Shelkin[2] 分别独立提出了湍流预混燃烧的皱褶火焰面模型，认为湍流预混火焰是由微元的层流火焰组成的皱褶了的层流火焰. 微元火焰面以层流火焰速度 S_l 传播，湍流增大了火焰表面积，从而增大了火焰传播速度，此模型的示意图见图 6.3.1.

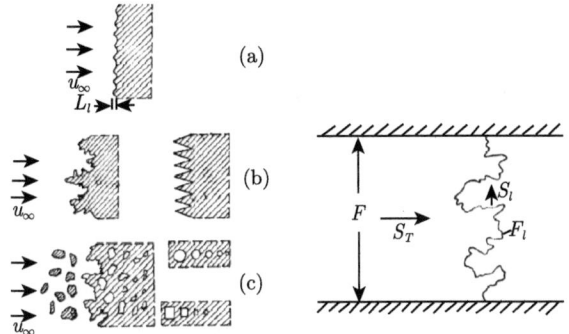

图 6.3.1 湍流预混燃烧的皱褶火焰面模型

运用量纲分析，就能得到湍流火焰传播速度

$$S_T F = S_l F_l, \quad S_T = S_l F_l / F, \quad F_l / F = f(\tau_{\text{comb}} / \tau_T)$$
$$\tau_{\text{comb}} / \tau_T = (l/S_l)/(l/u') = u'/S_l, \quad F_l/F = f(u'/S_l) = A(u'/S_l)^n \quad (6.3.1)$$
$$S_T = A S_l^{1-n} u'^n$$

实验给出 $A = 5.3, n = 0.67$，因此湍流预混火焰长度是

$$L = R u_\infty / S_T = R u_\infty / (A S_l^{0.33} u'^{0.67}) = R u_\infty^{0.33} \varepsilon^{-0.67} / (A S_l^{0.33}) \quad (6.3.2)$$

可以看到，湍流和反应动力学都控制湍流燃烧速率，湍流的作用更大. 湍流火焰长度受来流速度、湍流强度和反应动力学三者的影响.

6.4 湍流预混火焰的 Summerfield-Shetsinkov 容积燃烧模型

按照皱褶火焰面模型，湍流场的涡团 (eddy) 中要么是新鲜混合物，要么是燃烧产物，不存在中间状态. Summerfield[3] 和 Shetsinkov[4] 分别独立提出了湍流预混火焰的容积燃烧模型，认为湍流是通过混合影响燃烧. 混合与反应同时发生.

不同的涡团具有不同的温度、浓度和反应度. 湍流通过增大混合速率来强化燃烧. 两种燃烧模型概念的比较示意于图 6.4.1.

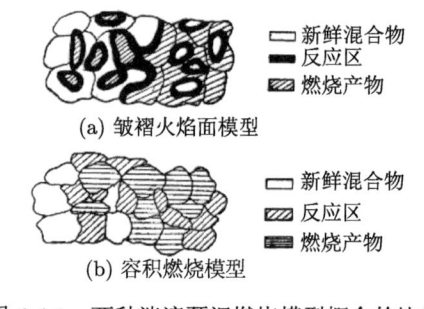

图 6.4.1 两种湍流预混燃烧模型概念的比较

6.5 湍流火焰稳定理论

在航空发动机的加力燃烧室和冲压发动机的高速气流中，热燃烧产物的回流用来稳定火焰，即维持火焰不灭. 钱学森曾经建议，将 flame stabilization 译为"火焰驻定"，以区别于"火焰稳定性"(flame stability)，即火焰是否振荡的特性，显然更合理. 但是由于燃烧界已经形成习惯，因此没有得到采用. 钝体、突扩台阶、凹槽、拐弯、逆向射流、同向射流都可以产生回流区. 回流区长度正比于钝体宽度或直径. 有燃烧时中心回流区增长，边角回流区缩短. De-Zubay[5] 给出的实验结果及其近似表达式反映吹熄速度和压力以及混合比之间的关系

$$u_\infty/(D^{0.85}p^{0.95}) = f(\alpha) \quad \text{或近似的公式} \quad u_\infty/(Dp) = f(\alpha) \tag{6.5.1}$$

该实验结果见图 6.5.1.

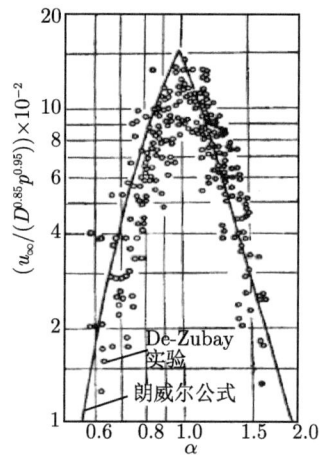

图 6.5.1 吹熄速度和压力以及混合比的关系

钝体后方的回流区见图 6.5.2.

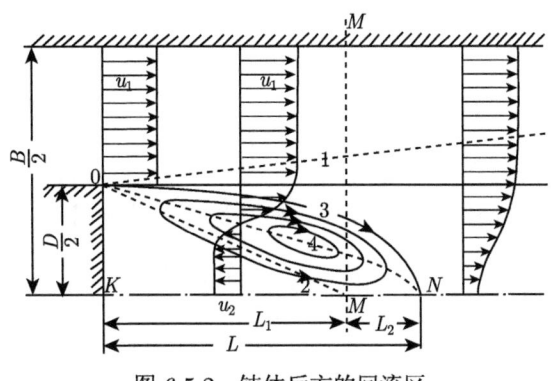

图 6.5.2 钝体后方的回流区

火焰稳定的机理见图 6.5.3. 认为回流区内充满速度低的高温燃烧产物,没有燃料和氧,点燃高速的可燃混合物气流,燃烧发生在回流区和主流之间的混合层内.

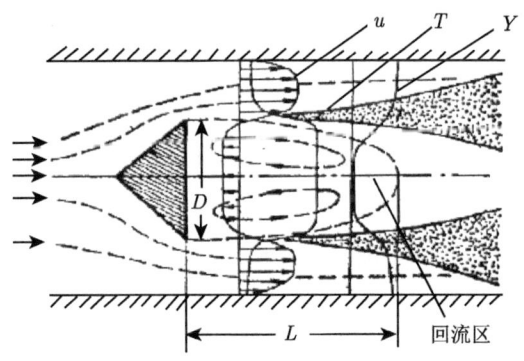

图 6.5.3 回流区稳定火焰机理

火焰稳定条件可以用一个解析模型——Zukosky-Marble 模型 [6] 来描述,即认为是热燃烧产物点燃新鲜混合气的过程. 如果点燃距离 x_i 大于回流区长度 L,火焰将被吹熄.

在 $x = x_i$ 处,将有

$$\left(\frac{\partial T}{\partial y}\right)_1 = \left(\frac{\partial T}{\partial y}\right)_2$$

$$\left(\frac{\partial T}{\partial y}\right)_2 = \sqrt{\frac{2Q_s}{\lambda_T} \int_{T_\infty}^{T_m} w_s \mathrm{d}T}, \quad \left(\frac{\partial T}{\partial y}\right)_1 = \frac{T_m - T_\infty}{b} = \frac{T_m - T_\infty}{c_1 x}$$

进一步推导给出

$$\lambda_T = \rho_m c_p \nu_T = \rho_m c_p u'l = \rho_m c_p l^2 \left|\frac{u_m - u_\infty}{b}\right| = c_2 \rho_m c_p x u_\infty$$

$$\frac{(T_m - T_\infty)^2}{c_1^2 x^2} = \frac{2Q_s}{c_2 \rho_m c_p x u_\infty} \int_{T_\infty}^{T_m} w_s \mathrm{d}T$$

$$x_i = c_3 u_\infty \rho_\infty (T_\infty/T_m) c_p (T_m - T_\infty)^2 \Big/ \left(Q_s \int_{T_\infty}^{T_m} w_s \mathrm{d}T\right)$$

$$x_i = c_4 u_\infty (T_\infty/T_m) \bar{a}/S_l^2$$

火焰稳定条件应当是

$$\begin{aligned} x_i &= L = c_5 D \\ D/u_\infty &= c_6 (T_\infty/T_m) \bar{a}/S_l^2 \end{aligned} \quad (6.5.2)$$

这里,

$$\bar{a} = \bar{\lambda}/(c_p \bar{\rho})$$

定义 $Pe_d = u_\infty D/\bar{a}$, $Pe_f = S_l D/\bar{a}$, 最终得到

$$Pe_d = c_7 Pe_f^2 \quad \text{或} \quad Re_d = c_8 Pe_f^2 \quad (6.5.3)$$

其中,

$$Re_d = u_\infty D/\nu_\infty$$

和实验对照给出

$$Pe_d = 1.05 Pe_f^2 \quad \text{或} \quad Re_d = 1.45 Pe_f^2 \quad (6.5.4)$$

这和上述表达式 $u_\infty/(Dp) = f(\alpha)$ 是一致的.

参 考 文 献

[1] Damköhler G. NACA TM, 1112, 1947.
[2] Shelkin K I. Journal of Technical Physics (in Russian), 1943, 13(9).
[3] Summerfield M, et al. Jet Propulsion, 1955, 25: 377.
[4] Shetsinkov E S. Physics of Gas Combustion (in Russian). Nauka, Moscow, 1965.
[5] De-Zubay E A. Aero Digest, 1950, 61: 54.
[6] Zukosky E E, Marble F E. Proceedings of the Gas Dynamics Symposium on Aerothermochemistry. Evanston, 1956: 205.

第二篇
湍流两相流燃烧的数值模拟

第 7 章 离散型多相/两相流和湍流基本知识

7.1 离散型多相/两相流的研究背景

含有大量固体颗粒的气体或液体流动，含有大量液滴的气体流动，含有大量气泡的液体流动，含有大量气泡和颗粒的液体流动，以及含有大量油滴的水流动等可以统称为离散型多相流动 (dispersed multiphase flow). 人们常按热力学上物态来规定 "相" (phase) 的概念，因此上述各种流动又称为气固 (gas-solid) 或气粒 (gas-particle)；液固 (liquid-solid) 或液粒 (liquid-particle)；气液 (gas-liquid)，含气雾 (gas-spray) 和气泡-液体 (bubble-liquid)；液液 (liquid-liquid)，如油水 (oil-water) 两相流动 (two-phase flow)；以及气固液、油水气等三相流动 (three-phase flow). 有时也把这些流动称为悬浮流动 (suspension flow). 另外，也有非离散型的两相流动，如气液分层流、环状流等. 不过，从力学的观点来看，不同速度、不同温度和不同尺寸的颗粒或液滴或气泡有不同的动力学特性，因此可以是不同的相. 这就是当初 S. L. Soo (苏绍礼) 在 20 世纪 60 年代末提出的 "多相流体力学" (multiphase fluid dynamics) 这个概念的初衷. 总之，上面列举的这些流动的名称可以说是五花八门，表明了学术界和工程界对 "两相""三相""多相" 的概念有不同的理解. 虽然如此，这并不妨碍大家对多相流动重要性的认识. 在国内外，目前多相流已经在机械工程、流体力学、工程热物理 (热科学)、航空、航天、化工、冶金、水利等学科中得到公认的独立三级分支学科.

多相流动广泛存在于自然界和工程中，可以毫不夸张地说，自然界和工程中 99% 以上的流动都是多相流动，单相流动只存在于极少数的情况，例如，人工的超净环境中. 人类所赖以生存的空气中有灰尘，水中有杂质，在远离星体的宇宙空间中有宇宙尘. 我们所常见的诸如云和雾，风沙流，泥石流，含沙河流，生物体内血管流，以及工程中的气力和水力输送，粉尘分离和收集，液雾喷涂，喷雾干燥和喷雾冷却，液雾燃烧，煤粉燃烧，流化床，等离子体化工，炮膛内火药粒流动，固体推进剂火箭尾喷管流动，蒸汽轮机内湿蒸汽流动，气流纺纱，锅炉内和反应堆内汽水两相流动，石油管道内油水和油气水流动，炼钢炉内含气泡和夹杂颗粒的流动等，都是多相流动. 大多数工程装置，例如，水利管道、流体机械、换热器、化工反应器、燃烧室和炉内的流动，由于几何尺寸、流速范围以及各种障碍和突扩造成的分离，都是湍流两相流动，而且往往是有回流、旋流或浮力的复杂湍流两相流动.

7.2 多相湍流流动的不同流型

为了从物理上把握多相湍流流动的一般特征, 必须要大致上判别其流动类型. 为此须定义下列特征时间和无量纲数:

流动时间 (停留时间)	$\tau_f = L/v$
颗粒脉动弛豫时间	$\tau_r = d_p^2 \rho_{pm}/(18\mu)$
颗粒平均运动弛豫时间	$\tau_{r1} = \tau_r(1 + Re_p^{2/3}/6)^{-1}$
流体脉动时间 (即扩散时间)	$\tau_T = l/u' = k/\varepsilon$
颗粒间碰撞时间	$\tau_p = l_p/u'_p = (c\pi n_p r_p^2)^{-1}(u'_p)^{-1}$
Stokes 数	$St = \tau_{r1}/\tau_f$
Hinze-Tchen 数	$Ht = \tau_r/\tau_T$
Soo 数	$Sl = \tau_{r1}/\tau_p$

根据各种无量纲数的量级, 可以判断多相湍流流动的几种极端情况的流型. 如果 $St \ll 1$, 说明颗粒追随流体很快, 称为无滑移流或两相动力平衡流. 反之, $St \gg 1$ 的流动, 其中颗粒很难追随流体, 称为强滑移流或两相冻结流. 实际问题大多数处于此两者之间. 如果 $Ht \ll 1$, 说明颗粒很容易追随流体而脉动, 称为扩散平衡流. 反之, $Ht \gg 1$ 的流动, 颗粒很难追随流体而脉动, 称为扩散冻结流. 实际问题也往往处于此两者之间. 若 $Sl \ll 1$, 则说明颗粒-颗粒相互作用时间大大超过颗粒-流体相互作用时间, 可以忽略颗粒-颗粒间相互作用, 称为稀疏流. 反之, $Sl \gg 1$, 颗粒-颗粒相互作用时间远小于颗粒-流体相互作用时间, 称为稠密流. 实际问题中不少情况如液雾和煤粉燃烧属于稀疏流, 另一些情况如流化床则属于稠密流.

7.3 颗粒群/液雾的若干基本性质

研究气粒或气雾两相流动, 必须首先了解颗粒群/液雾的基本性质 [1-4], 下面给出若干基本性质的描述.

7.3.1 颗粒/液滴尺寸及其分布律

颗粒/液滴尺寸分布规律常常用 Rosin-Rammler 公式表示

$$R(d_k) = \exp[-(d_k/\bar{d})^n] \tag{7.3.1}$$

式中, $R(d_k)$ 为尺寸大于 d_k 的颗粒的重量百分比, n 是非均匀性指数, $\bar{d}$ 是特征尺寸. n 与 $\bar{d}$ 均由实验确定, $R(d_k)$ 的导数为

$$\frac{\mathrm{d}R}{\mathrm{d}(d_k)} = n(d_k)^{n-1}(\bar{d})^{-n} \exp[-(d_k/\bar{d})^n] \tag{7.3.2}$$

它称为颗粒尺寸的微分分布律, 而 $R(d_k)$ 称为积分尺寸分布律. 平均颗粒尺寸按如下定义

$$d_{10} = \sum n_k d_k \Big/ \sum n_k$$
$$d_{20} = \left(\sum n_k d_k^2 \Big/ \sum n_k\right)^{1/2}$$
$$d_{30} = \left(\sum n_k d_k^3 \Big/ \sum n_k\right)^{1/3} \quad (7.3.3)$$
$$d_{32} = \sum n_k d_k^3 \Big/ \left(\sum n_k d_k^2\right)$$

式中, $d_{10}, d_{20}, d_{30}, d_{32}$ 分别为按半径、面积、体积平均和 Sauter 平均的粒径, 其中 Sauter 平均在工程中使用最为广泛. 典型的颗粒尺寸是: 流化床中煤颗粒 1~10mm, 液雾 10~200μm, 煤粉 1~100μm, 烟粒 1~5μm.

7.3.2 表观密度和体积分数

在气粒或气雾两相流动中有几种不同的密度定义, 这些密度之间的关系的相应表达式为

$$\rho_m = \rho + \rho_p = \rho + \sum \rho_k = \rho + \left(\sum n_k \pi d_{k_0}^3/6\right) \bar{\rho}_p \quad (7.3.4)$$

式中, $\rho_m, \rho, \rho_p, \rho_k, \bar{\rho}_p$ 分别为混合物密度, 流体/气体的表观密度, 颗粒总的表观密度, k 组颗粒表观密度和颗粒材料密度, 颗粒及流体/气体的体积分数定义为

$$\alpha_p = \rho_p/\bar{\rho}_p, \quad \alpha_f = 1 - \alpha_p = 1 - \rho_p/\bar{\rho}_p \quad (7.3.5)$$

对于稀疏两相流动有

$$\rho = \bar{\rho}(1 - \rho_p/\bar{\rho}_p) \approx \bar{\rho}$$

显然, 在稀疏两相流动中, 流体/气体的表观密度与其材料密度几乎相等. 通常所谓的质量载荷或质量流比, 即颗粒/液雾质量流与流体/气体质量流之比, 定义为

$$\rho_{p0} u_{p0}/(\rho_0 u_0)$$

在流体/气体与颗粒/液雾初始速度相等的情况下, 质量载荷等于表观密度之比. 例如, 液雾或煤粉火焰中的典型值为

$$\rho_p/\rho = 1/15 = \frac{\bar{\rho}_p}{\rho} \frac{\alpha_p}{1-\alpha_p} \approx 1000 \frac{\alpha_p}{1-\alpha_p}$$

即 $\alpha_p < 0.01\%$, 因之，液雾火焰及煤粉火焰均为稀疏两相流动. 例如，气力输送 $\alpha_p \approx 0.1\%$(质量载荷 ≈ 1), 流化床内气固流动，炮膛内火药粒流动 $\alpha_p \approx 0.8 \sim 1$. 不难看出，当 $\alpha_p = 0.1\%$ 时，由于 $1 = 1000 n \pi d^3/6$，则颗粒间平均距离为

$$\Delta \approx n^{-1/3} = (1000\pi/6)^{1/3} d_p = 8.1 d_p$$

火焰中

$$\Delta > 20 d_p$$

7.3.3 颗粒/液滴阻力 (曳力) 和传热传质

颗粒/液滴阻力 (曳力) 和传热传质是两相流动的重要基本性质. 颗粒/液滴阻力按相对运动雷诺数范围的不同而有不同规律.

Newton 公式

$$c_d = 0.44 \quad (Re_p > 1000)$$

Wallis-Kliachko 公式

$$c_d = (1 + Re_p^{2/3}/6) 24/Re \quad (1 < Re_p < 1000)$$

Stokes 公式

$$c_d = 24/Re_p \quad (Re_p < 1) \tag{7.3.6}$$

式中，Re_p 是颗粒相对于流体/气体运动的雷诺数. 当颗粒温度高于气体温度时，颗粒阻力大于等温情况下的阻力. 这时阻力公式中气体黏性系数可以用所谓的 1/3 定律来确定

$$\nu = \nu_p/3 + 2\nu_g/3 \tag{7.3.7}$$

这里，下角标 p 和 g 的黏性系数分别表示温度为 T_p 和 T_g 下的气体黏性系数，而 T_p 和 T_g 则分别为颗粒和气体的温度. 颗粒质量变化会降低颗粒阻力，所用表达式为

$$c_d = c_{d0} \ln(1+B)/B \tag{7.3.8}$$

式中，B 为与无量纲质量变化率，定义为

$$\ln(1+B) = \dot{m}/(\pi d_p Nu D \rho) \tag{7.3.9}$$

颗粒的传热传质可以用 Ranz-Marshall 公式来描述

$$\begin{aligned} Nu &= 2 + 0.6 Re_p^{0.5} Pr^{0.33} \\ Sh &= 2 + 0.6 Re_p^{0.5} Sc^{0.33} \end{aligned} \tag{7.3.10}$$

其中，Nu, Sh, Re, Pr, Sc 分别为传热传质的 Nusselt 数, Sherwood 数, 雷诺数, Prandtl 数和 Schmidt 数. 关于液滴预热期间和稳定蒸发期间质量、直径及温度的变化, 以及由水分蒸发、热解挥发和焦炭燃烧引起的煤粉颗粒质量与温度变化的规律, 已经在本书第 4 章和第 5 章中阐述了, 也见文献 [5].

7.4 颗粒动力学

若忽略颗粒存在对流体流动的影响, 考察已知简单流场中单颗粒的运动, 这就是颗粒动力学[6]. 对湍流气粒两相流动而言, 颗粒动力学可以看作是实际气粒两相流动中的基本现象之一.

7.4.1 单颗粒运动方程

设只有阻力和重力作用于颗粒, 单颗粒运动方程是

$$\frac{\mathrm{d}v_{pi}}{\mathrm{d}t_p} = (v_i - v_{pi})/\tau_r + g_i \tag{7.4.1}$$

式中, τ_r 为颗粒弛豫时间, 其物理含义为惯性力与阻力之比, 与阻力规律有关, 具体表达式详见下文.

7.4.2 单颗粒在均匀流场中的运动

设初速为 v_{p0} 的颗粒在均匀流场中运动 (图 7.4.1), 颗粒阻力遵循 Stokes 定律, 若忽略重力, x 方向的颗粒动量方程是

$$\frac{\mathrm{d}u_p}{\mathrm{d}t} = (u_\infty - u_p)/\tau_r \tag{7.4.2}$$

式中, $\tau_r = d_p^2 \bar{\rho}_p/(18\mu)$. 在 $t=0$ 时 $u_p = u_{p0}$ 的初始条件下对方程 (7.4.2) 取积分, 可给出颗粒纵向速度

$$u_p = u_\infty - (u_\infty - u_{p0})\exp(-t/\tau_r) \tag{7.4.3}$$

与此类似, 可得出颗粒横向速度为

$$v_p = v_{p0}\exp(-t/\tau_r) \tag{7.4.4}$$

将方程 (7.4.3) 和 (7.4.4) 对 t 积分, 可以给出颗粒轨道方程

$$\begin{aligned} x_p &= u_\infty t - (u_\infty - u_{p0})\tau_r(1 - \mathrm{e}^{-t/\tau_r}) \\ y_p &= v_{p0}\tau_r(1 - \mathrm{e}^{-t/\tau_r}) \end{aligned} \tag{7.4.5}$$

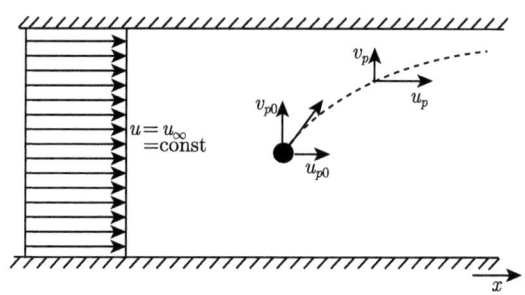

图 7.4.1 单颗粒在均匀流场中的运动

也可以导出颗粒阻力不遵循 Stokes 定律情况下的方程. 式 (7.4.3)∼(7.3.5) 指出,当时间趋于 ∞ 时,颗粒纵向速度趋近于流体速度,颗粒横向速度趋近于零,颗粒轨道趋近于 $y = v_{p0}\tau_r$. 当 $t = \tau_r$ 时,$v_p = v_{p0}/\tau_r$. 因此,弛豫时间的物理意义是颗粒与流体间的速度滑移减至其初始值的 $1/e$ 所需要的时间,这个时间越小颗粒追随流体越容易.

7.4.3 颗粒的重力沉降

假设颗粒是初始静止的,仅受重力和阻力的作用,其阻力遵循 Stokes 定律,则竖直方向上的运动方程是

$$\frac{\mathrm{d}v_p}{\mathrm{d}t} + \frac{v_p}{\tau_r} - g = 0 \tag{7.4.6}$$

初始条件为 $t = 0$ 时 $v_{p0} = 0$,其解为

$$v_p = \tau_r g (1 - \mathrm{e}^{-t/\tau_r}) \tag{7.4.7}$$

当时间趋于无穷大时,v_p 趋近于 $\tau_r g = v_{\mathrm{pr}}$,颗粒加速度是零,且重力与阻力相平衡,此时的颗粒速度称为终端速度.

7.4.4 非均匀流场中的颗粒受力

7.4.4.1 Magnus 力

若流体流动有速度梯度,在其中运动的非球形颗粒,尤其是当它与壁面碰撞之后,可能发生旋转,产生一个垂直于相对速度方向的升力,称为 Magnus 力

$$F_M = \pi d_p^3 \bar{\rho} |v - v_p| |\omega_p - \Omega| \tag{7.4.8}$$

式中,ω_p 是颗粒旋转的角速度,Ω 是流体涡量的 $1/2$. 据估计,Magnus 力与阻力之比,对于 $1\mu\mathrm{m}$ 的颗粒约为 0.03,对 $10\mu\mathrm{m}$ 的颗粒约为 3. 但是激光全息研究已表明,在流场的大多数区域中由于流体黏性的作用,颗粒并不旋转. 因而,除了邻近壁面的区域,其他地区 Magnus 力并不重要.

7.4.4.2 Saffman 力

当颗粒尺寸足够大且流场中速度梯度也大 (如邻近壁面处) 时，颗粒将受到另一种升力，称为 Saffman 力，其大小为

$$F_s = 1.6(\mu\bar{\rho})^{1/2}d_p^2|v - v_p|\left|\frac{\partial v}{\partial y}\right|^{1/2} \tag{7.4.9}$$

Saffman 力与 Magnus 力之比是远大于 1 的. 因而 Saffman 力可能起重要的作用，特别是在速度梯度很大的区域中，例如，回流区边界处和近壁区.

7.4.4.3 颗粒的热泳、电泳和光泳现象

小于 1μm 的颗粒可能受到因巨大的温度梯度、电场梯度和非均匀辐射引起的 "热泳""电泳" 和 "光泳" 的影响而发生运动，热泳力和电泳力可以由下式估算:

$$F_{Tj} = -4.5\nu^2(\rho/T)d_p[\lambda(2\lambda + \lambda_p)]\frac{\partial T}{\partial x_j}$$
$$F_E = (\pi/6)\bar{\rho}_p d_p^3 qE \tag{7.4.10}$$

式中，λ 和 λ_p 分别是气体和颗粒导热系数，E 和 q 分别是电场强度和颗粒电荷. 所有这些力仅对超细或亚细颗粒才有显著作用.

7.4.5 一般形式的颗粒运动方程

方程 (7.4.1) 给出的仅是最简单的颗粒运动方程. S. M. Tchen (陈善谋)[7] 曾使用各种可能的力用直观叠加的方法，给出一个一般形式的 Stokes 阻力的颗粒运动方程. 如果考虑 Magnus 力、Saffman 力、热泳力、电泳力等，则一般形式的颗粒运动方程是

$$\begin{aligned} m_p \frac{dv_{\text{p}i}}{dt_p} &= F_{\text{d}i} + F_{\text{vm}i} + F_{\text{p}i} + F_{\text{B}i} + F_{\text{M}i} + F_{\text{s}i} + F_{\text{T}i} + F_{\text{E}i} + \cdots \\ &= 3\pi d_p\mu(v_i - v_{\text{p}i}) + 0.5(\pi d_p^3/6)\rho\frac{d}{dt_p}(v_i - v_{\text{p}i}) \\ &\quad + (\pi d_p^3/6)\rho\frac{dv_i}{dt} + 1.5(\pi\rho\mu)^{1/2}d_p^2\int_{-\infty}^{t}\frac{d}{d\tau}(v_i - v_{\text{p}i})(\tau - t)d\tau \\ &\quad + F_{\text{M}i} + F_{\text{s}i} + F_{\text{T}i} + F_{\text{E}i} + \cdots \end{aligned} \tag{7.4.11}$$

式 (7.4.11) 中右端第一、二、三、四项分别是阻力、虚假质量力、压力梯度力和 Basset 力 (因非定常运动引起的). 应当注意，在大多数情况下阻力以外的各种力都不是很重要，因而方程 (7.4.1) 的近似仍是有效的.

7.4.6 颗粒动力学的近期研究

Sommerfeld 等 [8] 研究了不规则形状颗粒的受力. 林建忠等 [9] 研究了椭圆形颗粒的运动、取向和受力. Balachandar 等 [10] 用直接数值模拟 (direct numerical simulation, DNS) 给出了单颗粒周围的详细流场. Sundaresan 等 [11] 用 Lattice-Boltzmann 模拟给出若干颗粒周围的详细流场. 从这些模拟的结果可以得到颗粒上精确的作用力. 例如, 发现在流体的材料密度和颗粒材料密度之比远小于 1 的情况下, 虚假质量力可以忽略. 也研究了小尺度湍流对颗粒作用力的影响. Michaelides 等 [12,13] 系统地总结了颗粒作用力和传热传质的研究结果, 提出一个更通用的颗粒运动方程, 将经典的解析解和近期的 DNS 结果进行了对比. 讨论了颗粒浓度对颗粒阻力的影响. 此外, 当颗粒处于电场中以及颗粒之间距离很小时, 必须考虑电场力和 van der Waals 力. 对稠密的气体-颗粒流动, 需要考虑接触力和碰撞力, 详见文献 [14, 15].

7.5 湍流的基本现象

一百多年前雷诺 (Osborn Reynolds) 观察了管道内染色的水流, 首次指出流动可以是层流或者湍流. 一个参数称为雷诺数 $Re = vd/\nu$ (其中, v 是速度, d 是尺寸, ν 是运动黏度), 用以判断这两种不同的流动工况. 他首次建议把流动变量分解为时间平均量和脉动量, 以便对湍流流动进行数学分析. 湍流流动广泛存在于自然界和工程中, 例如, 宇宙间和自然水体以及在工程装置中的流体机械、换热器和燃烧装置, 因为这些情况下的流动速度高, 几何尺寸大, 换句话说, 雷诺数高. 但是在某些情况下, 即使雷诺数不高, 如果有粗糙管壁, 或者有障碍物的流动分离, 也可以产生湍流.

湍流流动的例子有烟筒释放到大气的烟尘流, 见图 7.5.1, 以及湍流气体射流火焰, 见图 7.5.2. 含有微小颗粒的燃烧产物的流动, 一方面显示出瞬态的不规则

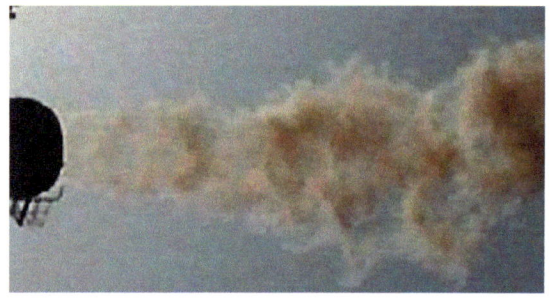

图 7.5.1 烟筒的冒烟

图 7.5.2 湍流气体射流火焰

特点，另一方面显示出一些有序结构，称为"拟序结构". 所以湍流流动同时具有随机的和有组织的结构. 图 7.5.3 是大涡模拟 (large-eddy simulation，LES) 给出的突扩湍流流动的瞬态涡量云图，可以看到详细的湍流结构和不同尺度的涡旋 (eddy).

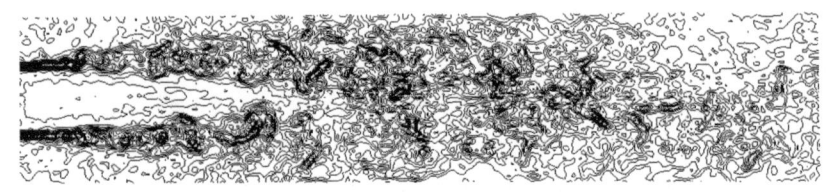

图 7.5.3 突扩湍流流动的瞬态涡量云图

7.6 湍流变量的雷诺展开和时间平均

考察湍流流场中的某一个在给定空间位置和随时间变化的变量. 雷诺首次引入变量 ϕ 的时间平均值概念

$$\bar{\phi}(x,y,z) = \lim_{\tau\to\infty} \frac{1}{\tau} \int_0^\tau \phi(x,y,z;t) \mathrm{d}t \tag{7.6.1}$$

这里，ϕ 可以是湍流流场中的任一个变量，如速度分量 v_i、组分浓度 Y_s 和温度 T (或焓 h) 等. 时间平均的周期 τ 必须大大超过湍流脉动的积分时间尺度，同时又必须远小于非定常的宏观过程，例如，波浪运动的周期. 雷诺展开和雷诺平均的定义是

$$\begin{aligned}&\phi = \bar{\phi} + \phi', \quad \phi = v_i, \quad T(h), \quad Y_s \\ &\bar{\bar{\phi}} = \bar{\phi}, \qquad \overline{\phi'} = 0, \quad \overline{\phi'\psi'} \neq 0\end{aligned} \tag{7.6.2}$$

对可压缩流动，常采用 Favre 平均，或者密度加权平均，其定义是

$$\phi = \tilde{\phi} + \phi'', \quad \tilde{\phi} = \overline{\rho\phi}/\bar{\rho}, \quad \bar{\phi}'' \neq 0, \quad \overline{\rho\phi''} = 0 \tag{7.6.3}$$

7.7 湍流脉动的概率密度分布函数

描述一个变量的脉动特性的函数称为概率密度分布函数 (probability density function，PDF)，PDF-$p(f)$ 的定义如下: 一种随机函数 f (从 0 到 1 变化) 在 f 到 $f + \mathrm{d}f$ 之间的概率是 $p(f)\mathrm{d}f$ (图 7.7.1).

另一种定义是

$$p(\tilde{a},x) = \lim_{\Delta \to 0} \frac{1}{\Delta} \left[\lim_{T\to\infty} \left(\frac{T_a}{T}\right) \right] \tag{7.7.1}$$

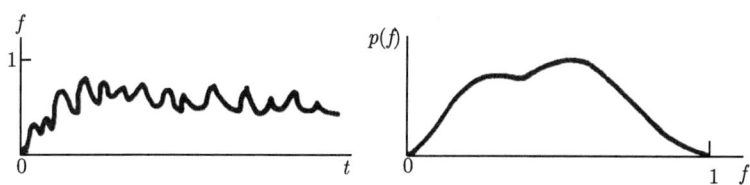

图 7.7.1 概率密度分布函数

因此，对变量 f 有

$$1 = \int_0^1 p(f)\mathrm{d}f, \quad \bar{f} = \int_0^1 fp(f)\mathrm{d}f$$
$$\overline{f'^2} = \bar{f^2} - (\bar{f})^2 = \int_0^1 f^2 p(f)\mathrm{d}f - \left(\int_0^1 fp(f)\mathrm{d}f\right)^2 \qquad (7.7.2)$$

对任何其他变量 $\phi(f)$，其统计平均值和脉动值是

$$\bar{\phi}(f) = \int_0^1 \phi(f)p(f)\mathrm{d}f$$
$$\overline{\phi'^2} = \int_0^1 \phi^2(f)p(f)\mathrm{d}f - \left(\int_0^1 \phi(f)p(f)\mathrm{d}f\right)^2 \qquad (7.7.3)$$

一种脉动的 PDF 典型形式叫城垛形脉动的 PDF (top-hat PDF)，见图 7.7.2.

$$p(f) = \alpha\delta(f_-) + (1-\alpha)\delta(f_+) \qquad (7.7.4)$$

若取 $\alpha = 0.5$，将有

$$\bar{f} = (f_- + f_+)/2, \quad g = \overline{f'^2} = (\bar{f} - f_-)^2 = (f_+ - \bar{f})^2 \qquad (7.7.5)$$

$$f_- = \bar{f} - g^{1/2}, \quad f_+ = \bar{f} + g^{1/2} \qquad (7.7.6)$$

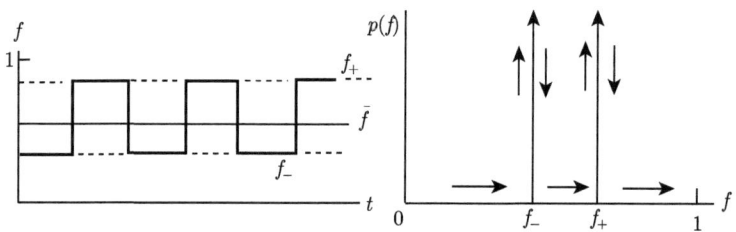

图 7.7.2 城垛形脉动的 PDF

另外几种常用的 PDF 形式是截尾高斯分布

$$p(f) = \alpha\delta(f_-) + (1-\alpha)\delta(f_+) + \int_{f_-}^{f_+} \frac{1}{(2\pi\sigma^2)^{1/2}} \exp\left[\frac{-(f-\bar{f})^2}{2\sigma^2}\right] \quad (7.7.7)$$

Beta (β)-函数 PDF

$$p(f) = \frac{f^{a-1}(1-f)^{b-1}}{\int_0^1 f^{a-1}(1-f)^{b-1}\mathrm{d}f} \quad (7.7.8)$$

以及组分浓度和温度的联合 PDF

$$P_c(Y_f, Y_{\mathrm{ox}}, T) = \frac{1}{(2\pi)^{3/2}|B_m|^{1/2}} \exp\left[-\frac{1}{2}(X-\bar{X})'B_m^{-1}(X-\bar{X})\right] \quad (7.7.9)$$

7.8 湍流的关联量、长度尺度和时间尺度

以上的描述是针对固定位置的变量，没有长度尺度和时间尺度的信息. 处于同一位置和不同时刻的某一变量的自关联系数的定义是

$$R_\phi(\tau, x) = \frac{\overline{\phi(t,x)\phi(t+\tau;x)}}{\overline{\phi^2(x)}} \quad (7.8.1)$$

积分时间尺度是

$$T_\phi(x) = \int_0^\infty R_\phi(\tau, x)\mathrm{d}\tau \quad (7.8.2)$$

处于同一位置和同一时刻的两个变量的关联系数是

$$R_{ab}(t;x) = \frac{\overline{a(t;x)b(t,x)}}{\left[\overline{a^2(x)}\,\overline{b^2(x)}\right]} \quad (7.8.3)$$

某一变量在同一时刻但是处于相距 h 的不同位置的关联量是

$$R_\phi(h, x) = \frac{\overline{\phi(t,x)\phi(t;x+h)}}{\overline{\phi^2(x)}} \quad (7.8.4)$$

积分长度尺度是

$$L_\phi(x) = \int_{h_{1m}}^\infty R_\phi(h_1;x)\mathrm{d}h_1 \quad (7.8.5)$$

这里 h_{1m} 是分离的距离，该处的关联量最大. 关于更多的湍流基础知识，读者可以参阅文献 [16, 17].

参 考 文 献

[1] Zhou L X. Theory and Modeling of Dispersed Multiphase Turbulent Reacting Flows. Amsterdam: Elsevier; Beijing: Tsinghua University Press, 2018.
[2] 周力行. 湍流两相流动与燃烧的数值模拟. 北京: 清华大学出版社, 1991.
[3] Soo S L. Fluid Dynamics of Multiphase Systems. New York: Ginn, Blaisdell, 1967.
[4] Soo S L. Multiphase Fluid Dynamics. Beijing: Science Press; Hong Kong: Gower Technical, 1990.
[5] 周力行. 燃烧理论和化学流体力学. 北京: 科学出版社，1986.
[6] Fuchs N A. Mechanics of Aerosols. New York: Mac-Millan, 1964.
[7] Tchen S M. Mean value and correlation problems connected with the motion of small particles in a turbulent field. Delft: Delft University, 1947.
[8] Sommerfeld M, Kussin J. On the behavior of non-spherical particles in pneumatic conveying. Proceedings of the 5th International Symposium on Multiphase Flow, Heat Transfer and Energy Conversion, Xi'an, China, 2005-07-03-06, Abstract p1, 2005.
[9] Zhang W F, Lin J Z. Forces on cylindrical particles in suspension flows. Proceedings of the 5th Chinese Symposium on Multiphase Fluid, Non-Newtonian Fluid and Physical-Chemical Fluid Flows , 2000-10-31-11-01，Wuhan, China, 2000: 8-13.
[10] Bagchi P, Balachandar S. Unsteady motion and forces on a spherical particle in non-uniform flows. Proc. 2000 ASME Fluids Engineering Summer Conference, Boston, 2000-06-11-06-15, 2000, Paper FEDSM2000-11128, 2000.
[11] Sundaresan S, Cate A T. Analysis of unsteady forces in ordered arrays of mono-disperse spheres. Journal of Fluid Mechanics, 2006, 552: 257-287.
[12] Michaelides E E. Hydrodynamic forces and heat/mass transfer from particles, bubbles and drops. The Freeman Scholar Lecture, Transactions of the ASME, Journal of Fluids Engineering, 2003, 125: 209-238.
[13] Michaelides E E. Transient equations for the motion, heat and mass transfer of bubbles, drops and particles. Proc. 5th International Conference on Multiphase Flow, Yokohama, Japan, 2004-05-30-06-04, 2004, Abstracts, Paper No. K11, 2004.
[14] Zhu C, Fan L S. Dynamics of Multiphase Flows. Cambridge: Cambridge University Press, 2019.
[15] Crowe C T, Sommerfeld M, Tsuji Y. Multiphase Flows with Droplets and Particles. New York: CRC Press, 1997.
[16] Libby P A. Introduction to Turbulence. Washington: Taylor and Francis, 1996.
[17] Pope S B. Turbulent Flows. Cambridge: Cambridge University Press, 2000.

第 8 章 湍流两相流动和燃烧的基本方程组

8.1 引言

本章先考察层流或瞬态两相流动基本方程组,然后再探讨用不同平均方法得到的湍流两相流动和燃烧的基本方程组. 欧拉坐标系下两相流动的层流或瞬态方程组是以体积平均概念为基础的. 周力行[1-3]、S. L. Soo[4,5]、Drew[6]、Nigmatulin[7]、Jackson[8] 及 Zhu 和 Fan (朱超和范良士)[9] 都讨论了体积平均概念. 下面由体积平均概念来考察层流或瞬态两相流动的基本方程组.

8.2 两相流动系统的控制体

两相流动系统的一般描述是 "双流体" (two-fluid) 概念,将该系统看作一个两相流体混合物,其中作为拟流体的离散相 (颗粒、液滴或气泡) 与连续相 (液体或气体) 在宏观上占据相同的空间 (在细观上占据不同的空间),互相渗透,且各相有各自的尺寸、速度和温度. 考察两相混合物中一个控制体 dV (计算单元),外表面积为 dA (图 8.2.1). 设该控制体中 k 相占据体积 dV_k,相应的表面积为 dA_k (相交界面). 比值 $dV_k/dV = \alpha_k$ 就是 k 相的体积分数.

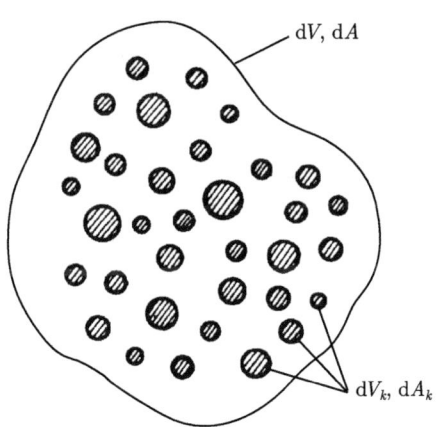

图 8.2.1 两相流的控制体

为了描述宏观流场,我们必须使用体积平均的概念. 这就是说,表达 "宏观" 流场性质的每一变量都是控制体 dV 内的该量的体积平均值. 我们以 "~" 符号标

志相内的 "细观" 或 "真实" 值, 以 "⟨ ⟩" 符号标志控制体 $\mathrm{d}V$ 内的体积平均值, 使用 ϕ_k 表达第 k 相 ($k = 1, 2, 3, \cdots; 1, 2, 3, \cdots$ 标志离散相, f 标志流体相) 的通用变量, 则体积平均值可定义为

$$\phi_k = \langle \tilde{\phi}_k \rangle = \frac{1}{\mathrm{d}V} \int_{\mathrm{d}V_k} \tilde{\phi}_k \delta V$$

$$\mathrm{d}V_k/\mathrm{d}V = \alpha_k, \quad \mathrm{d}V = \sum \mathrm{d}V_k$$

$$\rho_k = \langle \tilde{\rho}_k \rangle = \frac{\mathrm{d}V_k}{\mathrm{d}V} \frac{1}{\mathrm{d}V_k} \int_{\mathrm{d}V_k} \tilde{\rho}_k \delta V = \alpha_k \bar{\rho}_k$$

式中, $\bar{\rho}_k$ 是颗粒/液滴或气泡 k 相的材料密度. 按体积平均概念, 标量 φ_k 或矢量/张量 φ_{kj} 的导数的体积平均值和体积平均值的导数之间的关系是 [4,5]

$$\left\langle \frac{\partial \tilde{\phi}_k}{\partial t} \right\rangle = \frac{\partial \langle \tilde{\phi}_k \rangle}{\partial t} - \frac{1}{\mathrm{d}V} \int_{\mathrm{d}A_k} \tilde{\phi}_k \tilde{v}_{sj} \cdot n_{kj} \cdot \mathrm{d}A \tag{8.2.1}$$

$$\left\langle \frac{\partial \tilde{\phi}_k}{\partial x_i} \right\rangle = \frac{\partial \langle \tilde{\phi}_k \rangle}{\partial x_i} + \frac{1}{\mathrm{d}V} \int_{\mathrm{d}A_k} \tilde{\phi}_k n_{ki} \cdot \mathrm{d}A \tag{8.2.2}$$

$$\left\langle \frac{\partial \tilde{\phi}_{kj}}{\partial x_j} \right\rangle = \frac{\partial \langle \tilde{\phi}_{kj} \rangle}{\partial x_j} + \frac{1}{\mathrm{d}V} \int_{\mathrm{d}A_k} \tilde{\phi}_{kj} \cdot n_{kj} \cdot \mathrm{d}A \tag{8.2.3}$$

式中, $\tilde{v}_{sj}$ 是因相变而产生的相交界面位移速度, n_{ki} 或 n_{kj} 是交界面上外法线方向单位矢量.

8.3 各相内 "细观" 守恒方程组

如果把离散相看成是拟流体, 并且把单相流动基本守恒定律用于两相流动的第 k 相微元体积 $\mathrm{d}V_k$ 内, 在低马赫数和常比热的条件下, 各相内连续、动量、能量和组分方程分别为

$$\frac{\partial \tilde{\rho}_k}{\partial t} + \frac{\partial}{\partial x_j}(\tilde{\rho}_k \tilde{v}_{kj}) = 0 \tag{8.3.1}$$

$$\frac{\partial}{\partial t}(\tilde{\rho}_k \tilde{v}_{ki}) + \frac{\partial}{\partial x_j}(\tilde{\rho}_k \tilde{v}_{kj} \tilde{v}_{ki}) = -\frac{\partial \tilde{p}_k}{\partial x_i} + \frac{\partial}{\partial x_j}(\tilde{\tau}_{kji}) + \tilde{\rho}_k g_i \tag{8.3.2}$$

$$\frac{\partial}{\partial t}(\tilde{\rho}_k c_k \tilde{T}_k) + \frac{\partial}{\partial x_j}(\tilde{\rho}_k \tilde{v}_{kj} c_k \tilde{T}_k) = \frac{\partial}{\partial x_j}\left(\tilde{\lambda}_k \frac{\partial \tilde{T}_k}{\partial x_j}\right) + \tilde{q}_c - \tilde{q}_r \tag{8.3.3}$$

$$\frac{\partial}{\partial t}(\tilde{\rho}_k \tilde{Y}_{ks}) + \frac{\partial}{\partial x_j}(\tilde{\rho}_k \tilde{v}_{kj} \tilde{Y}_{ks}) = \frac{\partial}{\partial x_j}\left(\tilde{D}_k \tilde{\rho}_k \frac{\partial \tilde{Y}_{ks}}{\partial x_j}\right) - \tilde{w}_{ks} \tag{8.3.4}$$

式中, 下角标 k 和 s 分别表示第 k 相和第 s 组分. 方程 (8.3.3) 右端第二、三项分别是反应放热和辐射传热. 方程 (8.3.4) 是 k 相 s 组分的守恒方程, 其右端第二项为 k 相 s 组分的反应率.

8.4 层流/瞬态两相流动体积平均守恒方程组

对实际的两相流动, 需要了解的是宏观流动特性, 不需要了解 "细观" 流场细节, 例如, 每个颗粒/液滴或气泡周围的流场, 因此, 要推导体积平均方程. 前文已给出体积平均的定义, 现在以连续方程和动量方程为例, 逐项地由 "细观" 量导出其体积平均量的输运方程. 根据方程 (8.3.1)~(8.3.3), 令 $\phi_k = \rho_k$, 对连续方程 (8.3.1) 各项取体积平均值, 可以得到

$$\left\langle \frac{\partial \tilde{\rho}_k}{\partial t} \right\rangle = \frac{\partial \langle \tilde{\rho}_k \rangle}{\partial t} - \frac{1}{\mathrm{d}V} \int_{\mathrm{d}A_k} \tilde{\rho}_k \tilde{v}_{sj} \cdot n_{kj} \cdot \mathrm{d}A$$

$$\left\langle \frac{\partial}{\partial x_j}(\tilde{\rho}_k \tilde{v}_{kj}) \right\rangle = \frac{\partial}{\partial x_j} \langle \tilde{\rho}_k \tilde{v}_{kj} \rangle + \frac{1}{\mathrm{d}V} \int_{\mathrm{d}A_k} \tilde{\rho}_k \tilde{v}_{kj} \cdot n_{kj} \cdot \mathrm{d}A$$

$$\frac{\partial \rho_k}{\partial t} + \frac{\partial}{\partial x_j}(\rho_k v_{kj}) = \frac{\partial \langle \tilde{\rho}_k \rangle}{\partial t} + \frac{\partial}{\partial x_j} \langle \tilde{\rho}_k \tilde{v}_{kj} \rangle$$

$$= -\frac{1}{\mathrm{d}V} \int_{\mathrm{d}A_k} \tilde{\rho}_k (\tilde{v}_{kj} - \tilde{v}_{sj}) \cdot n_{kj} \cdot \mathrm{d}A$$

应当注意到 $\tilde{v}_{kj} - \tilde{v}_{sj}$ 是 k 相相对于相交界面的相对速度, 可以称之为 Stefan 流速度 (见文献 [3]). 因此可以得到

$$-\frac{1}{\mathrm{d}V} \int_{\mathrm{d}A_k} \tilde{\rho}_k (\tilde{v}_{kj} - \tilde{v}_{sj}) \cdot n_{kj} \cdot \mathrm{d}A = -\frac{1}{\mathrm{d}V} \int_{\mathrm{d}V_k} \tilde{S}_k \mathrm{d}V = S_k$$

这里, S_k 是两相流单位体积内相变质量源的体积平均值. 去掉上角标和体积平均符号后, 所得到的 k 种离散相 (颗粒/液滴/气泡) 和连续相 (液体/气体) 的体积平均连续方程是

$$\begin{cases} \dfrac{\partial \rho_k}{\partial t} + \dfrac{\partial}{\partial x_j}(\rho_k v_{kj}) = S_k \\ \dfrac{\partial \rho}{\partial t} + \dfrac{\partial}{\partial x_j}(\rho v_j) = S \end{cases} \quad (k = 1, 2, 3, 4) \tag{8.4.1}$$

式中,

$$S = -\sum S_k = -\sum n_k \dot{m}_k, \quad \dot{m}_k = \frac{\mathrm{d}m_k}{\mathrm{d}t}$$

$$\rho_k = n_k m_k = n_k \pi d_k^3 \bar{\rho}_k / 6$$

其中，n_k 和 m_k 分别是 k 种颗粒相的数密度和颗粒质量. 用类似的方法，令 $\phi_k = \rho_k v_{ki}$，对动量方程 (8.3.2) 各项取体积平均值，可以得到

$$\left\langle \frac{\partial}{\partial t}\tilde{\rho}_k\tilde{v}_{ki}\right\rangle = \frac{\partial}{\partial t}\langle\tilde{\rho}_k\tilde{v}_{ki}\rangle - \frac{1}{\mathrm{d}V}\int_{\mathrm{d}A_k}\tilde{\rho}_k\tilde{v}_{ki}\tilde{v}_{sj}\cdot n_{kj}\cdot\mathrm{d}A$$

$$\left\langle \frac{\partial}{\partial x_j}(\tilde{\rho}_k\tilde{v}_{kj}\tilde{v}_{ki})\right\rangle = \frac{\partial}{\partial x_j}\langle\tilde{\rho}_k\tilde{v}_{kj}\tilde{v}_{ki}\rangle + \frac{1}{\mathrm{d}V}\int_{\mathrm{d}A_k}\tilde{\rho}_k\tilde{v}_{ki}\tilde{v}_{kj}\cdot n_{kj}\cdot\mathrm{d}A$$

$$-\left\langle\frac{\partial \tilde{p}_k}{\partial x_i}\right\rangle = -\frac{\partial\langle\tilde{p}_k\rangle}{\partial x_i} - \frac{1}{\mathrm{d}V}\int_{\mathrm{d}A_k}\tilde{p}_k\delta_{ij}\cdot n_{kj}\cdot\mathrm{d}A$$

$$\left\langle\frac{\partial \tilde{\tau}_{kij}}{\partial x_j}\right\rangle = \frac{\partial}{\partial x_j}\langle\tilde{\tau}_{kij}\rangle + \frac{1}{\mathrm{d}V}\int_{\mathrm{d}A_k}\tilde{\tau}_{kij}\cdot n_{kj}\cdot\mathrm{d}A$$

$$\langle\tilde{\rho}_k g_i\rangle = \rho_k g_i, \quad \langle\tilde{p}_k\rangle = \alpha_k p$$

因此得到

$$\frac{\partial}{\partial t}\langle\tilde{\rho}_k\tilde{v}_{ki}\rangle + \frac{\partial}{\partial x_j}\langle\tilde{\rho}_k\tilde{v}_{kj}\tilde{v}_{ki}\rangle = \frac{\partial}{\partial x_i}(\alpha_k p) + \frac{\partial}{\partial x_j}\langle\tilde{\tau}_{kij}\rangle$$

$$+ \rho_k g_i + \frac{1}{\mathrm{d}V}\int_{\mathrm{d}A_k}(-\tilde{p}_k\delta_{ij} + \tilde{\tau}_{kij})\cdot n_{kj}\cdot\mathrm{d}A$$

$$- \frac{1}{\mathrm{d}V}\int_{\mathrm{d}A_k}\tilde{\rho}_k\tilde{v}_{ki}(\tilde{v}_{kj} - \tilde{v}_{sj})\cdot n_{kj}\cdot\mathrm{d}A$$

上述方程右侧第四项为相交界面处两相相互作用的压力与黏性力之和，它就是颗粒/液滴和气体/液体或气泡与液体间的阻力、升力、浮力、虚假质量力等之和，即

$$\frac{1}{\mathrm{d}V}\int_{\mathrm{d}A_k}(-\tilde{p}_k\delta_{ij} + \tilde{\tau}_{kij})\cdot n_{kj}\cdot\mathrm{d}A = F_{\mathrm{di}} + F_{\mathrm{Mi}} + F_{\mathrm{si}} + F_{\mathrm{vmi}}$$

式中，F_{di} 是阻力，F_{Mi} 是 Magnus 力，F_{si} 是 Saffman 力，F_{vmi} 是虚假质量力. 阻力可以表达为

$$F_{\mathrm{di}} = \sum_k n_k(\pi d_k^2/4)\rho|v - v_k|(v_i - v_{ki}) = \sum_k \frac{\rho_k}{\tau_{rk}}(v_i - v_{ki})$$

$$\tau_{rk} = d_k^2\bar{\rho}_p(1 + Re_k^{2/3}/6)^{-1}/(18\mu), \quad Re_k = |v - v_k|d_k/\nu$$

上述方程右端最后一项是因相变引起的动量源项，对于流体/气体相，它可以表示为

$$-\frac{1}{\mathrm{d}V}\int_{\mathrm{d}A_k}\tilde{\rho}_i\tilde{v}_{ki}(\tilde{v}_{kj} - \tilde{v}_{sj})\cdot n_{kj}\cdot\mathrm{d}A = \langle\tilde{v}_i\tilde{S}\rangle = v_i S$$

8.4 层流/瞬态两相流动体积平均守恒方程组

因而，在去掉符号 "$\sim$" 及 "$\langle\ \rangle$" 后，稀疏两相流的流体/气体的体积平均动量方程可以写作

$$\frac{\partial}{\partial t}(\rho v_i) + \frac{\partial}{\partial x_j}(\rho v_j v_i) = -\frac{\partial p}{\partial x_i} + \frac{\partial \tau_{ji}}{\partial x_j} + \Delta \rho g_i + \sum_k \frac{\rho_k}{\tau_{rk}}(v_{ki} - v_i) \\ + F_{\text{Mi}} + F_{\text{si}} + F_{\text{vmi}} + v_i S \quad (8.4.2)$$

方程 (8.4.2) 右端第三项是考虑浮力影响的重力项，右端的最后五项是相间相互作用引起的源项. 对于稀疏悬浮流的颗粒相，不存在颗粒间碰撞，因而不存在颗粒压力和颗粒黏性，即 $\langle \tilde{p}_k \rangle = 0, \langle \tilde{\tau}_{kij} \rangle = 0$. 因此颗粒相体积平均动量方程的最后形式为

$$\frac{\partial}{\partial t}(\rho_k v_{ki}) + \frac{\partial}{\partial x_j}(\rho_k v_{kj} v_{ki}) = \rho_p g_i + \frac{\rho_k}{\tau_{rk}}(v_i - v_{ki}) + F_{k,\text{Mi}} + F_{k,\text{si}} + F_{k,\text{vmi}} + v_i S_k \quad (8.4.3)$$

方程 (8.4.3) 右端最后五项同样是颗粒与液体/气体间相互作用项. 以此类推，可以导出体积平均的能量方程和组分方程. 对于稀疏两相流，若忽略颗粒-颗粒碰撞，不考虑阻力和重力以外的力，流动为低马赫数，各组分比热差别不大，则所得到的层流/瞬态多相流动体积平均的流体以及颗粒连续、动量、能量、组分方程组分别是

$$\frac{\partial \rho}{\partial t} + \frac{\partial}{\partial x_j}(\rho v_j) = S \quad (8.4.4)$$

$$\frac{\partial \rho_k}{\partial t} + \frac{\partial}{\partial x_j}(\rho_k v_{kj}) = S_k \quad (8.4.5)$$

$$\frac{\partial}{\partial t}(\rho v_i) + \frac{\partial}{\partial x_j}(\rho v_j v_i) = -\frac{\partial p}{\partial x_i} + \frac{\partial \tau_{ji}}{\partial x_j} + \Delta \rho g_i \\ + \sum_k \frac{\rho_k}{\tau_{rk}}(v_{ki} - v_i) + v_i S \quad (8.4.6)$$

$$\frac{\partial}{\partial t}(\rho_k v_{ki}) + \frac{\partial}{\partial x_j}(\rho_k v_{kj} v_{ki}) = \rho_k g_i + \frac{\rho_k}{\tau_{rk}}(v_i - v_{ki}) + v_i S_k \quad (8.4.7)$$

$$\frac{\partial}{\partial t}(\rho c_p T) + \frac{\partial}{\partial x_j}(\rho v_j c_p T) - \frac{\partial p}{\partial t} = \frac{\partial}{\partial x_j}\left(\lambda \frac{\partial T}{\partial x_j}\right) + w_s Q_s - q_r + \sum n_k Q_k + c_p T S \quad (8.4.8)$$

$$\frac{\partial}{\partial t}(\rho_k c_k T_k) + \frac{\partial}{\partial x_j}(\rho_k v_{kj} c_k T_k) = n_k(Q_h - Q_k - Q_{rk}) + c_p T S_k \quad (8.4.9)$$

$$\frac{\partial}{\partial t}(\rho Y_s) + \frac{\partial}{\partial x_j}(\rho v_j Y_s) = \frac{\partial}{\partial x_j}\left(D\rho \frac{\partial Y_s}{\partial x_j}\right) - w_s + \alpha_s S \quad (8.4.10)$$

式中，S 为颗粒 (液滴) 蒸发、挥发或异相反应造成的物质源项

$$S = -\sum_k S_k = -\sum_k n_k \dot{m}_k, \quad \dot{m}_k = \frac{\mathrm{d}m_k}{\mathrm{d}t}$$

其中，Q_k 为每个颗粒 (液滴) 和流体 (气体) 间对流传热，其表达式已在第 7 章中给出；q_r 是流体相辐射传热；Q_{rk} 是颗粒辐射传热；w_s 和 $w_s Q_s$ 分别是流体相 s 组分的反应率和流体相反应放热；Q_h 是颗粒表面因蒸发 (或凝结)、挥发和异相反应所吸收或放出的热量；α_s 是相变中 s 组分的贡献分数. 在建立上述方程组时，必须注意两个方面的问题，一是，流体动量方程中颗粒变质量源项的问题，体积平均的结果是，该项应当是 $v_i S$，这一点早已由本书作者所指出 [10]，而不是某些研究者所认为的 $\sum v_{ki} S_k$ [11]，或者是两相速度之差乘以质量源项. 二是，两相能量方程中反应放热分配的问题. 有些研究者假设所有的反应热首先都加给气相，再通过相间传热传给颗粒 [12]，其结果是预报的气体温度失之过高. 另一些研究者假设所有的反应热都加给颗粒 [13]，再通过相间传热传给气相，其结果是预报的颗粒温度失之过高. 实验表明，在有反应的两相流 (如煤粉火焰) 中，在充分发展流部分，反应加热和相间传热的结果是，颗粒温度约高于气体温度 10% 左右. 因此本书作者认为，应当是气相反应热加给气相，而颗粒热效应，包括蒸发和挥发吸热及异相反应放热则加给颗粒相. 上面推导的是欧拉坐标系中写出的守恒方程组，颗粒相的守恒方程组也可以在拉格朗日坐标系中写出. 将 $\rho_p = n_p m_p$ 代入颗粒相连续方程，可以得到

$$\frac{\partial}{\partial t}(n_k m_k) + \frac{\partial}{\partial x_j}(n_k m_k v_{kj}) = \left[\frac{\partial n_k}{\partial t} + \frac{\partial}{\partial x_j}(n_k v_{kj})\right] m_k$$

$$+ n_k \dot{m}_k = n_k \dot{m}_k$$

$$\frac{\partial n_k}{\partial t} + \frac{\partial}{\partial x_j}(n_k v_{kj}) = 0$$

对于定常流动，将得到颗粒质量流散度为零，即

$$\frac{\partial}{\partial x_j}(n_k v_{kj}) = 0 \tag{8.4.11}$$

对于横截面为 A_1 和 A_2 的颗粒流管，应用高斯定理可得到

$$N_k = \int_{A_1} n_k v_{kn} \mathrm{d}A = \int_{A_2} n_k v_{kn} \mathrm{d}A$$

$$= \int_A n_k v_{kn} \mathrm{d}A = \mathrm{const} \tag{8.4.12}$$

式中，v_{kn} 是垂直于流管横截面的颗粒速度分量，即颗粒速度的模；N_k 为颗粒数总通量. 上述方程意味着颗粒数总通量沿流管守恒，或者从计算上说，沿颗粒轨道守恒. 使用颗粒连续方程 (8.4.5)，则颗粒动量方程 (8.4.7) 可以变换成

$$\rho_k \left(\frac{\partial v_{ki}}{\partial t} + v_{kj} \frac{\partial v_{ki}}{\partial x_j} \right) = \rho_k \frac{\mathrm{d} v_{ki}}{\mathrm{d} t_k} = \rho_k g_i + \left(\frac{\rho_k}{\tau_{rk}} + S_k \right)(v_i - v_{ki})$$

用 ρ_k 去除上式各项，可得如下拉氏坐标系中颗粒动量方程

$$\frac{\mathrm{d} v_{ki}}{\mathrm{d} t_k} = \left(\frac{1}{\tau_{rk}} + \frac{\dot{m}_k}{m_k} \right)(v_i - v_{ki}) + g_i \tag{8.4.13}$$

以类似方法可以推导拉氏坐标系中的颗粒能量方程，因而，拉氏坐标系中颗粒相守恒方程组为

$$\begin{cases} \int_A n_k v_{kn} \mathrm{d} A = N_k = \mathrm{const} \\ \dfrac{\mathrm{d} v_{ki}}{\mathrm{d} t_k} = \left(\dfrac{1}{\tau_{rk}} + \dfrac{\dot{m}_k}{m_k} \right)(v_i - v_{ki}) + g_i \\ \dfrac{\mathrm{d} T_k}{\mathrm{d} t_k} = [Q_h - Q_k - Q_{rk} + \dot{m}_k(c_p T - c_k T_k)]/(m_k c_k) \end{cases} \tag{8.4.14}$$

8.5 稀疏湍流两相反应流动的雷诺时平均方程组

湍流两相流动的基本方程组，虽然早期 S. L. Soo 在文献 [4] 中提到过，但只是以不明确的、近乎常数的 "湍流扩散系数" 概念来代替层流黏性系数，实质上所使用的仍然是层流流动的方程组. 由 20 世纪 80 年代初期到 80 年代后期，Elghobashi 等 [14]，周力行等 [15] 相互独立地先后提出了湍流两相流动的雷诺时平均方程组. 研究湍流两相流动时，人们自然首先想到使用单相湍流中采用的雷诺时平均方法，即首先把瞬时量分解为时均量和脉动量，然后再取时平均，得到相应的时均方程组. 若以通用变量 ϕ_k 表示湍流两相流场中各变量，例如，各相速度、温度、相的浓度或容积分数、组分浓度等的瞬时量，其时均量的定义为

$$\bar{\phi}_k = \lim_{T \to 大数} \frac{1}{T} \int_t^{t+T} \phi_k \mathrm{d} t$$

式中，T 应当大大超过脉动周期，同时又远小于流动随时间宏观变化的周期 (如波浪运动的周期). 瞬时量、时均量和脉动量的关系及其有关运算法则是

$$\phi = \bar{\phi} + \phi', \quad \overline{(\bar{\phi})} = \bar{\phi}, \quad \bar{\phi}' = \overline{\bar{\phi} \phi'} = 0, \quad \overline{\phi' \psi'} \neq 0$$

对于稀疏湍流两相流动,若忽略颗粒-颗粒间碰撞应力、流体的密度脉动、颗粒质量及其变化率的脉动以及颗粒数密度脉动-流体速度脉动关联和某些非定常的脉动关联项,将上述各瞬时方程内的瞬时量分解为时均量和脉动量,并且取雷诺时平均,可以得到如下的湍流两相流动时平均的流体和颗粒的连续、动量、能量及组分方程(为书写简单,对时均量略去上加线,即 "−" 符号)

$$\frac{\partial \rho}{\partial t} + \frac{\partial}{\partial x_j}(\rho v_j) = S \tag{8.5.1}$$

$$\frac{\partial \rho_k}{\partial t} + \frac{\partial}{\partial x_j}(\rho_k v_{kj}) = S_k - \frac{\partial}{\partial x_j}\left(\overline{\rho'_k v'_k}\right) \tag{8.5.2}$$

$$\frac{\partial n_k}{\partial t} + \frac{\partial}{\partial x_j}(n_k v_{kj}) = -\frac{\partial}{\partial x_j}\left(\overline{n'_k v'_{kj}}\right) \tag{8.5.3}$$

$$\frac{\partial}{\partial t}(\rho v_i) + \frac{\partial}{\partial x_j}(\rho v_j v_i) = -\frac{\partial p}{\partial x_i} + \Delta \rho g_i + \sum \rho_k (v_{ki} - v_i)/\tau_{rk} + v_i S$$
$$- \frac{\partial}{\partial x_j}\left(\overline{v'_j v'_i}\right) + \sum m_k \overline{n'_k v'_{ki}} \tag{8.5.4}$$

$$\frac{\partial}{\partial t}(n_p v_{pj}) + \frac{\partial}{\partial x_j}(n_p v_{pi} v_{pj}) = n_p g_i - \frac{\partial}{\partial x_j}\left(n_p \overline{v'_{pi} v'_{pj}} + v_{pj}\overline{n'_p v'_{pi}} + v_{pi}\overline{n'_p v'_{pj}}\right)$$
$$+ \frac{1}{\tau_{rp}}\left[n_p(v_i - v_{pi}) - \overline{n'_p v'_{pi}}\right] + \frac{n_p \dot{m}_p}{m_p}(v_i - v_{pi}) \tag{8.5.5}$$

$$\frac{\partial}{\partial t}(\rho h) + \frac{\partial}{\partial x_j}(\rho v_j h) = \frac{\partial}{\partial x_j}\left(\lambda \frac{\partial T}{\partial x_j}\right) - \frac{\partial q_{rj}}{\partial x_j} + \sum n_k Q_k + hS - \frac{\partial}{\partial x_j}\left(\overline{\rho v'_j h'}\right) \tag{8.5.6}$$

$$\frac{\partial}{\partial t}(n_p h_p) + \frac{\partial}{\partial x_j}(n_p v_{pj} h_p) = \frac{n_p}{m_p}(Q_h - Q_p - Q_{rp})$$
$$- \frac{\partial}{\partial x_j}\left(n_p \overline{v'_{pj} h'_p} + v_{pj}\overline{n'_p h'_p} + h_p \overline{n'_p v'_{pj}}\right)$$
$$+ \frac{n_p \dot{m}_p}{m_p}(h - h_p) \tag{8.5.7}$$

$$\frac{\partial}{\partial t}(\rho Y_s) + \frac{\partial}{\partial x_j}(\rho v_j Y_s) = \frac{\partial}{\partial x_j}\left(D\rho \frac{\partial Y_s}{\partial x_j}\right) - w_s - \alpha_s S_k - \frac{\partial}{\partial x_j}\left(\overline{\rho v'_j Y'_s}\right) \tag{8.5.8}$$

以上的方程中含有未知关联项,即雷诺应力、雷诺热流和雷诺物质流以及时平均反应率,是不封闭的,要用两相湍流模型和湍流反应模型加以封闭.

8.6 湍流两相流动的概率密度函数方程和统计平均方程组

以上的湍流两相流动基本方程是基于直接对瞬态体平均方程取雷诺时平均或质量加权平均而得到的,其中包含了双流体或离散相的拟流体的概念. 人们常常会产生疑问, 如果控制体内含颗粒数过少, 拟流体概念是否仍然适用. 近年来一部分研究者从分子动力论概念出发, 把湍流两相流动中的颗粒作为随机运动的统计群, 推导概率密度函数 (PDF) 输运方程, 据此建立双流体模型基本方程, 所得到的统计平均方程与上述直接进行雷诺平均和质量加权平均所得到的结果十分接近. 这表明, 双流体模型有广泛的适用性, 它不受离散相浓度的限制. 早在 20 世纪 60 年代初, F. A. Williams[16] 和周力行 [17] 就各自独立地由统计力学概念提出了颗粒群统计守恒方程, 但是当时未和湍流的概念联系起来. 进入 20 世纪 80 年代后, S. B. Pope [18] 对有反应单相湍流流动建立了 PDF 输运方程, 并用 Monte-Carlo 法求解 PDF 方程, 模拟湍流燃烧时平均反应率. 从 20 世纪 80 年代末到 90 年代初, Zaichik[19] 和 Reeks[20] 各自独立地推导了湍流两相流动的颗粒拉氏 PDF 输运方程, 并且据此建立了双流体模型的颗粒雷诺应力 (particle Reynolds stress) 方程. Simonin[21] 建立了气体和颗粒速度坐标联合拉氏 PDF 输运方程和以此为基础的颗粒雷诺应力方程. 周力行等 [22] 建立了气体和颗粒速度空间欧拉联合 PDF 输运方程以及以此为基础的双流体模型方程, 并且用数值法求解了复杂的无旋和有旋突扩湍流气粒两相流场 PDF 分布 [23], 用以直接求颗粒雷诺应力和湍流动能. PDF 方程不仅用于建立双流体模型方程, 还被用于封闭两相湍流模型, 以及和二阶矩 (second order moment, SOM) 模型对照. 这将在后文加以叙述.

首先考察一般情况下的层流两相流颗粒群统计守恒方程. 在最一般的情况下, 对于一个离散体系, 如颗粒群、气泡群或液滴群, 每一个颗粒或气泡或液滴具有各自不同的尺寸、速度、温度和材料密度. 同一尺寸的颗粒可能具有不同的速度、温度和材料密度. 处于

$$v_p \to v_p + \mathrm{d}v_p, \quad d_p \to d_p + \mathrm{d}(d_p), \quad T_p \to T_p + \mathrm{d}T_p$$

$$\bar{\rho}_p \to \bar{\rho}_p + \mathrm{d}\bar{\rho}_p$$

范围内的颗粒数密度的 PDF 可以定义为

$$\phi(v_p, d_p, T_p, \bar{\rho}_p, x, t)\mathrm{d}v_p\mathrm{d}(d_p)\mathrm{d}T_p\mathrm{d}\bar{\rho}_p\mathrm{d}x\mathrm{d}t$$

根据统计力学的相空间概率密度守恒的 Louville 定律, 考虑到相空间中体积变化率为零, 对无碰撞颗粒群可以有

$$\frac{\partial p}{\partial t} + \frac{\partial}{\partial v_p}\left(p\frac{dv_p}{dt}\right) + \frac{\partial}{\partial d_p}\left(p\frac{d(d_p)}{dt}\right) + \frac{\partial}{\partial T_p}\left(p\frac{dT_p}{dt}\right)$$
$$+ \frac{\partial}{\partial \bar{\rho}_p}\left(p\frac{d\bar{\rho}_p}{dt}\right) + \frac{\partial}{\partial x}\left(p\frac{dx}{dt}\right) = 0 \tag{8.6.1}$$

现在来考察湍流两相流动. 为了书写简单, 下文中用大写字母代表瞬时量, 用小写字母代表脉动量, 用 ⟨ ⟩ 符号代表统计平均量. 设湍流两相流动中各物理量都有随机脉动, 认为湍流两相流动受统计规律的支配, 因此流场中在 t 时刻, x_j 几何点处支配瞬时量的欧拉 PDF 可定义为

$$p_s \equiv p_s(V_i, V_{pi}; x_j, t)$$

式中, p_s 为两相速度坐标的联合概率密度函数, V_i 和 V_{pi} 分别为气相与颗粒相的速度坐标, 由 δ 函数的性质可定义 p_s 的一种可能的实现值为

$$p'_s(V_i, V_{pi}; x_j, t) = \prod_{j=1}^{3}\delta(U_i(x_j,t) - V_i)\prod_{j=1}^{3}\delta(U_{pi}(x_j,t) - V_{pi})$$

相空间中的统计平均值为

$$p_s(V_i, V_{pi}; x_j, t) = \langle p'_s(V_i, V_{pi}; x_j, t)\rangle$$

式中, ⟨ ⟩ 符号表示无穷次实验的统计平均值 (即 p'_s 的数学期望). 同理, 两相流场中支配脉动量的 PDF 可定义为

$$p_f(v_i, v_{pi}; x_j, t) = \langle p'_f(v_i, v_{pi}; x_j, t)\rangle$$

式中, v_i, v_{pi} 分别为气、粒两相脉动速度坐标, 与 p_s 类似, 可有

$$p'_f(v_i, v_{pi}; x_j, t) = \prod_{j=1}^{3}\delta(u_i(x_j,t) - v_i)\prod_{j=1}^{3}\delta(u_{pi}(x_j,t) - v_{pi})$$

由 PDF 的性质可知, 对于任一物理量 $Q = Q(V_i, V_{pi})$ 或 $q = q(v_i, v_{pi})$, 几何空间中统计平均值为

$$\langle Q(V_i, V_{pi})\rangle = \iint p_s(V_i, V_{pi})Q(V_i, V_{pi})dV_i dV_{pi}$$

$$\langle q(v_i, v_{pi})\rangle = \iint p_f(v_i, v_{pi})q(v_i, v_{pi})dv_i dv_{pi}$$

在稀疏两相流中, 可忽略颗粒间的相互作用和除阻力外的其他相互作用. 利用湍流两相流动的瞬时方程组, 可以得到 p_s 和 p_f 的输运方程

8.6 湍流两相流动的概率密度函数方程和统计平均方程组

$$\frac{\partial p_{si}}{\partial t} + (U_j + U_{pj})\frac{\partial p_{si}}{\partial x_j}$$

$$= \frac{\partial}{\partial V_i}\left\langle \frac{p'_{si}}{\rho}\frac{\partial P}{\partial x_i}\right\rangle - \left\langle \frac{p'_{si}}{\rho}\frac{\partial \tau_{ij}}{\partial x_j}\delta_{ij}\right\rangle$$

$$- \left[g_i + \sum \frac{\rho_p}{\rho\tau_{rp}}(\langle U_{pi}\rangle - \langle U_i\rangle) + U_{pj}\frac{\partial U_i}{\partial x_j}\right]\frac{\partial p_{si}}{\partial V_i}$$

$$- \left[g_i + \left(\frac{1}{\tau_{rp}} + \frac{\dot{m}_p}{m_p}\right)(\langle U_{pi}\rangle - \langle U_i\rangle) + U_j\frac{\partial U_{pi}}{\partial x_j}\right]\frac{\partial p_{si}}{\partial V_{pi}}$$

$$- \frac{\partial}{\partial V_i}\left\langle p'_{si}\left(\sum f_{rpi}\right)\right\rangle - \frac{\partial}{\partial V_i}\langle p'_{si} f_{ri}\rangle \tag{8.6.2}$$

$$\frac{\partial p_{fi}}{\partial t} + (\langle U_j\rangle + \langle U_{pj}\rangle)\frac{\partial p_{fi}}{\partial x_j} + (u_j + u_{pj})\frac{\partial p_{fi}}{\partial x_j}$$

$$= \frac{\partial}{\partial v_i}\left\langle \frac{p'_{fi}}{\rho}\frac{\partial P'}{\partial x_i}\right\rangle - \left\langle \frac{p'_{fi}}{\rho}\frac{\partial \tau'_{ij}}{\partial x_j}\delta_{ij}\right\rangle + \frac{\partial p_{fi}}{\partial v_i}\left(u_j\frac{\partial \langle U_i\rangle}{\partial x_j}\right)$$

$$+ \frac{\partial p_{fi}}{\partial v_{pi}}\left(u_{pj}\frac{\partial \langle U_{pi}\rangle}{\partial x_j}\right) - \left\langle p'_{fi}\left(\frac{\rho'}{\rho}g_i\right)\right\rangle - (\langle U_{pj}\rangle + u_{pj})$$

$$\times \frac{\partial u_i}{\partial x_j}\frac{\partial p_{fi}}{\partial v_i} - (\langle U_j\rangle + u_j)\frac{\partial u_{pi}}{\partial x_j}\frac{\partial p_{fi}}{\partial v_{pi}} - \frac{\partial}{\partial v_i}\left\langle p'_{fi}\left(\sum f_{rpi}\right)\right\rangle$$

$$- \frac{\partial}{\partial v_{pi}}\left\langle p'_{fi}\left(\sum f_{ri}\right)\right\rangle \tag{8.6.3}$$

式中,$f_{rpi} = \frac{\rho_p}{\rho\tau_{rp}}(u_{pi} - u_i)$,$f_{ri} = \left(\frac{1}{\tau_{rp}} + \frac{\dot{m}_p}{m_p}\right)(u_i - u_{pi})$ 分别代表流体相和颗粒相所受到的脉动阻力. 而 U_j, U_{pj} 为两相瞬时速度, 可写成 $U_j = \langle U_j\rangle + u_j$ 和 $U_{pj} = \langle U_{pj}\rangle + u_{pj}$, u_j 与 u_{pj} 分别为两相脉动速度. 如果忽略气、粒两相的密度脉动和颗粒质量损失率的脉动, 将 PDF 输运方程与宏观量相乘, 并在相应的速度空间中积分, 可得到湍流两相流动的统计平均的流体和颗粒的连续及动量方程

$$\frac{\partial \rho}{\partial t} + \frac{\partial}{\partial x_j}(\rho\langle U_j\rangle) = S \tag{8.6.4}$$

$$\frac{\partial \rho_p}{\partial t} + \frac{\partial}{\partial x_j}(\rho_p\langle U_{pj}\rangle) = S_p = n_p\dot{m}_p \tag{8.6.5}$$

$$\frac{\partial \langle U_i\rangle}{\partial t} + \langle U_j\rangle\frac{\partial \langle U_i\rangle}{\partial x_j} + \frac{\partial \langle u_i u_j\rangle}{\partial x_j}$$

$$= -\left\langle \frac{1}{\rho}\frac{\partial P}{\partial x_i}\right\rangle + \left\langle \frac{1}{\rho}\frac{\partial \tau_{ij}}{\partial x_j}\right\rangle + g_i$$

$$+ \sum \frac{\rho_p}{\rho\tau_{rp}}(\langle U_{pi}\rangle - \langle U_i\rangle) + \left\langle \sum f_{rpi}\right\rangle \tag{8.6.6}$$

$$\frac{\partial \langle U_{pi} \rangle}{\partial t} + \langle U_{pj} \rangle \frac{\partial \langle U_{pi} \rangle}{\partial x_j} + \frac{\partial \langle u_{pi} u_{pj} \rangle}{\partial x_j}$$
$$= g_i + \left(\frac{1}{\tau_{rp}} + \frac{\dot{m}_p}{m_p} \right) (\langle U_i \rangle - \langle U_{pi} \rangle) + \langle f_{ri} \rangle \quad (8.6.7)$$

可以看出,上述统计平均方程组与利用雷诺平均,特别是质量加权平均所得到的方程组基本形式相同,只有一些次要差别.

8.7 两相雷诺应力和标量输运方程组

由于湍流两相流动的时平均、质量加权平均和统计平均方程中的关联项,例如,雷诺平均方程组中的流体和颗粒雷诺应力,热流和流体组分物质流等标量,以及颗粒扩散流

$$\overline{v_i' v_j'}, \quad \overline{v_{pi}' v_{pj}'}, \quad \overline{v_j' h'}, \quad \overline{v_j' Y_s'}, \quad \overline{n_p' v_{pi}'}, \quad \overline{n_p' v_{pj}'}$$

等是未知量,因此方程都是不封闭的. 为了封闭方程组,对其中的未知关联项,如雷诺应力,需要进一步推导雷诺应力方程. 单相流体这一想法最早是由周培源[24]在 20 世纪 40 年代提出的. 直接用单相湍流的方法来推导两相雷诺应力方程首先是周力行提出的[15]. 以雷诺应力输运方程为例,可以有不同推导的方法. 一种常用的方法是: ① 分别写出瞬时速度分量的 v_i 和 v_j 的 N-S (Navier-Stokes) 方程; ② 将 v_j 乘以 v_i 的 N-S 方程与 v_i 乘以 v_j 的 N-S 方程相加,得到瞬时速度乘积 $v_i v_j$ 的方程; ③ 对上述方程取时平均,得到瞬时速度乘积的时平均量 $\overline{v_i v_j}$ 的方程; ④ 将时均速度 $\bar{v}_i$ 乘以 $\bar{v}_j$ 的时均动量方程与时均速度 $\bar{v}_j$ 乘以 $\bar{v}_i$ 的时均动量方程相加,得到时均速度乘积 $\bar{v}_i \bar{v}_j$ 的方程; ⑤ 由时平均量 $\overline{v_i v_j}$ 的方程减去时均速度乘积 $\bar{v}_i \bar{v}_j$ 的方程,便可以得到雷诺应力的精确方程. 对 i, j 两个方向速度分量按前文推导出的湍流两相流动中流体瞬时动量方程,即 N-S 方程,可以写出

$$\frac{\partial}{\partial t}(\rho v_i) + \frac{\partial}{\partial x_m}(\rho v_m v_i) = -\frac{\partial p}{\partial x_i} + \frac{\partial \tau_{mi}}{\partial x_m} + \rho g_i \beta \Delta T + \sum_k \frac{\rho_k}{\tau_{rk}}(v_{ki} - v_i) + v_i S$$

$$\frac{\partial}{\partial t}(\rho v_j) + \frac{\partial}{\partial x_m}(\rho v_m v_j) = -\frac{\partial p}{\partial x_j} + \frac{\partial \tau_{mj}}{\partial x_m} + \rho g_j \beta \Delta T + \sum_k \frac{\rho_k}{\tau_{rk}}(v_{kj} - v_j) + v_j S$$

此二式中右端第三项均为考虑重力的浮力项,其中,$\beta = \frac{1}{\rho} \left(\frac{\partial \rho}{\partial T} \right)_p$ 为体膨胀系数. 同理可以写出湍流两相流动颗粒相 i, j 两个方向速度分量的瞬时动量方程 (数

8.7 两相雷诺应力和标量输运方程组

密度形式)

$$\frac{\partial}{\partial t}(n_k v_{ki}) + \frac{\partial}{\partial x_m}(n_k v_{km} v_{ki}) = n_k g_i + \left(\frac{1}{\tau_{rk}} + \frac{\dot{m}_k}{m_k}\right) n_k (v_i - v_{ki})$$

$$\frac{\partial}{\partial t}(n_k v_{kj}) + \frac{\partial}{\partial x_m}(n_k v_{km} v_{kj}) = n_k g_j + \left(\frac{1}{\tau_{rk}} + \frac{\dot{m}_k}{m_k}\right) n_k (v_j - v_{kj})$$

对上面四个方程采用上述的五个推导步骤, 这里不再叙述推导过程的细节. 于是就可以得到由雷诺时平均出发得出的湍流两相流动的流体相和颗粒相的雷诺应力守恒方程的精确形式 (其中对时平均量和脉动量分别用大写和小写字母, 温度和压力脉动除外)

$$\frac{\partial}{\partial t}(\rho \overline{v_i v_j}) + \frac{\partial}{\partial x_m}(\rho V_m \overline{v_i v_j}) = D_{ij} + P_{ij} + G_{ij} + \Pi_{ij} - \varepsilon_{ij} + G_{p,ij} + G_{R,ij} \quad (8.7.1)$$

$$\frac{\partial}{\partial t}(N_k \overline{v_{ki} v_{kj}}) + \frac{\partial}{\partial x_m}(N_k V_{km} \overline{v_{ki} v_{kj}}) = D_{k,ij} + P_{k,ij} + G_{k,ij} + \varepsilon_{k,ij} \quad (8.7.2)$$

式中, 流体雷诺应力方程 (8.7.1) 右端的 D_{ij}, P_{ij}, G_{ij}, Π_{ij}, ε_{ij} 分别是流体应力的扩散项、剪力产生项、浮力产生项、压力-应变项和耗散项. 其意义和单相流动的相同 [1,2], 它们是

$$D_{ij} = -\frac{\partial}{\partial x_m}\left[\rho \overline{v_i v_j v_m} + \overline{p' v_j}\delta_{im} + \overline{p' v_i}\delta_{jm} - \mu\left(\frac{\partial}{\partial x_m}\overline{v_i v_j}\right)\right]$$

$$P_{ij} = -\rho\left(\overline{v_i v_m}\frac{\partial V_j}{\partial x_m} + \overline{v_j v_m}\frac{\partial V_i}{\partial x_m}\right)$$

$$G_{ij} = \beta\rho\left(g_i \overline{v_j T'} + g_j \overline{v_i T'}\right)$$

$$\varepsilon_{ij} = -2\mu\left(\overline{\frac{\partial v_i}{\partial x_m}\frac{\partial v_j}{\partial x_m}}\right), \quad \Pi_{ij} = \overline{p'\left(\frac{\partial v_i}{\partial x_j} + \frac{\partial v_j}{\partial x_i}\right)}$$

流体雷诺应力方程 (8.7.1) 右端最后的两项中 $G_{p,ij} = \sum_k \frac{\rho_k}{\tau_{rk}}\left(\overline{v_{ki} v_j} + \overline{v_{kj} v_i} - 2\overline{v_i v_j}\right)$ 是流体雷诺应力因为颗粒阻力而造成的源项或汇项; $G_{R,ij} = \overline{v_i v_j}S$ 是因颗粒反应 (包括蒸发、挥发和焦炭燃烧等) 而造成的流体雷诺应力源项. 颗粒雷诺应力方程 (8.7.2) 右端四项分别是颗粒雷诺应力的扩散项、剪力产生项、浮力产生项和由颗粒阻力引起的产生/耗散项, 它们是

$$D_{k,ij} = \frac{\partial}{\partial x_m}\left[N_k \overline{v_{km} v_{ki} v_{kj}}\right]$$

$$P_{k,ij} = -\left(V_{km}\overline{n_k v_{kj}} + N_k \overline{v_{km} v_{kj}}\right)\frac{\partial V_{ki}}{\partial x_m} - \left(V_{km}\overline{n_k v_{ki}} + N_k \overline{v_{km} v_{ki}}\right)\frac{\partial V_{kj}}{\partial x_m}$$

$$G_{k,ij} = \overline{n_k v_{kj}} g_i + \overline{n_k v_{ki}} g_j$$

$$\varepsilon_{k,ij} = \left(\frac{1}{\tau_{rk}} + \frac{\dot{m}_k}{m_k}\right)\left[N_k\left(\overline{v_{ki}v_j} + \overline{v_{kj}v_i} - 2\overline{v_{ki}v_{kj}}\right)\right.$$
$$\left. + (V_i - V_{ki})\overline{n_k v_{kj}} + (V_j - V_{kj})\overline{n_k v_{ki}}\right]$$

可以进一步得到两相脉动速度关联 $\overline{v_{ki}v_j}$, $\overline{v_{kj}v_i}$, 颗粒扩散质量流 $\overline{n_k v_{ki}}$, $\overline{n_k v_{kj}}$ 和 $\overline{n_k n_k}$ 的输运方程 [25]. 例如:

$$\frac{\partial}{\partial t}\left(\overline{v_{ki}v_j}\right) + (V_{km} + V_m)\frac{\partial}{\partial x_m}\left(\overline{v_{ki}v_j}\right)$$
$$= -\frac{\partial}{\partial x_m}\left(\overline{v_m v_{ki}v_j} + \overline{v_{km}v_{ki}v_j}\right) + \frac{1}{\rho \tau_{rk}}\left[\rho_k \overline{v_{ki}v_{kj}}\right.$$
$$\left. + \rho\overline{v_i v_j} - (\rho_k + \rho)\overline{v_{ki}v_j}\right] - \left(\overline{v_{km}v_j}\frac{\partial V_{ki}}{\partial x_m} + \overline{v_{ki}v_m}\frac{\partial V_j}{\partial x_m}\right)\frac{k}{\varepsilon}\overline{v_{ki}v_i}\delta_{ij} \quad (8.7.3)$$

由方程 (8.7.1) 和 (8.7.2), 取 $i = j$, 可得两相湍流动能方程

$$\frac{\partial}{\partial t}(\rho k) + \frac{\partial}{\partial x_m}(\rho V_m k) = -\frac{\partial}{\partial x_m}\left(\overline{\rho v_m v_i^2}/2 + \overline{p' v_m} - \mu\frac{\partial k}{\partial x_m}\right)$$
$$- \rho\overline{v_m v_i}\frac{\partial V_i}{\partial x_m} + \beta\rho g_i \overline{v_i T'} - \mu\overline{\left(\frac{\partial v_i}{\partial x_m}\right)^2}$$
$$+ \sum_k \frac{N_k m_k}{\tau_{rk}}(\overline{v_{ki}v_i} - 2k) + kS \quad (8.7.4)$$

$$\frac{\partial}{\partial t}(N_k k_k) + \frac{\partial}{\partial x_m}(N_k V_{km}k_k) = -\frac{\partial}{\partial x_m}\left(N_k \overline{v_{km}v_{ki}^2}/2\right) - \left(N_k \overline{v_{km}v_{ki}}\frac{\partial V_{ki}}{\partial x_m}\right)$$
$$+ \left(\frac{1}{\tau_{rk}} + \frac{\dot{m}_k}{m_k}\right)\left[N_k\left(\overline{v_{ki}v_i} - 2k_k\right) + (V_i - V_{ki})\overline{n_k v_{ki}}\right]$$

用类似的方法可以推导出湍流两相流动的流体相热流输运方程

$$\frac{\partial}{\partial t}\left(\rho\overline{v_i T'}\right) + \frac{\partial}{\partial x_m}\left(\rho V_m \overline{v_i T'}\right)$$
$$= -\frac{\partial}{\partial x_m}\left(\rho\overline{v_m v_i T'} + \overline{p' T'}\delta_{im} - \frac{\lambda}{c_p}\overline{v_i \frac{\partial T'}{\partial x_m}} - \mu\overline{T'\frac{\partial v_i}{\partial x_m}}\right)$$
$$- \rho\left(\overline{v_i v_m}\frac{\partial T}{\partial x_m} + \overline{v_m T'}\frac{\partial V_i}{\partial x_m}\right) - \beta\rho g_i \overline{T'^2}$$
$$- \left(\frac{\lambda}{c_p} + \mu\right)\overline{\frac{\partial v_i}{\partial x_m}\frac{\partial T'}{\partial x_m}} + \overline{p'\frac{\partial T'}{\partial x_m}} + \overline{v_i w_s'}Q_s$$
$$+ \sum \overline{n_k v_{ki}}Q_k + c_p S\overline{v_i T'} \quad (8.7.5)$$

和流体温度脉动均方值输运方程

$$\frac{\partial}{\partial t}(\rho \overline{T'^2}) + \frac{\partial}{\partial x_m}(\rho V_m \overline{T'^2})$$
$$= -\frac{\partial}{\partial x_m}\left(\rho \overline{v_m T'^2} - \frac{\lambda}{c_p}\frac{\partial \overline{T'^2}}{\partial x_m}\right) - 2\overline{v_m T'}\frac{\partial T}{\partial x_m}$$
$$- 2\frac{\lambda}{c_p}\overline{\left(\frac{\partial T'}{\partial x_m}\right)^2} + \overline{T' w_s'} Q_s + \sum \overline{n_k T'} Q_k + c_p S \overline{T'^2} \qquad (8.7.6)$$

其他标量, 如组分物质流, 也可以导出类似的方程组. 以上讨论的是雷诺时平均形式的气固两相雷诺应力输运方程、流体相热流方程和温度脉动均方值方程. 上述方程组包含了许多未知的关联量, 是不封闭的. 后文将讨论两相湍流模型封闭的问题.

参 考 文 献

[1] Zhou L X. Theory and Modeling of Dispersed Multiphase Turbulent Reacting Flows. Amsterdam: Elsevier; Beijing: Tsinghua University Press, 2018.
[2] 周力行. 湍流两相流动与燃烧的数值模拟. 北京: 清华大学出版社, 1991.
[3] 周力行. 燃烧理论和化学流体力学. 北京: 科学出版社, 1986.
[4] Soo S L. Fluid Dynamics of Multiphase Systems. Ginn: Blaisdell, 1967.
[5] Soo S L. Multiphase Fluid Dynamics. Beijing: Science Press; Hong Kong: Gower Technical, 1990.
[6] Drew D A. Averaged field equations for two-phase media. Stud. Appl. Math., 1971, 50: 133-166.
[7] Nigmatulin R I. Spatial averaging in the mechanics of heterogeneous and dispersed systems. Int. J. Multiphase, Flows, 1979, 5: 353-385.
[8] Jackson R. Locally averaged equations of motion for a mixture of identical spherical particles and a Newtonian fluid. Chem. Eng. Sci., 1997, 52: 2457-2469.
[9] Zhu C, Fan L S. Dynamics of Multiphase Flows. Cambridge: Cambridge University Press, 2019.
[10] 周力行. 有相变的颗粒群-气体系统的多相流体力学. 力学进展, 1982, 12: 141-150.
[11] Smoot L D, Smith P J. Pulverized Coal Combustion and Gasification. London: Plenum Press, 1979.
[12] Smoot L D, Smith P J. Coal Combustion and Gasification. London: Plenum Press, 1985.
[13] Stickler D B. AIAA 17th Aerospace Science Meeting, Paper 79-0298, 1979.
[14] Elghobashi S E, Abou-Arab T W. A two-equation turbulence model of two-phase flows. Physics of Fluids, 1983, 26: 931-940.
[15] Zhou L X, Soo S L. On basic equations of turbulent swirling gas-solid flows and their application in a cyclone. Acta Mechanica Sinica, English Edi., 1991, 7: 309-316.

[16] Williams F A. Combustion Theory. New York: Addison-Wesley, 1965.

[17] 周力行. 雾状液体燃料燃烧室的模化和效率分析问题 // 燃气轮机燃烧室实验技术专题学术会议论文选集. 北京: 中国工业出版社, 1965.

[18] Pope S B. PDF methods for turbulent reactive flows. Prog. Energy Combust. Sci., 1985, 11: 119-192.

[19] Derevich I V, Zaichik L I. The equation for the probability density of the particle velocity and temperature in a turbulent flow simulated by the Gauss stochastic field. Prikl. Mat. Mekh, 1990, 54(5): 767.

[20] Reeks M W. On a kinetic equation for the transport of particles in turbulent flows. Physics of Fluids, 1991, A3: 446-456.

[21] Simonin O. Continuum modeling of dispersed turbulent two-phase flow. VKI lectures: Combustion in Two-phase Flows, 1996.

[22] 李勇, 周力行. k-ε-PDF 两相湍流模型和突扩台阶后方湍流气粒两相流动的模拟. 工程热物理学报, 1996, 17(2): 234-238.

[23] Zhou L X, Li Y. Simulation of strongly swirling gas-particle flows using a DSM-PDF two-phase turbulence model. Powder Technology, 2000, 113: 70-79.

[24] Chou P Y. On velocity correlations and the solutions of the equations of the fluctuation. Quart. Appl. Math., 1945, 3(1): 38-54.

[25] Zhou L X, Liao C M, Chen T. A unified second-order moment two-phase turbulence model for simulating gas-particle flows. ASME-FED-v, 1994, 185: 307-313.

第 9 章 单相湍流流动的数值模拟

9.1 引　　言

第 8 章给出了湍流两相流动的基本方程组，如动量、能量、组分、雷诺应力、湍流动能等方程，由于其中仍然包含未知的高阶关联量，所以是不封闭的. 本章将讨论单相湍流模型，为下面讨论两相湍流模型和湍流燃烧模型打下基础. 湍流是流体力学中到目前为止尚未解决的最复杂的理论问题之一. 尽管如此，为了处理工程问题，还是需要使用各种不同的方法. 最简单的一种方法，是将所谓的 "湍流黏性系数" 或 "湍流扩散系数"，取为常物性系数，这种方法用于早期的水力学和燃烧室流动的预报中. 多年来，在射流类型的流动中常使用以经验性的速度剖面和温度剖面为基础的积分方法，不需要湍流的知识. 当预报工程中的复杂湍流流动，例如三维的回流或旋流流动时，这类流动大多并非简单射流，其湍流黏性系数不是常数，需要用更加合理的研究方法. 湍流研究的根本方法之一是进行直接数值模拟 (direct numerical simulation, DNS)，即在 Kolmogorov 耗散尺度的网格中求解瞬态三维 Navier-Stokes (N-S) 方程，不使用任何湍流模型. 但是，即使对尺寸不大的计算域和雷诺数远小于充分发展湍流阶段的流动，DNS 方法也要占据非常庞大的计算机容量和消耗大量的计算时间，甚至要用超型机并行计算来实现. 因而到目前为止的发展阶段还不能解决实际工程问题，但是可以用 DNS 的数据库来检验下面叙述的湍流模型，作为一种改善湍流统观模型的手段. 另一种方法是大涡模拟 (large eddy simulation，LES)，即通过白噪声过滤，在大涡尺度的网格系内直接求解 N-S 方程，对小尺度湍流仍需用亚网格应力模型 (sub-grid-scale stress model). LES 方法仍然需要相当大的计算机容量和计算时间，因而要用于大尺度工程装置内的流动的预报还比较困难. 近期实用的工程问题，即复杂湍流流动数值模拟的主要方法，仍然是基于周培源早在 1951 年建议的求解雷诺时均方程组及其关联量输运方程，而后又为 Launder 等加以实现的湍流模型或称湍流模式方法，即湍流的统观模拟方法. 这种模拟目前称为 RANS (Reynolds-Averaged Navier-Stokes) 模拟. 湍流模型或湍流统观模拟的基本思想，是用低阶关联量或者平均流性质来模拟未知的高阶关联量，从而封闭平均量方程组或关联量方程组. 在工程应用的大多数情况中，我们要求知道的往往只是时均速度、温度和时均湍流特性，无须了解湍流产生与发展和湍流结构的细节，因而这种方法是可以接受的. 在下文中可以看到，尽管这些方法在湍流理论中算是最简单的，但就工程应用而言它仍然是相当复杂的. 总之, 在处理工程问题时, 基于求解雷诺时均 N-S 方程组的湍流模型方法目前仍然是有效、经济而且合理的方法. 湍流模型可以分成两大类, 一类是求解湍流黏性系数或涡黏性系数的模型, 其中最具代表性的是多年来广泛得到应用和检验的 k-ε 双方程模型; 另一类是近年来得到越来越多应用的求解雷诺应力输运方程的模型. 下面分别简单扼要地阐述这两类模型.

9.2 单相湍流动能方程的封闭

第 8 章已经得到两相流中流体和颗粒的湍流动能与雷诺应力输运方程. 如果将其中流体的湍流动能方程中的颗粒阻力项和变质量项去掉, 就得到单相流体或气体流动的湍流动能方程的精确形式

$$\frac{\partial}{\partial t}(\rho k) + \frac{\partial}{\partial x_m}(\rho V_m k) = -\frac{\partial}{\partial x_m}\left(\overline{\rho v_m v_i^2}/2 + \overline{p' v_m} - \mu \frac{\partial k}{\partial x_m}\right) \\ - \rho \overline{v_m v_i}\frac{\partial V_i}{\partial x_m} + \beta \rho g_i \overline{v_i T'} - \mu \overline{\left(\frac{\partial v_i}{\partial x_m}\right)^2} \quad (9.2.1)$$

式 (9.2.1) 的物理含义是, 湍流脉动携带着总动能的一部分, 从而遵循输运定律或守恒定律, 即湍流动能具有其对流、扩散、产生和耗散. 通过求解微分方程来确定湍流黏性的方法是由 Kolmogorov (1942) 和 Prandtl (1945) 分别提出的 [1], 他们给出的定义分别是

$$\mu_T = c_\mu \rho k^{1/2} l, \quad \nu_T = c_\mu k^{1/2} l$$

从历史上看, 曾经发展了单方程即湍流动能方程模型. 该模型要用到封闭后的湍流动能方程以及一个设定的湍流尺度 l 的代数表达式. 为了封闭方程 (9.2.1), 必须用低阶关联量或平均流性质来模拟未知的二阶和三阶关联量, 最初的想法是模仿牛顿黏性定律、传热的 Fourier 定律和扩散的 Fick 定律, 对三阶和二阶关联量分别使用二阶关联量梯度和平均量梯度来模拟. 这时方程 (9.2.1) 中的扩散项、剪力产生项和浮力产生项可以分别模拟为

$$-\overline{\rho v_k'(p'/\rho + v_i'^2/2)} + \mu \frac{\partial k}{\partial x_k} = \left(\frac{\mu_T + \mu}{\sigma_k}\right)\frac{\partial k}{\partial x_k} = \frac{\mu_e}{\sigma_k}\frac{\partial k}{\partial x_k}$$

$$-\overline{\rho v_i' v_k'}\frac{\partial v_i}{\partial x_k} = \mu_T\left(\frac{\partial v_k}{\partial x_i} + \frac{\partial v_i}{\partial x_k}\right)\frac{\partial v_i}{\partial x_k} \quad \beta \rho g_i \overline{v_i' T'} = -\beta g_k \frac{\mu_T}{\sigma_T}\frac{\partial T}{\partial x_k}$$

在模拟耗散项时, 由于没有像梯度模拟这样简单的概念可以使用, 出现了困难. 因此用 Kolmogorov 概念和量纲分析法, 对于方程 (9.2.1) 右端最后一项, 即耗散项, 可以定义为

$$\mu \overline{\left(\frac{\partial v_i'}{\partial x_k}\right)^2} = c_D \rho \varepsilon$$

这里，ε 称为湍能耗散率，应当具有 $\mu_T k/l^2$ 的量纲，即 $\rho\varepsilon \sim \mu_T k/l^2 \sim \rho k^{1/2} l \cdot k/l^2 \sim \rho k^{3/2}/l$，因此耗散项可以模拟为

$$\overline{\mu\left(\frac{\partial v_i'}{\partial x_k}\right)^2} = c_D \rho\varepsilon = c_D \rho k^{3/2}/l$$

封闭后的湍流动能输运方程为

$$\frac{\partial}{\partial t}(\rho k) + \frac{\partial}{\partial x_k}(\rho v_k k) = \frac{\partial}{\partial x_k}\left(\frac{\mu_e}{\sigma_k}\frac{\partial k}{\partial x_k}\right) + G_k + G_b - c_D \rho k^{3/2}/l \qquad (9.2.2)$$

式中，

$$\mu_e = \mu + \mu_T, \quad \mu_T = c_\mu \rho k^2/\varepsilon, \quad G_k = \mu_T\left(\frac{\partial v_i}{\partial x_k} + \frac{\partial v_k}{\partial x_i}\right)$$

$$G_b = -\beta g_k \frac{\mu_T}{\sigma_T}\frac{\partial T}{\partial x_k}$$

不难证明，若忽略对流及扩散项，即产生与耗散处于局部平衡时，方程 (9.2.2) 就会成为混合长度模型，即零方程模型或代数模型的表达式，这时有

$$\mu_T = \rho l_m^2 \left|\frac{\partial v_i}{\partial x_j} + \frac{\partial v_j}{\partial x_i}\right|$$
$$-\rho\overline{v_i' v_j'} = \rho l_m^2 \left|\frac{\partial v_i}{\partial x_j} + \frac{\partial v_j}{\partial x_i}\right|\left(\frac{\partial v_i}{\partial x_j} + \frac{\partial v_j}{\partial x_i}\right) \qquad (9.2.3)$$

式中，l_m 称为混合长度，由直观判断或经验给定. 如对射流取 $l_m = cx$，x 为流向距离，c 为经验常数. 混合长模型的好处是简单直观，无须增加微分方程，已经成功用于模拟射流、边界层、管流和喷管流等. 但是，在管流的轴线处和栅网后方收缩通道流动中速度梯度为零处，此模型给出湍流黏性系数为零，是不合理的. 管流中近壁处产生的湍流会扩散到轴线附近，栅网处产生的湍流会由于对流而输送到下游. 混合长模型的问题是忽略了湍流脉动的对流和扩散. 另外，对复杂流动如回流或旋流流动，难以给定混合长度的规律. k 方程或单方程模型比混合长度模型合理，但对于简单流动混合长度模型已经够用，无须使用单方程模型. 对于复杂流动，同样难于给出湍流尺度的通用表达式，无法使用单方程模型. 因而，k 方程模型仅可看成是发展双方程模型的一个过渡步骤.

9.3 k-ε 双方程模型

实际上，在流场中不仅有湍流动能输运，也有其他湍流特性的输运. 例如，湍流尺度具有其对流、扩散、产生与耗散，大涡 (含能涡) 的拉伸导致小涡的形成. 小涡 (Kolmogorov 涡) 的耗散又导致大涡的形成. Spalding 和 Launder 曾经归

纳了不同研究者提出的湍流参数 $Z = k^m l^n$[1]. 有不同形式的双方程模型, 如 k-f (Kolmogorov), k-ε (P. Y. Zhou, Harlow, Nukayama), k-l (Rodi, Spalding), k-kl (Ng, Spalding), k-w (Spalding) 等模型, 其中

$$f = k^{1/2}/l, \quad \varepsilon = k^{3/2}/l, \quad w = k/l^2$$

多年来的模拟结果及其和实验的对照表明, 各种双方程模型给出几乎相同的结果, 而其中广为人知的 k-ε 双方程模型在各个领域, 包括能源动力、航空航天、水利、化工、冶金、核能等的液体和气体流动中, 得到了最普遍的应用和实验检验. 如果使用类似于推导 k 方程的推导方法, 则可以得到湍流动能耗散率 ε 的输运方程的精确形式. 再对其扩散项采用梯度模拟, 设 ε 的产生项和耗散项正比于 k 的产生和耗散, 并且根据量纲分析给出 ε 方程源项的表达式, 则可以得到封闭后的湍流动能耗散率 ε 的输运方程

$$\frac{\partial}{\partial t}(\rho \varepsilon) + \frac{\partial}{\partial x_k}(\rho v_k \varepsilon) = \frac{\partial}{\partial x_k}\left(\frac{\mu_e}{\sigma_\varepsilon}\frac{\partial \varepsilon}{\partial x_k}\right) + \frac{\varepsilon}{k}(c_1 G_k - c_2 \rho \varepsilon) \qquad (9.3.1)$$

方程 (9.2.2) 和 (9.3.1) 构成了 k-ε 双方程湍流模型. 多年来的预报结果及其和实验的对照表明, 此模型成功地用于预报无浮力的平面射流、平壁边界层、管流、通道流、喷管流、二维和三维无旋或弱旋回流流动. 但是对强旋流动 (旋流数大于 1)、浮力流、重力分层流、曲壁边界层、低雷诺数流动、圆射流, 该模型的预报是失败的, 不仅在定量上, 甚至在定性上失真.

图 9.3.1~ 图 9.3.3 给出了 Khalil 用 k-ε 模型模拟无旋和弱旋同轴突扩流动的轴向速度场和湍能场的预报结果及其和实验值的比较 [2]. 预报的和实测的速度剖面符合得很好. 回流区形状、大小和位置的预报结果和实验结果符合尚好. 但预报的近壁回流区长度比实测的小 5%~15%, 这一差别可能由多种因素引起, 包括模型的缺陷、数值扩散、规定的入口条件不够准确及测量误差等. 图 9.3.4 和图 9.3.5 是 Swithenbank 等预报的旋风筒中强旋流动轴向和切向速度剖面与实验的比较 [3]. 可以看出, 实验结果与 k-ε 模型的预报结果 (虚线) 有定性差别. k-ε 预报结果抹去了实测出的中心回流区和 Rankine 涡结构 (似固体旋转加上自由涡), 而这些流动形态对旋风分离器或燃烧器的性能是非常重要的. 对有浮力的回流流动的模拟 [4] 表明 (图 9.3.6), 即使在 k 方程中带有浮力项, k-ε 模型仍无法预报强浮力流或重力分层流 (热水射入冷水域中) 的温跃层现象. 由于 k-ε 模型在模拟旋流和浮力流中出现的问题, 因此产生了各种修正的 k-ε 模型. 其主要思路是, 在各向同性的黏性系数模型的框架内, 通过修正 ε 方程的源项, 考虑离心力对湍流的削弱作用. 然而计算实践表明, 这种修正有时可以有一定的效果, 而有时则效果不明显, 原因是旋流和浮力流有明显的各向异性, 因此应当放弃各向同性的黏

9.3 k-ε 双方程模型

性系数概念. 近年来研究了低雷诺数的 k-ε-f_μ 模型 [5], 双尺度 k-ε 模型 [6], 四阶张量的黏性系数模型 [7], 改进的 ε 方程的封闭 [8] 等. 还出现了以重整化群理论为基础的 RNG-k-ε 模型 [9]. 不过这些修正的模型只对一定的具体问题有效.

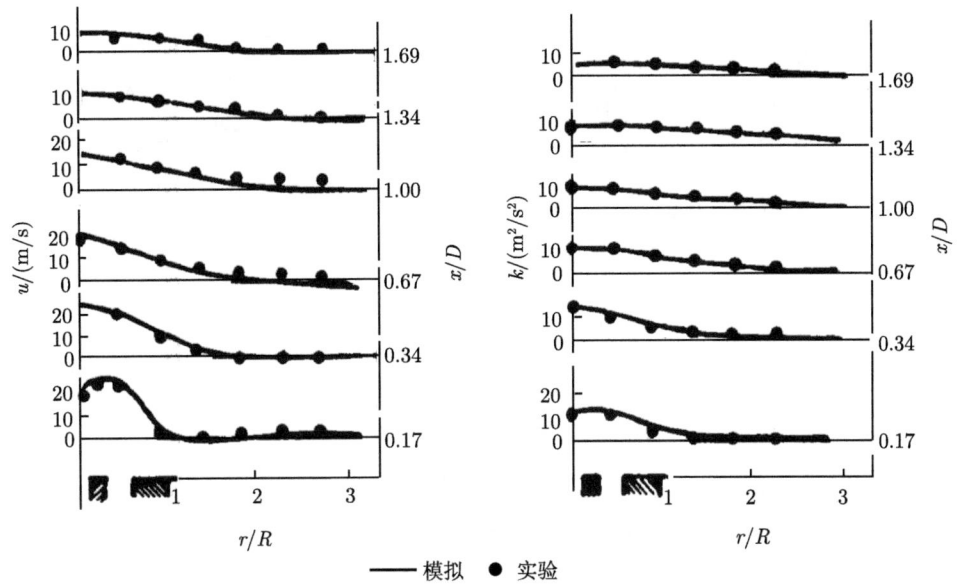

图 9.3.1　轴向速度和湍流动能分布 $s = 0$

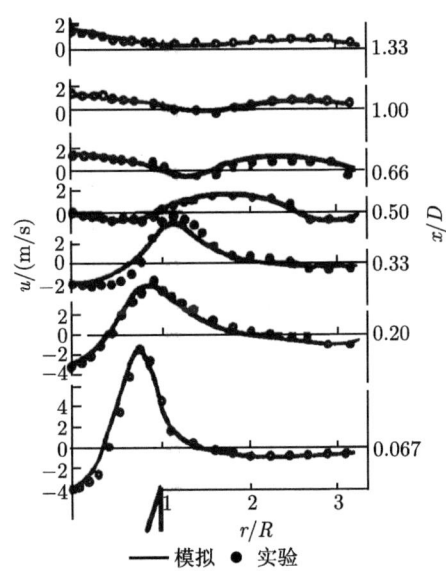

图 9.3.2　轴向速度分布 $s = 0.3$

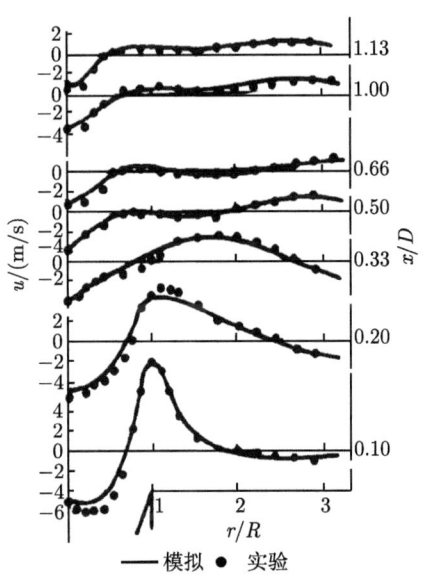

图 9.3.3　轴向速度分布 $s = 0.5$

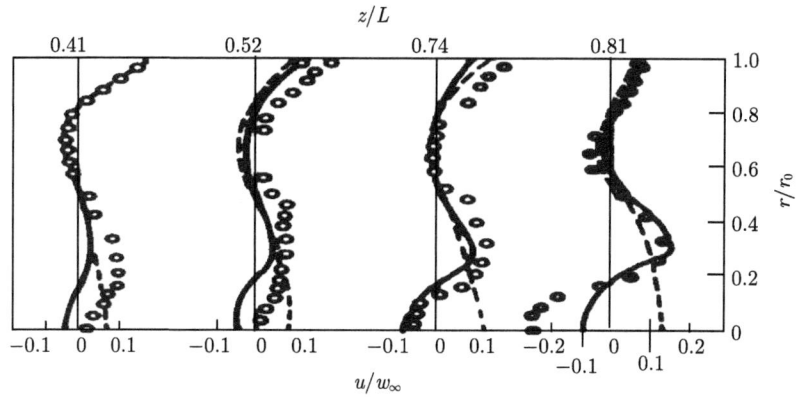

○ 实验 —— 代数应力模型 ---- k-ε

图 9.3.4 旋风筒内轴向速度相对值

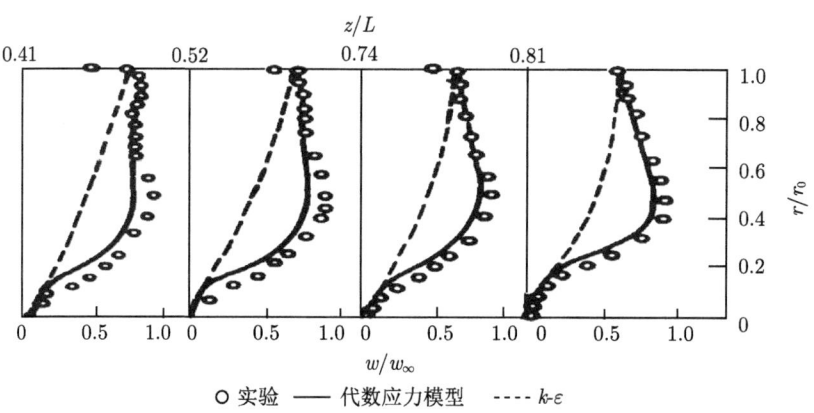

○ 实验 —— 代数应力模型 ---- k-ε

图 9.3.5 旋风筒内切向速度相对值

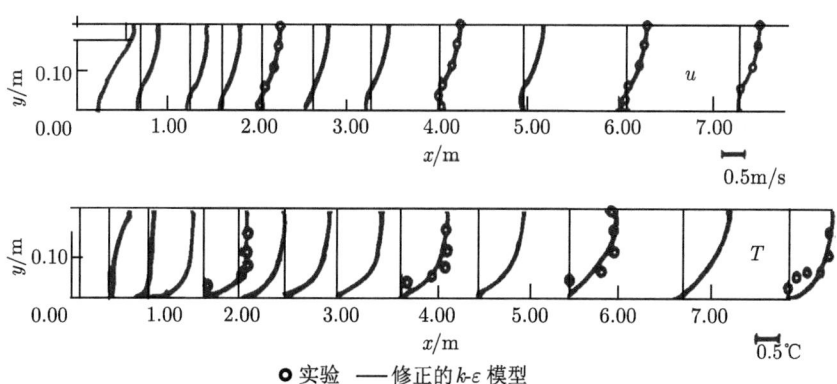

○ 实验 —— 修正的 k-ε 模型

图 9.3.6 重力分层流的速度和温度分布

9.4 雷诺应力输运方程的二阶矩封闭

实际上，大多数湍流流动是各向异性的，旋流和浮力流由于离心力和重力在各方向上的作用不同，往往在离心力方向和重力方向上对湍流有削弱或增强作用，而在其他方向上无此作用，因而各向异性较明显．这时湍流黏性系数是一个张量，而不是标量．对于各向异性湍流流动，必须摒弃以各向同性的黏性系数为基础的 Boussinesq 表达式，使用可以自动计入浮力或旋流效应的二阶矩封闭法，直接求解雷诺应力方程组．这一模型在湍流理论中是最简单的，但在工程预报中却是最为复杂的一种．第 8 章已经推导出两相或多相流中流体的雷诺应力输运方程的准确形式，即

$$\frac{\partial}{\partial t}(\rho\overline{v_iv_j}) + \frac{\partial}{\partial x_k}(\rho V_k\overline{v_iv_j}) = D_{ij} + P_{ij} + G_{ij} + \Pi_{ij} - \varepsilon_{ij} + G_{p,ij} + G_{R,ij} \qquad (9.4.1)$$

其中，右端的 D_{ij}, P_{ij}, G_{ij}, Π_{ij}, ε_{ij} 分别是应力的扩散项、剪力产生项、浮力产生项、压力-应变项和耗散项．它们是

$$D_{ij} = -\frac{\partial}{\partial x_k}\left[\rho\overline{v_iv_jv_k} + \overline{p'v_j}\delta_{ik} + \overline{p'v_i}\delta_{jk} - \mu\left(\frac{\partial}{\partial x_k}\overline{v_iv_j}\right)\right]$$

$$P_{ij} = -\rho\left(\overline{v_iv_k}\frac{\partial V_j}{\partial x_k} + \overline{v_jv_k}\frac{\partial V_i}{\partial x_k}\right), \quad G_{ij} = \beta\rho(g_i\overline{v_jT'} + g_j\overline{v_iT'})$$

$$\varepsilon_{ij} = -2\mu\overline{\left(\frac{\partial v_i'}{\partial x_k}\frac{\partial v_j'}{\partial x_k}\right)}, \quad \Pi_{ij} = \overline{p'\left(\frac{\partial v_i'}{\partial x_j} + \frac{\partial v_j'}{\partial x_i}\right)}$$

方程 (9.4.1) 右端最后两项

$$G_{p,ij} = \sum_p \frac{\rho_p}{\tau_{rp}}\left(\overline{v_{pi}v_j} + \overline{v_{pj}v_i} - 2\overline{v_iv_j}\right), \quad G_{R,ij} = \overline{v_iv_j}S$$

分别是流体雷诺应力因颗粒阻力而造成的源或汇以及因颗粒反应 (包括蒸发、挥发和焦炭燃烧等) 而造成的流体雷诺应力源项．如果取右端最后两项为零，就是单相流体的雷诺应力输运方程

$$\frac{\partial}{\partial t}(\rho\overline{v_iv_j}) + \frac{\partial}{\partial x_k}(\rho V_k\overline{v_iv_j}) = D_{ij} + G_{ij} + G_{p_{ij}} + \Pi_{ij} - \varepsilon_{ij} \qquad (9.4.2)$$

二阶矩封闭模型就是对上述方程中除了二阶矩关联量本身之外的未知三阶关联量和其他关联量不再继续推导输运方程，而是根据物理概念使用二阶关联量来模拟封闭，这就是 Launder 等根据周培源当初的设想加以发展而提出的湍流模型思想 [10]．模拟的基本原则是：

(1) 考虑每一项的物理意义；
(2) 运用量纲分析法；
(3) 在坐标变换中, 模拟后的项与原来的项有相同的特性；
(4) 对三阶关联量允许使用梯度模拟；
(5) 各向同性耗散；
(6) 各向异性向各向同性的回归.

基于上述原则, 对方程 (9.4.2) 右端各项采用如下的封闭模拟. 对应力的湍流扩散项取梯度模拟, 即用二阶矩梯度来模拟三阶关联量, 最简单的是 Daly-Harlow (DH) 模型

$$D_{T,ij} = -\frac{\partial}{\partial x_k}(\rho\overline{v_i v_j v_k} + \overline{p' v_j}\delta_{ik} + \overline{p' v_i}\delta_{jk}) = \frac{\partial}{\partial x_k}\left[c_s\rho\frac{k}{\varepsilon}\overline{v_k' v_l'}\frac{\partial}{\partial x_l}\left(\overline{v_i' v_j'}\right)\right]$$

Launder 和 Hanjalic 曾由三阶矩输运方程出发, 忽略对流项并加以简化, 导出三项梯度的表达式 [11]

$$D_{T,ij} = \frac{\partial}{\partial x_k}\left[c_s\rho\frac{k}{\varepsilon}\left(\overline{v_k' v_l'}\frac{\partial}{\partial x_l}\overline{v_i' v_j'} + \overline{v_i' v_l'}\frac{\partial}{\partial x_l}\overline{v_j' v_k'} + \overline{v_j' v_l'}\frac{\partial}{\partial x_l}\overline{v_i' v_k'}\right)\right]$$

Obi 和 Hara 则导出了更复杂的六项梯度的表达式 [12]. 但是这些不同的三阶矩封闭所给出的二阶矩, 即雷诺应力各分量的模拟结果几乎无差别, 就连三阶矩的模拟结果也差别不大, 因此还是 DH 模型的应用较普遍. 对于应力耗散项, 假设耗散是各向同性的, 即设应力的耗散只由其法向分量构成, 于是由量纲分析出发应当有

$$\varepsilon_{ij} = -2\mu\left(\overline{\frac{\partial v_i'}{\partial x_m}\frac{\partial v_j'}{\partial x_m}}\right) = \frac{2}{3}\rho\varepsilon\delta_{ij}$$

比较复杂的是压力应变项, 也称为湍流再分配项 Π_{ij} 的封闭. 该项可以分解成 $\Pi_{ij,1}$, $\Pi_{ij,2}$ 和 $\Pi_{ij,3}$. 第一项反映各方向的湍流之间的相互作用; 第二项反映湍流和平均流之间的作用, 又叫快速项; 第三项反映湍流和浮力之间的相互作用. 对于第一项基于 "向各向同性回归" (return-to-isotropy) 的概念出现了 Rotta 模型. 对于第二项运用所谓 "产生趋于各向同性化模型" (isotropization of production model, IPM). 如果对第三项也采用和第二项相类似的封闭方法, 总起来可以称为 Launder-Rotta (LR) 模型, 即

$$\Pi_{ij} = \Pi_{ij,1} + \Pi_{ij,2} + \Pi_{ij,3}, \quad \Pi_{ij,1} = -c_1(\varepsilon/k)\left(\overline{v_i' v_j'} - \frac{2}{3}\delta_{ij}k\right)$$

$$\Pi_{ij,2} = -c_2\left(P_{ij} - \frac{2}{3}\delta_{ij}G_k\right), \quad \Pi_{ij,3} = -c_3\left(G_{ij} - \frac{2}{3}\delta_{ij}G_b\right)$$

后来又出现了线性的 IPCM[13] 和 GL (Gipson-Launder) 模型 [14]. 所谓 IPCM (isotropization of production and convection model) 就是 "产生和对流趋于各向同性化模型", 其中加入了对流趋于各向同性化的概念, 即把第二项模拟为

$$\Pi_{ij,2} = -c_2\left[(P_{ij} - c_{ij}) - \frac{1}{3}\delta_{ij}(G_k - c_{kk})\right]$$

其中, c_{ij} 和 c_{kk} 分别是雷诺应力方程和湍流动能方程中的对流项. 对 GL 模型和更复杂的非线性模型, 可分别参阅文献 [13] 和 [14].

9.5 雷诺应力和热流输运方程模型

如果忽略应力的分子扩散, 并且对压力应变项取 LR 模型, 而且对雷诺热流方程和热流方程中出现的温度脉动均方值的输运方程采用和应力方程相类似的封闭方法, 可以得到如下的封闭后的雷诺应力、雷诺热流以及温度脉动量的输运方程组

$$\frac{\partial}{\partial t}(\rho\overline{v'_i v'_j}) + \frac{\partial}{\partial x_k}(\rho v_k \overline{v'_i v'_j}) = \frac{\partial}{\partial x_k}\left[c_s \rho \frac{k}{\varepsilon}\overline{v'_k v'_l} \times \frac{\partial}{\partial x_l}\left(\overline{v'_i v'_j}\right)\right]$$
$$-c_1 \rho \frac{\varepsilon}{k}\left(\overline{v'_i v'_j} - \frac{2}{3}\delta_{ij}k\right) - c_2\left(P_{ij} - \frac{2}{3}G_k\right)$$
$$-c_3\left(G_{ij} - \frac{2}{3}G_b\right) + P_{ij} + G_{ij} - \frac{2}{3}\rho\varepsilon\delta_{ij}$$
(9.5.1)

$$\frac{\partial}{\partial t}(\rho\overline{v'_i T'}) + \frac{\partial}{\partial x_k}(\rho v_k \overline{v'_i T'}) = \frac{\partial}{\partial x_k}\left[c_{sT} \rho \frac{k}{\varepsilon}\overline{v'_k v'_l} \times \frac{\partial}{\partial x_l}\left(\overline{v'_i T'}\right)\right]$$
$$-\rho\left(\overline{v'_i v'_k}\frac{\partial T}{\partial x_k} + \overline{v'_k T'}\frac{\partial v_i}{\partial x_k}\right) - \beta\rho g_i \overline{T'^2}$$
$$-c_{1T}\frac{\varepsilon}{k}\rho\overline{v'_i T'} + c_{2T}\rho\overline{v'_k T'}\frac{\partial v_i}{\partial x_k} + c_{3T}\beta\rho g_i \overline{T'^2}$$
(9.5.2)

$$\frac{\partial}{\partial t}(\rho\overline{T'^2}) + \frac{\partial}{\partial x_k}(\rho v_k \overline{T'^2}) = \frac{\partial}{\partial x_k}\left[c_T \rho \frac{k}{\varepsilon}\overline{v'_k v'_l} \times \frac{\partial}{\partial x_l}\left(\overline{T'^2}\right)\right] - 2\overline{v'_k T'}\frac{\partial T}{\partial x_k} - \frac{1}{R}\frac{\varepsilon}{k}\overline{T'^2}$$
(9.5.3)

此外, 还应当有各向异性的 k 和 ε 方程

$$\frac{\partial}{\partial t}(\rho k) + \frac{\partial}{\partial x_k}(\rho v_k k) = \frac{\partial}{\partial x_k}\left(c_s \rho \frac{k}{\varepsilon}\overline{v'_k v'_l}\frac{\partial k}{\partial x_l}\right) + G_k + G_b - \rho\varepsilon \quad (9.5.4)$$

$$\frac{\partial}{\partial t}(\rho\varepsilon) + \frac{\partial}{\partial x_k}(\rho v_k \varepsilon) = \frac{\partial}{\partial x_k}\left(c_\varepsilon \rho \frac{k}{\varepsilon}\overline{v'_k v'_l}\frac{\partial \varepsilon}{\partial x_l}\right) + \frac{\varepsilon}{k}[c_{\varepsilon 1}(G_k + G_b)(1 + c_{\varepsilon 2}R_f) - c_{\varepsilon 3}\rho\varepsilon]$$
(9.5.5)

方程组 (9.5.1)~(9.5.5) 称为雷诺应力和热流输运方程模型，其中式 (9.5.5) 右端的 R_f 称为 "通量 Richardson 数"，是一种经验性的修正系数，例如，对旋流流动而言，一种表达式是

$$R_f = \frac{k^2}{\varepsilon^3} \left(\frac{w}{r^2}\right) \left[\frac{\partial}{\partial r}(wr)\right]$$

其含义是，在似固核区，w 随 r 的增大而增长，Richardson 数大于零，旋流的加强使 ε 增大，从而使 k 下降，即离心力削弱湍流动能，反之，在位涡区，w 随 r 的增大而减小，Richardson 数小于零，则离心力增强湍流动能. 上述方程组中 k 方程和应力方程不是相互独立的，因为湍流动能是三个法向应力分量之和除以 2. 关于雷诺应力方程模型 (简称为微分应力模型, differential stress model, DSM) 中使用的经验常数，虽然其通用性还有待进一步考察，但是一些研究者已经通过计算实践得到所推荐的值，见表 9.5.1. DSM 的优点是能自动地考虑旋流效应、浮力效应、曲率效应、近壁效应等，无须经验性的修正，因此近年来得到越来越广泛的应用，主要是用于模拟旋转流动和浮力流动. 其之所以还不如 k-ε 模型用得那么广泛，是由于下列几项原因：① 对三维问题 DSM 需要求解 11 个方程，而 k-ε 模型仅需要求解 2 个方程；② DSM 要用 14 个常数，而 k-ε 模型仅用 3 个常数；③ 在缺乏实验数据时，各个雷诺应力和热流等分量不容易给定其边界条件. 但是，随着计算机硬件的迅速更新换代，以及计算经验的积累，上述问题会逐步得到解决. 近年来还有人提出多尺度雷诺应力方程模型[15]. 但是尚无突破性的进展. 另一方面，DSM 模型中的 ε 方程的封闭模拟和 k-ε 模型中的相同，因此还要改进 ε 方程的封闭[16]. 有时 DSM 的应用效果不一定比其他模型好，原因是多方面的. 文献 [17] 讨论了 DSM 应用中的一些实际问题. 第一是究竟求解 6 个应力方程还是 5 个应力方程加上一个 k 方程. 计算经验表明，后一个方案较好，因为由 k 方程得到的 k 比由三个法向应力相加更准确. 第二是差分格式问题. 由于 DSM 方程中包含较多的源项，如果用一阶差分格式，由于数值扩散较大，可能掩盖了 DSM 的优点，有时会出现 DSM 不如 k-ε 模型的结果，因此建议用二阶差分格式. 第三是应力方程扩散项用各向同性扩散系数取代各向异性扩散系数问题. 一些商用软件中采取了这种近似. 计算表明，还是用各向异性扩散系数更好. 还有一些求解技巧问题，例如，究竟是由 k-ε 模型的解逐渐过渡到 DSM 的解还是直接求解 DSM 方程等，看法还不统一. 关于模型应用情况将在下文中叙述.

表 9.5.1 推荐的 DSM 中的经验常数

c_s	c_1	c_2	c_3	c_{1T}	c_{2T}	c_{3T}
0.24	2.2	0.55	0.55	3.0	0.5	0.5
R	c_{sT}	c_T	c	$c_{\varepsilon 1}$	$c_{\varepsilon 2}$	$c_{\varepsilon 3}$
0.8	0.11	0.13	0.15	1.44	1.92	0.8

9.6 代数应力和热流模型——扩展的 k-ε 模型

由以上讨论可以看出,标准的 k-ε 模型虽然比较简单却不够通用. 另一方面,DSM 通用性虽较好却又较为复杂,不便于工程应用. Rodi[18] 提出一个代数应力模型 (algebraic stress model, ASM) 和热流模型,作为 k-ε 模型与 DSM 之间的折中方案,试图综合通用性、简易性和经济性. ASM 包含应力和热流的代数表达式以及带有各向异性扩散项的 k 方程和 ε 方程,因此也称作扩展的 k-ε 模型. 其主要思路是利用某些简化将应力和热流的输运方程简化为代数表达式,同时仍旧保留各向异性湍流的基本特征. Rodi 的第一种近似法是假设应力的对流项和扩散项之差正比于湍流动能的对流项与扩散项之差,或应力方程右端的源项正比于湍流动能方程右端的源项,即

$$(P_{ij} + G_{ij} + \Pi_{ij} + \varepsilon_{ij}) \sim (G_k + G_b - \rho\varepsilon)$$

量纲分析给出

$$(P_{ij} + G_{ij} + \Pi_{ij} + \varepsilon_{ij}) = \frac{\overline{v_i'v_j'}}{k}(G_k + G_b - \rho\varepsilon)$$

由此得到应力的代数表达式

$$\overline{v_i'v_j'} = k\left[\frac{2}{3}\delta_{ij} + \frac{(1-c_2)\left(P_{ij} - \frac{2}{3}\delta_{ij}G_k\right) + (1-c_3)\left(G_{ij} - \frac{2}{3}\delta_{ij}G_b\right)}{G_k + G_b + (c_1-1)\rho\varepsilon}\right] \quad (9.6.1)$$

Rodi 的第二种近似法是假设应力的对流和扩散之差为零,即产生等于耗散而达到局部平衡. 这时有

$$(P_{ij} + G_{ij} + \Pi_{ij} + \varepsilon_{ij}) = 0$$

如果在此式中再引入 $c_2 = c_3, G_k + G_b = \rho\varepsilon$ 的近似,则可以得到如下的应力代数表达式

$$\overline{v_i'v_j'} = \frac{2}{3}\lambda\delta_{ij}k - (1-\lambda)\frac{k}{\varepsilon}\left(\overline{v_i'v_k'}\frac{\partial v_j}{\partial x_k} + \overline{v_j'v_k'}\frac{\partial v_i}{\partial x_k} + \beta g_i\overline{v_j'T'} + \beta g_j\overline{v_i'T'}\right) \quad (9.6.2)$$

其中,$\lambda = (c_1 + c_2 - 1)/c_1$. 如果把此式与各向同性标量黏性系数的 Boussinesq 表达式 $\overline{v_i'v_j'} = \frac{2}{3}\delta_{ij}k - c_\mu \frac{k^2}{\varepsilon}\left(\frac{\partial v_j}{\partial x_i} + \frac{\partial v_i}{\partial x_j}\right)$ 相比,可以看出,除去经验常数和浮力项的差别外,最明显的是,用各向异性的张量黏性系数 $(1-\lambda)\frac{k}{\varepsilon}\overline{v_i'v_k'}$ 或者

$(1-\lambda)\dfrac{k}{\varepsilon}(\overline{v'_j v'_k})$ 代替了各向同性的标量黏性系数 $c_\mu k^2/\varepsilon$. 也就是说, c_μ 不再是常数, 而是张量, 例如, $c_\mu \sim \overline{v'_i v'_k}/k$ 等, 它和浮力或离心力有关. 用类似的办法可以推导出热流和温度脉动均方值的代数表达式

$$\overline{v'_i T'} = \dfrac{k}{c_{1T}\varepsilon}\left[\overline{v'_i v'_k}\dfrac{\partial T}{\partial x_k} + (1-c_{2T})\overline{v'_k T'}\dfrac{\partial v_i}{\partial x_k} + (1-c_{3T})\beta g_i \overline{T'^2}\right] \qquad (9.6.3)$$

$$\overline{T'^2} = -2R\dfrac{k}{\varepsilon}\overline{v'_k T'}\dfrac{\partial T}{\partial x_k} \qquad (9.6.4)$$

于是, ASM 或者扩展的 k-ε 模型 (也称为 k-ε-a 模型) 可以表达为

$$\dfrac{\partial}{\partial t}(\rho k) + \dfrac{\partial}{\partial x_k}(\rho v_k k) = \dfrac{\partial}{\partial x_k}\left(c_s \rho \dfrac{k}{\varepsilon}\overline{v'_k v'_l}\dfrac{\partial k}{\partial x_l}\right) + G_k + G_b - \rho\varepsilon$$

$$\dfrac{\partial}{\partial t}(\rho\varepsilon) + \dfrac{\partial}{\partial x_k}(\rho v_k \varepsilon) = \dfrac{\partial}{\partial x_k}\left(c_\varepsilon \rho \dfrac{k}{\varepsilon}\overline{v'_k v'_l}\dfrac{\partial \varepsilon}{\partial x_l}\right) + \dfrac{\varepsilon}{k}[c_{\varepsilon 1}(G_k+G_b)(1+c_{\varepsilon 2}R_f) - c_{\varepsilon 3}\rho\varepsilon]$$

$$\overline{v'_i v'_j} = \dfrac{2}{3}\lambda\delta_{ij}k - (1-\lambda)\dfrac{k}{\varepsilon}\left(\overline{v'_i v'_k}\dfrac{\partial v_j}{\partial x_k} + \overline{v'_j v'_k}\dfrac{\partial v_i}{\partial x_k} + \beta g_i \overline{v'_j T'} + \beta g_j \overline{v'_i T'}\right)$$

$$\overline{v'_i T'} = \dfrac{k}{c_{1T}\varepsilon}\left[\overline{v'_i v'_k}\dfrac{\partial T}{\partial x_k} + (1-c_{2T})\overline{v'_k T'}\dfrac{\partial v_i}{\partial x_k} + (1-c_{3T})\beta g_i \overline{T'^2}\right]$$

$$\overline{T'^2} = -2R\dfrac{k}{\varepsilon}\overline{v'_k T'}\dfrac{\partial T}{\partial x_k}$$

显然, ASM 在一定程度上仍然能反映和浮力及旋流有关的各向异性湍流的特征, 和 DSM 相比, 可以大大减少方程的数目, 而且无须分别给出各应力和热流的进口及边界条件, 减少了经验常数的数目. 本书作者和同事们发现, 在模拟旋流数很高的强旋流动中, 即便用 ASM, 也不能正确地预报出中心回流区和切向速度的 Rankine 涡结构. 原因是 ASM 实际上忽略或者大大低估了应力对流的作用. 对强旋射流的模拟, 由于 ASM 忽略应力的对流作用会引起显著误差. 基于这一情况, 提出了改进的 ASM[19], 其基本思想是, 在应力代数式中加入非梯度的对流项. 既保持代数式的简单性, 又部分地考虑了应力对流的作用. 例如, 按 Rodi 第一近似, 如果不考虑浮力, 原来的 ASM 表达式是

$$P_{ij} + \Pi_{ij} - \dfrac{2}{3}\delta_{ij}\rho\varepsilon = \dfrac{\overline{v'_i v'_j}}{k}(G_k - \rho\varepsilon)$$

改进的 ASM 表达式是

$$C_{ij} + P_{ij} + \Pi_{ij} - \dfrac{2}{3}\delta_{ij}\rho\varepsilon = \dfrac{\overline{v'_i v'_j}}{k}(G_k - \rho\varepsilon) \qquad (9.6.5)$$

其中，C_{ij} 是对流项的非梯度部分，例如，$C_{rr} = -2\rho\overline{v'w'}w/r$. 由于极强旋流动中，$w \gg u \gg v$，则此项比对流项的其他部分大得多，因此考虑此项更为合理.

9.7 DSM 和 ASM 的应用及其与其他模型的比较

图 9.7.1 给出了拥有浮力源项的 k-ε 模型，k-ε 模型加上有浮力修正的 Prandtl 数 σ_T 和 ASM 预报的热水注入冷水域形成的浮力分层流的温度分布、速度分布、湍流动能及其耗散率的分布，以及和实验结果的比较[20]，可以看出，ASM 比 k-ε 模型，包括加上有浮力修正的 Prandtl 数 σ_T 的模型能更好地预报温度分层 (温跃层) 和速度分层. 图 9.7.2 给出文献 [21] 分别用 k-ε 模型、ASM 及 DSM 预报的射入突扩室的无旋同轴射流的速度分布及其与实验结果的对照，显然，不同模型所获结果仅有微小差异且均与实验符合得很好. 但是，对于旋流同轴射流，不同模型预报的轴向与切向速度 (图 9.7.3 和图 9.7.4) 有差别，显然 DSM 和 ASM 给出较好的结果，两者差别不大. 前文中图 9.3.4 和图 9.3.5 关于强旋流动的预报结果表明，ASM(图中的实线) 可以正确地预报出轴向速度分布的中心回流区和切向速度分布的 Rankine 涡结构，而 k-ε 模型则产生定性的错误.

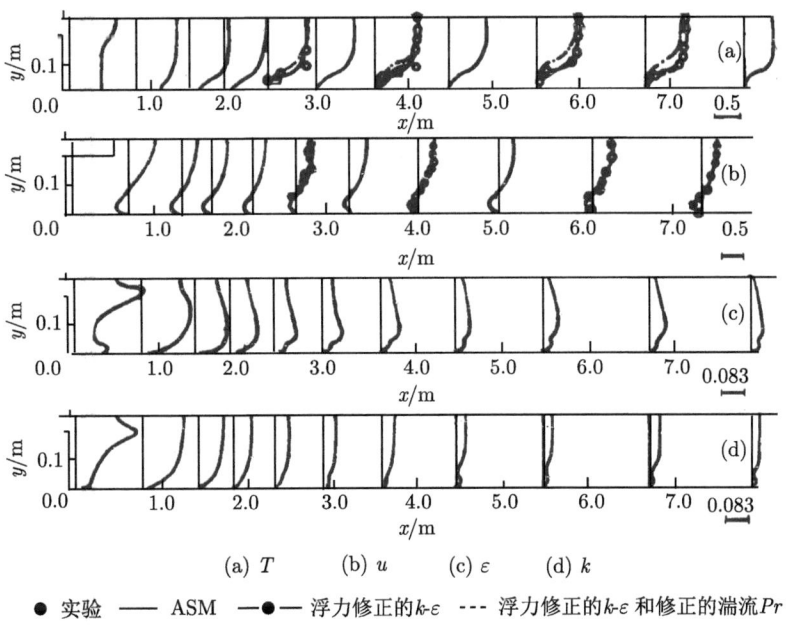

(a) T (b) u (c) ε (d) k

● 实验 —— ASM —●— 浮力修正的k-ε --- 浮力修正的k-ε 和修正的湍流Pr

图 9.7.1 浮力分层流的模拟结果

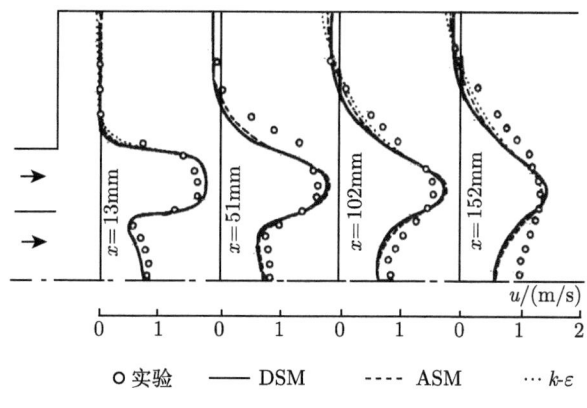

图 9.7.2 突扩流动轴向速度

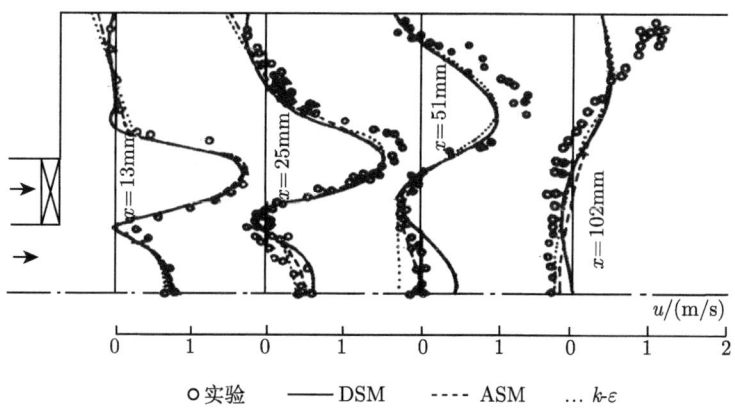

图 9.7.3 旋流突扩流动轴向速度

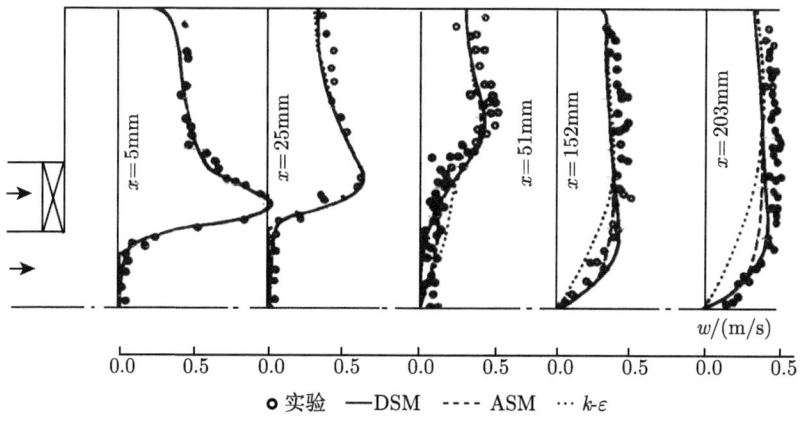

图 9.7.4 旋流突扩流动切向速度

9.7 DSM 和 ASM 的应用及其与其他模型的比较

图 9.7.5 为文献 [13] 用不同的压力应变项模型的 DSM 预报的单股进气的旋流突扩流动轴向速度分布. 除了在 $x/D = 1.25$ 的截面近轴线区域 SSG 模型预报的误差较大外, 其他地区各模型差别不大, 都和实验值接近. 图 9.7.6 是这些模型预报的旋流突扩流动切向速度分布, 其情况和轴向速度分布的类似.

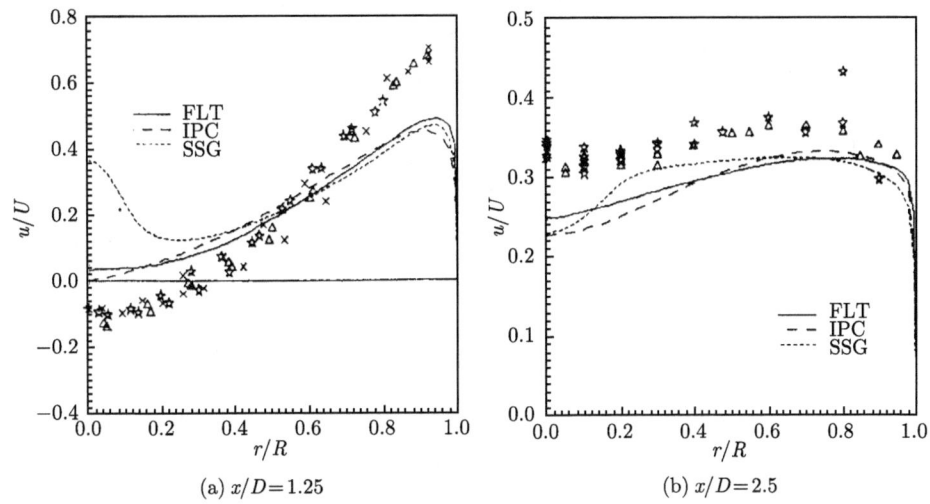

图 9.7.5 旋流突扩流动轴向速度 (点为实验值)

u 是当地速度, U 是进口速度

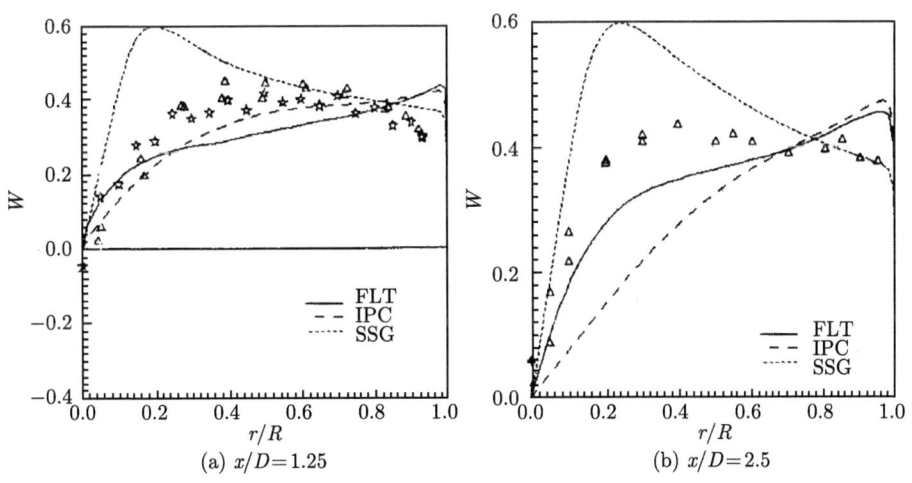

图 9.7.6 旋流突扩流动切向速度 (点为实验值)

图 9.7.7 是用不同压力应变项模型预报的旋流突扩流动的轴向脉动速度. 在大多数地点不同模型的差别不太大, 而且各种模型, 包括 IPCM 和 FLT 模型的预报值均小于实验值.

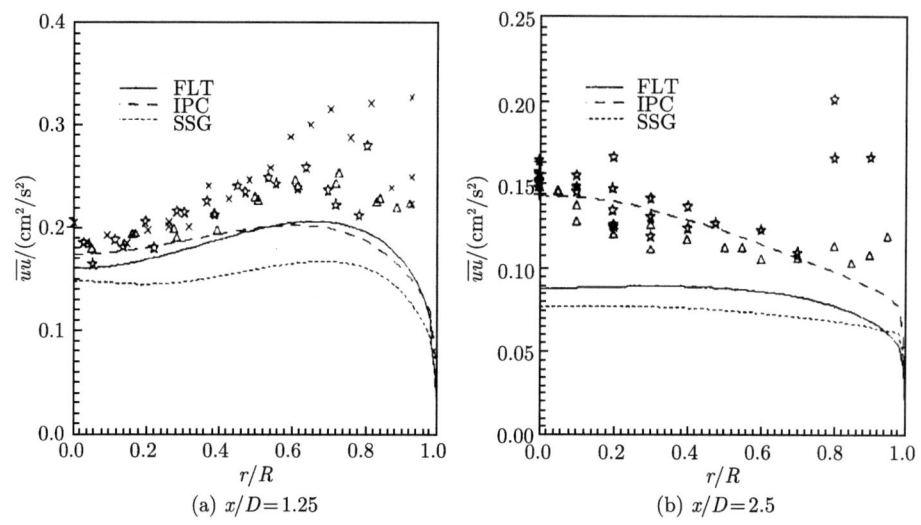

图 9.7.7 旋流突扩流动的轴向脉动速度 (点为实验值)

图 9.7.8 是用不同模型预报的旋流突扩流动的切向脉动速度分布. 不同的压力应变项模型的预报结果差别也不大, 预报值都小于实验值. 作者所在的研究组[22]用 DSM, 配合以 IPCM 和 GL 压力应变模型对如图 9.7.9 所示的突扩室内旋流数为 0.53 的旋流流动进行了预报. 其中旋流数的定义是切向动量和轴向动量之比. 对轴向速度分布的预报 (图 9.7.10)IPCM 更合理, 而对于切向速度的预报 (图 9.7.11) GL 模型更合理.

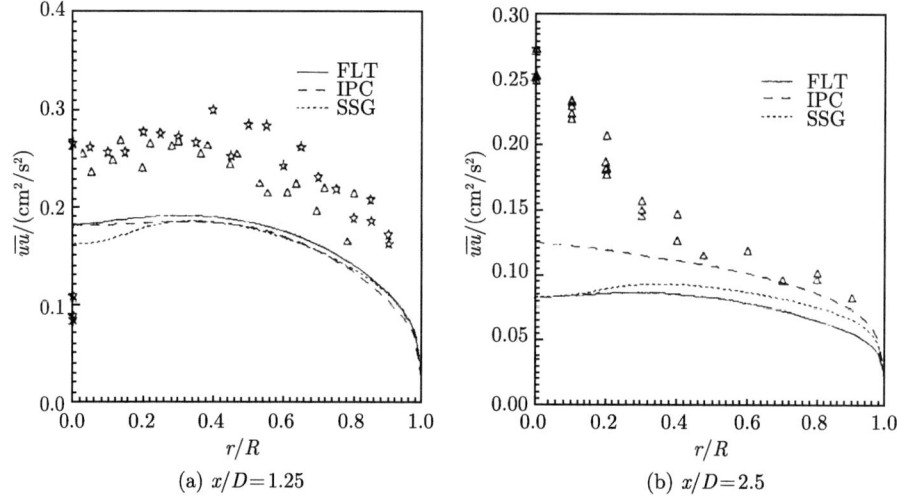

图 9.7.8 旋流突扩流动的切向脉动速度分布 (点为实验值)

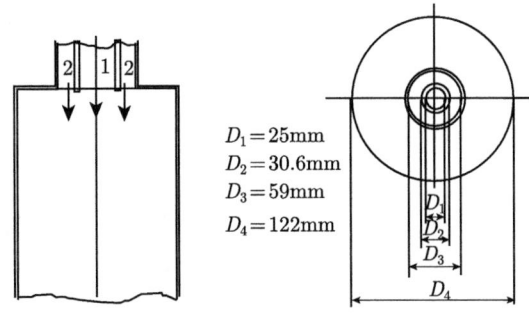

图 9.7.9　同轴射流旋流突扩室

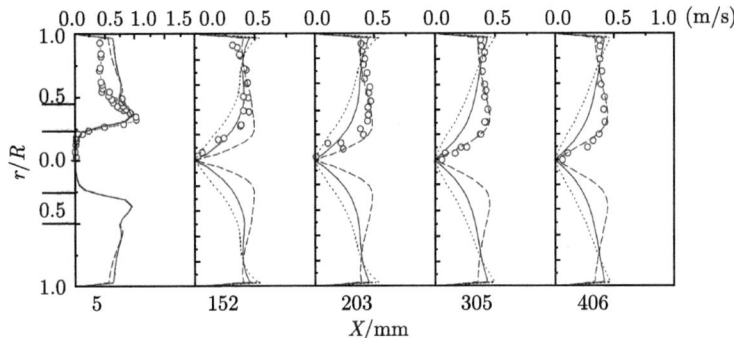

图 9.7.10　轴向速度分布 $(s=0.53)$

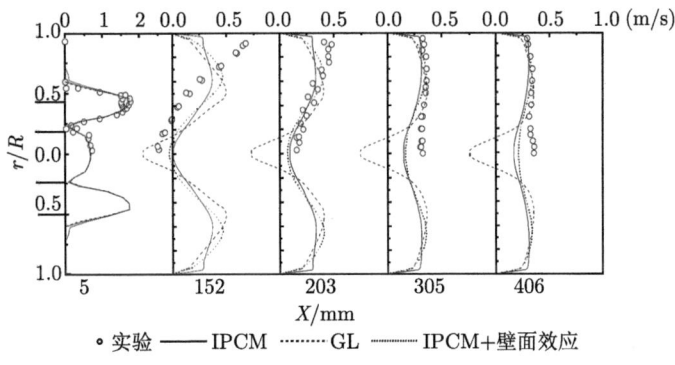

○ 实验　—— IPCM　……… GL　--- IPCM+壁面效应

图 9.7.11　切向速度分布 $(s=0.53)$

图 9.7.12 是用 k-ε 模型, 以及原来的 ASM 和改进的 ASM 模拟环形通道内强旋流动的结果 [19], 其中左半部是轴向速度分布, 右半部是切向速度分布. 只有改进的 ASM 能正确地预报出中心回流区和 Rankine 涡结构, 而无论是 k-ε 模型, 还是原来的 ASM 都不能给出合理结果.

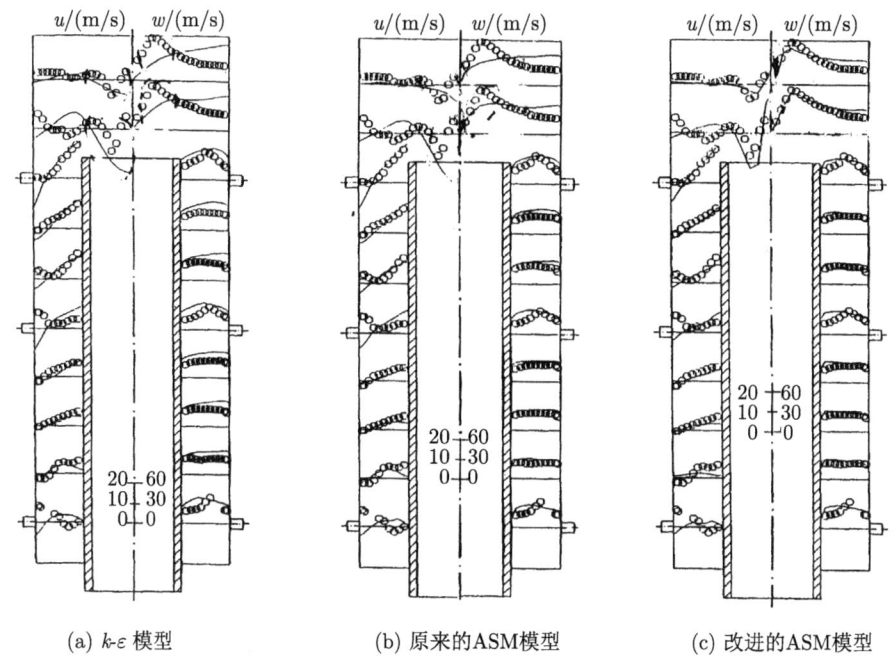

(a) $k\text{-}\varepsilon$ 模型　　　　(b) 原来的ASM模型　　　　(c) 改进的ASM模型

图 9.7.12　环形通道内强旋流动

1997 年在欧共体的流动、湍流和燃烧研究会 (ERCOFTAC) 和国际水力学研究会 (IAHR)[23] 召开的第六届湍流模拟会议上用标准实验数据检验了不同的湍流模型. 限于篇幅, 只举出如图 9.7.13 中所示的二维平面贴壁射流. 图 9.7.14 和图 9.7.15 分别为用不同的 DSM 和不同的 $k\text{-}\varepsilon$ 模型所预报的纵向速度、剪切应力、纵向和横向正应力分布. 可以看出, 两类模型预报的纵向速度和剪切应力差别都不大, 而且都和实验值接近, 然而各种 $k\text{-}\varepsilon$ 模型预报的纵向正应力低于实验值, 预报的横向正应力高于实验值, 这是各向同性模型的必然缺陷. DSM, 无论用何种

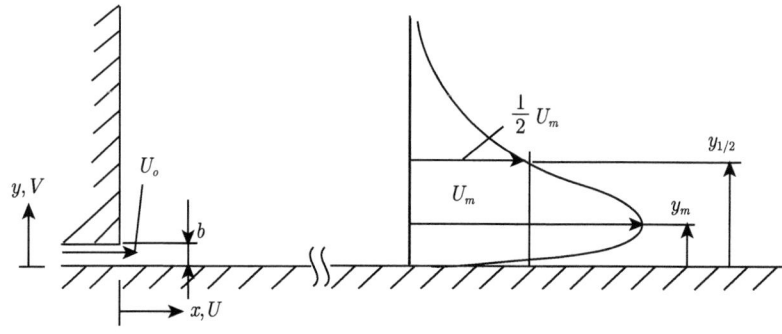

图 9.7.13　二维平面贴壁射流

9.7 DSM 和 ASM 的应用及其与其他模型的比较

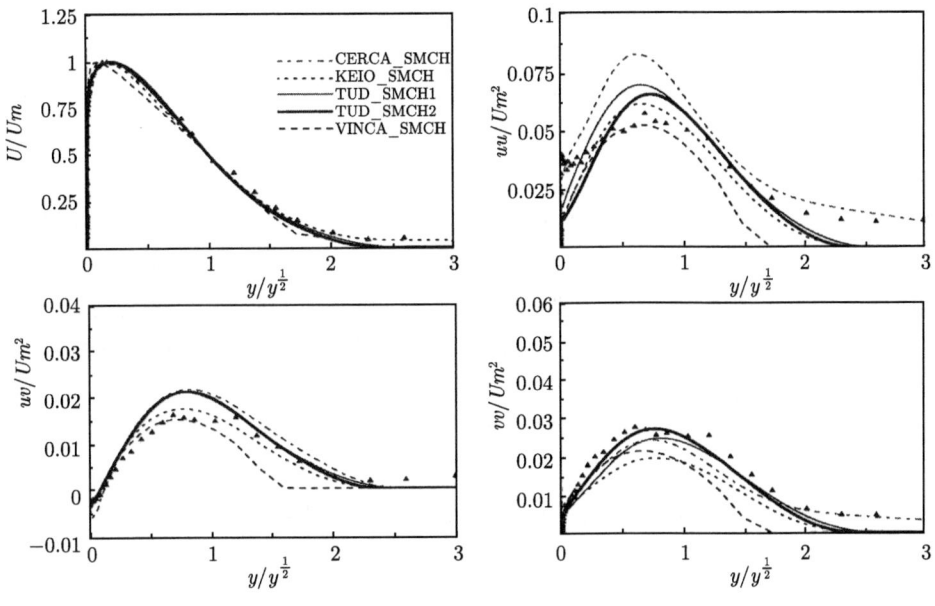

图 9.7.14　不同 DSM 模型的预报结果 (点为实验值)

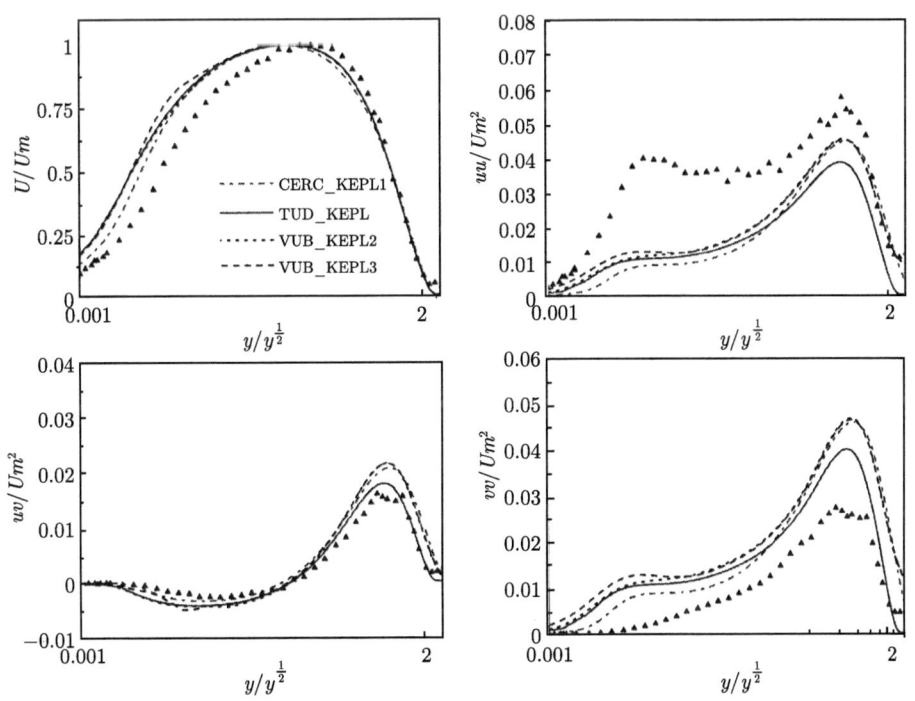

图 9.7.15　不同 $k\text{-}\varepsilon$ 模型的预报结果 (点为实验值)

封闭方法,其预报结果尽管还有差别,但是和实验值都相差不远,并且能正确地预报出纵向脉动大于横向值的结果.

总之,很难找到通用的既合理又经济的湍流模型.这就是说,尽管提出了五花八门的,各种各样的湍流模型,但是同一个湍流模型对不同的问题,甚至不同研究者用同一模型来解决同一问题,效果都不同.更复杂的多尺度模型和三阶矩模型在应用中受到局限.因此建议,就工程应用而言,对于边界层和射流等简单流动,可以使用混合长度模型.对于二维或三维无浮力,无旋或弱旋回流流动,可以使用各种 k-ε 模型.对强旋流动和浮力流动,最好用各种 DSM 或 ASM.当然,对于很多问题,诸如应力方程的扩散项,压力应变项的模拟,耗散率方程的封闭等,还可以进行进一步研究.

图 9.7.16 显示了用不同的 DSM 预报的旋风分离器中强旋流动的切向和轴向正应力[24].可以看到,本书作者及其同事们提出的修正的 IPCM+wall 压力-应变模型能给出合理的结果,原有的 DSM 大大低估了正应力.

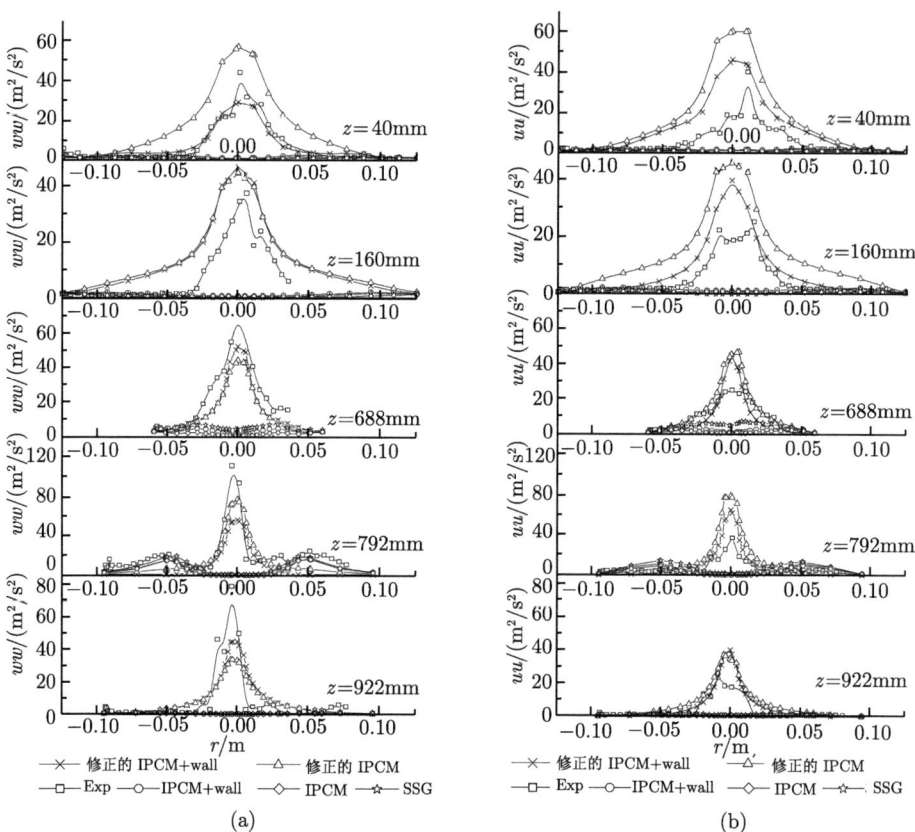

图 9.7.16 强旋流动的切向 (a) 和轴向 (b) 正应力

9.8 湍流流动的大涡模拟

LES 是处于上述的 RANS 模拟和 DNS 之间的模拟方法. 在 LES 中, 非定常三维湍流流动大涡结构可以直接求解, 因为湍流动能及其各向异性主要包含在大涡内, 受流动的几何形状的作用, 不具有普适性. 而小尺度的耗散涡对流动的影响不重要, 有普适性, 不可求解, 可以用比较简单的模型, 称为亚网格应力模型来封闭. 和 RANS 模拟相比较, LES 可以给出湍流的更详细的非定常结构和更精确的统计结果. DNS 是在包含 Kolmogorov 耗散尺度的所有尺度内求解三维非定常湍流流动, 不需要任何模型, 要求非常大的计算量, 不能直接用于实际的高雷诺数流动. 和 DNS 相比, LES 可以大大节省计算量, 已经开始用于模拟工程实际的一些高雷诺数的复杂流动, 例如, 内燃机燃烧室、燃气轮机燃烧室、冲压发动机燃烧室和火箭发动机燃烧室中的流动和燃烧. 因此, 近年来 LES 引起大家越来越多的注意和研究, 正在形成新一代模拟方法.

LES 的第一步是过滤 (filtration), 就是把一个变量分解为过滤了的或者是可以求解的分量和不可解的残余分量, 即亚网格 (sub-grid scale, SGS) 分量. 实际上过滤就是在网格尺寸 Δ 内取体积平均. 令 $f(x,t)$ 为包含所有尺度的一个变量, $\overline{f}(x,t)$ 为其过滤后的量, $f'(x,t)$ 是残余量, 亦即

$$f(x,t) = \overline{f}(x,t) + f'(x,t)$$

这个分解, 或体积平均, 表面上像是雷诺时间平均, 但是此处 $\overline{f}(x,t)$ 是一个随机变量, 不是确定变量 (deterministic variable), $\overline{f'(x,t)}$ 不是零. 过滤后的变量可以表达为

$$\overline{f}(x) = \int_V G(x-x')f(x')\mathrm{d}x'$$

此处 $G(x)$ 是一个过滤器函数. 对于三维空间, $G = G_1 G_2 G_3$. 最常用的过滤器是箱式过滤器 (top-hat filter) 或称白噪声过滤器, 即

$$G(x) = \begin{cases} 1/\Delta, & |x-x'| < \Delta/2 \\ 0, & |x-x'| > \Delta/2 \end{cases}$$

这个过滤器相当于在 $x-\Delta/2 < x' < x+\Delta/2$ 区域内对该变量取体积平均. 这里, Δ 是过滤的尺度, 等于网格尺寸. 对于不可压流动, 过滤后的连续和动量方程是

$$\partial \bar{u}_i / \partial x_i = 0 \tag{9.8.1}$$

$$\frac{\partial \bar{u}_i}{\partial t} + \frac{\partial}{\partial x_j}(\overline{u_i u_j}) = -\frac{1}{\bar{\rho}}\frac{\partial \bar{P}}{\partial x_i} + v\frac{\partial^2 \bar{u}_i}{\partial x_i \partial x_j} \tag{9.8.2}$$

由于 $u_i = \bar{u}_i + u'_i$，则 $\overline{u_i u_j}$ 可以表达为

$$\overline{u_i u_j} = \bar{u}_i \bar{u}_j + \left(\overline{\bar{u}_i \bar{u}_j} - \bar{u}_i \bar{u}_j\right) + \overline{\bar{u}_i u'_j} + \overline{u'_i \bar{u}_j} + \overline{u'_i u'_j}$$

因此有

$$\frac{\partial \bar{u}_i}{\partial t} + \frac{\partial}{\partial x_j}(\bar{u}_i \bar{u}_j) = -\frac{1}{\bar{\rho}}\frac{\partial \bar{p}}{\partial x_i} + \frac{\partial}{\partial x_j}\left[\nu \frac{\partial \bar{u}_i}{\partial x_i} - \tau_{ij}\right] \qquad (9.8.3)$$

这里亚网格应力 (sub-grid scale stress，SGS stress)，也称为假雷诺应力，即

$$\tau_{ij} = \left(\overline{\bar{u}_i \bar{u}_j} - \bar{u}_i \bar{u}_j\right) + \overline{\bar{u}_i u'_j} + \overline{u'_i \bar{u}_j} + \overline{u'_i u'_j}$$

进一步假设 $\overline{\bar{u}_i \bar{u}_j} = \bar{u}_i \bar{u}_j$，$\overline{\bar{u}_i u'_j} = \overline{u'_i \bar{u}_j} = 0$，因而此项简化为

$$\tau_{ij} = \overline{u'_i u'_j}$$

亚网格应力是未知量，反映小尺度脉动对大尺度脉动的影响，其重要性和大小远低于雷诺应力. 要求解方程 (9.8.3)，必须给出亚网格应力的封闭模型. 最简单和应用最广的是 Smagorinsky 涡黏模型 [25]

$$\tau_{ij} = -2\nu_T \bar{S}_{ij} + \frac{1}{3}\delta_{ij}\tau_{kk} \qquad (9.8.4)$$

这里，$\nu_T = C_s^2 \Delta^2 |\bar{S}|$，$|\bar{S}| = (2\bar{S}_{ij}\bar{S}_{ij})^{1/2}$，$\bar{S}_{ij} = (\partial \bar{u}_i/\partial x_j + \partial \bar{u}_j/\partial x_i)/2$；$\delta_{ij}$ 是 Kronecker-Delta；C_s 是经验常数，处于 0.1~0.566，常取为 0.16. 第二种是 Smagorinsky-Lilly (SL) 模型 [26]

$$\mu_t = \rho L_s^2 |\bar{S}| \qquad (9.8.5)$$

此处，$L_s = \min\left(Kd, C_s V^{1/3}\right)$，$K = 0.42$，$C_s = 0.1$，$d$ 是离开壁面的距离，V 是计算单元的体积. 第三种是 Germano 动态模型 [27]. 在很多情况下 C_s 并非常数. Germano 提出一个动态涡黏模型，用两次过滤来修正 Smagorinsky 模型常数，其中，C_s 是如下的函数

$$C_s = -\frac{1}{2}\frac{\langle L_{ij}\bar{S}_{ij}\rangle}{\hat{\bar{\Delta}}^2 \left\langle \left|\hat{\bar{S}}\right| \hat{\bar{S}}_{ij}\bar{S}_{ij}\right\rangle - \bar{\Delta}^2 \left\langle \left|\hat{\bar{S}}\right| \hat{\bar{S}}_{ij}\bar{S}_{ij}\right\rangle} \qquad (9.8.6)$$

这里，$L_{ij} = \bar{u}_i \bar{u}_j - \tilde{\bar{u}}_i \tilde{\bar{u}}_j$，$\tilde{\bar{\Delta}} = 2\bar{\Delta}$，$\bar{\Delta}$ 是过滤尺寸，即网格尺寸

$$\hat{\bar{S}}_{ij} = \frac{1}{2}\left(\frac{\partial \hat{\bar{u}}_i}{\partial x_j} + \frac{\partial \hat{\bar{u}}_j}{\partial x_i}\right), \quad \left|\hat{\bar{S}}\right| = \sqrt{2\hat{\bar{S}}_{ij}\hat{\bar{S}}_{ij}}$$

9.8 湍流流动的大涡模拟

第四种是 Kim 亚网格动能方程模型[28]

$$\tau_{ij}^{\rm sgs} = -2\bar{\rho}\nu_t\left(S_{ij} - \frac{1}{3}\bar{S}_{kk}\delta_{ij}\right) + \frac{2}{3}\bar{\rho}k^{\rm sgs}\delta_{ij} \tag{9.8.7}$$

这里,

$$\nu_t = C_\nu (k^{\rm sgs})^{1/2}\bar{\Delta}$$

$$\frac{\partial \bar{\rho}k^{\rm sgs}}{\partial t} + \frac{\partial}{\partial x_i}(\bar{\rho}\bar{u}_i k^{\rm sgs}) = P^{\rm sgs} - D^{\rm sgs} + \frac{\partial}{\partial x_i}\left(\frac{\bar{\rho}\nu_t}{Pr_t}\frac{\partial k^{\rm sgs}}{\partial x_i}\right) \tag{9.8.8}$$

$$k^{\rm sgs} = \frac{1}{2}\left[\overline{u_k^2} - \bar{u}_k^2\right], \quad P^{\rm sgs} = -\tau_{ij}^{\rm sgs}(\partial \bar{u}_i/\partial x_j), \quad D^{\rm sgs} = C_\varepsilon \bar{\rho}(k^{\rm sgs})^{3/2}\bar{\Delta}$$

系数 C_ν 和 C_ε 可以动态地确定. 文献 [29] 同时用 Smagorinsky 亚网格应力模型的大涡模拟和 IPCM+wall 雷诺应力方程模型的 RANS 模拟预报了旋流数为 $s = 0.53$ 的旋流流动. 图 9.8.1 和图 9.8.2 分别给出了预报的切向和轴向的均方根脉动速度. 可见大涡模拟即使用最简单的 SGS 应力模型, 也比用最复杂的湍流模型的 RANS 模拟更合理. 大涡模拟能预报实验测出的轴线处 $\overline{ww}$ 和 $\overline{uu}$ 的峰值, 而 RANS 模拟则不能.

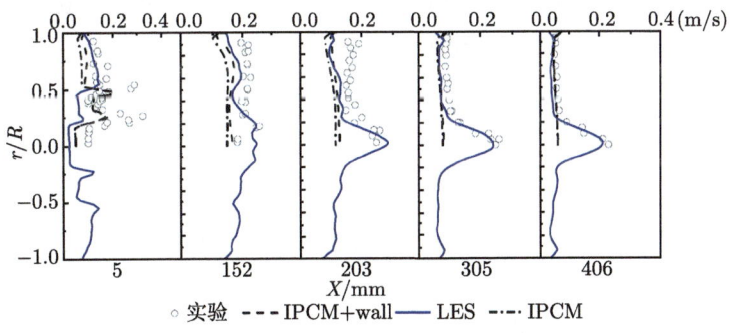

图 9.8.1 切向脉动速度 ($s = 0.53$)

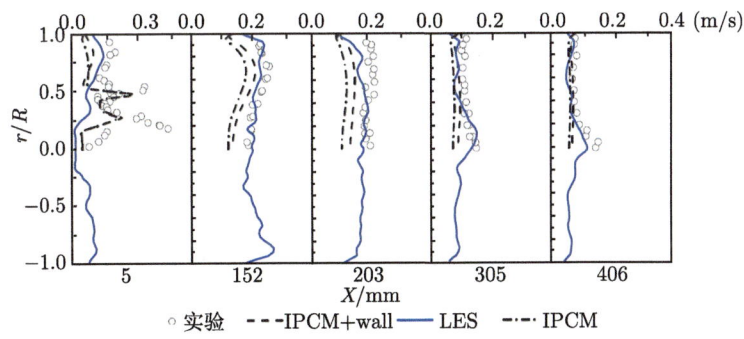

图 9.8.2 轴向脉动速度 ($s = 0.53$)

图 9.8.3 和图 9.8.4 分别是 LES 预报的瞬态涡量云图和瞬态速度矢量图.

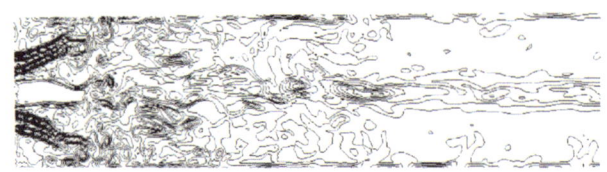

图 9.8.3 瞬态涡量云图 (LES)

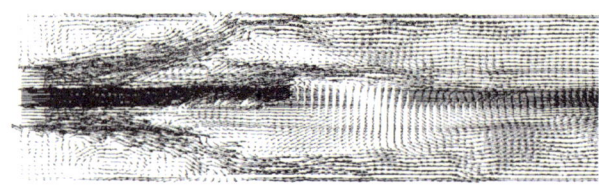

图 9.8.4 瞬态速度矢量图 (LES)

瞬态流动特性显示了 LES 给出的详细的湍流结构，比 IPCM 和 GL 版本的雷诺应力方程模型的 RANS 模拟所预报的要复杂得多，后者只给出近轴线区和边角回流区流动 (图 9.8.5 和图 9.8.6).

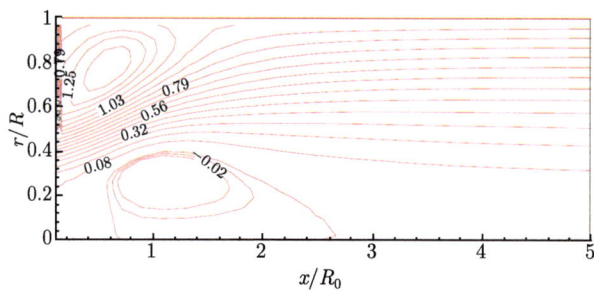

图 9.8.5 流线 (DSM-IPCM)

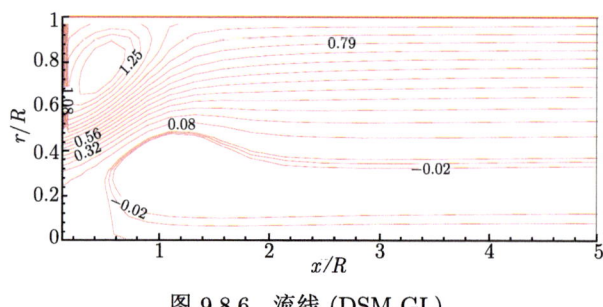

图 9.8.6 流线 (DSM-GL)

9.9 湍流流动的直接数值模拟

直接数值模拟 (DNS) 是在所有尺度内, 包括最小的 Kolmogorov 耗散尺度, 求解三维瞬态 Navier-Stokes 方程, 不用任何模型. DNS 能给出空间和时间高分辨率的, 甚至测量也无法得到的最精确的结果. 但是其计算量非常大, 而且随流动雷诺数的增大而迅速增加. 因此, DNS 局限于针对低雷诺数流动和小尺寸的计算域, 不能用于模拟工程实际的高雷诺数流动. 然而其数据库可以用来检验 RANS 模拟和 LES 的 SGS 模型. 由于 DNS 中没有任何封闭模型, 主要问题是高精度数值方法和适当的边界及初始条件. 所采用的数值方法包括谱方法、伪谱方法和高精度紧致格式的差分方法. DNS 要求给定进口处和壁面的周期性边界条件. Kolmogorov 尺度取决于

$$\eta = (\nu^3/\varepsilon)^{1/4}$$

这里, ν 是运动黏性系数; ε 是湍能耗散率, $\varepsilon \sim (u')^3/l$, u' 是脉动速度, l 是积分尺度, $l = k^{3/2}/\varepsilon$. 三维模拟所需要的网格数至少应当是 $N = (N_x)^3 = (Re_l)^{9/4}$. Pope[30] 曾经估计, 对于 $Re_l = 6000$ 的流动, 所需要的网格数应当是 2×10^9, 计算时间则要达到 20 个月. 作为 DNS 的举例, 文献 [31] 曾经进行了槽道流动的 DNS, 采用谱方法, 其中用 Galerkin-Tau 谱展开, x 和 z 方向的 Fourier 变换, y 方向的 Chebyshev 转换和时间的三阶格式. 所预报的瞬态速度的等值面显示出拟序结构-近壁区的条带结构, 表明近壁湍流的猝发特性. 结果给出了近壁湍流的典型结构, 如低速条带、猝发事件和涡结构等. DNS 的数据库用以给出湍流的统计特性, 即雷诺应力方程各项的统计, 以及验证其封闭模型. 图 9.9.1 给出雷诺应

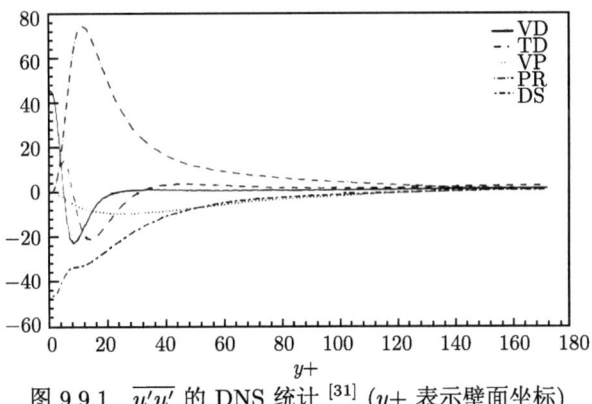

图 9.9.1 $\overline{u'u'}$ 的 DNS 统计[31] ($y+$ 表示壁面坐标)

VD 为分子扩散项; TD 为湍流扩散项; VP 为压力-速度关联项; PR 为产生项; DS 为耗散项

力方程中 $\overline{u'u'}$ 的统计. 可以看到, 在大多数区域内产生项和耗散项起主导作用, 其他项起次要作用. 图 9.9.2 显示了湍流扩散项-三阶关联 $-\overline{u'u'v'}$ 的 Daly-Harlow 模型值 (TDM1) 和 Hanjalic-Launder 模型值 (TDM2) 与 DNS 结果的比较. 虽然精确值和模拟值的趋势相同, 但是两模型都低估了三阶关联量. 图 9.9.3 是耗散项 ε_{11} 的模拟值和 DNS 结果, 其中 DSM1 为各向同性模型, DSM2 为各向异性模型, DSM3 为 Hanjalic-Launder 修正模型. 可见, 各向同性模型低估了耗散, 各向异性模型和 DNS 结果符合较好.

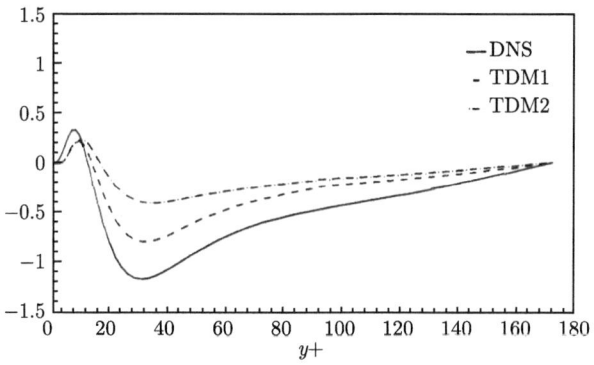

图 9.9.2 三阶关联 $-\overline{u'u'v'}$ 的模拟值和 DNS 结果 [31]

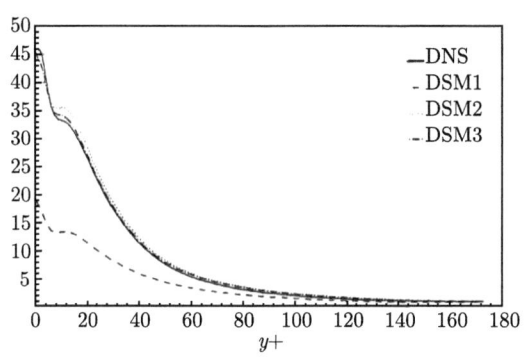

图 9.9.3 耗散项 ε_{11} 的模拟值和 DNS 结果 [31]

图 9.9.4 给出压力-应变项的模拟值和 DNS 结果, 其中 "Rotta" 指 Launder-Rotta 模型, "QI" 指准各向同性模型, "wall" 指近壁模型. 可以看到, 在近壁区所有模型都和 DNS 结果有差别, 在其他区域模拟值和 DNS 的结果符合尚好.

要注意的是, 上述结果是在低雷诺数的简单流动中得到的, 是否适用于复杂的高雷诺数流动, 尚有待进一步的探讨.

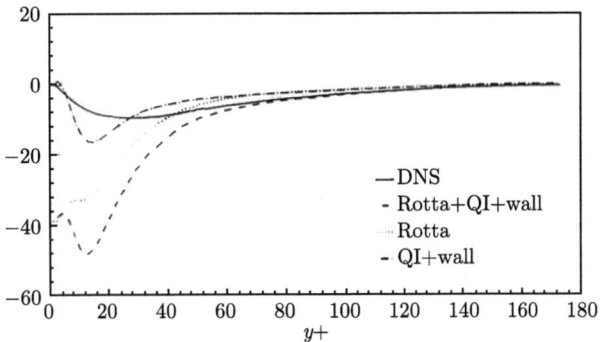

图 9.9.4 压力-应变项的模拟值和 DNS 结果 [31]

参 考 文 献

[1] Launder B E, Spalding D B. Mathematical Models of Turbulence. New York: Academic Press, 1972.

[2] Khalil E E. Modeling of Furnaces and Combustors. New York: Abacus Press, 1985. 中译本：卡里尔 [埃]. 燃烧室和工业炉的数值模拟. 陈熙, 周晓青, 译, 周力行, 校. 北京: 科学出版社, 1986.

[3] Boysan F, Ayers W H, Swithenbank J. Fundamental mathematical modeling approach to cyclone design. Trans. Inst. Chem. Engrs., 1982, 60: 222-230.

[4] 倪浩清, 贺益英, 张雅琪, 周力行, 林文漪. 明渠温差异重流中湍浮力回流的数学模型. 中国科学, 1987, A4: 437-448.

[5] Sung H J, Park T S. A new low-Reynolds-number k-ε-f_μ model for predictions involving multiple surfaces. Proc. International Symposium on Mathematical Modeling of Turbulent Flows, Tokyo, 1995: 56-63.

[6] Ko S. Derivation of a two-scale k-ε turbulence model. Proc. International Symposium on Mathematical Modeling of Turbulent Flows, Tokyo, 1995: 205-210.

[7] Wang Z D, Jiang N W, Wu S Q. On the modeling of eddy viscosity tensor. Proceedings of International Symposium on Mathematical Modeling of Turbulent Flows, Tokyo, 1995: 345-351.

[8] Nagano Y, Shimada M. Critical assessment and reconstruction of dissipation-rate equations using direct simulations. The Recent Developments in Turbulence Research, Proceedings of Sino-Japan Workshop of Turbulent Flows, International Academic Publishers, 1995: 189-217.

[9] Yakhot V S, Orszag A, Thangam S. Development of turbulence models for shear flows by a double expansion technique. Phys. Fluids, 1992, A4: 1510-1520.

[10] Launder B E. Turbulence Modeling. Lecture Notes at Tsinghua University, 1988.

[11] Hanjalic K, Launder B E. A Reynolds stress model of turbulence and its application to thin shear flows. J. of Fluid Mechanics, 1972, 52(4): 609-638.

[12] Obi S, Hara H. An algebraic model of turbulent diffusion. Proc. International Symposium on Mathematical Modeling of Turbulent Flows, Tokyo, 1995: 274-279.

[13] Fu S. Modeling of the strongly swirling flows with second-moment closures. Proceedings of Sino-Japan Workshop of Turbulent Flows, International Academic Publishers, 1995: 22-41.

[14] Gibson M M, Launder B E. On the calculation of horizontal turbulent free shear flows under gravitational influence. Trans. ASME, J. Heat Transfer, 1976, 98: 81-87.

[15] Yunemura S, Yamamoto M. Proposal of a multiple-time-scale Reynolds stress model for turbulent boundary layers. Proc. International Symposium on Mathematical Modeling of Turbulent Flows, Tokyo, 1995: 381-386.

[16] Hanjalic K, Jakirlic S, Hadzic I. Expanding the limits of "equilibrium" second-moment turbulence models. Proc. International Symposium on Mathematical Modeling of Turbulent Flows, Tokyo, 1995: 9-16.

[17] Chang K C. On application of the Reynolds stress model. Proc. Sixth International Symposium on Flow Modeling and Turbulence Measurements, Florida, 1996.

[18] Rodi W. Turbulence models in environmental problems. Prediction Methods for Turbulent Flows, New York: McGraw Hill, 1980.

[19] Zhang J, Nieh S, Zhou L X. A new version of algebraic stress model for simulating strongly swirling flows. Numerical Heat Transfer, 1992, B22: 49-62.

[20] 倪浩清, 王能家, 周力行. 应力代数模型在各向异性湍浮力回流中的应用. 力学学报, 1989, 21: 26-34.

[21] So R M C. Turbulence Models. Lecture Notes at the Beijing Institute of Aeronautics and Astronautics, 1985.

[22] Zhou L X, Xu Y. Simulation of swirling gas-particle flows using an improved second-order moment two-phase turbulence model. Powder Technology, 2001, 116: 178-189.

[23] Proceedings of 6th ERCOFTAC/IAHR/COST Workshop on Refined Flow Modeling. v.2, Case 5.1 and Case 6.1, 1997.

[24] Hu L Y, Zhou L X, Zhang J, Shi M X. Studies on strongly swirling flows in the full space of a volute cyclone separator. AIChE Journal, 2005, 51: 740-749.

[25] Smagorinsky J. General circulation experiments with the primitive equations, 1. The basic experiment, Monthly Weather Rev., 1963, 91: 99-164.

[26] Lilly D G. On the application of the eddy viscosity concept in the inertial subrange of turbulence. NACR Manuscript 123, 1966.

[27] Germano M, Piomelli U, Moin P, Cabot W H. A dynamic sub-grid scale eddy viscosity model. Physics of Fluids, 1991, A3: 1760-1765.

[28] Kim W W, Menon S, Mongia H C. Large-eddy simulation of a gas turbine combustor

flow. Combustion Science and Technology, 1999, 143: 25-62.
[29] Hu L Y, Zhou L X, Zhang J. Large-eddy simulation of a swirling diffusion flame using a SOM SGS combustion model. Numerical Heat Transfer, 2006, B50: 41-48.
[30] Pope S B. Turbulent Flows. Cambridge: Cambridge University Press, 2000.
[31] 许春晓. 槽道流动的直接数值模拟. 北京: 清华大学, 1995.

第 10 章 湍流两相流动的数值模拟

10.1 引　　言

第 9 章中讨论了单相湍流问题, 其作为分析两相湍流模型和湍流燃烧模型的基础. 本章将系统地讨论两相湍流模型. 两相湍流模型包含两方面的问题: 一方面是离散相 (颗粒、液滴或气泡) 的湍流脉动以及由此引起的湍流扩散 (turbulent diffusion), 或称为湍流弥散 (turbulent dispersion); 另一方面是离散相的存在对流体或气体湍流的作用, 常被称为湍流变动或湍流修正 (turbulence modification). 模拟离散性湍流两相流动有不同的方法, 最基本的是直接数值模拟 (DNS), 包括全尺度或称完整求解的直接数值模拟 (full-scale or fully-resolved DNS, FDNS) 和点源颗粒的直接数值模拟 (point-particle DNS, PDNS). 在 FDNS 中, 颗粒/液滴/气泡占据有限尺寸的体积, 不需要气体-颗粒相互作用力的模型, 主要任务是处理相交界面的数值方法, 如流体体积 (volume of fluid, VOF) 法、水平集 (level-set) 法、阵面追踪 (front-tracking) 法和浸没边界 (immerse boundary) 法等. 在 PDNS 中, 颗粒/液滴/气泡被当作不占据体积的点源, 需要有颗粒阻力、升力和颗粒质量损失 (蒸发/挥发/燃烧) 的模型. 在点源颗粒的模拟中, 除了 PDNS 之外, 有 LES 和雷诺平均模拟 (RANS 模拟). 其中包括欧拉-欧拉 (Eulerian-Eulerian, E-E) 或双流体模拟和欧拉-拉氏 (Eulerian-Lagrangian, E-L) 模拟. 当后者考虑颗粒之间的碰撞时, 常称为离散元模拟 (discrete element modeling, DEM). PDNS 可以给出瞬态速度场和非常详细的湍流结构, 但是要求很大的计算量, 所以只能作为基础研究, 提供数据库, 用以检验 LES 和 RANS 模拟的模型. FDNS 可以给出相交界面的形状和各相内部的瞬态速度场, 但是要求比 PDNS 更大的计算量, 而且目前对如何处理有相变和燃烧的两相流动的相交界面, 尚在探讨之中. 所以对处理工程中的离散型两相流动, 只能用点源颗粒的 E-E 或 E-L 的 RANS 模拟或 LES. 前者需要有颗粒湍流和颗粒碰撞应力模型, 后者需要有流体瞬态速度和颗粒之间碰撞的模型. 很多工程应用, 包括商业软件, 主要采用 E-L 模拟, 但是 E-E 模拟有其特点. 早在 1991 年, Crowe[1] 就曾指出 "双流体模型的好处是, 连续相的算法经过修正很容易推广到离散相, 同时其计算机储存和计算时间没有拉氏轨道模型那样多". 双流体模型的研究可以追溯到 20 世纪 60 年代. 其先行者是 S. L. Soo, 在他的 1967 年著作 *Fluid Dynamics of Multiphase Systems* (《多相系统的流体动力学》)[2] 中, 颗粒被当作拟流体. 但是在他的观念里, 流体和颗

10.1 引言

粒之间的速度滑移被认为是远小于两相速度本身的,而且这个速度滑移就是造成漂移速度即颗粒扩散的动力,"颗粒扩散系数"是一个经验或半经验常数,没有和湍流特性相联系. 实际上, 这个"小滑移"的概念只是在少数情况下, 例如, 在携带小颗粒的管道流动中是近似正确的. 对于大多数情况, 例如, 液雾在高速气流中反向喷射,气体和液滴之间的速度滑移可能很大,和液滴扩散无关. 因此在 1982 年本书作者[3] 提出的双流体模型的基本方程中将速度滑移和颗粒扩散分开处理. 在双流体模型中, 离散相被看成是欧拉坐标系中处理的拟流体, 其基本概念是认为离散相是与真实流体相互渗透的拟流体. 实际上对湍流两相流动而言, 该模型是一种模拟离散相湍流脉动的方法, 类似单相流动中所用方法, 基本假设是: ① 在流场中的每一位置, 离散相与流体相共存并相互渗透, 每个相有其各自的速度、温度和体积分数, 但是每个尺寸组的离散相具有相同的速度和温度; ② 每一离散相 (尺寸组) 在空间中具有连续的速度、温度和容积分数的分布; ③ 每一离散相, 除与流体相有质量、动量与能量相互作用外, 还具有自身的湍流脉动, 造成其质量、动量及能量湍流输运, 且离散相的脉动取决于其自身的对流、扩散、产生及与气相湍流的相互作用; ④ 用初始尺寸分布来区分离散相. 双流体模型往往受到怀疑, 认为其是否普遍成立. 从另一个方面来看, 离散相的拟流体描述是其统计行为的表现, 和体积分数或者尺寸大小没有直接联系. 最初的轨道模型中, 只承认颗粒 (液滴、气泡) 有脉动, 不承认离散相有类似于流体的湍流特性. 按照双流体模型, 离散相的脉动, 例如, 颗粒脉动有类似于流体或气体的湍流特性, 即颗粒湍流动能 (particle turbulent kinetic energy) 和颗粒雷诺应力. 目前国际上双流体模型的主要研究者, 包括本书作者都持这一观点. 所以对稀疏湍流两相流动而言, 如果不计颗粒-颗粒间碰撞引起的压力和黏性力, 则上述两类模型实质上是对颗粒脉动或者颗粒湍流的不同描述方法或不同模拟方法. 随着时代的发展, 本书作者和国际同行们借鉴于单相湍流概念在双流体模型框架内提出的颗粒湍流、颗粒湍流动能、颗粒雷诺应力等概念, 已经渐渐地被多相学术界普遍承认了. 双流体模型的关键问题是引起颗粒扩散/弥散的颗粒湍流 (颗粒湍流脉动) 的封闭模型. 在这方面早期 Elghobashi 等[4-6] 进行了研究, 他们把气体湍流的 k-ε 模型和颗粒湍流的代数模型结合起来 (被我们称为 k-ε-Ap 模型). 类似的模型曾经被 Melville 和 Bray[7], Chen 和 Wood[8], Mostafa 和 Mongia[9] 等研究者提出过. 其实, 最早探讨颗粒脉动规律的是荷兰华裔物理学家 S. M. Tchen[10], 而后由 Hinze[11] 加以完成. S. M. Tchen 基于颗粒追随流体的脉动而脉动的概念得到了颗粒湍流扩散系数或湍流黏性系数和气体湍流扩散系数或湍流黏性系数间的关系, 后来被 Hinze 进一步推导出代数表达式. 直到 20 世纪 80 年代中期为止, 上述研究者运用双流体模型来考察颗粒湍流脉动时, 都基于这一规律. 按照 Hinze-Tchen 模型, 颗粒湍流脉动永远小于流体脉动, 颗粒越大则脉动越弱, 大颗粒的扩散比小颗粒的扩散慢. 然而本书作者及其学生们[12]在闭式气体-颗粒射流的实验中发现, 165μm 颗粒的扩散比 26μm 颗粒的快. Borner 和 Durst[13] 的实验发现, 闭式气体-颗粒射流中颗粒的均方根脉动速度比气体的大. 据此本书作者[14]提出了颗粒湍流动能输运方程模型的理论, 指出了颗粒追随流体脉动理论的缺陷, 随即形成了 k-ε-k_p 两相湍流模型[15], 用于模拟气体-颗粒两相射流. 当进一步研究有明显各向异性湍流的旋流两相流动时, 又运用单相湍流雷诺应力方程的概念, 提出了统一二阶矩 (unified second-order moment, USM), 即两相雷诺应力方程模型[16]. 双流体模型的研究者可以分成两组. 一组是周力行[16]和屠基元[17], 直接用雷诺展开与雷诺平均来推导和封闭颗粒湍流动能方程及颗粒雷诺应力输运方程. 另一组包括 Zaichik[18], Reeks[19] 和 Simonin[20], 基于 PDF 推导和封闭颗粒雷诺应力方程, 被称为是 "动力论方法"(kinetic approach). 作者也开展了这方面的研究, 并且提出了与国际上不同的 k-ε-PDF 和 DSM-PDF 等模型. 从提出两相湍流理论的过程来看, 是按照认识论的次序, 先具体, 后一般, 即在 20 世纪 80 年代中期先提出 k-ε-k_p 模型, 后来到 20 世纪 90 年代初, 提出了 USM 模型. 然而从理论体系来看, 本章将先讨论一般问题, 再讨论局部问题, 因而下文将首先讨论 USM 两相湍流模型, 即两相雷诺应力方程模型, 然后讨论 k-ε-k_p 湍流动能模型和更为简单的 k-ε-Ap 模型. 再后, 则讨论以 PDF 输运方程为基础的 k-ε-PDF 和 DSM-PDF 模型. 最后简单地介绍一下离散型两相湍流流动的 LES 和直接模拟.

10.2 颗粒湍流脉动的 Hinze-Tchen 代数模型 (Ap 模型)

S. M. Tchen[10] 考察了单颗粒落入脉动的气体微团中, 追随气体的脉动而产生的颗粒脉动, 运用 Taylor 的统计理论来描述气体湍流脉动, 经过 Hinze[11] 的进一步推导, 得到了颗粒湍流黏性和气体湍流黏性之比, 亦即颗粒湍流扩散系数和气体湍流扩散系数之比或者两者湍流动能的平方之比为

$$\nu_p/\nu_T = D_p/D_T = (k_p/k)^2 = (1 + \tau_{r1}/\tau_T)^{-1} \tag{10.2.1}$$

这里 ν_p 和 ν_T 分别为颗粒和气体的湍流黏性系数 (注意: 这里的颗粒黏性是颗粒脉动的体现, 和颗粒间碰撞引起的黏性是两回事); D_p 和 D_T 分别为颗粒和气体的湍流扩散系数; $\tau_{r1} = \rho_s d_p^2/(18\mu), \tau_T = k/\varepsilon$ 分别为颗粒和气体按 Stokes 阻力规律做相对脉动的弛豫时间和气体的湍流脉动时间. 式 (10.2.1) 称为颗粒湍流的 Hinze-Tchen 代数模型, 可以简称为 Ap 模型 (algebraic particle turbulence model). 由于 Ap 模型是基于颗粒追随气体而脉动的理论, 按照此模型自然是颗粒的脉动永远小于气体的脉动, 颗粒越大, 脉动越小. 但是实验结果曾指出, 在不

少情况下, 或在流场的某些地点, 颗粒脉动比气体的强, 大颗粒的比小颗粒的强. 类似于单相湍流的代数模型-混合长度模型, 此模型简单而直观, 曾经在双流体模型中得到不少人的应用. 但是此模型认为颗粒脉动只取决于其所在的当地流体微团 (涡旋) 的湍流脉动, 其缺陷和混合长度模型的相似, 就是忽略了颗粒湍流动能的对流 (上游的影响或经历效应)、扩散和平均动能的产生, 只归结为当地流体脉动的作用. 因此, 本书作者受单相流体湍流模型理论概念的启发, 想到要克服 Ap 模型的缺陷, 必须发展颗粒湍流动能输运方程模型和颗粒雷诺应力输运方程模型.

10.3 统一二阶矩两相湍流模型

统一二阶矩模型指的是两相湍流都用二阶矩封闭, 也就是两相雷诺应力方程模型, 它是单相湍流雷诺应力方程模型的思路在两相湍流问题中的推广和发展. 这里绝不是简单地套用单相湍流模型, 因为在湍流两相流动的情况下, 出现了由于相间作用力 (阻力、升力等) 带来的两相湍流的相互作用, 因此研究两相湍流模型不仅要构造颗粒雷诺应力方程, 而且对两相雷诺应力方程中的相互作用源项要加以封闭, 这就是单相湍流模型中不存在的、两相湍流模型所特有的封闭问题. 第 8 章中已经从两相瞬态和时平均动量方程出发, 采用类似于推导单相流体雷诺应力方程的雷诺时平均的方法, 推导出流体和颗粒两相雷诺应力输运方程的精确形式

$$\frac{\partial}{\partial t}(\rho\overline{v_iv_j}) + \frac{\partial}{\partial x_m}(\rho V_m\overline{v_iv_j}) = D_{ij} + P_{ij} + G_{ij} + \Pi_{ij} - \varepsilon_{ij} + G_{p,ij} + G_{R,ij} \quad (10.3.1)$$

$$\frac{\partial}{\partial t}(N_k\overline{v_{ki}v_{kj}}) + \frac{\partial}{\partial x_m}(N_kV_{km}\overline{v_{ki}v_{kj}}) = D_{k,ij} + P_{k,ij} + G_{k,ij} + \varepsilon_{k,ij} \quad (10.3.2)$$

流体雷诺应力方程 (10.3.1) 右端的 $D_{ij}, P_{ij}, G_{ij}, \Pi_{ij}, \varepsilon_{ij}$ 分别是扩散项、剪切产生项、浮力产生项、压力-应变项和耗散项, 和单相流动的相同, 即

$$D_{ij} = -\frac{\partial}{\partial x_m}\left[\overline{\rho v_iv_jv_m} + \overline{p'v_j}\delta_{im} + \overline{p'v_i}\delta_{jm} - \mu\left(\frac{\partial}{\partial x_m}\overline{v_iv_j}\right)\right]$$

$$P_{ij} = -\rho\left(\overline{v_iv_m}\frac{\partial V_j}{\partial x_m} + \overline{v_jv_m}\frac{\partial V_i}{\partial x_m}\right)$$

$$G_{ij} = \beta\rho\left(g_i\overline{v_jT'} + g_j\overline{v_iT'}\right), \quad \varepsilon_{ij} = -2\mu\left(\overline{\frac{\partial v_i'}{\partial x_m}\frac{\partial v_j'}{\partial x_m}}\right), \quad \Pi_{ij} = \overline{p'\left(\frac{\partial v_i'}{\partial x_j} + \frac{\partial v_j'}{\partial x_i}\right)}$$

流体雷诺应力方程右端最后两项

$$G_{p,ij} = \sum_p \frac{\rho_p}{\tau_{rp}}\left(\overline{v_{pi}v_j} + \overline{v_{pj}v_i} - 2\overline{v_iv_j}\right), \quad G_{R,ij} = \overline{v_iv_j}S$$

分别是颗粒阻力和颗粒反应 (蒸发、挥发和燃烧等) 造成的流体雷诺应力的源项. 颗粒雷诺应力方程 (10.3.2) 右端四项分别是颗粒雷诺应力的扩散、剪力产生、浮力产生和颗粒阻力引起的产生/耗散项, 即

$$D_{k,ij} = \frac{\partial}{\partial x_m}[N_k\overline{v_{km}v_{ki}v_{kj}}]$$

$$P_{k,ij} = -(V_{km}\overline{n_kv_{kj}} + N_k\overline{v_{km}v_{kj}})\frac{\partial V_{ki}}{\partial x_m} - (V_{km}\overline{n_kv_{ki}} + N_k\overline{v_{km}v_{ki}})\frac{\partial V_{kj}}{\partial x_m}$$

$$G_{k,ij} = \overline{n_kv_{kj}}g_i + \overline{n_kv_{ki}}g_j$$

$$\varepsilon_{k,ij} = \left(\frac{1}{\tau_{rk}} + \frac{\dot{m}_k}{m_k}\right)\left[N_k\left(\overline{v_{ki}v_j} + \overline{v_{kj}v_i} - 2\overline{v_{ki}v_{kj}}\right) + (V_i - V_{ki})\overline{n_kv_{kj}} + (V_j - V_{kj})\overline{n_kv_{ki}}\right]$$

为了对上述方程组进行封闭, 需要进一步推导和封闭两相脉动速度关联 $\overline{v_{ki}v_j}$, $\overline{v_{kj}v_i}$, 以及颗粒扩散质量流 $\overline{n_kv_{ki}}$, $\overline{n_kv_{kj}}$ 和 $\overline{n_kn_k}$ 的输运方程. 其封闭形式见下文.

气体和颗粒的湍流动能方程分别是

$$\frac{\partial}{\partial t}(\rho k) + \frac{\partial}{\partial x_m}(\rho V_m k)$$

$$= -\frac{\partial}{\partial x_m}\left(\rho\overline{v_m v_i^2}/2 + \overline{p'v_m} - \mu\frac{\partial k}{\partial x_m}\right) - \rho\overline{v_m v_i}\frac{\partial V_i}{\partial x_m} + \beta\rho g_i\overline{v_i T'}$$

$$- \mu\overline{\left(\frac{\partial v_i}{\partial x_m}\right)^2} + \sum_k\frac{N_k m_k}{\tau_{rk}}(\overline{v_{ki}v_i} - 2k) + kS$$

$$\frac{\partial}{\partial t}(N_k k_k) + \frac{\partial}{\partial x_m}(N_k V_{km} k_k)$$

$$= -\frac{\partial}{\partial x_m}(N_k\overline{v_{km}v_{ki}^2}/2) - \left(N_k\overline{v_{km}v_{ki}}\frac{\partial V_{ki}}{\partial x_m}\right)$$

$$+ \left(\frac{1}{\tau_{rk}} + \frac{\dot{m}_k}{m_k}\right)\left[N_k(\overline{v_{ki}v_i} - 2k_k) + (V_i - V_{ki})\overline{n_kv_{ki}}\right] \tag{10.3.3}$$

封闭后的湍流气粒两相流动的气体雷诺应力方程是

$$\frac{\partial}{\partial t}(\rho\overline{v_i v_j}) + \frac{\partial}{\partial x_k}(\rho V_k\overline{v_i v_j}) = D_{ij} + P_{ij} + G_{p,ij} + \Pi_{ij} - \varepsilon_{ij} \tag{10.3.4}$$

其中, D_{ij}、P_{ij}、Π_{ij}、ε_{ij} 分别是

$$D_{ij} = \frac{\partial}{\partial x_k}\left(c_s\frac{k}{\varepsilon}\overline{v_k v_l}\frac{\partial\overline{v_i v_j}}{\partial x_k}\right), \quad P_{ij} = -\rho\left(\overline{v_i v_k}\frac{\partial V_j}{\partial x_k} + \overline{v_j v_k}\frac{\partial V_i}{\partial x_k}\right)$$

$$\Pi_{ij} = \Pi_{ij,1} + \Pi_{ij,2}, \quad \Pi_{ij,1} = -c_1 \frac{\varepsilon}{k} \rho \left(\overline{v_i v_j} - \frac{2}{3} \delta_{ij} k \right)$$

$$\Pi_{ij,2} = -c_2 \left(P_{ij} - \frac{2}{3} \delta_{ij} G \right), \quad \varepsilon_{ij} = \frac{2}{3} \delta_{ij} \varepsilon$$

$$G = -\rho \overline{v_i v_k} \frac{\partial V_i}{\partial x_k}$$

颗粒对气体雷诺应力影响的源项是

$$G_{p,ij} = \sum_p \frac{\rho_p}{\tau_{rp}} \left(\overline{v_{pi} v_j} + \overline{v_{pj} v_i} - 2\overline{v_i v_j} \right)$$

气体湍流动能耗散率方程是

$$\frac{\partial}{\partial t}(\rho \varepsilon) + \frac{\partial}{\partial x_k}(\rho V_k \varepsilon) = \frac{\partial}{\partial x}\left(c_\varepsilon \frac{k}{\varepsilon} \overline{v_k v_l} \frac{\partial \varepsilon}{\partial x_l} \right) + \frac{\varepsilon}{k}[c_{\varepsilon 1}(G + G_p) - c_{\varepsilon 2} \rho \varepsilon] \quad (10.3.5)$$

其中,

$$G_p = \sum_p \frac{\rho_p}{\tau_{rp}} \left(\overline{v_{pi} v_i} - \overline{v_i v_i} \right)$$

封闭后的颗粒雷诺应力方程是

$$\frac{\partial}{\partial t}\left(N_p \overline{v_{pi} v_{pj}} \right) + \frac{\partial}{\partial x_k}\left(N_p V_{pk} \overline{v_{pi} v_{pj}} \right) = D_{p,ji} + P_{p,ij} + \varepsilon_{p,ij} \quad (10.3.6)$$

其中,

$$D_{p,ij} = \frac{\partial}{\partial x_k} \left[N_p c_p^s \frac{k_p}{\varepsilon_p} \overline{v_{pk} v_{pl}} \frac{\partial}{\partial x_l} (\overline{v_{pi} v_{pj}}) \right]$$

$$P_{p,ij} = -\left(V_{pk} \overline{n_p v_{pj}} + N_p \overline{v_{pk} v_{pj}} \right) \frac{\partial V_{pi}}{\partial x_k} - \left(V_{pk} \overline{n_p v_{pi}} + N_p \overline{v_{pk} v_{pi}} \right) \frac{\partial V_{pj}}{\partial x_k}$$

$$+ \overline{n_p v_{pj}} g_i + \overline{n_p v_{pi}} g_j$$

$$\varepsilon_{p,ij} = \frac{1}{\tau_{rp}} \left[n_p \left(\overline{v_{pi} v_j} + \overline{v_{pj} v_i} - 2\overline{v_{pi} v_{pj}} \right) + (V_i - V_{pi}) \overline{n_p v_{pj}} + (V_j - V_{pj}) \overline{n_p v_{pi}} \right]$$

封闭后的 $\overline{n_p v_{pi}}$, $\overline{n_p n_p}$, $\overline{v_{pi} v_j}$ 输运方程如下, $\overline{n_p v_{pj}}$ 和 $\overline{v_{pj} v_i}$ 的方程与此类似.

$$\frac{\partial}{\partial t}\left(n_p \overline{n_p v_{pi}} \right) + \frac{\partial}{\partial x_k}\left(n_p V_{pk} \overline{n_p v_{pi}} \right) = D_{nv_i} + P_{nv_i} + \varepsilon_{nv_i} \quad (10.3.7)$$

式中,

$$D_{nv_i} = \frac{\partial}{\partial x_k} \left[n_p c_n^v \frac{k_p}{\varepsilon_p} \overline{v_{pk} v_{pl}} \frac{\partial}{\partial x_l} \left(\overline{n_p v_{pi}} \right) \right]$$

$$P_{nv_i} = -\left(n_p\overline{v_{pk}v_{pi}} + V_{pk}\overline{n_pv_{pi}} + 2V_{pi}\overline{n_pv_{pk}}\right)\frac{\partial n_p}{\partial x_k}$$

$$-\left(n_p\overline{n_pv_{pk}} + V_{pk}\overline{n_pn_p}\right)\frac{\partial V_{pi}}{\partial x_k} - 2\left(n_p\overline{n_pv_{pi}} + V_{pi}\overline{n_pn_p}\right)\frac{\partial V_{pk}}{\partial x_k}$$

$$\varepsilon_{nv_i} = \frac{1}{\tau_{rp}}\left[(V_i - V_{pi})\overline{n_pn_p} + n_p\overline{n_pv_{pi}}\right]$$

$$\frac{\partial}{\partial t}\left(n_p\overline{n_pn_p}\right) + \frac{\partial}{\partial x_k}\left(n_pV_{pk}\overline{n_pn_p}\right) = D_{nn} - 2n_p\overline{n_pn_p}\frac{\partial V_{pk}}{\partial x_k} = -2n_p\overline{n_pv_{pk}}\frac{\partial n_p}{\partial x_k} \quad (10.3.8)$$

其中,

$$D_{nn} = \frac{\partial}{\partial x_k}\left[n_pc_n^n\frac{k_p}{\varepsilon_p}\overline{v_{pk}v_{pl}}\frac{\partial}{\partial x_l}\left(\overline{n_pn_p}\right)\right]$$

$$\frac{\partial}{\partial t}\left(\overline{v_{pi}v_j}\right) + (V_{pk} + V_k)\frac{\partial}{\partial x_k}\left(\overline{v_{pi}v_j}\right)$$
$$= \frac{\partial}{\partial x_k}\left[(\nu_e + \nu_p)\frac{\partial}{\partial x_k}\left(\overline{v_{pi}v_j}\right)\right]$$
$$+ \frac{1}{\rho\tau_{rp}}\left[\rho_p\overline{v_{pi}v_{pj}} + \rho\overline{v_iv_j} - (\rho_p + \rho)\overline{v_{pi}v_j}\right]$$
$$- \left(\overline{v_{pk}v_j}\frac{\partial V_{pi}}{\partial x_k} + \overline{v_{pi}v_k}\frac{\partial V_j}{\partial x_k}\right) - \frac{\varepsilon}{k}\overline{v_{pi}v_j}\delta_{ij} \quad (10.3.9)$$

颗粒湍流动能方程是

$$\frac{\partial}{\partial t}(n_pk_p) + \frac{\partial}{\partial x_k}(n_pV_{pk}k_p) = \frac{\partial}{\partial x_k}\left(n_pc_p^s\frac{k_p}{\varepsilon_p}\overline{v_{pk}v_{pl}}\frac{\partial k_p}{\partial x_l}\right) + P_p - n_p\varepsilon_p \quad (10.3.10)$$

其中,

$$P_p = -\left(n_p\overline{v_{pk}v_{pi}} + V_{pk}\overline{n_pv_{pi}}\right)\frac{\partial V_{pi}}{\partial x_k}$$

$$\varepsilon_p = -\frac{1}{\tau_{rp}}\left[\overline{v_{pi}v_i} - \overline{v_{pi}v_{pi}} + \frac{1}{n_p}(V_i - V_{pi})\overline{n_pv_{pi}}\right]$$

方程 (10.3.4)∼(10.3.10) 构成了两相雷诺应力或 USM 模型.

类似于单相湍流的代数应力模型，两相速度关联方程也可以简化为代数表达式

$$\overline{v_{pi}v_j} = -\frac{\rho\tau_{rp}}{\rho + \rho_p}\left(\overline{v_{pi}v_k}\frac{\partial V_j}{\partial x_k} + \overline{v_jv_{pk}}\frac{\partial V_{pi}}{\partial x_k}\right) + \frac{\rho}{\rho + \rho_p}\overline{v_iv_j}$$
$$+ \frac{\rho_p}{\rho + \rho_p}\overline{v_{pi}v_{pj}} - \frac{\rho\tau_{rp}}{\rho + \rho_p}\frac{1}{\tau_e}\overline{v_{pi}v_i}\delta_{ij} \quad (10.3.11)$$

两相雷诺应力方程也可以简化为代数表达式

$$\overline{v_i v_j} = (1-\lambda)\frac{2}{3}k\delta_{ij} + \lambda\frac{k}{\varepsilon}\left(\overline{v_i v_k}\frac{\partial V_j}{\partial x_k} + \overline{v_j v_k}\frac{\partial V_i}{\partial x_k}\right) + \frac{k}{c_1 \rho \varepsilon}\left(\overline{v_{pi} v_j} + \overline{v_i v_{pj}} - 2\overline{v_i v_j}\right) \tag{10.3.12}$$

$$\overline{v_{pi} v_{pj}} = -\frac{\tau_{rp}}{2}\left(\overline{v_{pi} v_{pk}}\frac{\partial V_{pj}}{\partial x_k} + \overline{v_{pj} v_{pk}}\frac{\partial V_{pi}}{\partial x_k}\right) + \frac{1}{2}\left(\overline{v_i v_{pj}} + \overline{v_{pi} v_j}\right) \tag{10.3.13}$$

方程 (10.3.11)~(10.3.13), 连同 k, k_p, ε 和 k_{pg} 方程 (取方程 (10.3.9) 的 $i=j$, 可以得到 k_{pg} 方程) 构成两相雷诺应力的代数模型.

10.4 k-ε-k_p 和 k-ε-Ap 两相湍流模型

上述两相湍流统一二阶矩 (USM) 模型适用于任何类型的湍流两相流动, 特别是有明显各向异性的湍流两相流动. 在接近各向同性, 如弱旋流动的情况下, 可以不必使用复杂的 USM 模型. 这时可以对两相雷诺应力都引入 Boussinesq 表达式和标量黏性系数概念, 也就是 USM 模型退化为 k-ε-k_p 模型, 或者两相湍流动能方程模型. 其封闭后的表达式和方程是

$$\overline{v_i v_j} = \frac{2}{3}k\delta_{ij} - \nu_T\left(\frac{\partial V_i}{\partial x_j} + \frac{\partial V_j}{\partial x_i}\right) \tag{10.4.1}$$

$$\overline{v_{pi} v_{pj}} = \frac{2}{3}k_p\delta_{ij} - \nu_p\left(\frac{\partial V_{pi}}{\partial x_j} + \frac{\partial V_{pj}}{\partial x_i}\right) \tag{10.4.2}$$

$$\overline{n_p v_{pi}} = -\frac{\nu_p}{\sigma_p}\frac{\partial n_p}{\partial x_i} \tag{10.4.3}$$

$$\overline{n_p v_{pj}} = -\frac{\nu_p}{\sigma_p}\frac{\partial n_p}{\partial x_j} \tag{10.4.4}$$

$$\frac{\partial}{\partial t}(\rho k) + \frac{\partial}{\partial x_j}(\rho V_j k) = \frac{\partial}{\partial x_j}\left(\frac{\mu_e}{\sigma_k}\frac{\partial k}{\partial x_j}\right) + G + G_p - \rho\varepsilon \tag{10.4.5}$$

$$\frac{\partial}{\partial t}(\rho\varepsilon) + \frac{\partial}{\partial x_j}(\rho V_j \varepsilon) = \frac{\partial}{\partial x_j}\left(\frac{\mu_e}{\sigma_\varepsilon}\frac{\partial \varepsilon}{\partial x_j}\right) + \frac{\varepsilon}{k}[c_{\varepsilon 1}(G + G_p) - c_{\varepsilon 2}\rho\varepsilon] \tag{10.4.6}$$

$$\frac{\partial}{\partial t}(n_p k_p) + \frac{\partial}{\partial x_j}(n_p V_{pj} k_p) = \frac{\partial}{\partial x_j}\left(\frac{n_p \nu_p}{\sigma_p}\frac{\partial k_p}{\partial x_j}\right) + P_p + P_g - n_p \varepsilon_p \tag{10.4.7}$$

其中,

$$G = \mu_t\left(\frac{\partial V_i}{\partial x_j} + \frac{\partial V_j}{\partial x_i}\right)\frac{\partial V_i}{\partial x_j}, \quad G_p = \sum_p \frac{2m_p n_p}{\tau_{rp}}\left(c_p^k\sqrt{kk_p} - k\right)$$

$$P_p = n_p \nu_p \left(\frac{\partial V_{pi}}{\partial x_j} + \frac{\partial V_{pj}}{\partial x_i} \right) \frac{\partial V_{pi}}{\partial x_j}$$

$$P_g = \frac{2m_p n_p}{\tau_{rp}} \left(c_p^k \sqrt{kk_p} - k_p \right), \quad \varepsilon_p = -\frac{1}{\tau_{rp}} \left[2\left(c_p^k \sqrt{k_p k} - k_p \right) + \frac{1}{n_p} \overline{n_p v_{pi}} (V_i - V_{pi}) \right]$$

$$\mu_e = \mu + \mu_T, \quad \nu_T = c_\mu \frac{k^2}{\varepsilon}, \quad \mu_T = \rho \nu_T, \quad \nu_p = c_{\mu p} \frac{k_p^2}{|\varepsilon_p|}$$

式 (10.4.1)~(10.4.7) 称为 k-ε-k_p 两相湍流模型. USM 和 k-ε-k_p 模型都可以较好地揭示两相湍流的对流、扩散、产生与耗散以及两相间湍流相互作用. 文献中普遍应用的是前文叙述的, 最简单的基于 "颗粒追随流体而脉动" 理论的 Hinze-Tchen 颗粒湍流代数模型, 即 Ap 模型. USM 模型, k-ε-k_p 模型和 k-ε-Ap 模型是三个层次的两相湍流模型.

10.5 USM, k-ε-k_p 和 k-ε-Ap 两相湍流模型的应用和检验

本书作者及其学生们 [15] 系统地应用 USM 模型, k-ε-k_p 模型和 k-ε-Ap 模型这三个层次的两相湍流模型预报了气粒两相射流、突扩两相流动、弱旋和强旋气粒两相流动. 图 10.5.1 给出了用 k-ε-k_p 模型和 k-ε-Ap 模型预报的闭式气粒两相射流中的颗粒质量流分布的结果, 及其和实验结果的对照. 由该图可见, 显然 k-ε-k_p 模型的预报结果和实验符合较好, 正确地显示出大颗粒比小颗粒扩散快的现象, 而 k-ε-Ap 模型预报结果与此相反, 是不合理的. 图 10.5.2 是 Sacre 等 [21] 用 k-ε-k_p 和 k-ε-Ap 模型预报的风沙流动中的颗粒数密度. 显然, k-ε-k_p 模型比 k-ε-Ap 模型的预报结果好得多.

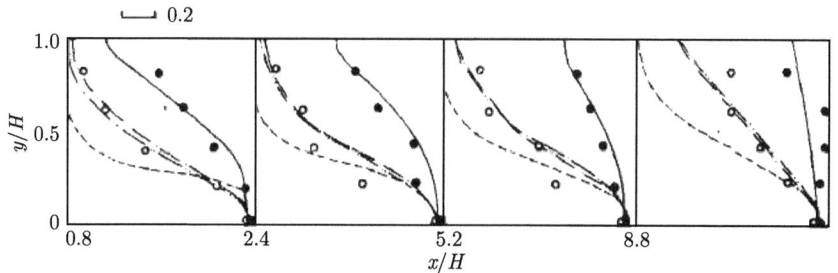

实验: • 165μm, ○ 26μm; 预报: — k-ε-k_p 165μm, ······ k-ε-Ap 165μm, —·— k-ε-k_p 26μm, —·· k-ε-Ap 26μm

图 10.5.1 闭式气粒两相射流中的颗粒质量流

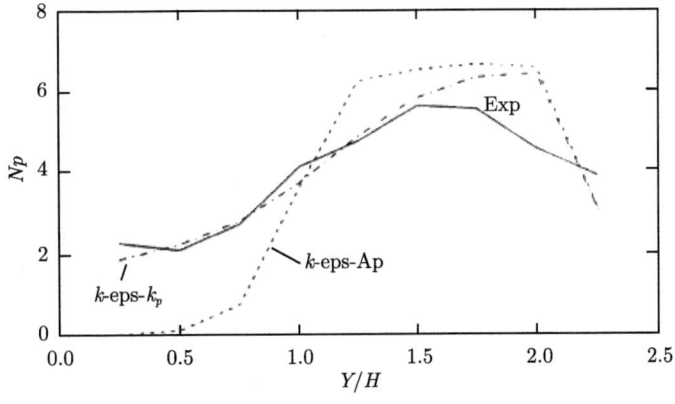

图 10.5.2 风沙流动中的颗粒数密度[21]

图 10.5.3~ 图 10.5.6 显示了作者所在的研究组[22] 用 USM (图中 SOM) 和代数二阶矩 (图中 SS) 模型模拟的平面二维气泡柱 (bubble column) 内气泡-液体两相流动的结果, 图中给出了气泡和液体的竖直方向及水平方向的雷诺正应力法向分量沿径向相对坐标 y/D 的分布及其与 PIV 测量结果的对照. 预报结果和实验结果符合得相当好. 可以看到, 气泡湍流比液体湍流强, 这意味着, 气泡诱导或增强液体湍流. 总体看来, 两相湍流在竖直方向比水平方向强, 也就是两相湍流都是各向异性的.

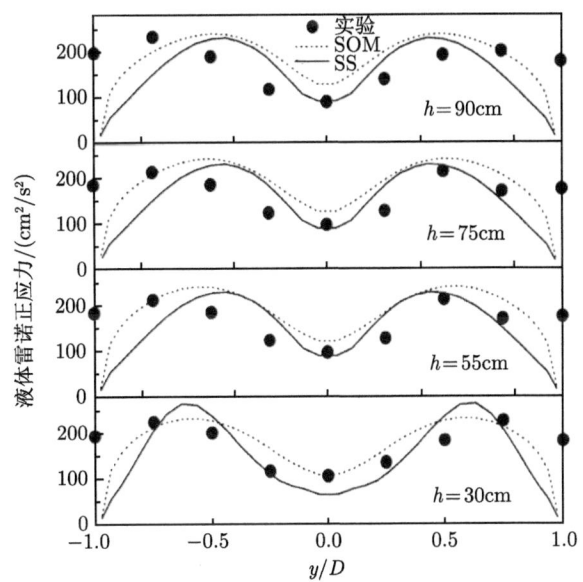

图 10.5.3 液体雷诺正应力竖直分量

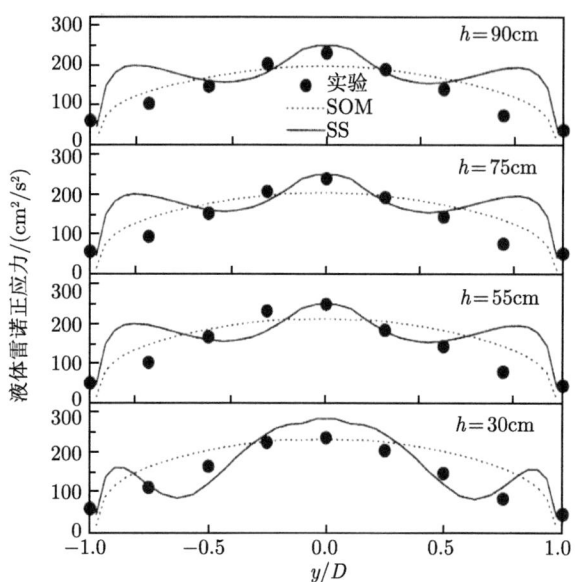

图 10.5.4 液体雷诺正应力水平分量

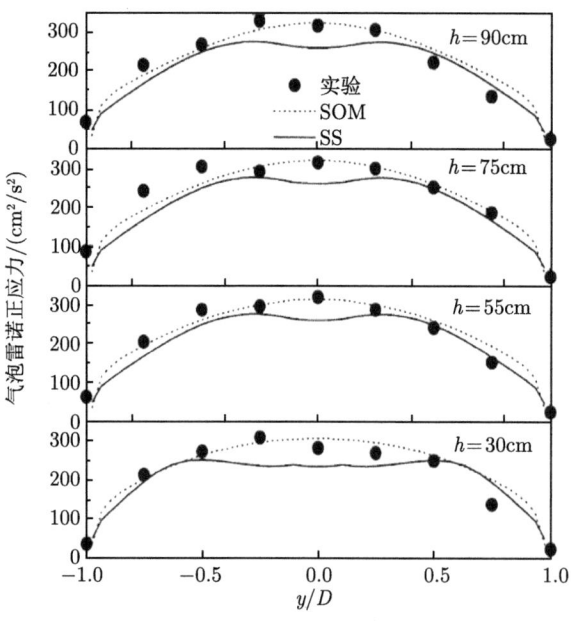

图 10.5.5 气泡雷诺正应力竖直分量

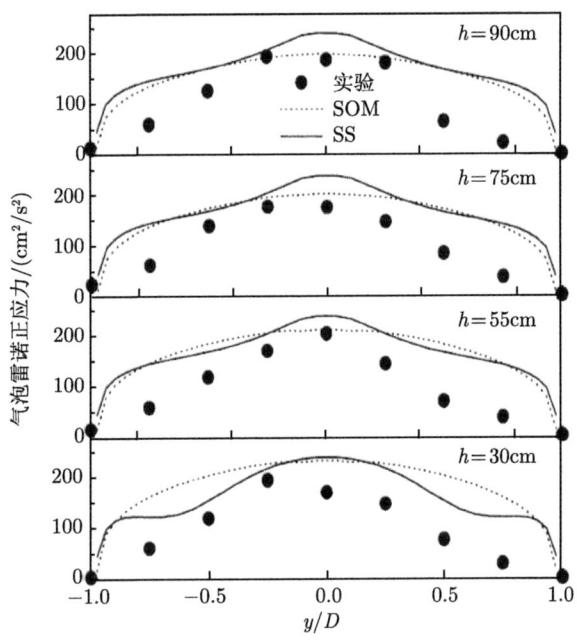

图 10.5.6 气泡雷诺正应力水平分量

1994 年欧共体流动、湍流和燃烧研究会 (ERCOFTAC) 及国际水力学研究会 (IAHR) 在德国召开的第七届国际两相流计算讨论会[23] 上公布了各国研究者用不同的模型模拟同一组液固突扩流动标准实验结果的比较, 预先不通知数值模拟单位的实验数据, 模拟结果和标准实验数据的对照是由会议组织者进行的. 图 10.5.7~图 10.5.9 是不同研究者和本书作者用各自的模型模拟的液体轴向速度、颗粒轴向速度和流体湍流动能与标准实验结果的对照. 不难看到, k-ε-k_p 模型的模拟结果和实验结果符合程度比其他各个模型的模拟结果都要好.

本书作者的研究组[24] 用 k-ε-k_p 模型对 Sommerfeld 等[23] 用相位多普勒测速仪 (PDPA) 测量的旋流数为 0.47 的旋流两相流动进行了模拟. 旋流突扩室的几何形状及尺寸如图 10.5.10 所示. 预报所得的气体轴向速度场、颗粒轴向速度场、气体切向速度场、颗粒切向速度场和颗粒质量流分布及其和实验数据的对照如图 10.5.11~图 10.5.15 所示. 可以看到, k-ε-k_p 模型预报结果和实验符合得相当好, 优于其他模型的预报结果. 预报显示出两相轴向速度的 W 形分布和环形回流区, 两相切向速度的似固核加位涡结构. 颗粒质量流分布的预报结果也和测量结果符合较好. 但是在两个截面上预报值低于测量值, 测量结果突然出现两个很大的峰值是不合理的, 而预报的发展趋势倒是合理的. 所以 k-ε-k_p 模型用于预报弱旋两相流动, 能满足工程要求.

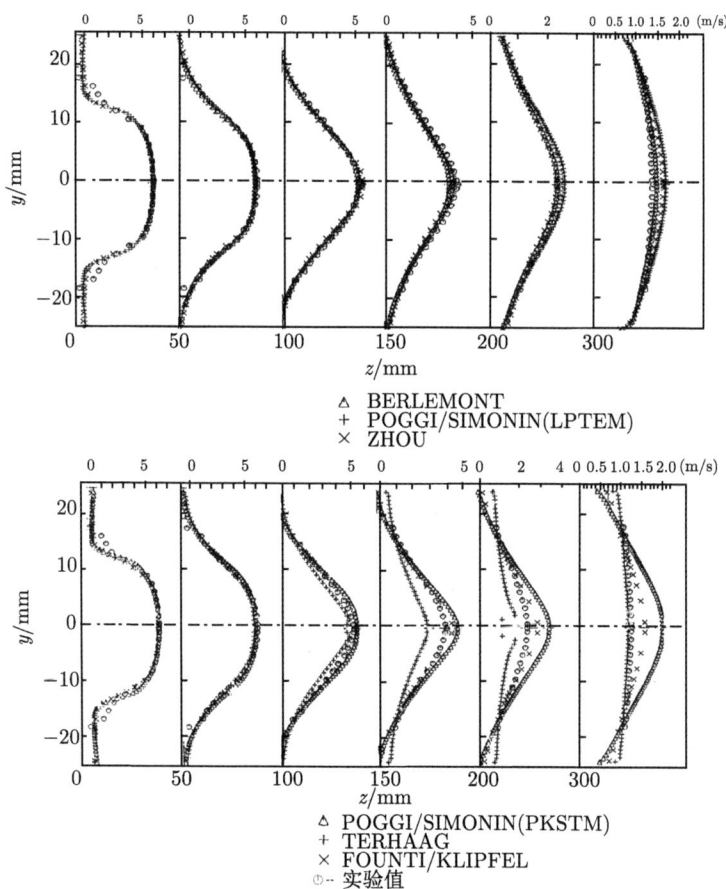

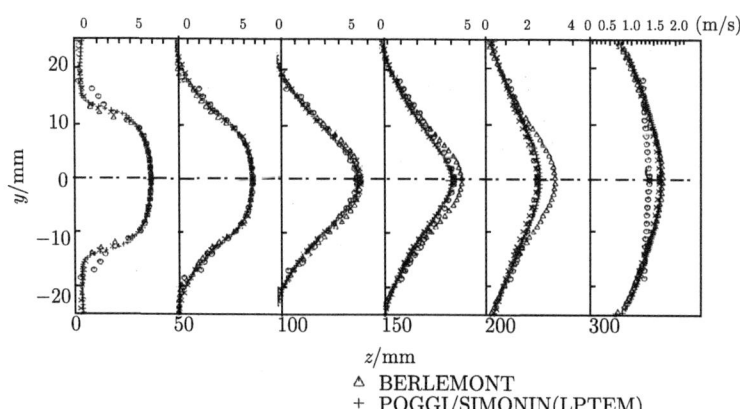

图 10.5.7 液体轴向速度

10.5 USM, k-ε-k_p 和 k-ε-Ap 两相湍流模型的应用和检验

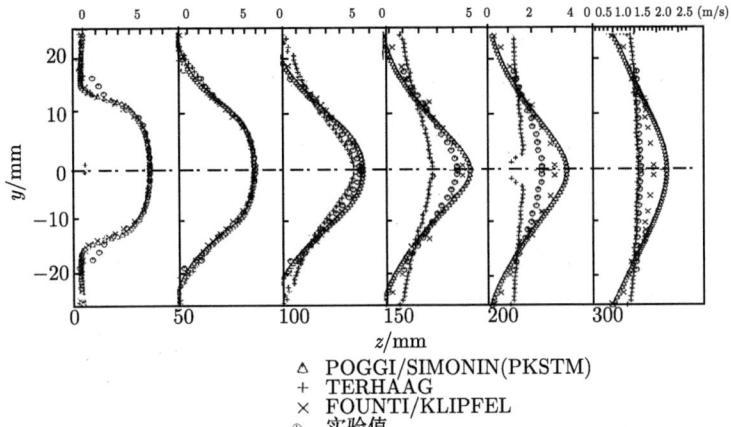

图 10.5.8 颗粒轴向速度

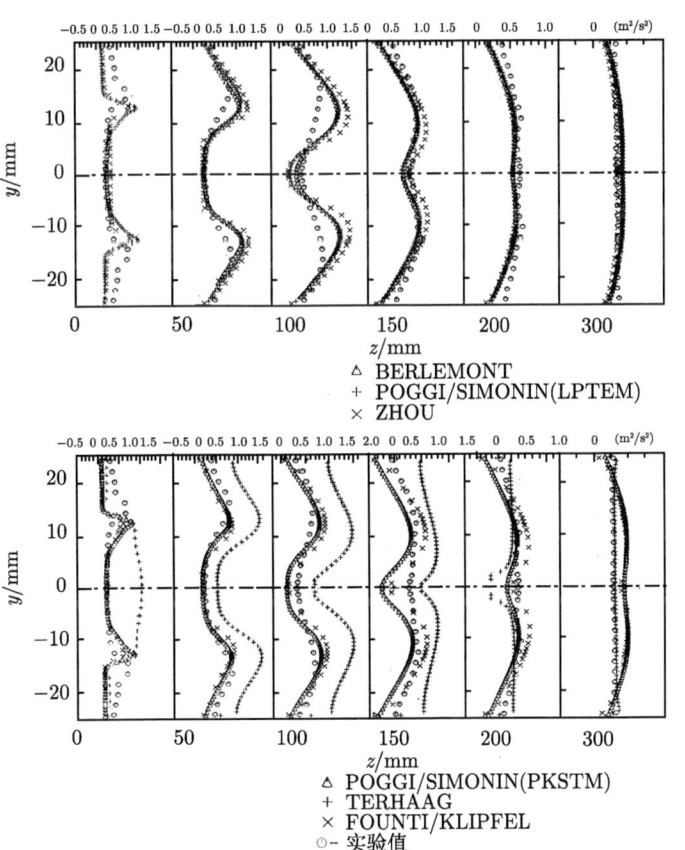

图 10.5.9 流体湍流动能

上面叙述的是 k-ε-k_p 模型的模拟结果. 本文作者所在的研究组[25] 进一步用 USM 模型分别对旋流数为 0.47 的突扩弱旋两相流动 (工况 1) 和旋流数为 1.5 的轴向-切向进风的强旋两相流动 (工况 2) 进行了模拟, 两者的几何形状和尺寸见图 10.5.16.

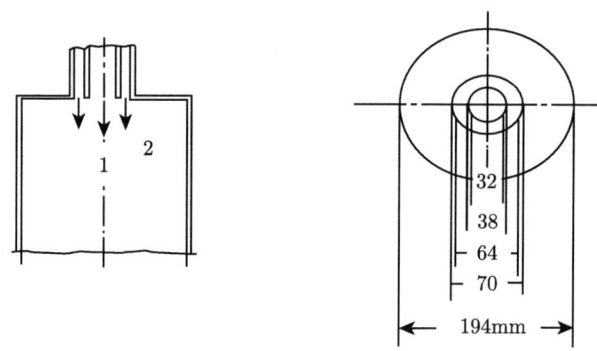

图 10.5.10 旋流突扩室

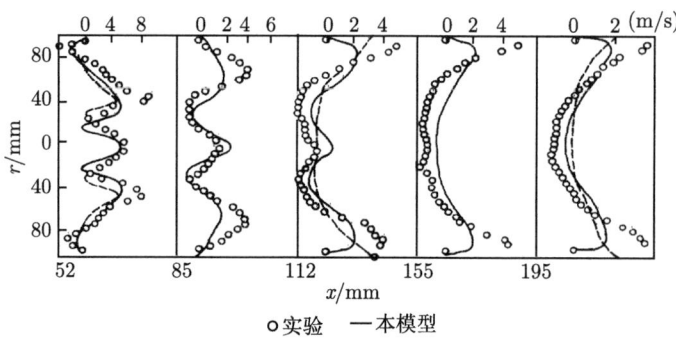

图 10.5.11 气体轴向速度

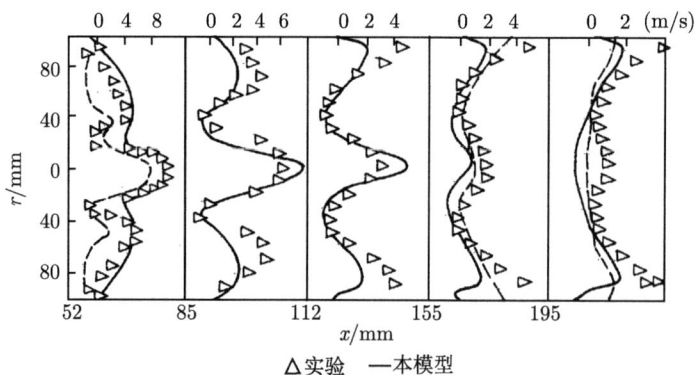

图 10.5.12 颗粒轴向速度

10.5 USM, k-ε-k_p 和 k-ε-Ap 两相湍流模型的应用和检验

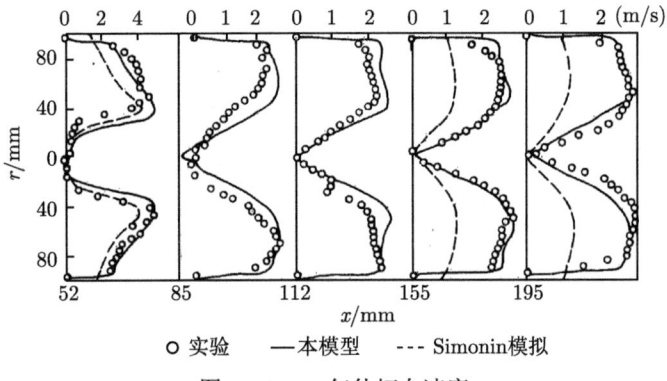

○ 实验　　——本模型　　- - - Simonin模拟

图 10.5.13　气体切向速度

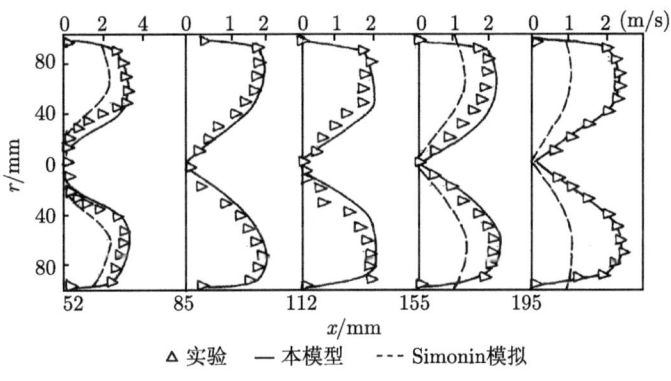

△ 实验　　——本模型　　- - - Simonin模拟

图 10.5.14　颗粒切向速度

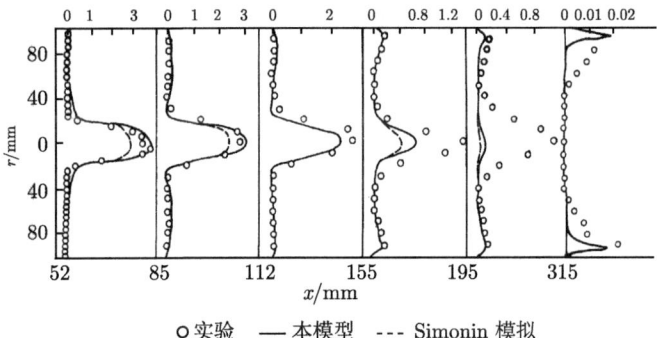

○ 实验　　——本模型　　- - - Simonin 模拟

图 10.5.15　颗粒质量流分布

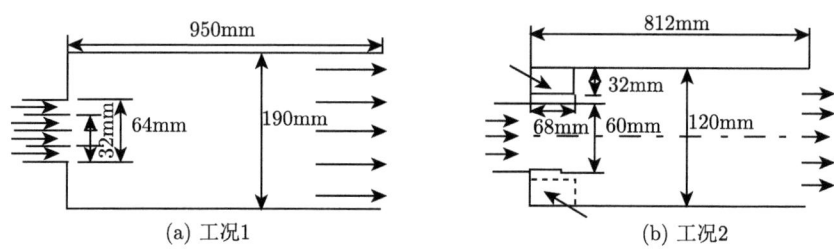

图 10.5.16　两种旋流室

对弱旋情况 ($s = 0.47$，工况 1) 而言，颗粒轴向速度 (图 10.5.17) 和颗粒切向速度 (图 10.5.18) 的 USM 和 $k\text{-}\varepsilon\text{-}k_p$ 模型预报值差别很小，并且都和实验结果符合较好. 两模型都正确地预报出轴向速度的环形回流区和切向速度的 Rankine 涡结构. 对强旋情况 ($s = 1.5$，工况 2) 而言，尽管两模型预报的颗粒轴向速度 (图 10.5.19) 也差别不大，都显示出轴向速度分布没有回流区，呈近轴线处高和近壁处低的趋势，然而 USM 模型能正确地预报出切向速度分布 (图 10.5.20) 的 Rankine 涡结构，而 $k\text{-}\varepsilon\text{-}k_p$ 模型只预报出似固核分布，和实验定性不符.

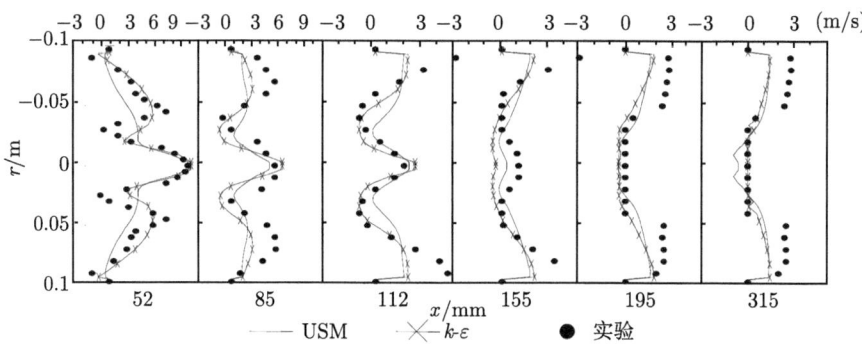

图 10.5.17　颗粒轴向速度 (工况 1)

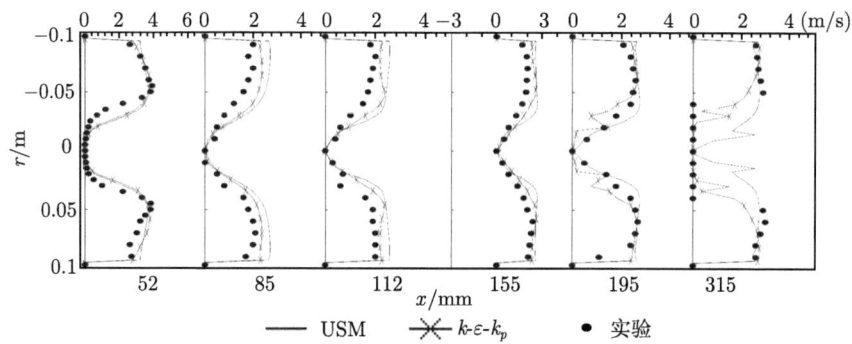

图 10.5.18　颗粒切向速度 (工况 1)

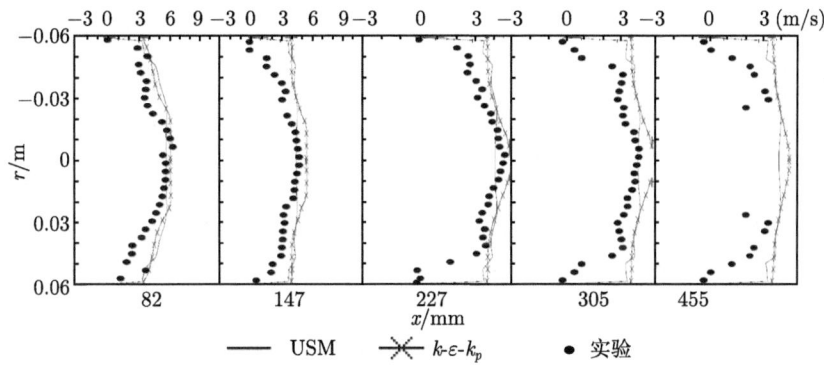

图 10.5.19 颗粒轴向速度 (工况 2)

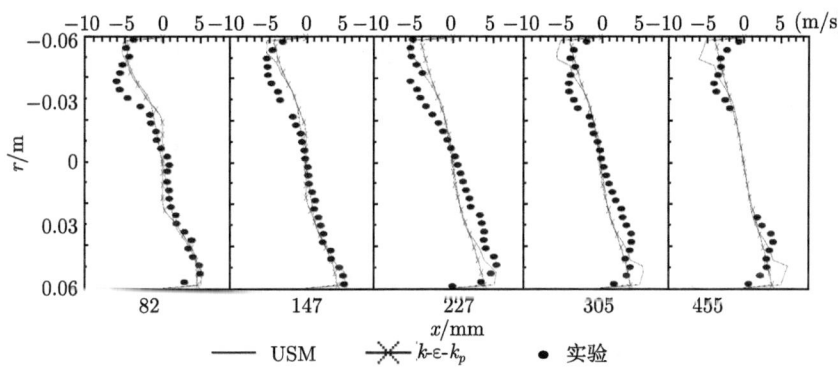

图 10.5.20 颗粒切向速度 (工况 2)

图 10.5.21 和图 10.5.22 分别给出了 USM 模型预报的与 PDPA 测量的工况 1 的颗粒轴向和切向脉动速度的对照. 图 10.5.23 和图 10.5.24 则分别给出了 USM 模型预报的与 PDPA 测量的工况 2 的颗粒轴向和切向脉动速度的对照. 可以看

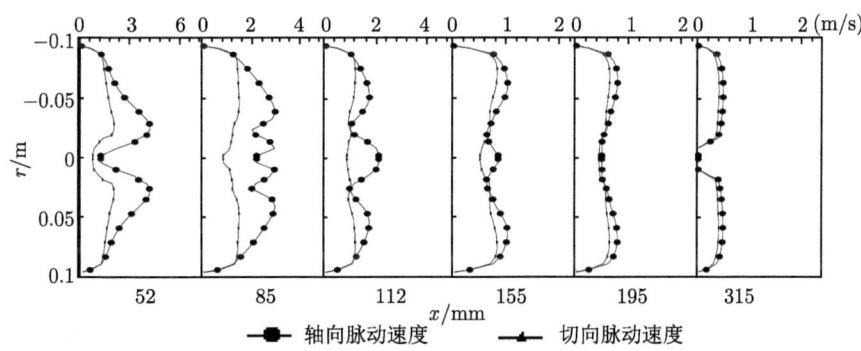

图 10.5.21 颗粒轴向和切向脉动速度 (USM, 工况 1)

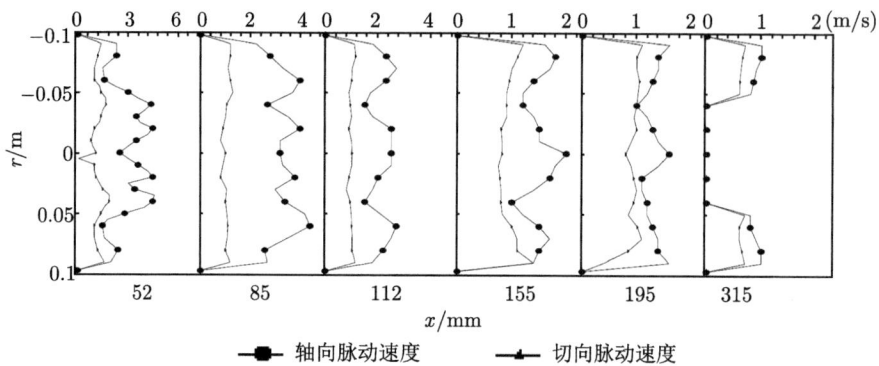

图 10.5.22 颗粒轴向和切向脉动速度 (实验, 工况 1)

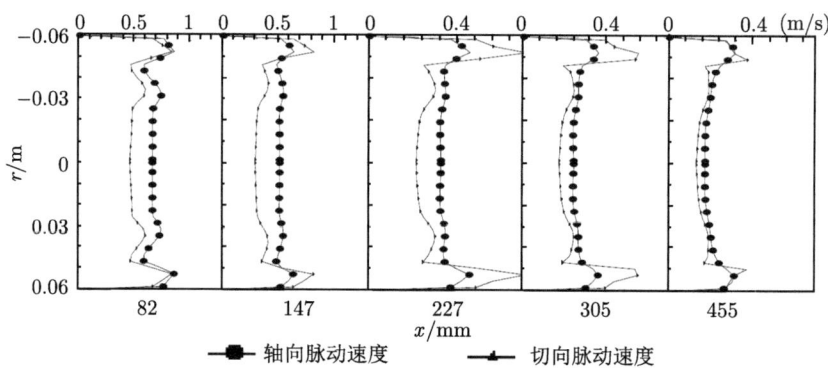

图 10.5.23 颗粒轴向和切向脉动速度 (USM, 工况 2)

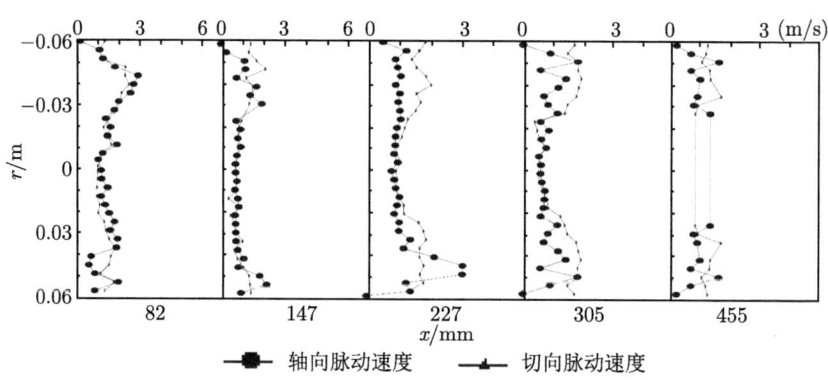

图 10.5.24 颗粒轴向和切向脉动速度 (实验, 工况 2)

到, 对这两种工况, USM 模型都能正确地预报出颗粒轴向脉动大于切向脉动的各向异性现象, 和实验定性相符, 而 k-ε-k_p 模型则无法预报出这一趋势. 但是 USM 模型所预报的这两种工况的颗粒轴向和切向脉动速度都小于实验值.

上述的模拟结果表明，对弱旋两相流动，k-ε-k_p 模型已经可以满足工程应用的要求，没有必要用更复杂的 USM 模型. 对于旋风分离器、水力旋流器、旋风炉等装置中的强旋两相流动，USM 模型是有潜力的，但是应当进一步改进其封闭，改善对雷诺应力的预报.

10.6 改进的二阶矩两相湍流模型

从前文的讨论和分析可以看出，无论是 k-ε-k_p 还是 USM 模型，所预报的旋流两相流动的两相湍流脉动都显著地小于实验值. 这有两方面的问题. 一方面是 LDV/PDPA 测量的问题. 在 LDV/PDPA 测量整理数据时，某一个尺寸组的颗粒的粒径不可能是单一的，总有一定范围，例如，所谓 100μm 颗粒的速度实际上可能包括 95~105μm 颗粒的速度. 因此测量所得到的颗粒速度脉动既包括湍流效应，又包括尺寸效应，亦即测量所得的脉动值比真正的湍流脉动值大. 在旋流流动情况下，由于颗粒浓度分布更不均匀，这种问题更为明显. 另一方面，当然是 USM 模型的封闭，包括 k-ε-k_p 模型的封闭还有待改进. 如果仔细分析两相雷诺应力方程，不难看到，对流项和产生项是精确的，扩散项的梯度模拟尽管还有待完善，但是它对结果的影响是第二位的. 流体应力方程的压力应变项的模拟在单相雷诺应力方程的封闭中已经讨论过. 流体应力方程耗散项的各向同性的模拟的影响也是次要的. 对两相湍流而言，十分重要的是两相脉动速度关联项的封闭模型，它涉及两相湍流相互作用的机理，对两相雷诺应力方程的重要性类似于压力应变项对单相雷诺应力方程的重要性. 前文已经提到，两相脉动速度关联项的封闭有输运方程、代数式和更简单的量纲分析表达式三个层次的模型. 前面叙述的模拟结果是基于代数式的封闭，而且是进一步忽略产生和耗散而得到的. 如果用输运方程封闭，应当更为合理，但是对实际工程问题而言，会增大很多工作量. 因此考虑寻求其他的封闭方法，这就是基于拉氏分析的封闭方法. Zaichik[26] 曾经由拉氏 PDF 方程出发，针对各向同性均匀湍流，假设 PDF 为高斯分布，得到一个两相脉动速度关联的简单表达式

$$\overline{v_i v_{pj}} = \alpha \overline{v_i v_j} - \beta \overline{v_i v_j} \frac{\partial V_j}{\partial x_j} \tag{10.6.1}$$

其中，$\alpha = T_L/(\tau_p + T_L), \beta = T_L$，$\tau_p$ 是颗粒弛豫时间，T_L 是单相湍流的拉氏时间尺度. 本书作者及其学生 [27] 对此式作了改进，用颗粒观察的气体湍流尺度来代替单相湍流时间尺度，其中基于 Wang 和 Stock[28] 以及 Huang 和 Stock[29] 所做的拉氏分析，考虑了轨道交叉效应、惯性效应、连续效应和各向异性. 其结果给出

$$\alpha_{ii} = T_L/(\tau_p + T_L), \quad \beta_{ii} = \alpha_{ii} T_L \tag{10.6.2}$$

式中，

$$T_L = \min\left(\tau_{eii}, \frac{l_{eii}}{|V_{rel}|}\right), \quad \tau_{eii} = 2T_{mEii}\left(1 - \frac{1 - T_{Lii}/T_{mEii}}{(1+St_{ii})^{0.4(1+0.01St_{ii})}}\right)$$

$$T_L/T_{mE} = 0.356, \quad St = \frac{\tau_p}{T_{mE}}, \quad T_{Lii} = 0.235\frac{\overline{v_i v_i}}{\varepsilon}$$

$$l_{eii} = \frac{L_{fii}}{2}\left(1 + \cos^2\theta\right), \quad L_{fii} = 2.5T_{Lii}\sqrt{\overline{v^2}}, \quad \overline{v^2} = \frac{1}{3}\left(\overline{v_1^2} + \overline{v_2^2} + \overline{v_3^2}\right)$$

图 10.6.1～图 10.6.5 分别是用本模型、Zaichik 模型预报的无旋突扩两相流动的气体轴向速度、颗粒轴向速度、气体轴向脉动速度、颗粒轴向脉动速度以及气体-颗粒两相脉动速度关联轴向分量和 PDPA 测量结果的比较. 其中 H 为突扩台阶高度. 可以看到, 本模型预报的两相轴向速度和气体轴向脉动速度与实验结果符合得很好. 本模型预报的颗粒轴向脉动速度和气体-颗粒两相脉动速度关联轴向分量虽然和实验结果还有一定差距, 但是比 Zaichik 模型有明显的改进.

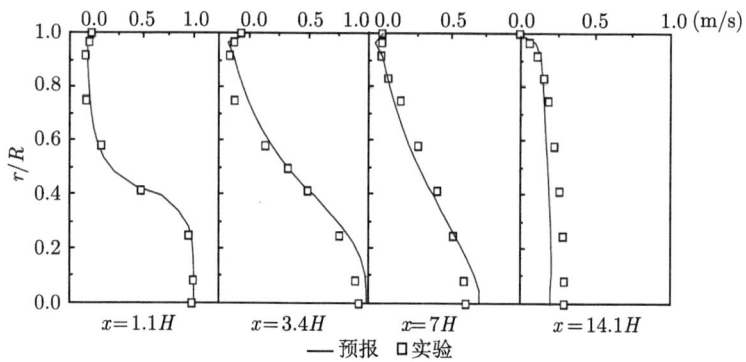

图 10.6.1　气体轴向速度

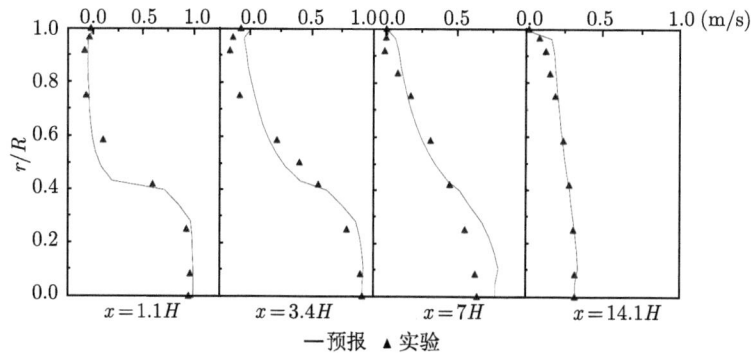

图 10.6.2　50μm 颗粒轴向速度

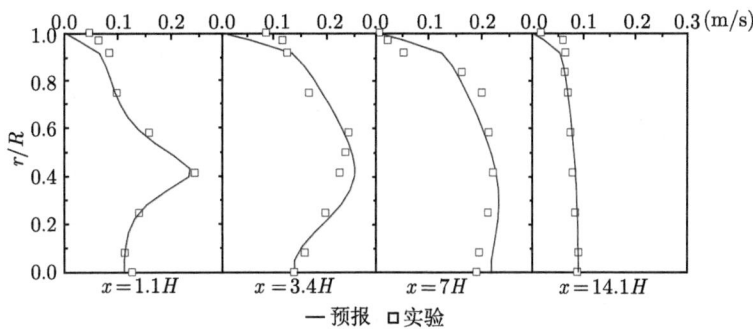

图 10.6.3　气体轴向脉动速度

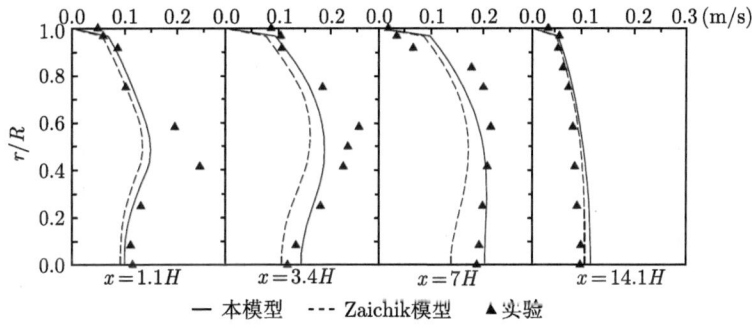

图 10.6.4　50μm 颗粒轴向脉动速度

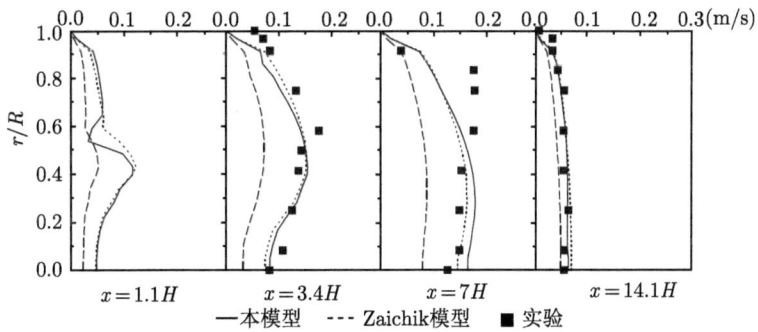

图 10.6.5　气体和 50μm 颗粒的两相脉动速度关联轴向分量

图 10.6.6～图 10.6.13 分别为用改进的和原来的 USM 模型对旋流数为 0.47 的旋流两相流动模拟所得的两相轴向和切向速度及脉动速度. 不难看出, 两相轴向速度和切向速度的预报结果与实验符合得很好或较好. 改进的模型对两相轴向和切向脉动速度的预报比原来模型的预报有所改进, 但是预报值仍然低于实验值.

图 10.6.6 气体轴向速度 ($s = 0.47$)

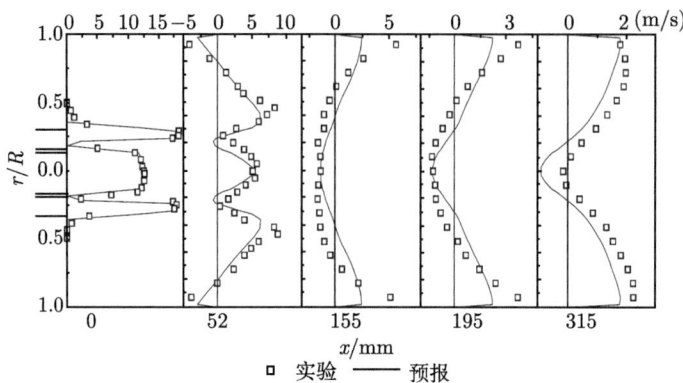

图 10.6.7 气体切向速度 ($s = 0.47$)

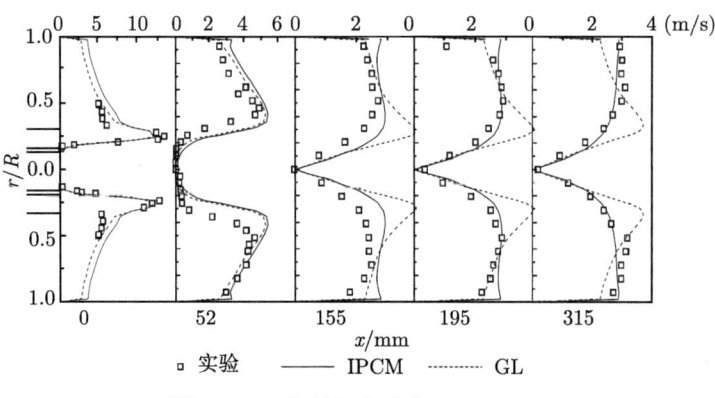

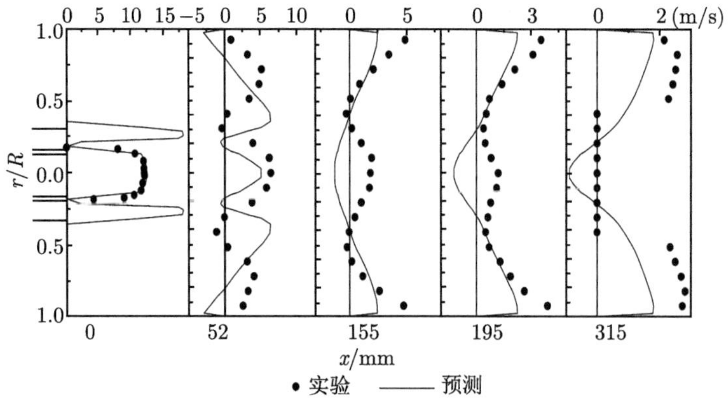

图 10.6.8 颗粒轴向速度 ($s = 0.47, 45\mu m$)

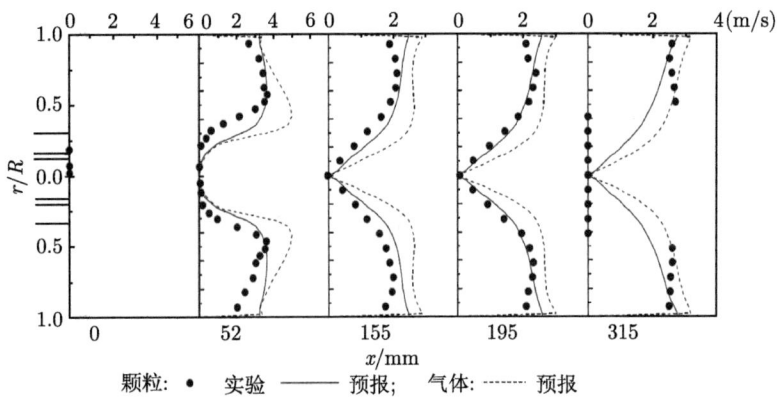

颗粒: • 实验 —— 预报; 气体: ---- 预报

图 10.6.9 颗粒切向速度 ($s = 0.47$, 45μm)

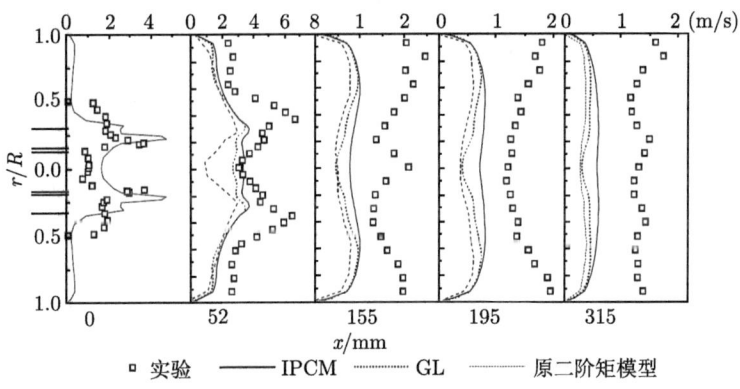

□ 实验 —— IPCM ······ GL ---- 原二阶矩模型

图 10.6.10 气体轴向脉动速度 ($s = 0.47$)

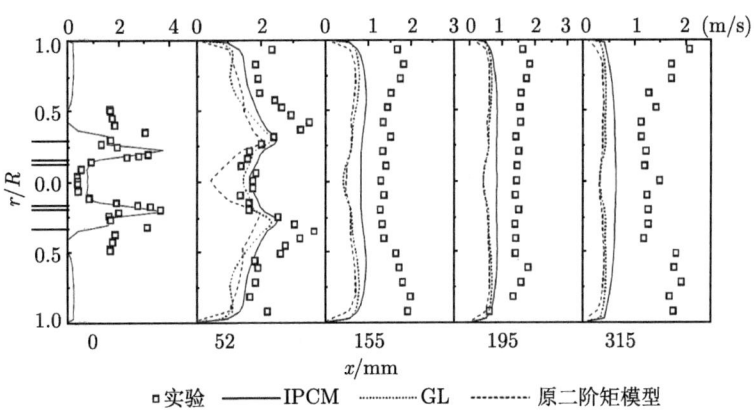

□ 实验 —— IPCM ······ GL ---- 原二阶矩模型

图 10.6.11 气体切向脉动速度 ($s = 0.47$)

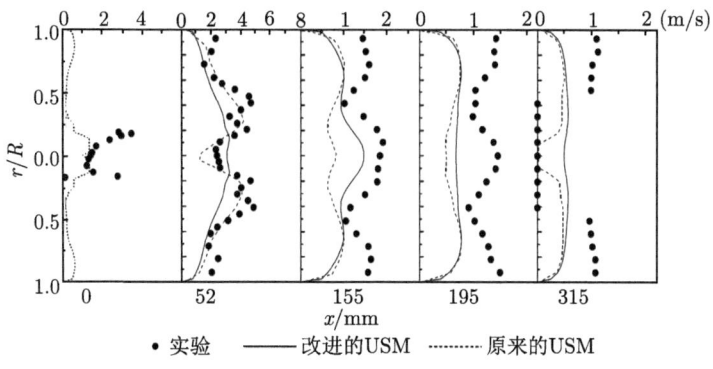

图 10.6.12　颗粒轴向脉动速度 ($s = 0.47, 45\mu m$)

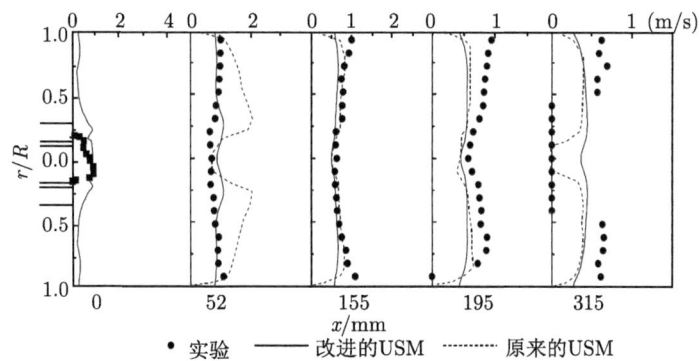

图 10.6.13　颗粒切向脉动速度 ($s = 0.47, 45\mu m$)

10.7　质量加权平均的二阶矩两相湍流模型

前文讨论的是时间平均 USM 模型, 其中引入了和颗粒数密度脉动有关的项及其输运方程, 即颗粒扩散质量流输运方程和颗粒数密度脉动均方值输运方程, 方程数目较多, 模型比较复杂. 另一方面, 实验中 LDV/PDPA 测量的流体 (用小颗粒示踪) 和颗粒速度, 接近于颗粒数加权平均的结果. 如果采用类似于可压缩流体中使用的 Favre 平均, 即质量加权平均或视密度加权平均来代替时间平均, 应当更为合理, 而且方程中不会出现和数密度脉动有关的项, 可以使方程数减少. 本书作者及同事和学生 [30] 对两相都引入体积分数, 采用视密度加权平均来代替时平均, 建立视密度加权平均的统一二阶矩模型 (MUSM) 方程, 使得两相的方程组在形式上更统一. 将单相可压缩湍流流动的 Favre 密度加权平均法推广于湍流两相流, 用视密度加权平均, 引入体积分数概念, 令 $\rho_p = \alpha_p \rho_{pm}$, $\rho_g = \alpha_p \rho_{gm}$, $\alpha_p + \alpha_g = 1$, 其中 ρ_p, ρ_g 分别为颗粒和气体的视密度, ρ_{pm}, ρ_{gm} 分别为两者的材

10.7 质量加权平均的二阶矩两相湍流模型

料密度. 若忽略颗粒所受的浮力、虚假质量力、Basset 力、Magnus 力、Saffman 力、热泳力和压力梯度力等, 仅考虑重力和阻力, 对气相和颗粒相均引入视密度加权平均, 其定义为 $\phi_k = \tilde{\phi}_k + \phi_k''$, $\tilde{\phi}_k = \overline{\alpha_k \rho_{km} \phi_k} / \overline{\alpha_k \rho_{km}}$, $k = p, g$ 而且有

$$\tilde{\phi}''_k = \overline{\alpha_k \rho_{km} \phi_k''} / \overline{\alpha_k \rho_{km}} = 0$$

对视密度本身可以取体积分数加权平均: $\rho_k = \tilde{\rho}_k + \rho_k''$, $\tilde{\rho}_k = \overline{\alpha_k \rho_{km}} / \bar{\alpha}_k$. 对体积分数、压力、剪应力取时间平均: $\alpha_k = \bar{\alpha}_k + \alpha_k'$; $p = \bar{p} + p'$; $\tau_{ji} = \bar{\tau}_{ji} + \tau_{ji}'$. 对无反应的等温湍流气粒两相流, 其中气体和颗粒材料密度为常数, 这时的视密度加权平均就相当于体积分数加权平均. 忽略颗粒质量源项的脉动, 从两相的瞬时方程组及时均方程组出发, 可以导出湍流两相流动气粒两相的雷诺应力方程, 采用与单相湍流流动模拟类似的封闭方法后, 所得视密度加权平均的气相和颗粒相的雷诺应力输运方程的通用形式为

$$\frac{\partial \bar{\alpha}_k \rho_{mk} \overline{u_{ki}'' u_{kj}''}}{\partial t} + \frac{\partial \bar{\alpha}_k \rho_{km} \tilde{u}_{kk} \overline{u_{ki}'' u_{kj}''}}{\partial x_k} = D_{k,ij} + P_{k,ij} + \Pi_{k,ij} - \varepsilon_{k,ij} + S_{k,ij} \quad (10.7.1)$$

式 (10.7.1) 中, 下角标 k 代表气相 g 或颗粒相 p, 也代表相约求和; 上标一横代表时间平均; 波纹或两横代表视密度加权平均; 上角标两撇代表视密度加权的脉动值. $D_{k,ij}$, $P_{k,ij}$, $\Pi_{k,ij}$, $\varepsilon_{k,ij}$, $S_{k,ij}$ 分别为两相雷诺应力方程的扩散项、剪力产生项、压力-应变项、耗散项及两相相互作用源项. 封闭后的这些项是

$$P_{k,ij} = -\bar{\alpha}_k \rho_{km} \left(\overline{u_{kk}'' u_{ki}''} \frac{\partial \tilde{u}_{kj}}{\partial x_k} + \overline{u_{kk}'' u_{kj}''} \frac{\partial \tilde{u}_{ki}}{\partial x_k} \right)$$

$$D_{k,ij} = \frac{\partial}{\partial x_k} \left(C_k \bar{\alpha}_k \rho_{km} \frac{k_k}{\varepsilon_k} \overline{u_{kk}'' u_{kl}''} \frac{\partial \overline{u_{ki}'' u_{kj}''}}{\partial x_l} \right)$$

$$\Pi_{g,ij} = \Pi_{g,ij,1} + \Pi_{g,ij,2}, \quad \Pi_{p,ij} = 0, \quad \varepsilon_{p,ij} = 0, \quad \varepsilon_{g,ij} = \frac{2}{3} \delta_{ij} \bar{\alpha}_g \rho_{gm} \varepsilon_g$$

$$\Pi_{g,ij,1} = -C_{g1} \left(\varepsilon_g / k_g \right) \alpha_g \rho_{gm} \left(\overline{u_{gi}'' u_{gj}''} - \frac{2}{3} \delta_{ij} k_g \right), \quad \Pi_{g,ij,2} = -C_{g2} \left(P_{g,ij} - \frac{2}{3} \delta_{ij} G_g \right)$$

$$S_{k,ij} = \frac{\bar{\alpha}_p \rho_{pm}}{\tau_{rp}} \left(\overline{u_{gi}'' u_{kj}''} + \overline{u_{gj}'' u_{ki}''} - \overline{u_{pi}'' u_{kj}''} - \overline{u_{pj}'' u_{ki}''} \right)$$

对于两相速度脉动关联输运方程, 其中的扩散项、压力-应变项采用类似于气体雷诺应力方程中相应项的封闭方法. 关键是对耗散项的封闭, 可以认为耗散是各向同性的, 假设它正比于其法向分量之和除以某一时间尺度. 在时间平均的 USM 模型中该时间尺度取为气体脉动时间, 即气体湍流动能除以其耗散率. 也可以取颗粒弛豫时间, 颗粒观察的气体脉动时间或颗粒脉动的时间. 如果按拉氏分

析概念, 考虑到轨道交叉效应, 该时间尺度可以取为颗粒弛豫时间和气体湍流脉动时间的最小值. 因此该封闭后的两相脉动速度关联方程是

$$\frac{\partial}{\partial t}\left(\bar{\alpha}_p \tilde{\rho}_p \overline{u''_{gi} u''_{pj}}\right) + \frac{\partial}{\partial x_k}\left(\bar{\alpha}_p \tilde{\rho}_p \tilde{u}_{pk} \overline{u''_{gi} u''_{pj}}\right)$$

$$= D_{gp,ij} + P_{gp,ij} + G^p_{gp,ij} + G^R_{gp,ij} + \Pi_{gp,ij} - \varepsilon_{gp,ij} \tag{10.7.2}$$

其中,

$$D_{gp,ij} = \frac{\partial}{\partial x_k}\left(C_{gp3} \bar{\alpha}_p \tilde{\rho}_p \frac{k}{\varepsilon}\overline{u''_{pk} u''_{pm}} \frac{\partial \overline{u''_{gi} u''_{pj}}}{\partial x_m}\right)$$

$$P_{gp,ij} = -\bar{\alpha}_p \rho_{pm}\left(\overline{u''_{pk} u''_{gi}}\frac{\partial \tilde{u}_{pj}}{\partial x_k} + \overline{u''_{gk} u''_{pj}}\frac{\partial \tilde{u}_{gi}}{\partial x_k}\right)$$

$$G^p_{gp,ij} = -\frac{\bar{\alpha}_p \rho_{pm}}{\tau_{rp}}\left[\left(\overline{u''_{gi} u''_{pj}} - \overline{u''_{gi} u''_{gj}}\right) - \frac{\bar{\alpha}_p \rho_{pm}}{\bar{\alpha}_g \rho_{gm}}\left(\overline{u''_{gi} u''_{pj}} - \overline{u''_{pi} u''_{pj}}\right)\right]$$

$$\Pi_{gp,ij} = \Pi_{gp,ij,1} + \Pi_{gp,ij,2}, \quad \Pi_{gp,ij,1} = -\frac{C_{gp1}}{\tau_{rp}}\alpha_p \rho_{pm}\left(\overline{u''_{gi} u''_{pj}} - \frac{1}{3}\delta_{ij}\overline{u''_{gk} u''_{pk}}\right)$$

$$\Pi_{gp,ij,2} = -C_{gp2}\left(P_{gp,ij} - \frac{2}{3}\delta_{ij}\sqrt{G_{gk} G_{pk}}\right), \quad \varepsilon_{gp,ij} = \frac{1}{3}\frac{\bar{\alpha}_p \rho_{pm}}{\tau_e}\overline{u''_{gk} u''_{pk}}\delta_{ij}$$

$$\tau_e = \min[\tau_T, \tau_{rp}], \quad \tau_T = k/\varepsilon$$

以上方程组构成了视密度加权平均的湍流气粒两相流动的 USM 封闭模型. 用 MUSM 模型对前文所述的旋流数为 0.47 的旋流两相流动进行了模拟, 分别对其中的两相脉动速度关联代数式的耗散项采用不同的时间尺度进行封闭, 并且和时间平均的 USM 模型的模拟以及 PDPA 测量结果对照, 来评价不同的平均方法和封闭模型.

图 10.7.1~ 图 10.7.13 为用不同平均方法和不同两相速度关联的耗散项封闭模型的模拟结果. 这些图中各个符号的含义如下. USM-0: 时平均, 耗散项时间尺度取为无穷大, 即耗散为零; USM-2: 时平均, 耗散项时间尺度取为气体脉动时间 $\tau_T = k/\varepsilon$; MUSM-1: 质量加权平均, 耗散项时间尺度取为颗粒弛豫时间 τ_{rp}; MUSM-2: 质量加权平均, 耗散项时间尺度取为气体脉动时间 $\tau_T = k/\varepsilon$; MUSM-3: 质量加权平均, 耗散项时间尺度取为颗粒弛豫时间和气体脉动时间两者中的较小值, 即 $\tau_e = \min[\tau_T, \tau_{rp}]$. 图 10.7.1~ 图 10.7.4 分别为用 MUSM-1 和 USM-0 预报的颗粒轴向和切向速度, 颗粒轴向和切向脉动速度, 及其和 PDPA 实验结果的对照. 可以看到, 甚至在这两个模型平均方法和封闭方法都不同的情况下, 两者预报的颗粒速度分布差别很小, 并且都和实验很接近. 两模型预报的颗粒轴

向和切向脉动速度都比实验值小. 看起来 MUSM-1 模型比 USM-0 模型有一定的改进, 前者预报的进口区颗粒轴向速度比后者预报的更符合实验值. 但是如果考察图 10.7.5～ 图 10.7.8 给出的, 用封闭方法相同而平均方法不同的 MUSM-2 和 USM-2 模型预报的两相速度和脉动速度, 显然两者的预报结果看不出有差别. 图 10.7.9～ 图 10.7.13 分别给出了用 USM-0, MUSM-3, MUSM-2, MUSM-1 和 USM-2 模型预报的两相切向脉动速度. 显然, MUSM-3, MUSM-1 和 USM-2 模型正确地预报出实验中观察到的颗粒切向脉动速度小于气相值的现象, 而 USM-0 模型则给出相反趋势. 以上的对比结果说明, 总的看来, 不同的平均方法影响很小, 但是封闭模型有重要影响. 完全忽略两相脉动速度关联的耗散造成的较大误差. 在本算例情况下, 取颗粒弛豫时间作为时间尺度和取考虑轨道交叉效应的时间尺度的效果差不多, 因为这时颗粒弛豫时间比气体脉动时间小得多. 因此如果在两相脉动速度关联的耗散项的时间尺度中考虑轨道交叉效应, 则 MUSM 和 USM 模型都可以使用. 不过由于 MUSM 模型可以节省计算时间, 建议在今后可以推广应用.

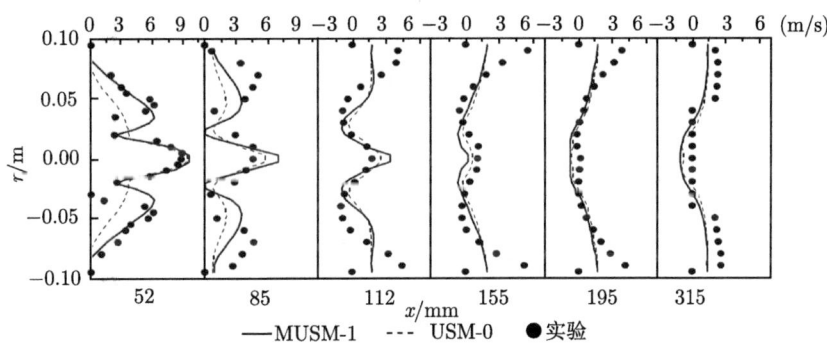

图 10.7.1 颗粒轴向速度

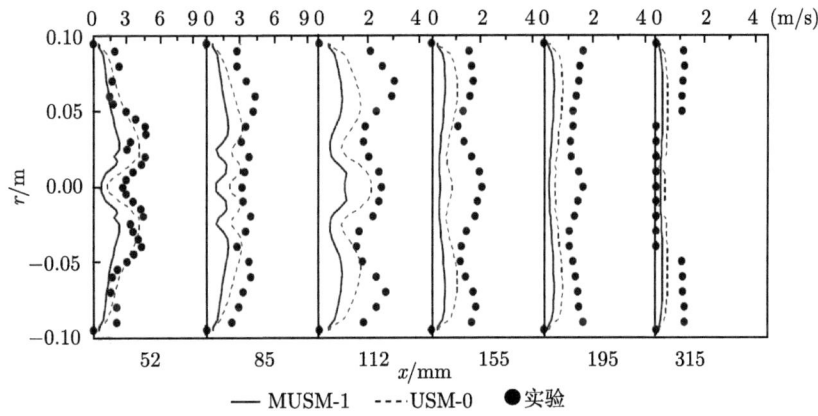

图 10.7.2 颗粒切向速度

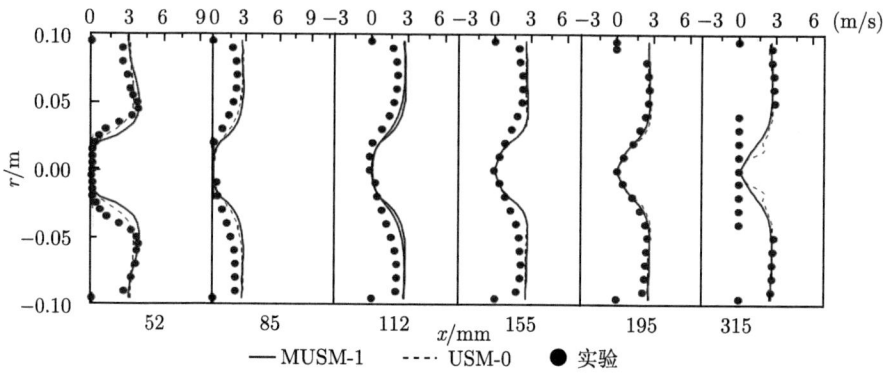

图 10.7.3 颗粒轴向脉动速度

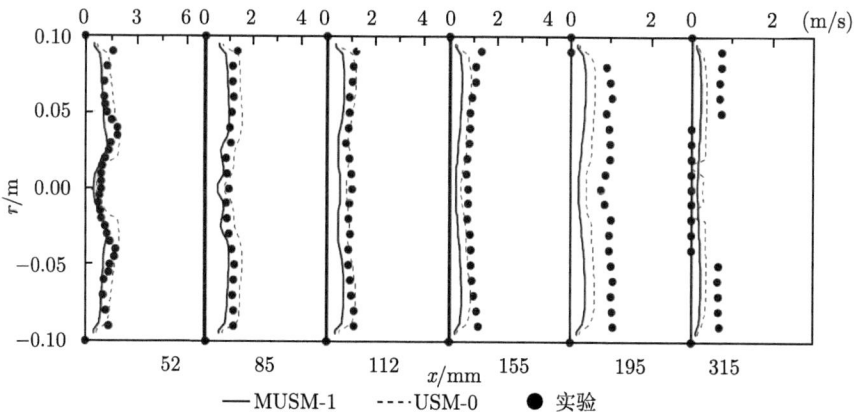

图 10.7.4 颗粒切向脉动速度

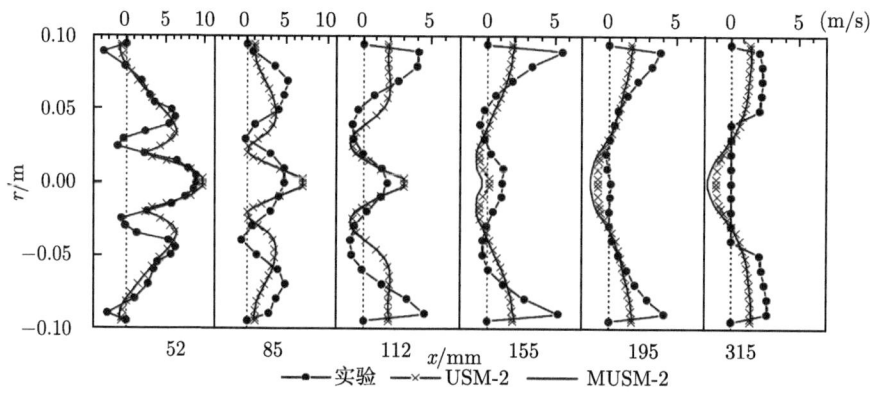

图 10.7.5 颗粒轴向速度

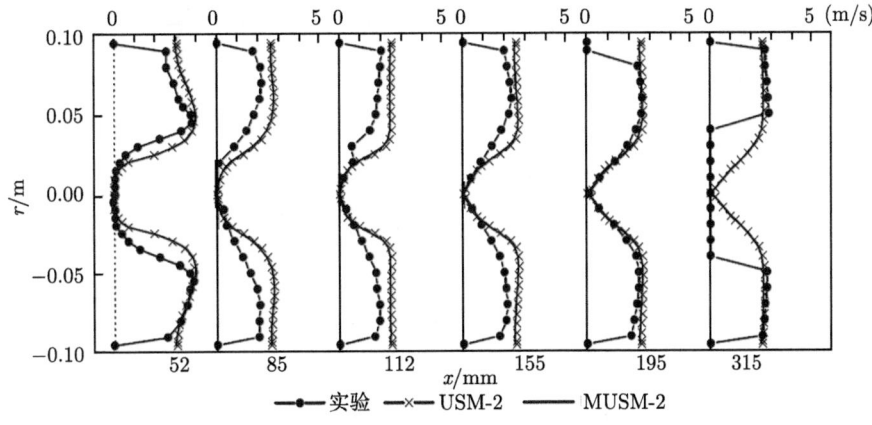

图 10.7.6　颗粒切向速度

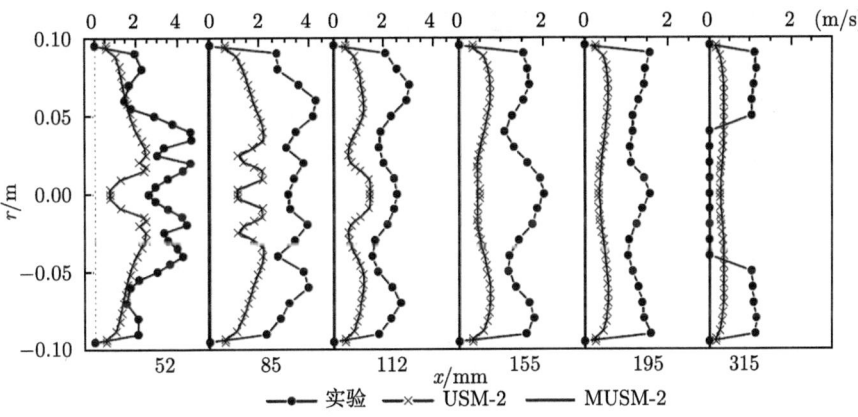

图 10.7.7　颗粒轴向脉动速度

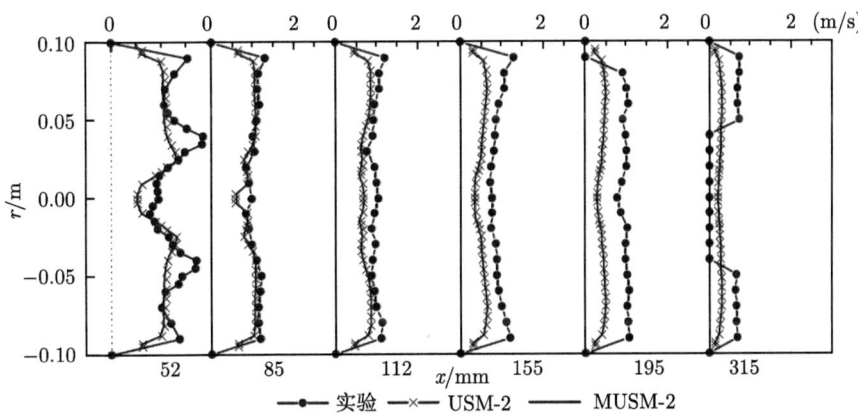

图 10.7.8　颗粒切向脉动速度

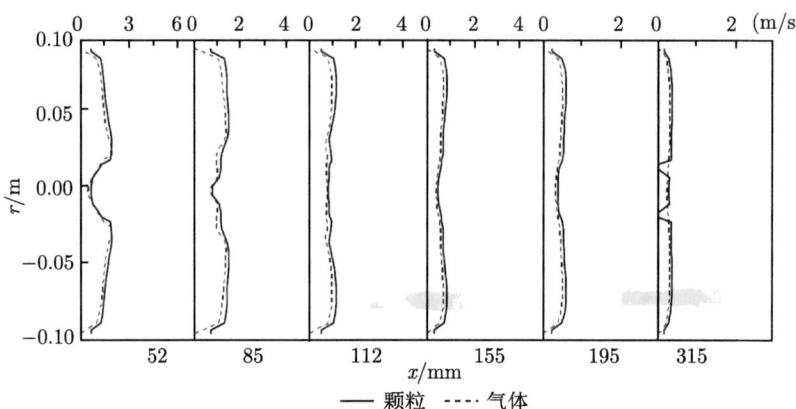

图 10.7.9　两相切向脉动速度 (USM-0)

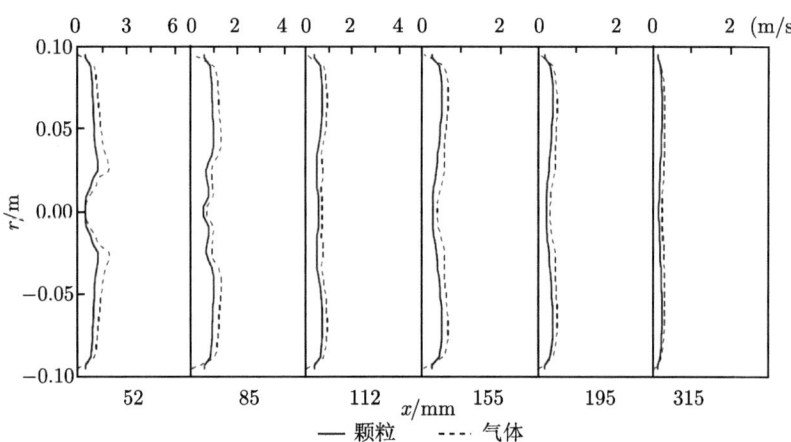

图 10.7.10　两相切向脉动速度 (MUSM-3)

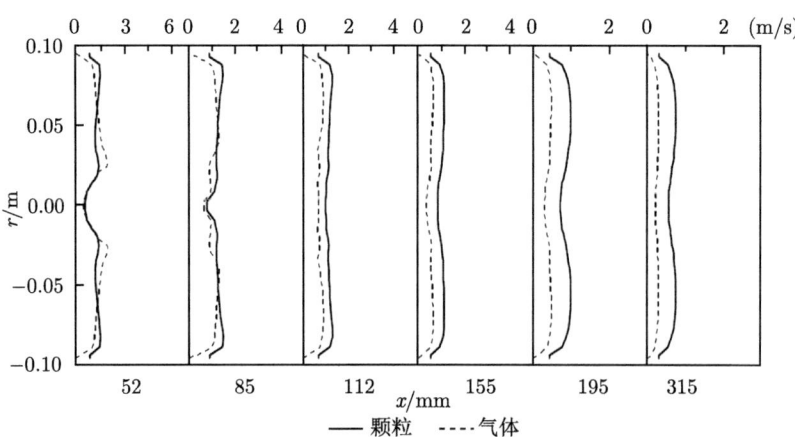

图 10.7.11　两相切向脉动速度 (MUSM-2)

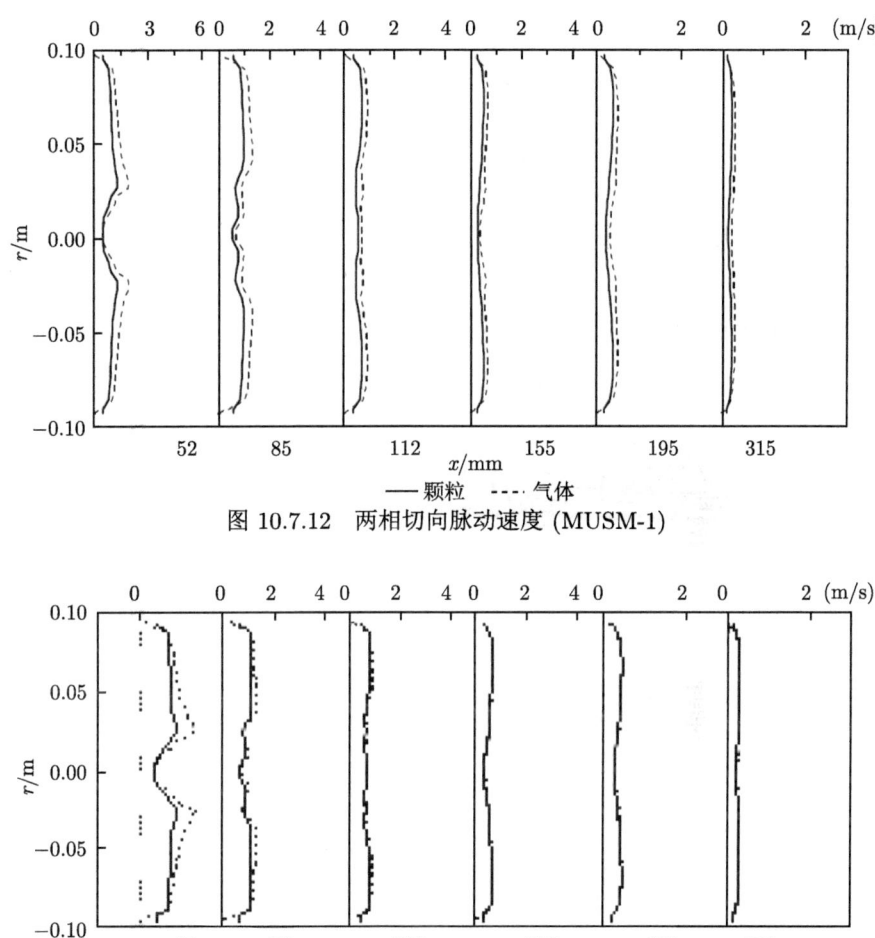

图 10.7.12 两相切向脉动速度 (MUSM-1)

图 10.7.13 两相切向脉动速度 (USM-2)

10.8 k-ε-PDF 与 DSM-PDF 两相湍流模型

在第 8 章中已经建立了湍流两相流动的 PDF 输运方程, 并且由此可以得到类似于用雷诺展开得到的双流体模型方程组, 包括两相雷诺应力和湍流动能输运方程. PDF 方程可以用来封闭二阶矩两相湍流模型, 如 Zaichik 等[18], Simonin[20] 所提出的封闭模型和本书作者提出的封闭模型. 另一个途径是, 对 PDF 方程进行封闭后, 直接求解. 这其中又有两种处理方法: 一种是用有限差分法求解 PDF 方程, 得到 PDF 的空间分布, 然后用 PDF 积分直接求出雷诺应力和湍流动能, 不去求解雷诺应力和湍流动能的输运方程. 另一种是用 Monte-Carlo 法求解 PDF

方程，并不给出 PDF 函数值，也不用 PDF 积分，直接解出雷诺应力和湍流动能、速度场等，也不用求解雷诺应力和湍流动能的输运方程. 后一种方法实际上相当于拉氏方法，和轨道模型很接近. 在实际问题中，由于气相湍流可以用 k-ε 或 DSM，没有必要用 PDF 方程模型，因此只对颗粒用 PDF 方程. 本节先讨论求解 PDF 方程的头一种方法，为此首先必须对颗粒 PDF 方程进行封闭. 现在考察第 8 章推导出的脉动速度的 PDF 方程

$$\frac{\partial p_{fi}}{\partial t} + (\langle U_j \rangle + \langle U_{pj} \rangle)\frac{\partial p_{fi}}{\partial x_j} + (u_j + u_{pj})\frac{\partial p_{fi}}{\partial x_j}$$
$$= \frac{\partial}{\partial v_i}\left\langle \frac{p'_{fi}}{\rho}\frac{\partial P'}{\partial x_i}\right\rangle - \left\langle \frac{p'_{fi}}{\rho}\frac{\partial \tau'_{ij}}{\partial x_j}\delta_{ij}\right\rangle + \frac{\partial p_{fi}}{\partial v_i}\left(u_j\frac{\partial \langle U_i\rangle}{\partial x_j}\right)$$
$$+ \frac{\partial p_{fi}}{\partial v_{pi}}\left(u_{pj}\frac{\partial \langle U_{pi}\rangle}{\partial x_j}\right) - \left\langle p'_{fi}\left(\frac{\rho'}{\rho}g_i\right)\right\rangle - (\langle U_{pj}\rangle + u_{pj})\frac{\partial u_i}{\partial x_j}\frac{\partial p_{fi}}{\partial v_i}$$
$$- (\langle U_j\rangle + u_j)\frac{\partial u_{pi}}{\partial x_j}\frac{\partial p_{fi}}{\partial v_{pi}} - \frac{\partial}{\partial v_i}\left\langle p'_{fi}\left(\sum f_{rpi}\right)\right\rangle - \frac{\partial}{\partial v_{pi}}\left\langle p'_{fi}\left(\sum f_{ri}\right)\right\rangle$$

其中，

$$f_{rpi} = \frac{\rho_p}{\rho\tau_{rp}}(u_{pi} - u_i), \quad f_{ri} = \left(\frac{1}{\tau_{rp}} + \frac{\dot{m}_p}{m_p}\right)(u_i - u_{pi})$$

Zaichick 等[18], Reeks[19] 分别独立地建立了颗粒位置-速度的联合 PDF 输运方程，封闭了其中的条件期望项，但是在推导过程中使用了 PDF 高斯分布的假定. 实验表明，在流场的不少地点 PDF 并非高斯分布. Simonin[20] 则建立了拉氏气粒两相速度的联合 PDF 输运方程，其中对颗粒轨道上的气体脉动速度用 Langevin 随机模型进行模拟，封闭了 PDF 方程. 但是 PDF 方程只用于推导两相脉动速度关联的输运方程和其中黏性耗散项的封闭，而且还包括两个待模拟的函数. 前文已经表明，在二阶矩模型的框架内可以直接建立两相脉动速度关联的输运方程和对其中黏性耗散项进行封闭. 本书作者[31] 建立了欧拉颗粒和气体瞬时量及脉动量的联合 PDF 输运方程，与上述研究者不同的是，对其条件期望项通过速度空间梯度模拟来封闭. 一般情况下，如果将几何空间梯度模拟的思路推广到概率密度的相空间的梯度模拟，对有温度和质量变化的颗粒，运用相空间梯度模拟和量纲分析，可以给出如下的一般封闭式：

$$\langle u'_i p'\rangle = c_1 \frac{k_p}{\varepsilon_p}\langle u'_{pi}u'_{pj}\rangle\frac{\partial p}{\partial x_k} + c_2\langle u'_{pi}u'_{pj}\rangle \times \frac{\partial p}{\partial u_{pk}}$$
$$+ c_3\langle u'_{pi}T'_p\rangle\frac{\partial p}{\partial T_p} + c_4\langle u'_{pi}m'_p\rangle\frac{\partial p}{\partial m_p} \tag{10.8.1}$$

10.8 k-ε-PDF 与 DSM-PDF 两相湍流模型

如果将脉动速度的 PDF 方程对气体速度坐标 v_i 积分，则可以得到颗粒脉动速度在几何空间和颗粒速度空间的 PDF 输运方程

$$\frac{\partial p_{fp}}{\partial t} + (\langle U_{pj}\rangle + u_{pj})\frac{\partial p_{fp}}{\partial x_j} = \frac{\partial p_{fp}}{\partial V_{pi}}\left(u_{pj}\frac{\partial \langle U_{pj}\rangle}{\partial x_j}\right) - \frac{\partial}{\partial V_{pi}}\langle p'_{fp}f_{ri}\rangle \quad (10.8.2)$$

基于速度空间梯度模拟和量纲分析，给出了颗粒 PDF 方程条件平均项的如下封闭式：

$$\langle p'_{fp}f_{ri}\rangle = \left(\frac{1}{\tau_{rp}} + \frac{\dot{m}_p}{m_p}\right)\frac{2c_k(k-k_p)}{1+\rho/\rho_p}\frac{\partial p_{fp}}{\partial V_{pi}} \quad (10.8.3)$$

于是得到封闭后的颗粒脉动速度在颗粒速度空间和几何空间的 PDF 输运方程

$$\frac{\partial p_{fpi}}{\partial t} + (\langle U_{pj}\rangle + u_{pj})\frac{\partial p_{fpi}}{\partial x_j} = \left(u_{pj}\frac{\partial \langle U_{pi}\rangle}{\partial x_j}\right) \times \frac{\partial p_{fpi}}{\partial v_{pi}}$$
$$- \left(\frac{1}{\tau_{rp}} + \frac{\dot{m}_p}{m_p}\right)\frac{2c_p^k(k-k_p)}{1+\rho/\rho_p}\frac{\partial^2 p_{fpi}}{\partial v_{pi}^2} \quad (10.8.4)$$

任何一个统计平均量可以由瞬时量或脉动量对该量的 PDF 积分求出. 因此如果通过求解式 (10.8.4) 找到 PDF 的空间分布，则由此可以按下式直接求出颗粒雷诺应力和颗粒湍流动能而无须求解它们的输运方程，即

$$\langle u_{pi}u_{pj}\rangle = \left(\int p_{fpi}u_{pi}\mathrm{d}v_{pi}\right)\left(\int p_{fpj}u_{pj}\mathrm{d}v_{pj}\right) \quad (10.8.5)$$

$$k_p = \frac{1}{2}\sum_i \langle u_{pi}^2\rangle = \frac{1}{2}\sum_i \left(\int p_{fpi}u_{pi}\mathrm{d}v_{pi}\right)^2 \quad (10.8.6)$$

气体的 k-ε 模型和式 (10.8.4) 及式 (10.8.6) 相结合，就构成了 k-ε-PDF 两相湍流模型，而气体的 DSM 和式 (10.8.4) 及式 (10.8.5) 相结合就构成了 DSM-PDF 两相湍流模型. 文献 [32] 报道了用 k-ε-PDF 两相湍流模型模拟轴对称和单边突扩台阶后方气粒两相流动的结果，并且和 LDV 测量所得结果以及用 k-ε-k_p 模型的模拟结果进行了对照. 所模拟的轴对称突扩室与单边突扩室的几何形状及尺寸如图 10.8.1 和图 10.8.2 所示.

图 10.8.3~ 图 10.8.5 分别是用 k-ε-PDF 与 k-ε-k_p 模型模拟轴对称突扩两相流动所得的颗粒轴向速度、颗粒轴向脉动速度和颗粒径向脉动速度的分布. 两模型所预报的颗粒轴向速度几乎没有差别，并且都和实验符合得很好. k-ε-PDF 模型预报的头两个截面上的颗粒轴向脉动速度和径向脉动速度比 k-ε-k_p 模型预报的更接近实验结果，而且显示出颗粒湍流脉动的各向异性：径向脉动速度约为轴向脉动速度的 50%，而 k-ε-k_p 模型则不能预报出这一现象.

图 10.8.6 给出了 $x = 50\text{mm}$，$r = 10\text{mm}$ 处的 PDF 分布. 由于所取的点位于轴对称流动的近轴线处, 因此 PDF 接近于高斯分布. 径向脉动速度的 PDF 分布比轴向的窄, 但是峰值高. 图 10.8.7 给出 $k\text{-}\varepsilon\text{-PDF}$ 模型预报的颗粒轴向和径向脉动速度以及 $k\text{-}\varepsilon\text{-}k_p$ 模型预报的各向同性的颗粒脉动速度的对比. 可以看出, 各向同性的值恰恰处于轴向值和径向值之间.

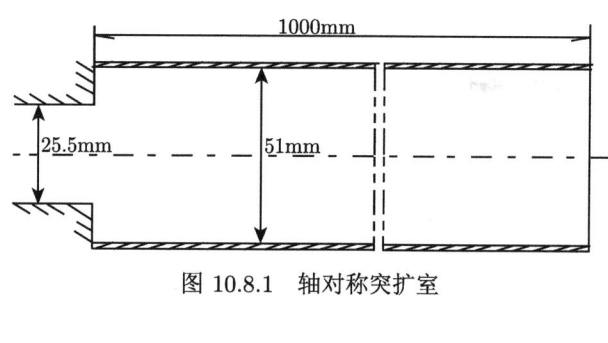

图 10.8.1 轴对称突扩室

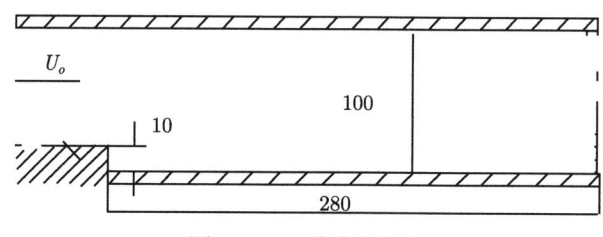

图 10.8.2 单边突扩室

U_o 为进口速度

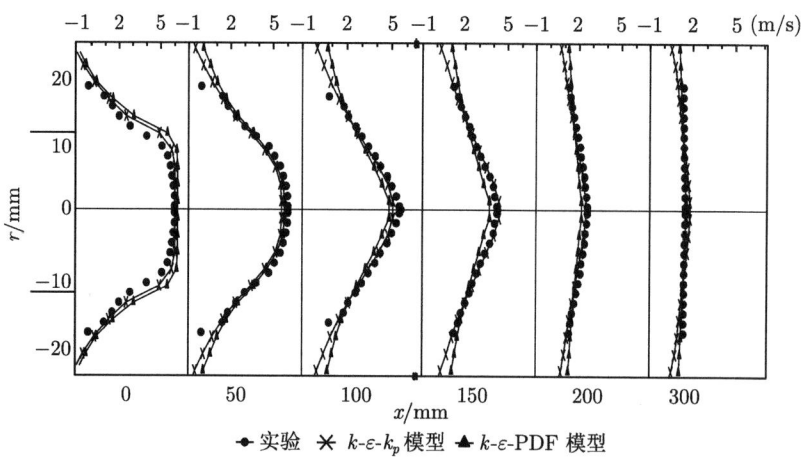

—●— 实验 ✳ $k\text{-}\varepsilon\text{-}k_p$ 模型 ▲ $k\text{-}\varepsilon\text{-PDF}$ 模型

图 10.8.3 颗粒轴向速度

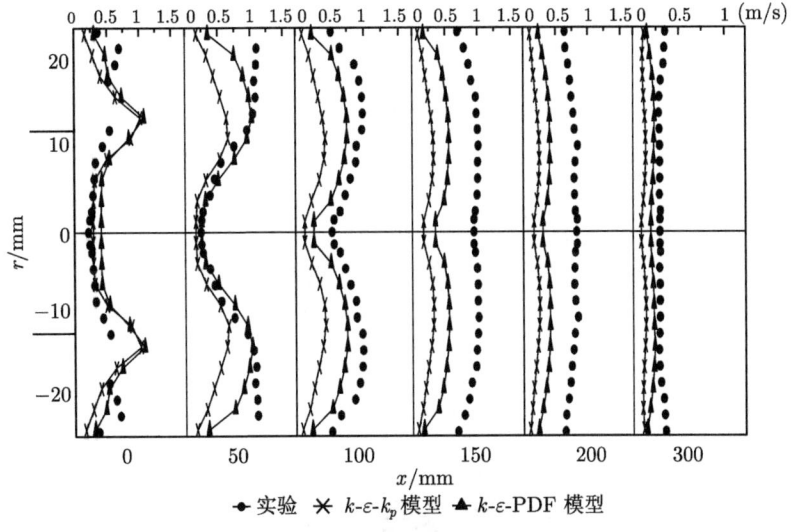

图 10.8.4　颗粒轴向脉动速度

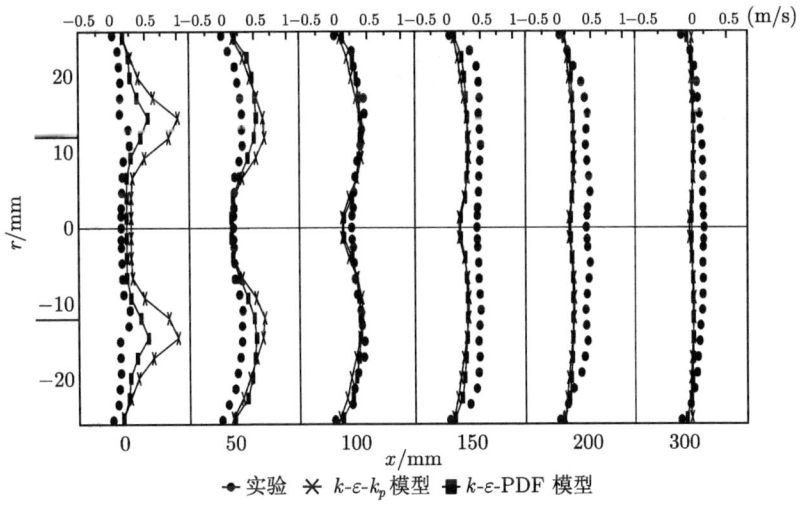

图 10.8.5　颗粒径向脉动速度

图 10.8.8 为预报的单边突扩两相流动的颗粒纵向脉动速度 u_p 和横向脉动速度 v_p 的 PDF 分布图. 可以看到, 从近壁逆流区到正流区分布形状起先是宽而矮, 后来则越来越窄, 都和高斯分布不同, 近壁处接近于 δ 函数形分布. u_p 的分布和 v_p 的不同. 图 10.8.9 是分别用 k-ε-PDF 和 k-ε-k_p 模型计算的 k_p 方程扩散项. 两者是不一致的, 说明扩散项的梯度模拟有待改进.

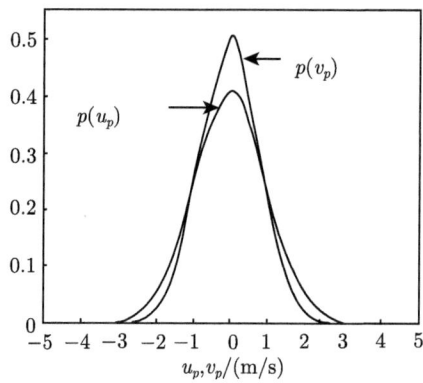

图 10.8.6 PDF 分布

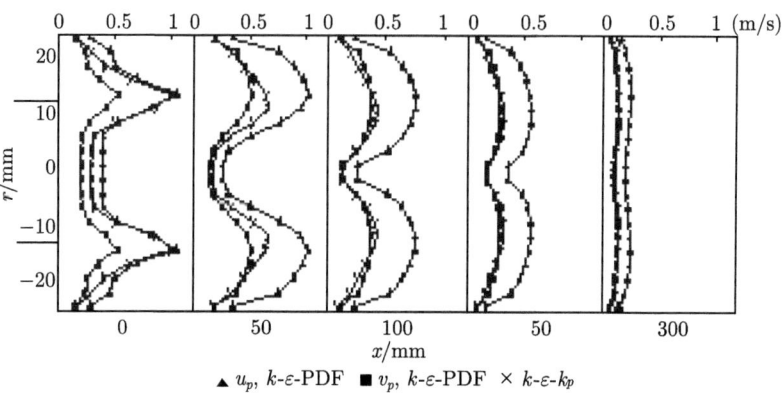

▲ u_p, k-ε-PDF ■ v_p, k-ε-PDF × k-ε-k_p

图 10.8.7 颗粒脉动速度

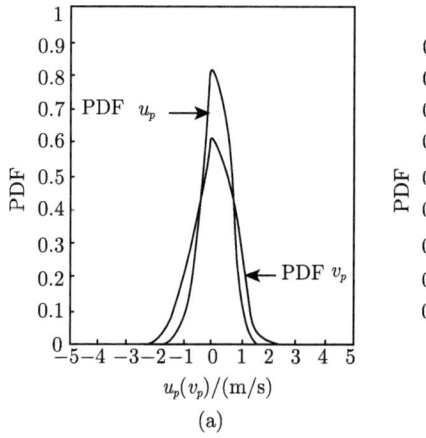
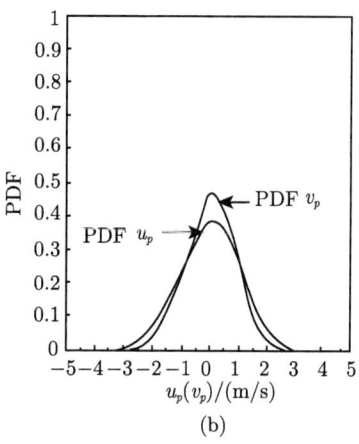

(a)　　　　　　　　　　(b)

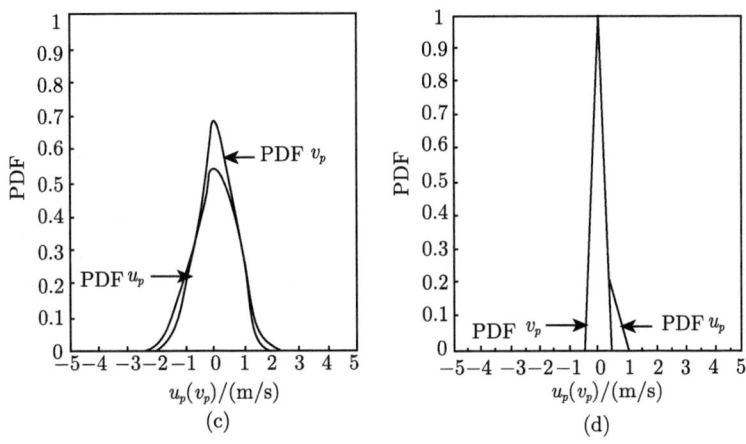

图 10.8.8 PDF 分布

(a) $x = 20$mm, $y = 1.5$mm；(b) $x = 20$mm, $y = 4.5$mm；(c) $x = 20$mm, $y = 9.5$mm；
(d) $x = 20$mm, $y = 19$mm

图 10.8.10 和图 10.8.11 分别是用 k-ε-PDF 和 k-ε-k_p 模型预报的单边突扩两相流动颗粒纵向速度、纵向脉动速度、横向脉动速度和实验值的对比. k-ε-PDF 模型比 k-ε-k_p 模型预报的纵向速度 u_p 更接近实验结果, 特别是在回流区内更是如此. k-ε-PDF 模型预报的颗粒纵向脉动速度 u_p 在大多数地区比 k-ε-k_p 模型更接近实验结果. 文献 [33] 报道了用 DSM-PDF 和 k-ε-k_p 模型预报旋流数为 0.47 的旋流突扩两相流动的结果, 并且和 PDPA 实验数据进行了比较.

图 10.8.12~ 图 10.8.15 分别为预报的颗粒的轴向速度、切向速度、轴向脉动和切向脉动速度. 可以看到, DSM-PDF 模型 (简称 DP 模型) 和 k-ε-k_p 模型 (简称 KP 模型) 都可以正确地预报颗粒时平均速度的 W 形轴向速度分布和环形回流

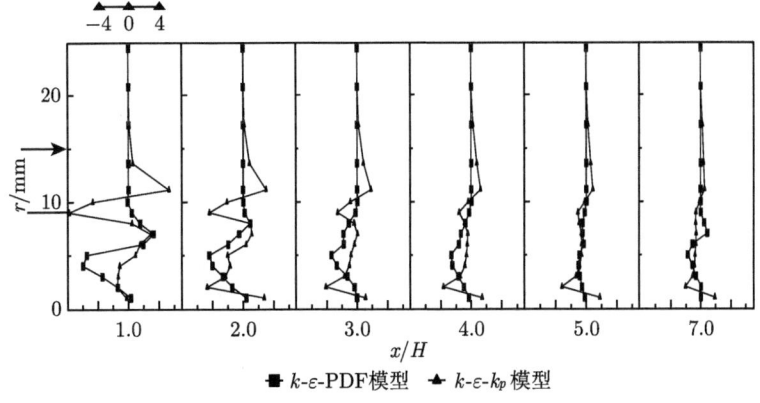

图 10.8.9 k_p 方程扩散项

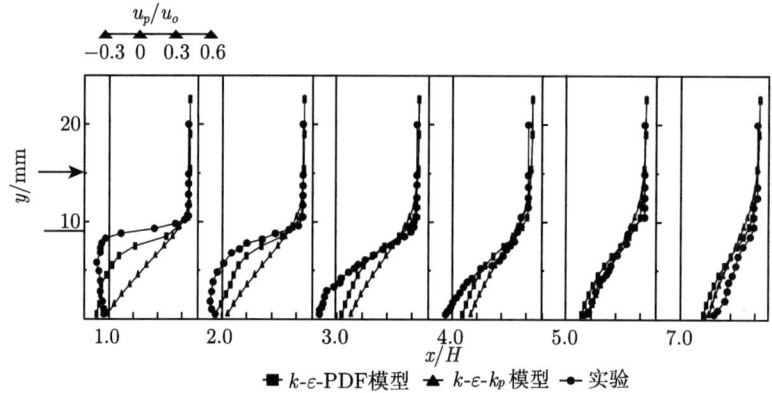

图 10.8.10　颗粒纵向相对速度

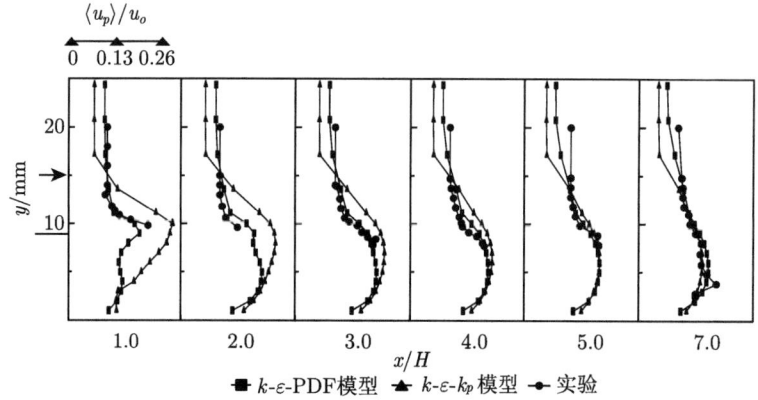

图 10.8.11　颗粒纵向脉动相对速度

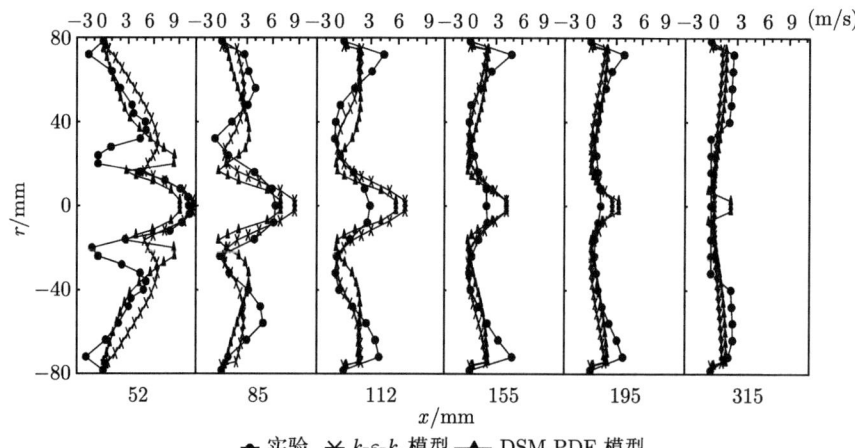

图 10.8.12　颗粒轴向平均速度分布图

10.8　k-ε-PDF 与 DSM-PDF 两相湍流模型

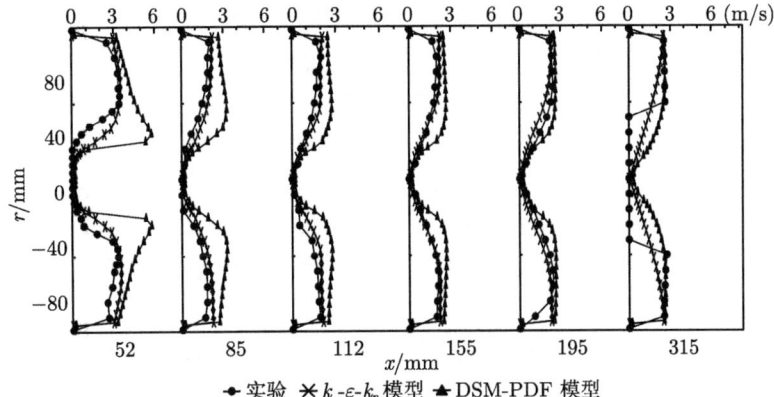

图 10.8.13　颗粒切向平均速度分布图

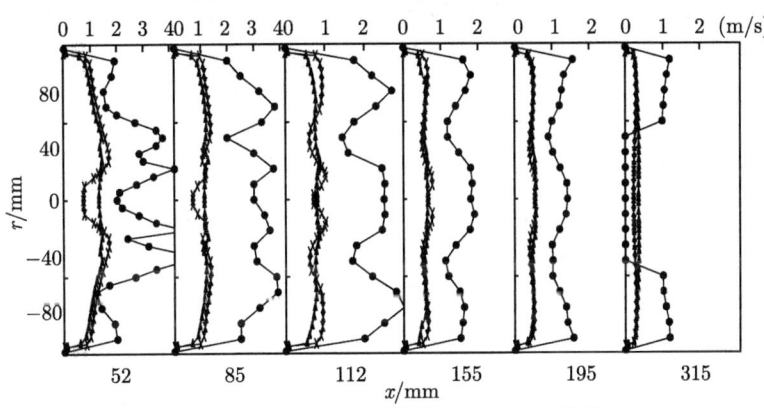

图 10.8.14　颗粒轴向脉动速度分布图

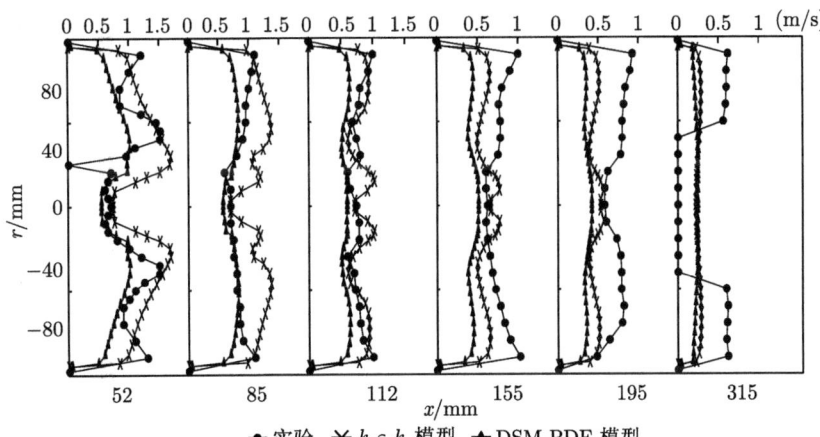

图 10.8.15　颗粒切向脉动速度分布图

区；切向速度分布的 Rankine 涡结构. 但是和 KP 模型相比，DP 模型可以更好地预报出轴向速度的三个峰值和切向速度的双涡结构，而 KP 模型由于其各向同性的假设，有抹平这些结构的趋势. DP 模型和 KP 模型预报的颗粒轴向脉动速度接近，都明显小于实验值，而在颗粒切向脉动速度的预报上，在头几个截面处 KP 模型预报值大于实验值，DP 模型预报值离实验值近一些，在后几个截面处两者的预报值均小于实验值. DP 模型正确地预报出上游区轴向脉动速度大于切向值的各向异性现象，和实验数据趋势一致. 显然 KP 模型无法预报出这一现象.

10.9 颗粒湍流的 Monte-Carlo 模拟

前文叙述的 k-ε-PDF 和 DP 模型，用来模拟突扩回流和旋流两相流动，虽然取得了较好的效果，但是由于对颗粒速度坐标采用了有限分组的解法，可能造成相当大的误差，较难用于检验 USM 模型. 求解 PDF 方程的精确方法是拉氏的 Monte-Carlo 法. Monte-Carlo 法本质上是一种拉氏法，已经广泛用于颗粒随机轨道模型. 但和随机轨道模型相比，PDF 方程模型可以减少轨道计算所需的计算量，能方便地经过统计得到颗粒相的各阶统计矩，具有一定的优越性. 本书作者及其合作者[34]研究了颗粒 PDF 输运方程的 Monte-Carlo 解法，将气体雷诺应力模型和颗粒 PDF 方程模型相结合. 和 DP 模型不同之处是：由气体-颗粒速度的拉氏联合 PDF 输运方程出发，采用 Simonin 建议的 Langevin 模型对颗粒遇到的气体脉动随机速度进行封闭，而不用速度空间梯度封闭，用精确的 Monte-Carlo 法而不用 DP 模型的速度分组的有限差分近似法求解颗粒相 PDF 输运方程. 这就建立了二阶矩-Monte-Carlo(SOM-MC) 模型. 和 Simonin 方法的不同之处是，不是构造和封闭颗粒雷诺应力方程，而是直接求解颗粒雷诺应力. 用此模型对旋流数为 0.47 的旋流突扩气粒两相流动进行了模拟，并将其结果和文献中 PDPA 测量结果与 USM 模型预报结果进行了对比及评价. 拉氏形式的颗粒和气体微团运动方程是

$$d\tilde{x}_{pi}/dt = \tilde{u}_{pi} \tag{10.9.1}$$

$$d\tilde{u}_{pi}/dt = A_{pi}(\tilde{x}_{pi}, t) = g_i + (\tilde{u}_{gi,p} - \tilde{u}_{pi})/\tau_{rp} \tag{10.9.2}$$

$$d\tilde{u}_{gi}/dt = A_{gi}(\tilde{x}_{pi}, t) \tag{10.9.3}$$

按照 Simonin 的建议，仿照 Pope 封闭单相流体湍流燃烧 PDF 输运方程所用的和拉氏随机轨道模型中广为应用的 Langevin 方程，来模拟颗粒观察到的气体微团的运动方程

$$\begin{aligned}d\tilde{u}_{gi}/dt = &g_i - \frac{1}{\rho}\frac{\partial p}{\partial x_i} + \frac{\partial}{\partial x_j}\left[v\frac{\partial U_{gi}}{\partial x_j}\right] + (\tilde{u}_{pj} - \tilde{u}_{gj})\frac{\partial U_{gi}}{\partial x_j}\\&+G_{gp,ij}(\tilde{u}_{gj} - U_{gj}) + B_{gp}^{1/2}\omega_i\end{aligned} \tag{10.9.4}$$

式中，右边第一到第三项反映流体平均速度场对流体微团随机运动的影响，第四项反映颗粒和流体微团轨道差异的附加作用项，第五项和最后一项反映黏性、脉动压力及颗粒运动的影响. 两相流动中的 $G_{gp,ij}$ 可以写为

$$G_{gp,ij} = -\delta_{ij}/\tau_{Lp} \tag{10.9.5}$$

需要注意的是，τ_{Lp} 为颗粒遇到的气体微团的拉氏时间尺度，区别于单相流动的流体微团的本征拉氏时间尺度 τ_L. 若考虑轨道交叉效应和连续性效应对颗粒遇到的气体微团拉氏时间尺度的影响，式 (10.9.5) 可写为

$$G_{gp,ij} = -\frac{1}{\tau_{Lp,\perp}}\delta_{ij} - \left(\frac{1}{\tau_{Lp,//}} - \frac{1}{\tau_{Lp,\perp}}\right) p_i p_j, \quad p_i = \frac{V_{r,i}}{|V_r|} \tag{10.9.6}$$

其中，$\tau_{Lp,//}$ 和 $\tau_{Lp,\perp}$ 分别为颗粒所观察到的气体微团的速度脉动在和颗粒轨道平行及垂直方向上的拉氏时间尺度. 根据均匀湍流内颗粒弥散的实验结果，建议的形式为 ($C_\beta = 0.45$)

$$\tau_{Lp,//} = \tau_L \left(1 + C_\beta \xi_r^2\right)^{-1/2}, \quad \tau_{Lp,\perp} = \tau_L \left(1 + 4C_\beta \xi_r^2\right)^{-1/2}, \quad \xi_r^2 = \frac{3}{2}\frac{|V_r|^2}{k_f} \tag{10.9.7}$$

式中，τ_L 为流体自身的拉氏时间尺度 (沿流体轨道)，其定义为 $\tau_L = k/(\beta_1 \varepsilon)(\beta_1 = 2.075)$.

用 SOM-MC (SM) 模型对前文所述的旋流数为 0.47 的旋流两相流动进行了模拟，并且与 USM-0 模型 (见 10.7 节) 的模拟结果和实验结果进行了对照. 气相流场按 SIMPLEC 算法求解，对颗粒相的计算采用二阶龙格-库塔法. 计算中所取的网格数为 32×20，颗粒样本上限取为 1000000(每个网格平均 1000 个)，时间步长取为 0.2ms，每迭代五次气相场，计算颗粒相五个步长，重复迭代直到气相最大余源和小于 1.0×10^{-3} 为止. 图 10.9.1~ 图 10.9.4 分别给出了颗粒的轴向、切向平均速度和轴向、切向脉动速度的两模型的模拟结果与实验结果的比较. 总的看来，尽管两模型的封闭方法和数值方法差别很大，两者预报的时均流场却都和实验符合较好. 对于颗粒轴向速度，两模型预报结果在大部分地区几乎相同. 但是 SM 模型能预报出颗粒相在入口附近两个截面 $x=52$mm 和 $x=85$mm 处的反流区，而 USM-0 模型未预报出来. 对于颗粒切向平均速度，SM 模型的预报结果和 USM 模型的结果几乎没有区别. 对于颗粒轴向脉动速度和切向脉动速度，两模型预报的多峰分布形状和实验值在某些截面相似，两模型预报值均小于实验值，SM 模型预报值比 USM-0 模型预报值小于实验值更甚.

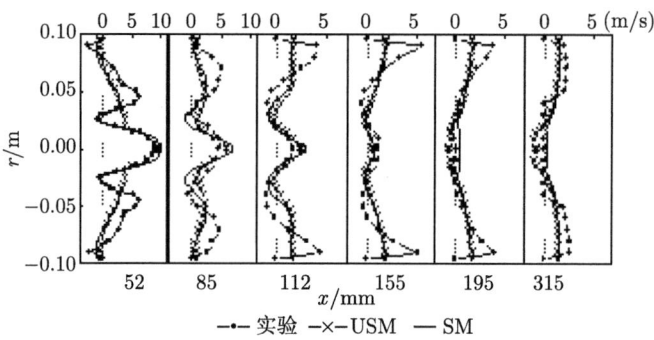

图 10.9.1 颗粒轴向平均速度

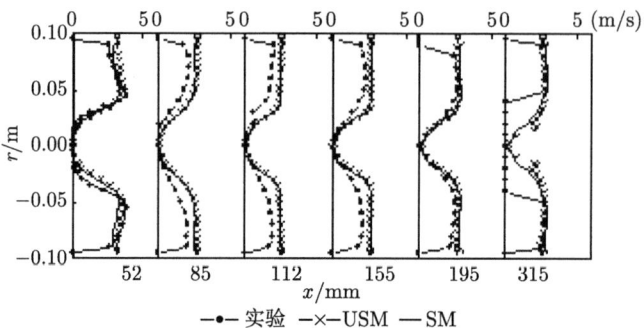

图 10.9.2 颗粒切向平均速度

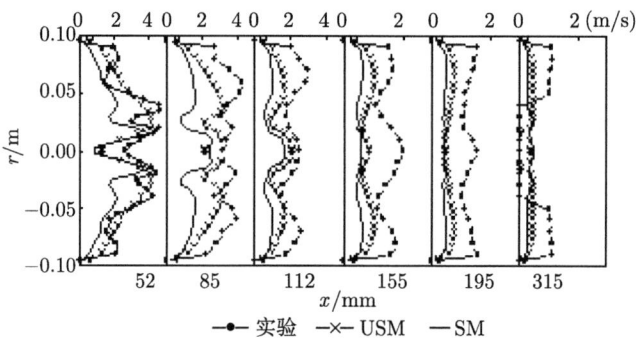

图 10.9.3 颗粒轴向脉动速度

值得注意的是图 10.9.5~ 图 10.9.10 给出的实验测得的与 SM 模型、USM-0 模型预报的两相轴向和切向速度脉动间的关系. 虽然 SM 模型预报的颗粒轴向脉动在数值上比 USM-0 模型小于实验值更甚, 但是在两相轴向脉动的关系上, SM 模型预报出了颗粒轴向速度脉动在中心回流区域超过气体轴向速度脉动, 而在正流区小于气相轴向脉动的现象, 和实验结果定性一致, 而 USM 模型预报结果是颗粒轴向脉动普遍高于气相值，和实验定性不一致. SM 模型预报的颗粒切向速度脉动值在数值上比 USM-0 模型预报的小于实验值更甚，但是 SM 模型所预报的颗粒切向速度脉动普遍小于气体切向速度脉动的现象，与实验定性相符，而 USM-0 模型则给出相反的结果. 因此, 在两相脉动的关系上, SM 模型的预报更为合理.

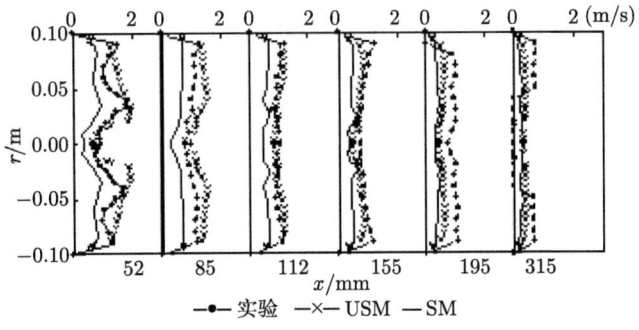

图 10.9.4　颗粒切向脉动速度

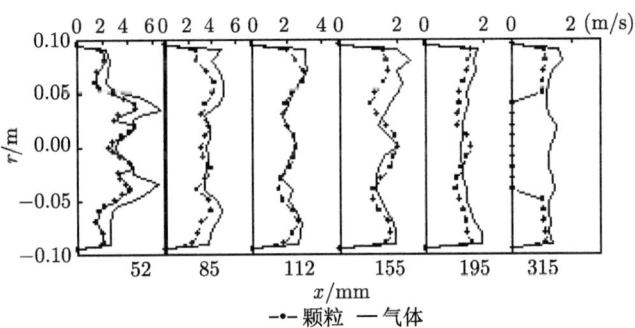

图 10.9.5　两相轴向脉动速度 (实验值)

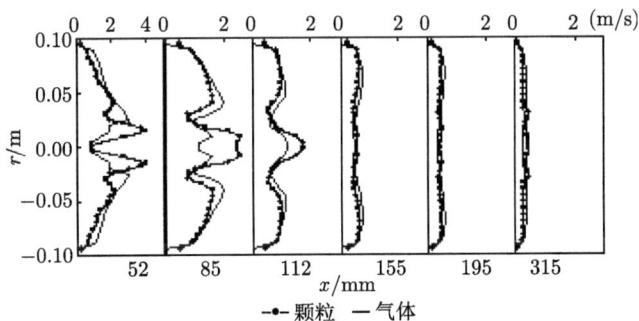

图 10.9.6　两相轴向脉动速度 (预报值)

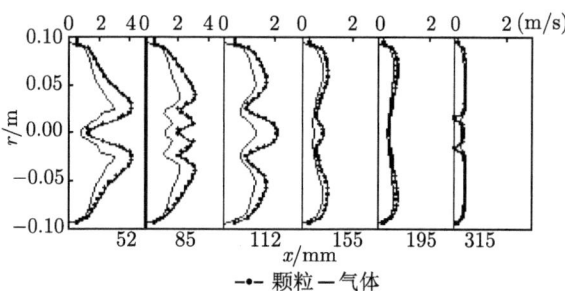

图 10.9.7　两相轴向速度脉动 (USM-0 预报值)

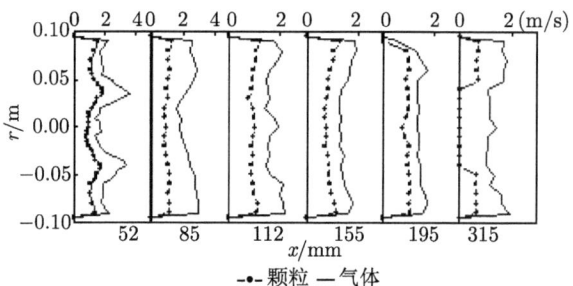

图 10.9.8　两相切向速度脉动 (实验值)

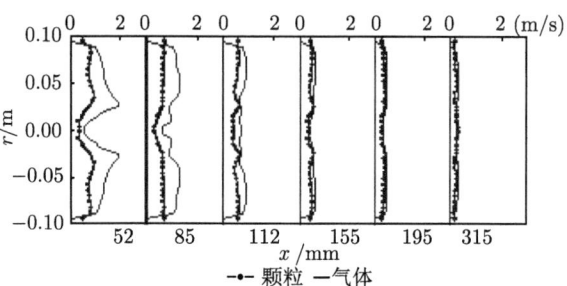

图 10.9.9　两相切向脉动速度 (SM 预报值)

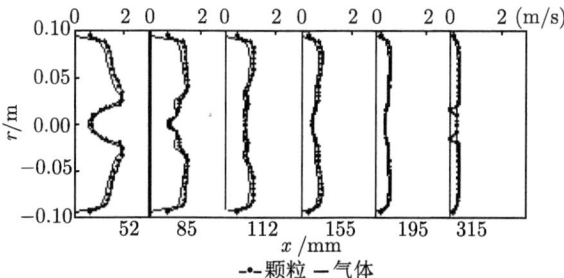

图 10.9.10　两相切向脉动速度 (USM-0 预报值)

10.10 两相湍流的非线性 k-ε-k_p 模型

在应用中已发现,普通的或线性的 k-ε-k_p 模型能较好地模拟无旋及弱旋流动,但是对于强旋流动等各向异性湍流两相流动, USM 模型能给出较合理的结果. 然而 USM 模型比较复杂, 应用于工程实际问题, 例如, 三维两相流动和两相燃烧的数值模拟中, 计算量太大. 综合考虑模型的合理性及经济性, 可以选择折中的两相湍流的非线性 k-ε-k_p 模型和代数应力模型 (ASM). 但是数值模拟的经验表明, ASM 模型的动量方程右端缺少扩散项而仅有源项, 尽管在数值方法上采取种种措施, 在计算中, 特别是三维问题中, 经常发散, 难以得到收敛结果. 如果使用非线性 k-ε-k_p 模型, 由于其动量方程以及 k, ε, k_p 方程在形式上与标准 k-ε-k_p 模型的相应方程基本相同, 因而易于得到收敛结果, 而非线性的应力应变关系同样可以反映各向异性湍流的特征, 因而有必要发展非线性的 k-ε-k_p 模型. 单相湍流流动的非线性 k-ε 模型的研究已经取得了相当进展, 被认为是当前工程中有前途的湍流模型之一. 非线性的应力应变关系可由以下几种方法得到: 理性力学的方法 (量纲分析和不变性原理); 重整化群 (RNG) 方法; 双尺度直接相互作用近似; 由代数应力模型推导得出. 在非线性 k-ε 模型中, 等价的湍流黏性系数不再是标量, 而是各向异性的张量, 所以该非线性模型能模拟旋流、分离流动、再附点流动中的湍流各向异性效应. 非线性 k-ε 模型已经在简单流动 (均匀剪切流和管道流动) 中得到检验, 并已应用于复杂流动 (后台阶流动、旋流流动等), 与实验数据的对比显示出此模型较标准的各向同性的 k-ε 模型有较大改进, 而两者的计算量相当. 这说明非线性 k-ε 模型用于工程实际问题有较好的前景.

作者所在的研究组 [35,36] 提出了两相湍流的非线性 k-ε-k_p 模型, 给出气相、颗粒相雷诺应力和两相脉动速度关联的非线性应力应变关系. 这些关系式和两相各自的湍动能以及两相脉动关联湍动能的输运方程联立, 构成两相湍流的非线性 k-ε-k_p 模型. 将两相湍流的非线性 k-ε-k_p 模型用于模拟突扩湍流两相流动, 给出两相时均速度场和雷诺应力各分量, 并且将所得结果和 USM 模型、线性 k-ε-k_p 模型的模拟结果以及 PDPA 实验结果对照, 对该模型进行了评价. 建立两相湍流的非线性应力应变关系式的出发点是两相湍流代数应力模型. 如果忽略两相雷诺应力方程和两相脉动速度关联方程的对流及扩散, 可以得到气相、颗粒相雷诺应力和两相脉动速度关联的代数表达式

$$\overline{v_i v_j} = (1-\lambda)\frac{2}{3}k\delta_{ij} + \lambda\frac{k}{\varepsilon}\left(\overline{v_i v_k}\frac{\partial V_j}{\partial x_k} + \overline{v_j v_k}\frac{\partial V_i}{\partial x_k}\right) + \frac{k\rho_p}{c_1\rho\varepsilon\tau_{rp}}\left(\overline{v_{pi}v_j} + \overline{v_i v_{pj}} - 2\overline{v_i v_j}\right) \tag{10.10.1}$$

$$\overline{v_{pi}v_{pj}} = -c_{pf}\frac{\tau_{rp}}{2}\times\left(\overline{v_{pi}v_{pk}}\frac{\partial V_{pj}}{\partial x_k} + \overline{v_{pj}v_{pk}}\frac{\partial V_{pi}}{\partial x_k}\right) + \frac{1}{2}\left(\overline{v_i v_{pj}} + \overline{v_{pi}v_j}\right) \tag{10.10.2}$$

$$\overline{v_{pi}v_j} = -c_{pf}\frac{\rho\tau_{rp}}{\rho+\rho_p}\left(\overline{v_{pi}v_k}\frac{\partial V_j}{\partial x_k} + \overline{v_j v_{pk}}\frac{\partial V_{pi}}{\partial x_k}\right)$$
$$+ \frac{\rho}{\rho+\rho_p}\overline{v_i v_j} + \frac{\rho_p}{\rho+\rho_p}\overline{v_{pi}v_{pj}} - c_{pf}\frac{\rho\tau_{rp}}{\rho+\rho_p}\frac{\varepsilon}{k}\overline{v_{pi}v_i}\delta_{ij} \quad (10.10.3)$$

把上述表达式整理成应力和应变关系的显式,即表达式右端不含有 $\overline{v_i v_j}$、$\overline{v_{pi}v_{pj}}$ 和 $\overline{v_{pi}v_j}$ 项,可以得到

$$\overline{v_i v_j} = A(1)\delta_{ij} + A(2)\left(\overline{v_i v_k}\frac{\partial V_j}{\partial x_k} + \overline{v_j v_k}\frac{\partial V_i}{\partial x_k}\right)$$
$$+ A(3)\left(\overline{v_{pi}v_{pk}}\frac{\partial V_{pj}}{\partial x_k} + \overline{v_{pj}v_{pk}}\frac{\partial V_{pi}}{\partial x_k}\right)$$
$$+ A(4)\left(\overline{v_{pi}v_k}\times\frac{\partial V_j}{\partial x_k} + \overline{v_j v_{pk}}\frac{\partial V_{pi}}{\partial x_k} + \overline{v_i v_{pk}}\frac{\partial V_{pj}}{\partial x_k} + \overline{v_{pj}v_k}\frac{\partial V_i}{\partial x_k}\right)$$
$$(10.10.4)$$

$$\overline{v_{pi}v_{pj}} = B(1)\delta_{ij} + B(2)\left(\overline{v_i v_k}\frac{\partial V_j}{\partial x_k} + \overline{v_j v_k}\frac{\partial V_i}{\partial x_k}\right)$$
$$+ B(3)\left(\overline{v_{pi}v_{pk}}\frac{\partial V_{pj}}{\partial x_k} + \overline{v_{pj}v_{pk}}\frac{\partial V_{pi}}{\partial x_k}\right)$$
$$+ B(4)\left(\overline{v_{pi}v_k}\times\frac{\partial V_j}{\partial x_k} + \overline{v_j v_{pk}}\frac{\partial V_{pi}}{\partial x_k} + \overline{v_i v_{pk}}\frac{\partial V_{pj}}{\partial x_k} + \overline{v_{pj}v_k}\frac{\partial V_i}{\partial x_k}\right)$$
$$(10.10.5)$$

$$\overline{v_{pi}v_j} = C(1)\delta_{ij} + C(2)\left(\overline{v_i v_k}\frac{\partial V_j}{\partial x_k} + \overline{v_j v_k}\frac{\partial V_i}{\partial x_k}\right)$$
$$+ C(3)\left(\overline{v_{pi}v_{pk}}\frac{\partial V_{pj}}{\partial x_k} + \overline{v_{pj}v_{pk}}\frac{\partial V_{pi}}{\partial x_k}\right)$$
$$+ C(4)\left(\overline{v_i v_{pk}}\times\frac{\partial V_{pj}}{\partial x_k} + \overline{v_{pj}v_k}\frac{\partial V_i}{\partial x_k}\right)$$
$$+ C(5)\left(\overline{v_{pi}v_k}\frac{\partial V_j}{\partial x_k} + \overline{v_j v_{pk}}\frac{\partial V_{pi}}{\partial x_k}\right) \quad (10.10.6)$$

其中,$A(1)\sim A(4), B(1)\sim B(4), C(1)\sim C(5)$ 等均为 $k,\varepsilon,k_p,k_{pg},\rho_p,\rho,\tau_{rp}$ 的函数,详见表 10.10.1.

表 10.10.1 中,$M = \dfrac{k_p\rho_p}{c_1\rho\varepsilon\tau_{rp}}, \tau_{rp} = \dfrac{d_p^2\overline{\rho_p}}{18\mu}\left(1+\dfrac{Re_p^{2/3}}{6}\right)^{-1}, Re_p = |V_p - V|d_p/\nu$.

其中,k,k_p,k_{pg} 分别为气相、颗粒相和两相关联湍动能,ε 为耗散率. 对剪切流动和旋流,用应变率二次项的非线性关系式

10.10 两相湍流的非线性 k-ε-k_p 模型

表 10.10.1 函数 A, B, C 的表达式

序号	A	B	C
1	$(1-\lambda)\dfrac{2}{3}k - \dfrac{2\rho_p}{c_1\rho}\dfrac{2}{3}k_{pg}$	$(1-\lambda)\dfrac{2}{3}k - \left(\tau_{rp}\dfrac{\varepsilon}{k} + \dfrac{2\rho_p}{c_1\rho}\right)\dfrac{2}{3}k_{pg}$	$-\lambda k/\varepsilon$
2	$-\lambda k/\varepsilon$	$-\lambda k/\varepsilon$	$-\lambda k/\varepsilon$
3	$-\dfrac{\rho_p M \tau_{rp}}{\rho}$	$-\dfrac{\tau_{rp}}{2\rho}(\rho + \rho_p + 2M\rho_p)$	$-\dfrac{\rho_p \tau_{rp}}{\rho}\left(\dfrac{1}{2} + M\right)$
4	$-M\tau_{rp}$	$-\tau_{rp}\left(M + \dfrac{1}{2}\right)$	$-\tau_{rp}\left(M + \dfrac{\rho_p}{2(\rho+\rho_p)}\right)$
5			$-\tau_{rp}\left[M + \dfrac{\rho_p}{2(\rho+\rho_p)} + \dfrac{\rho}{\rho+\rho_p}\right]$

$$\overline{v_i v_j} = G_1 \delta_{ij} + G_2 \left(\frac{\partial V_i}{\partial x_j} + \frac{\partial V_j}{\partial x_i}\right) + G_3 \left(\frac{\partial V_{pi}}{\partial x_j} + \frac{\partial V_{pj}}{\partial x_i}\right)$$

$$+ G_4 \left(\frac{\partial V_i}{\partial x_k}\left(\frac{\partial V_j}{\partial x_k} + \frac{\partial V_k}{\partial x_j}\right) + \frac{\partial V_j}{\partial x_k}\left(\frac{\partial V_i}{\partial x_k} + \frac{\partial V_k}{\partial x_i}\right)\right)$$

$$+ G_5 \left(\frac{\partial V_{pi}}{\partial x_k}\left(\frac{\partial V_{pj}}{\partial x_k} + \frac{\partial V_{pk}}{\partial x_j}\right) + \frac{\partial V_{pj}}{\partial x_k}\left(\frac{\partial V_{pi}}{\partial x_k} + \frac{\partial V_{pk}}{\partial x_i}\right)\right)$$

$$+ G_6 \left(\frac{\partial V_i}{\partial x_k}\left(\frac{\partial V_{pj}}{\partial x_k} + \frac{\partial V_{pk}}{\partial x_j}\right) + \frac{\partial V_j}{\partial x_k}\left(\frac{\partial V_{pi}}{\partial x_k} + \frac{\partial V_{pk}}{\partial x_i}\right)\right)$$

$$+ G_7 \left(\frac{\partial V_{pi}}{\partial x_k}\left(\frac{\partial V_j}{\partial x_k} + \frac{\partial V_k}{\partial x_j}\right) + \frac{\partial V_{pj}}{\partial x_k}\left(\frac{\partial V_i}{\partial x_k} + \frac{\partial V_k}{\partial x_i}\right)\right)$$

$$+ G_8 \left(\left(\frac{\partial V_i}{\partial x_k} - \frac{\partial V_{pi}}{\partial x_k}\right)\left(\frac{\partial V_j}{\partial x_k} - \frac{\partial V_{pj}}{\partial x_k}\right)\right) \tag{10.10.7}$$

$$\overline{v_{pi} v_{pj}} = P_1 \delta_{ij} + P_2 \left(\frac{\partial V_i}{\partial x_j} + \frac{\partial V_j}{\partial x_i}\right) + P_3 \left(\frac{\partial V_{pi}}{\partial x_j} + \frac{\partial V_{pj}}{\partial x_i}\right)$$

$$+ P_4 \left(\frac{\partial V_i}{\partial x_k}\left(\frac{\partial V_j}{\partial x_k} + \frac{\partial V_k}{\partial x_j}\right) + \frac{\partial V_j}{\partial x_k}\left(\frac{\partial V_i}{\partial x_k} + \frac{\partial V_k}{\partial x_i}\right)\right)$$

$$+ P_5 \left(\frac{\partial V_{pi}}{\partial x_k}\left(\frac{\partial V_{pj}}{\partial x_k} + \frac{\partial V_{pk}}{\partial x_j}\right) + \frac{\partial V_{pj}}{\partial x_k}\left(\frac{\partial V_{pi}}{\partial x_k} + \frac{\partial V_{pk}}{\partial x_i}\right)\right)$$

$$+ P_6 \left(\frac{\partial V_i}{\partial x_k}\left(\frac{\partial V_{pj}}{\partial x_k} + \frac{\partial V_{pk}}{\partial x_j}\right) + \frac{\partial V_j}{\partial x_k}\left(\frac{\partial V_{pi}}{\partial x_k} + \frac{\partial V_{pk}}{\partial x_i}\right)\right)$$

$$+ P_7 \left(\frac{\partial V_{pi}}{\partial x_k}\left(\frac{\partial V_j}{\partial x_k} + \frac{\partial V_k}{\partial x_j}\right) + \frac{\partial V_{pj}}{\partial x_k}\left(\frac{\partial V_i}{\partial x_k} + \frac{\partial V_k}{\partial x_i}\right)\right) \tag{10.10.8}$$

$$\overline{v_{pi}v_j} = T_1\delta_{ij} + T_2\left(\frac{\partial V_i}{\partial x_j} + \frac{\partial V_j}{\partial x_i}\right) + T_3\left(\frac{\partial V_{pi}}{\partial x_j} + \frac{\partial V_{pj}}{\partial x_i}\right)$$

$$+ T_4\left(\frac{\partial V_j}{\partial x_i} + \frac{\partial V_{pi}}{\partial x_j}\right) + T_5\frac{\partial V_i}{\partial x_k}\left(\frac{\partial V_j}{\partial x_k} + \frac{\partial V_k}{\partial x_j}\right)$$

$$+ T_6\frac{\partial V_j}{\partial x_k}\left(\frac{\partial V_i}{\partial x_k} + \frac{\partial V_k}{\partial x_i}\right) + T_7\frac{\partial V_{pi}}{\partial x_k}\left(\frac{\partial V_{pj}}{\partial x_k} + \frac{\partial V_{pk}}{\partial x_j}\right)$$

$$+ T_8\frac{\partial V_{pj}}{\partial x_k}\left(\frac{\partial V_{pi}}{\partial x_k} + \frac{\partial V_{pk}}{\partial x_i}\right) + T_9\frac{\partial V_{pi}}{\partial x_k}\left(\frac{\partial V_j}{\partial x_k} + \frac{\partial V_k}{\partial x_j}\right)$$

$$+ T_{10}\frac{\partial V_{pj}}{\partial x_k}\left(\frac{\partial V_i}{\partial x_k} + \frac{\partial V_k}{\partial x_i}\right) + T_{11}\frac{\partial V_i}{\partial x_k}\left(\frac{\partial V_{pj}}{\partial x_k} + \frac{\partial V_{pk}}{\partial x_j}\right)$$

$$+ T_{12}\frac{\partial V_j}{\partial x_k}\times\left(\frac{\partial V_{pi}}{\partial x_k} + \frac{\partial V_{pk}}{\partial x_i}\right) + T_{13}\left(\begin{array}{c}\frac{\partial V_i}{\partial x_k}\left(\frac{\partial V_{pj}}{\partial x_k} - \frac{\partial V_j}{\partial x_k}\right) \\ + \frac{\partial V_{pj}}{\partial x_k}\left(\frac{\partial V_i}{\partial x_k} - \frac{\partial V_{pi}}{\partial x_k}\right)\end{array}\right)$$

$$+ T_{14}\left(\frac{\partial V_j}{\partial x_k}\left(\frac{\partial V_{pi}}{\partial x_k} - \frac{\partial V_i}{\partial x_k}\right) + \frac{\partial V_{pi}}{\partial x_k}\left(\frac{\partial V_j}{\partial x_k} - \frac{\partial V_{pj}}{\partial x_k}\right)\right) \quad (10.10.9)$$

其中, $G_1 \sim G_8$, $P_1 \sim P_7$, $T_1 \sim T_{14}$ 均为 $k, \varepsilon, k_p, k_{pg}, \rho, \rho_p, \tau_{rp}$ 的函数.

$$G_1 = A(1)$$

$$G_2 = A(2)A(1) + A(4)C(1)$$

$$G_3 = A(3)B(1) + A(4)C(1)$$

$$G_4 = A(1)(A(2)A(2) + A(4)C(2)) + C(1)(A(2)A(4) + A(4)C(5))$$

$$G_5 = B(1)(A(3)B(3) + A(4)C(3)) + C(1)(A(3)B(4) + A(4)C(5))$$

$$G_6 = B(1)(A(2)A(3) + A(4)C(3)) + C(1)(A(2)A(4) + A(4)C(4))$$

$$G_7 = A(1)(A(3)B(2) + A(4)C(2)) + C(1)(A(3)B(4) + A(4)C(4))$$

$$G_8 = 2C(1)A(4)(C(4) - C(5))$$

上述非线性应力应变关系式既能反映两相湍流的各向异性, 又能避免代数应力模型应用中经常遇到的发散问题. 上述各式中的 k, ε, k_p 和 k_{pg} 取决于下列守恒方程

$$\frac{\partial}{\partial t}(\rho k) + \frac{\partial}{\partial x_k}(\rho V_k k) = \frac{\partial}{\partial x_k}\left(\rho c_s \frac{k}{\varepsilon}\overline{v_k v_l}\frac{\partial k}{\partial x_l}\right) - \rho\overline{v_i v_k}\frac{\partial v_i}{\partial x_k} - \rho\varepsilon + \frac{\rho_p}{\tau_{rp}}(2k_{pg} - 2k)$$
$$(10.10.10)$$

10.10 两相湍流的非线性 k-ε-k_p 模型

$$\frac{\partial}{\partial t}(\rho\varepsilon) + \frac{\partial}{\partial x_k}(\rho V_k \varepsilon) = \frac{\partial}{\partial x_k}\left(\rho c_\varepsilon \frac{k}{\varepsilon}\overline{v_k v_l}\frac{\partial \varepsilon}{\partial x_l}\right)$$
$$+ \frac{\varepsilon}{k}\left(c_{\varepsilon 1}\left(-\rho\overline{v_i v_k}\frac{\partial v_i}{\partial x_k} + \frac{\rho_p}{\tau_{rp}}(2k_{pg} - 2k)\right) - c_{\varepsilon 2}\rho\varepsilon\right) \tag{10.10.11}$$

$$\frac{\partial}{\partial t}(\rho_p k_p) + \frac{\partial}{\partial x_k}(\rho_p V_{pk} k_p) = \frac{\partial}{\partial x_k}\left(\rho_p c_{kp}\frac{k_p}{\varepsilon_p}\times\overline{v_{pk}v_{pl}}\frac{\partial k_p}{\partial x_l}\right)$$
$$- \rho_p\overline{v_{pi}v_{pk}}\frac{\partial v_{pi}}{\partial x_k} + \frac{\rho_p}{\tau_{rp}}(2k_{pg} - 2k_p) \tag{10.10.12}$$

$$\frac{\partial}{\partial t}(k_{pg}) + (V_k + V_{pk})\frac{\partial}{\partial x_k}(k_{pg})$$
$$= \frac{\partial}{\partial x_k}\left[\left(c_s\frac{k}{\varepsilon}\overline{v_k v_l} + c_{kp}\frac{k_p}{\varepsilon_p}\overline{v_{pk}v_{pl}}\right)\frac{\partial k_{pg}}{\partial x_l}\right]$$
$$- \frac{1}{2}\left(\overline{v_i v_{pk}}\frac{\partial v_{pi}}{\partial x_k} + \overline{v_{pi}v_k}\frac{\partial v_i}{\partial x_k}\right)$$
$$- \frac{\varepsilon}{k}k_{pg} + \frac{1}{\rho\tau_{rp}}(\rho_p k_p + \rho k - (\rho + \rho_p)k_{pg}) \tag{10.10.13}$$

用非线性的 k-ε-k_p 两相湍流模型 (简称为 NKP) 对轴对称旋流数 s 为 0.47 的旋流两相流动进行了数值模拟. 将模拟结果与实验数据以及 USM 模型的模拟结果进行了对比. 图 10.10.1 和图 10.10.2 分别给出了 NKP 模型与 USM 模型预报的 $45\mu m$ 颗粒轴向和切向平均速度分布. 除了个别截面外, 两模型差别很小, 均给出了与实验数据吻合较好的模拟结果. 图 10.10.3 和图 10.10.4 分别给出了 $45\mu m$ 颗粒的轴向和切向脉动的预报. 大部分地区两模型差别不显著, 两者的预报值都小于实验值, 轴向脉动预报值和实验值间的差别大于切向脉动相应的差别.

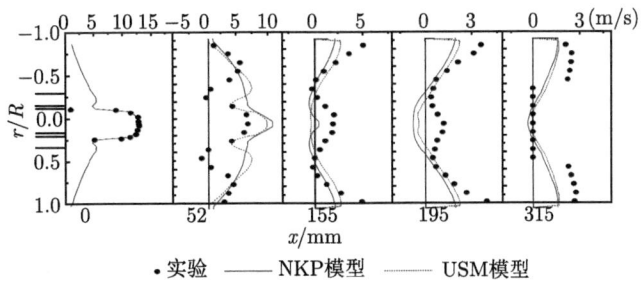

图 10.10.1 颗粒 ($45\mu m$) 轴向平均速度

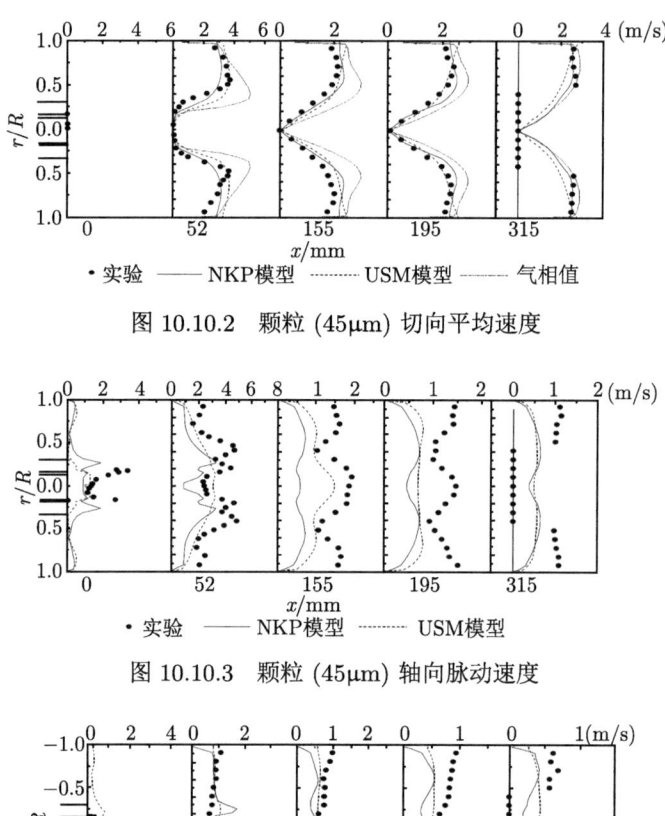

图 10.10.2 颗粒 (45μm) 切向平均速度

图 10.10.3 颗粒 (45μm) 轴向脉动速度

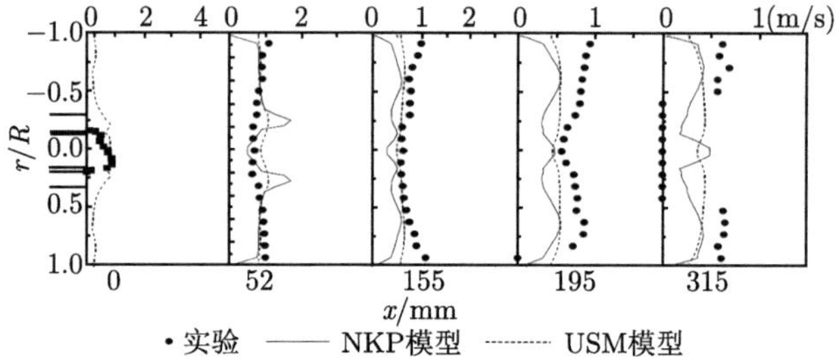

图 10.10.4 颗粒 (45μm) 切向脉动速度

总的看来,非线性 k-ε-k_p 两相湍流模型比线性 k-ε-k_p 两相湍流模型合理,和 USM 模型具有差不多的模拟各向异性两相湍流的能力. 该模型能避免代数二阶矩模型应用中经常遇到的不收敛问题,容易耦合到标准 k-ε-k_p 模型的计算程序中,计算时间增加不多,对二维和小尺寸问题比二阶矩模型所需计算时间少 50%. 对三维大尺寸问题将节省大量时间,可以考虑扩大其应用.

10.11 稠密颗粒流动的动力论模型

稠密气体-颗粒流动存在于稠密气力输送、稠密旋风分离器、循环流化床的上升管和下降管以及高炉喷煤燃烧室内,其中颗粒的弥散同时受湍流引起的大尺度脉动和颗粒之间碰撞引起的小尺度脉动的支配. 欧拉-欧拉 (E-E, 双流体) 和欧拉-拉氏 (E-L) 方法都曾用于模拟这类流动. 前者需要有颗粒碰撞压力和剪切力的模型以及颗粒湍流模型, 后者需要有颗粒碰撞模型, 如硬球和软球模型. E-E 模拟的好处是, 用可以接受的计算量能预报大型工程装置的流动过程, 其主要问题是复杂的封闭模型, 需要不断地完善和实验验证. 20 世纪 90 年代 Gidaspow[37] 提出了稠密气粒两相流动的动力论模型 (kinetic theory model), 用于模拟颗粒之间的碰撞, 不考虑气体和颗粒湍流. 对于上升管、下降管和输送管道内速度比较高的稠密气粒两相流动, 除了气体湍流之外, 必须同时考虑颗粒之间碰撞引起的小尺度脉动和颗粒湍流形成的大尺度脉动. 前文已经指出, 本书作者对稀疏气粒两相流动提出了 k-ε-k_p 和 USM 两相湍流模型. 其后, 程易等[38] 针对稠密气粒两相流动提出了 k-ε-k_p-ε_p-θ (θ 为颗粒的假温度).

双流体模型中颗粒动量方程是

$$\frac{\partial}{\partial t}(\alpha_p\rho_p\overline{v_{pi}}) + \frac{\partial}{\partial x_j}(\alpha_p\rho_p\overline{v_{pi}v_{pj}}) = -\frac{\partial p_p}{\partial x_j} - \frac{\partial \tau_{p,ij}}{\partial x_j} + \frac{\alpha_p\rho_p}{\tau_r}(\overline{v_{gi}} - \overline{v_{pi}}) \quad (10.11.1)$$

如果忽略颗粒大尺度脉动 (颗粒湍流), 按照 Gidaspow 的颗粒动力论模型, 颗粒碰撞的剪切应力是

$$\tau_p = \{-\alpha_p\rho_p\theta[1 + 2(1+e)g_0\alpha_p] + \alpha_p\xi_p\nabla\cdot\overline{v_p}\}\delta_{ij} - 2\alpha_p\mu_p\overline{S_p} \quad (10.11.2)$$

其中, "颗粒假温度" θ 按照下列方程来确定

$$\frac{3}{2}\left[\frac{\partial}{\partial t}(\alpha_p\rho_p\theta) + \nabla\cdot(\alpha_p\rho_p\theta\overline{v_p})\right] = \nabla\cdot(\kappa_p\nabla\theta) - \gamma_p - 3\beta\theta \quad (10.11.3)$$

颗粒碰撞压力是

$$p_p = \varepsilon_p\rho_p\theta[1 + 2(1+e)g_0\alpha_p] \quad (10.11.4)$$

颗粒动力黏度 μ_p 是

$$\mu_p = \frac{4}{5}\alpha_p^2\rho_p d_p g_0(1+e)\sqrt{\frac{\theta}{\pi}} + \frac{10\rho_p d_p\sqrt{\pi\theta}}{96(1+e)\alpha_p g_0}\left[1 + \frac{4}{5}g_0\alpha_p(1+e)\right]^2 \quad (10.11.5)$$

颗粒表观黏度 ξ_p 是

$$\xi_p = \frac{4}{5}\alpha_p\rho_p d_p g_0(1+e)\left(\frac{\theta}{\pi}\right)^{\frac{1}{2}} \quad (10.11.6)$$

径向分布函数 g_0 是

$$g_0 = \left[1 - \left(\frac{\alpha_p}{\alpha_{p\max}}\right)^{\frac{1}{3}}\right]^{-1} \quad (10.11.7)$$

输运系数 k_p 是

$$k_p = 2\alpha_p^2 \rho_p d_p g_0 (1+e) \left(\frac{\theta}{\pi}\right)^{\frac{1}{2}} \qquad (10.11.8)$$

碰撞耗散率 γ_p 是

$$\gamma_p = 3(1-e)^2 \alpha_p^2 \rho_p g_0 \theta \left[\frac{4}{d_p}\left(\frac{\theta}{\pi}\right)^{\frac{1}{2}} - \nabla \cdot \overline{v_p}\right] \qquad (10.11.9)$$

Goldschmidt 等[39]用动力论模型模拟了鼓泡流化床. 模拟结果给出了气泡的形状和尺寸, 显示出恢复系数对模拟结果有很大的影响. 预报的颗粒体积分数和速度缺乏实验验证. 程易等[38]用 k-ε-k_p-θ 模型模拟了循环流化床的下降管内流动. 图 10.11.1 给出了预报的颗粒体积分数. 结果指出, k-ε-k_p-θ 模型的结果和实验符合, 而 k-ε-θ 模型 (气体 k-ε 模型加颗粒 θ 模型) 以及仅 k-ε-k_p 模型都和实验结果不一致. 这就表明, 在模拟循环流化床的稀密气粒两相流动中, 除了气体湍流之外, 颗粒湍流和颗粒之间的碰撞都必须加以考虑. Neri 和 Gidaspow[40]用动力论模型模拟了循环流化床上升管内流动, 同样不考虑气体和颗粒湍流. 预报的颗粒体积分数和颗粒速度与实验结果不符合. 有意思的是, 陆慧林和 Gidaspow 等[41]以及刘阳和周力行等[42]把动力论模型与气体湍流的 Smagorinsky 亚网格应力模型相结合, 分别模拟了上升管内稀密气粒流动和单边突扩稀疏气粒流动. 虽然这两个模拟被称为大涡模拟, 但是由于是二维的, 而且网格尺寸太粗, 实际上只是非定常 RANS (URANS) 模拟. 图 10.11.2 给出预报的单边突扩稀疏气粒

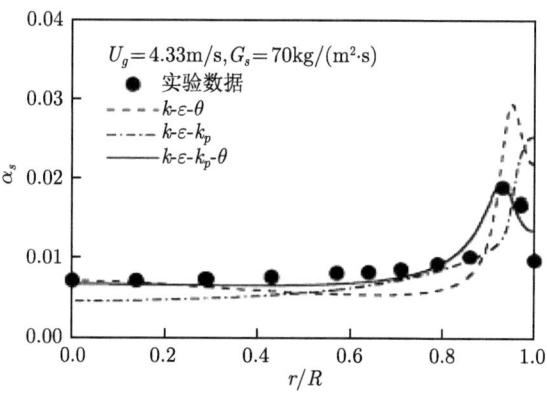

图 10.11.1　颗粒体积分数

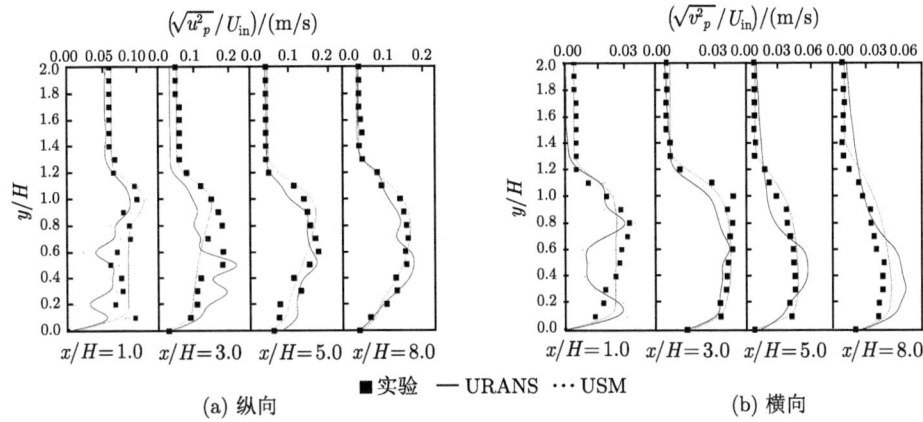

图 10.11.2 颗粒均方根脉动速度

流动的颗粒均方根脉动速度. URANS 模拟结果和定常 USM 两相湍流模型的结果都与实验符合. 这就说明, 尽管前者没有考虑颗粒湍流, 而且用了一个非常粗糙简单的气体湍流模型 (相当于混合长模型), 但非定常的效果起主导作用.

10.12 稠密气粒流动的两相湍流模型

在速度较高的稠密气粒流动中, 同时有颗粒湍流的大尺度脉动和颗粒之间碰撞的小尺度脉动. 作者所在的研究组 [43] 提出了一种两相湍流的 USM-θ 模型, 其中对气体和颗粒湍流用 USM 模型, 对颗粒之间碰撞的小尺度脉动用 Gidaspow 动力论模型的假温度方程, 即 θ 方程. 但这不是简单的叠加, 因为颗粒雷诺应力方程和 θ 方程中有相互作用项. 这个模型的方程如下.

气体雷诺应力方程

$$\frac{\partial \left(\overline{\alpha_g}\rho_{gm}\overline{u_{gi}u_{gj}}\right)}{\partial t} + \frac{\partial \left(\overline{\alpha_g}\rho_{gm}U_{gk}\overline{u_{gi}u_{gj}}\right)}{\partial x_k} = D_{g,ij} + P_{g,ij} + \Pi_{g,ij} - \varepsilon_{g,ij} + G_{g,gp,ij} \tag{10.12.1}$$

这里,

$$G_{g,gp,ij} = \beta \left(\overline{u_{pi}u_{gj}} + \overline{u_{gi}u_{pj}} - 2\overline{u_{gi}u_{gj}}\right)$$

颗粒雷诺应力方程

$$\frac{\partial \left(\overline{\alpha_p}\rho_{pm}\overline{u_{pi}u_{pj}}\right)}{\partial t} + \frac{\partial \left(\overline{\alpha_p}\rho_{pm}U_{pk}\overline{u_{pi}u_{pj}}\right)}{\partial x_k} = D_{p,ij} + P_{p,ij} + \Pi_{p,ij} - \varepsilon_{p,ij} + G_{p,gp,ij} \tag{10.12.2}$$

其中,

$$G_{p,gp,ij} = \beta \left(\overline{u_{pi}u_{gj}} + \overline{u_{pj}u_{gi}} - 2\overline{u_{pi}u_{pj}}\right)$$

气体和颗粒湍流动能耗散率方程

$$\frac{\partial \left(\overline{\alpha_g}\rho_{gm}\varepsilon_g\right)}{\partial t} + \frac{\partial \left(\overline{\alpha_g}\rho_{gm}U_{gk}\varepsilon_g\right)}{\partial x_k}$$
$$= \frac{\partial}{\partial x_k}\left(C_g\bar{\alpha}_g\rho_{gm}\frac{k_g}{\varepsilon_g}\overline{u_{gk}u_{gl}}\frac{\partial \varepsilon_g}{\partial x_l}\right)$$
$$+ \frac{\varepsilon_g}{k_g}\left[c_{\varepsilon 1}\left(P_g + G_{g,gp}\right) - c_{\varepsilon 2}\bar{\alpha}_g\rho_{gm}\varepsilon_g\right] \quad (10.12.3)$$

其中，

$$G_{g,gp} = 2\beta\left(k_{gp} - k_g\right), \quad c_{\varepsilon 3} = 1.8$$

$$\frac{\partial \left(\overline{\alpha_p}\rho_{pm}\varepsilon_p\right)}{\partial t} + \frac{\partial \left(\overline{\alpha_p}\rho_{pm}U_{pk}\varepsilon_p\right)}{\partial x_k}$$
$$= \frac{\partial}{\partial x_k}\left(\overline{\alpha_p}\rho_{pm}C_p^d\frac{k_p}{\varepsilon_p}\overline{u_{pk}u_{pl}}\frac{\partial \varepsilon_p}{\partial x_l}\right)$$
$$+ \frac{\varepsilon_p}{k_p}\left[C_{\varepsilon p,1}\left(P_p + G_{p,gp}\right) - C_{\varepsilon p,2}\overline{\alpha_p}\rho_{pm}\varepsilon_p\right] \quad (10.12.4)$$

这里，β 是颗粒弛豫时间的倒数

$$G_{p,gp} = 2\beta\left(k_{pg} - k_p\right)$$

两相速度关联方程

$$\frac{\partial \overline{u_{pi}u_{gj}}}{\partial t} + \left(U_{gk} + U_{pk}\right)\frac{\partial \overline{u_{pi}u_{gj}}}{\partial x_k} = D_{g,p,ij} + P_{g,p,ij} + \Pi_{g,p,ij} - \varepsilon_{g,p,ij} + T_{g,p,ij}$$
$$(10.12.5)$$

颗粒假温度方程

$$\frac{3}{2}\left[\frac{\partial \left(\overline{\alpha_p}\rho_{pm}\theta\right)}{\partial t} + \frac{\partial \left(\overline{\alpha_p}\rho_{pm}U_{pk}\tilde{u}_{pk}\theta\right)}{\partial x_k}\right]$$
$$= -\frac{\partial}{\partial x_k}\left(\frac{3}{2}\alpha_p\rho_{pm}u_{pk}\theta + \Gamma_\theta\frac{\partial \theta}{\partial x_k}\right)$$
$$+ \mu_p\left(\frac{\partial U_{pk}}{\partial x_i} + \frac{\partial U_{pi}}{\partial x_k}\right)\frac{\partial U_{pi}}{\partial x_k} + \mu_p\varepsilon_p$$
$$- P_p\frac{\partial U_{pl}}{\partial x_l} + \left(\xi_p - \frac{2}{3}\mu_p\right)\left(\frac{\partial U_{pl}}{\partial x_l}\right)^2 - \overline{\gamma} \quad (10.12.6)$$

方程 (10.12.6) 中的符号和 Gidaspow 动力论模型中的相同. 该方程中右端第三项反映颗粒湍流动能耗散率对颗粒假温度的影响. 对下降管内稠密气粒流动的模拟给出颗粒体积分数 (图 10.12.1) 和颗粒速度 (图 10.12.2). 从图 10.12.1 和

图 10.12.2 中看出，USM-θ 模型比不考虑颗粒湍流的 DSM-θ 模型、不考虑颗粒之间碰撞的 USM 模型以及不考虑各向异性的 k-ε-k_p-θ 模型，要好得多. 图 10.12.3 给出颗粒水平方向均方根脉动速度，也显示了 USM-θ 模型优于其他模型.

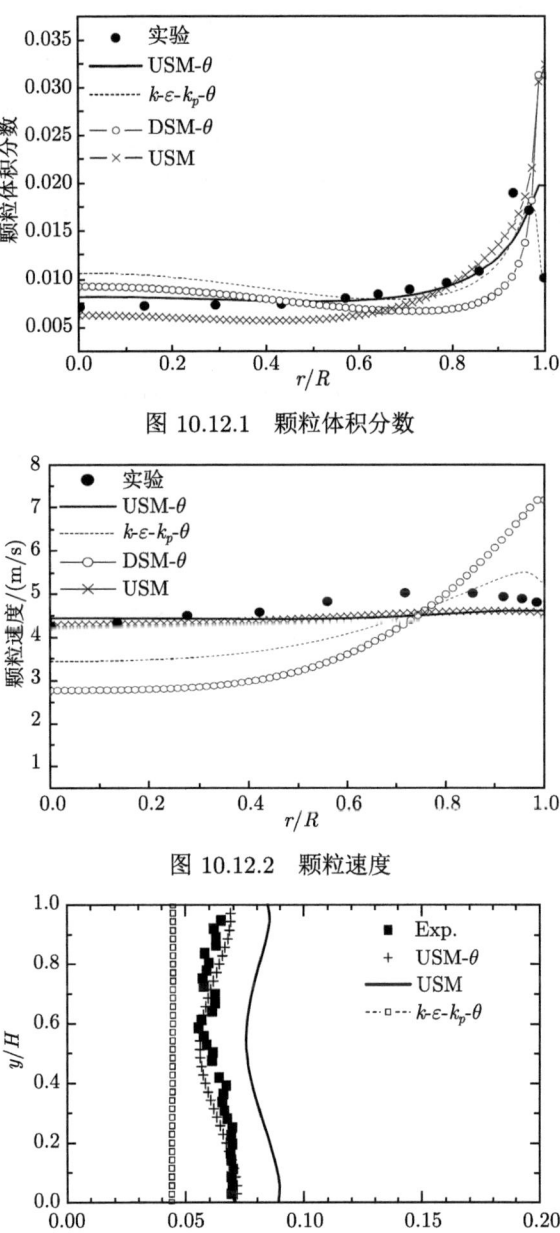

图 10.12.1　颗粒体积分数

图 10.12.2　颗粒速度

图 10.12.3　颗粒水平方向均方根脉动速度

10.13 两相流动的欧拉-拉格朗日 (轨道) 模拟

本章前面几节的讨论都是在双流体模型的框架内进行的. 另一方面, 在工程问题的数值模拟中, 包括国际上最流行的商业软件中, 颗粒相的轨道模型或拉格朗日模型都有广泛的应用. 在颗粒轨道模型中, 认为颗粒相是离散体系, 颗粒群按照初始尺寸分组, 每组颗粒从初始位置开始, 沿着各自的轨道运动, 在任何时刻有相同的尺寸、速度和温度、颗粒的速度、温度和质量的变化都可以沿轨道加以追踪. 认为颗粒作用于气体或流体的质量、动量和能量源等价地均匀地作用于流体或气体的计算单元/网格内.

10.13.1 确定轨道模型的基本守恒方程组

在轨道模型发展过程的早期, 即 20 世纪 80 年代初, Crowe 等提出了确定轨道模型 (deterministic trajectory model)[44], 也就是忽略了颗粒的湍流脉动. 到 20 世纪 80 年代中期, Gosman 等首先提出了随机轨道模型 (stochastic trajectory model)[45], 考虑了颗粒的脉动所引起的湍流扩散或湍流弥散. 对于确定轨道模型而言, 除了气相方程组在形式上和双流体模型的相同外, 颗粒相基本守恒方程组就相当于取湍流两相流动颗粒相时均方程组中各关联项为零, 在形式上和层流方程组或瞬态方程组相同, 即 k 种颗粒连续方程

$$\frac{\partial \rho_k}{\partial t} + \frac{\partial}{\partial x_j}(\rho_k v_{kj}) = S_k$$

k 种颗粒动量方程

$$\frac{\partial}{\partial t}(\rho_k v_{ki}) + \frac{\partial}{\partial x_j}(\rho_k v_{kj} v_{ki}) = \rho_k g_i + \frac{\rho_k}{\tau_{rk}}(v_i - v_{ki}) + v_i S_k$$

k 种颗粒能量方程

$$\frac{\partial}{\partial t}(\rho_k c_k T_k) + \frac{\partial}{\partial x_j}(\rho_k v_{kj} c_k T_k) = n_k(Q_h - Q_k - Q_{rk}) + c_p T S_k$$

其中, S_k 为 k 组颗粒 (液滴) 蒸发、挥发或异相反应造成的物质源项, 其总和与气相连续方程的源项 S 大小相等, 符号相反, 即

$$S = -\sum_k S_k = -\sum_k n_k \dot{m}_k, \quad \dot{m}_k = \frac{\mathrm{d}m_k}{\mathrm{d}t}$$

颗粒的连续、动量和能量方程也可以写成拉氏坐标形式

$$\int_A n_k v_{kn} \mathrm{d}A = N_k = \mathrm{const}$$

$$\frac{\mathrm{d}v_{ki}}{\mathrm{d}t_k} = \left(\frac{1}{\tau_{rk}} + \frac{\dot{m}_k}{m_k}\right)(v_i - v_{ki}) + g_i$$

$$\frac{\mathrm{d}T_k}{\mathrm{d}t_k} = [Q_h - Q_k - Q_{rk} + \dot{m}_k(c_p T - c_k T_k)]/(m_k c_k)$$

10.13.2 颗粒湍流扩散的修正

原来的颗粒确定性轨道模型中假设颗粒数总通量沿轨道保持不变，没有颗粒湍流扩散. 实际上，实验表明，在许多情况下颗粒湍流扩散是不可忽略的，例如，我们日常观察到的烟囱中冒出的烟颗粒的扩散就是最明显的例子. 又如，按照确定性轨道模型对突扩气粒两相流动进行数值模拟，预报结果给出的颗粒轨道集中于轴线附近，但实际上颗粒几乎弥散于整个流场之中，甚至进入回流区内. 某些确定性轨道模型采用修正方法考虑颗粒湍流扩散，最简单的一种方法是引入 "颗粒漂移速度" 或 "颗粒漂移力" 的概念，考虑颗粒扩散造成的轨道变化，该方法由 Smoot 等 [46] 与 Lockwood 等 [47] 提出. 例如，Smoot 等假设颗粒速度由两部分组成，即

$$v_{kj} = v_{kc,j} + v_{kd,j} \tag{10.13.1}$$

其中，$v_{kc,j}$ 是颗粒对流速度，由颗粒动量方程确定；$v_{kd,j}$ 是颗粒扩散漂移速度，由 Fick 定律形式的扩散定律决定

$$-\rho_k v_{kd,j} = -n_k m_k v_{kd,j} = D_k m_k \frac{\partial n_k}{\partial x_j}$$

或者

$$v_{kd,j} = -\frac{D_k}{n_k} \frac{\partial n_k}{\partial x_j} \tag{10.13.2}$$

不难看出，实际上这一修正是引入了双流体模型的概念. 如果考察时平均颗粒连续方程

$$\frac{\partial n_k}{\partial t} + \frac{\partial}{\partial x_j}(n_k v_{kj}) = -\frac{\partial}{\partial x_j}\overline{(n'_k v'_{kj})}$$

如果对扩散质量流取梯度模拟，则有

$$-\overline{n'_k v'_{kj}} = -n_k v_{kd,j} = D_k \frac{\partial n_k}{\partial x_j}$$

同样可以得到颗粒时平均连续方程

$$\frac{\partial n_k}{\partial t} + \frac{\partial}{\partial x_j}(n_k v_{kj}) = \frac{\partial}{\partial x_j}\left(D_k \frac{\partial n_k}{\partial x_j}\right) \tag{10.13.3}$$

如果取颗粒总速度为

$$v_{kj,0} = v_{kj} + v_{kd,j} \tag{10.13.4}$$

则有

$$\frac{\partial n_k}{\partial t} + \frac{\partial}{\partial x_j}(n_k v_{kj,0}) = 0 \tag{10.13.5}$$

可见，漂移速度的概念正是基于双流体模型欧拉坐标系中颗粒连续方程的扩散项得到的，但是这一概念并未引入到颗粒动量方程中。为了求颗粒扩散漂移速度，需要知道颗粒扩散系数 D_k 和颗粒数密度梯度 $\partial n_k/\partial x_j$。这两个量是轨道模型本身无法给出的，于是又不得不求助于双流体模型。对前者按 Hinze-Tchen 公式选取

$$\nu_p/\nu_T = D_p/D_T = (k_p/k)^2 = (1 + \tau_{r1}/\tau_T)^{-1}$$

对后者，用单流体或无滑移概念，设颗粒速度等于气体速度来求解如下的数密度方程

$$\frac{\partial n_k}{\partial t} + \frac{\partial}{\partial x_j}(n_k v_j) = \frac{\partial}{\partial x_j}\left(\frac{\nu_T}{\sigma_{kp}}\frac{\partial n_k}{\partial x_j}\right) \tag{10.13.6}$$

由此求出颗粒数密度梯度。其中，σ_{kp} 取为 0.35。上述"漂移速度"的轨道修正法已经引入到 Smoot 领导的美国杨百翰 (Brigham Yong) 大学高级燃烧工程研究中心所开发的二维和三维煤粉燃烧数值模拟程序软件 PCGC-2 及 PCGC-3 中。

10.13.3 颗粒随机轨道模型

以上的修正只考虑了颗粒湍流扩散对轨道位置的修正，仍然难以给出连续分布的颗粒速度场和浓度场。而且上述修正借用了双流体模型的概念，不是彻底的拉氏法。20 世纪 80 年代中期开始，Gosman 等[45] 许多研究者提出用随机轨道模型的方法来考虑颗粒湍流脉动引起的扩散。随机轨道模型实质上是一种半直接模拟，即对流体仍然采用一般的统观湍流模型方法，而对颗粒采用直接模拟方法。随机轨道模型建筑在颗粒瞬态动量方程的基础上，例如，无反应等温两相流动的颗粒瞬态动量方程是

$$\frac{du_p}{dt} = (\bar{u} + u' - u_p)/\tau_r \tag{10.13.7}$$

$$\frac{dv_p}{dt} = (\bar{v} + v' - v_p)/\tau_r + w_p^2/r_p + g \tag{10.13.8}$$

$$\frac{dw_p}{dt} = (\bar{w} + w' - w_p)/\tau_r - v_p w_p/r_p \tag{10.13.9}$$

其中，u_p, v_p, w_p 分别是颗粒瞬时轴向、径向和切向速度，$\bar{u}, \bar{v}, \bar{w}$ 和 u', v', w' 分别是气体在三个方向上的时平均速度和脉动速度。假设气体湍流各向同性和局部均

匀，其随机速度满足高斯 PDF 分布，气体脉动速度可以随机取样为

$$u' = \varsigma \left(\overline{u'^2}\right)^{1/2}, \quad v' = \varsigma \left(\overline{v'^2}\right)^{1/2}, \quad w' = \varsigma \left(\overline{w'^2}\right)^{1/2} \quad (\varsigma = 0, 1, 2, 3 \cdots)$$

$$\overline{u'^2} = \overline{v'^2} = \overline{w'^2} = \frac{2}{3}k$$

其中，ς 为随机数. 若将随机的脉动速度代入式 (10.11.7)~ 式 (10.11.9)，则可以求出颗粒三个方向上的瞬时速度和颗粒随机轨道位置：

$$x_p = \int u_p \mathrm{d}t, \quad r_p = \int v_p \mathrm{d}t, \quad \theta_p = \int (w_p/r_p) \mathrm{d}t$$

颗粒和随机涡的相互作用时间可以取为 $\tau_e = \min[\tau_r, \tau_T]$，实际计算中，颗粒随机轨道用 Monte-Carlo 法求解，在燃烧室和炉内往往要计算几千条甚至上万条轨道，因此计算时间消耗很大. 以前认为颗粒随机轨道模型的好处，一个是不用湍流模型，另一个是节省计算时间. 随着人们的数值模拟实践和对轨道模型认识的不断加深，目前比较一致的看法是，轨道模型并非不要湍流模型，只是不需要构造颗粒湍流模型，但是需要构造气体脉动速度的湍流模型. 上述的高斯分布是一种简单的脉动速度模型. 文献 [48] 提出一种 Fourier 随机级数的脉动频谱模型. 近年来应用较多的是 Pope 在 PDF 方程中提出的，后来被 Sommerfeld 和 Simonin 等应用的 Langevin 方程模型 [49]. 另外，由于轨道模型实质上是半直接模拟，假如要取得三维空间中颗粒速度和浓度场的足够数据，需要用大量的轨道，不会节省时间，而是耗时很大. 有鉴于此，20 世纪 80 年代 Baxter 和 Smith[50] 以及后来 Pereira 和 Chen[51] 提出了最大概率轨道加上经验性的给定概率密度的方法，可以大大减少所计算的轨道数目，又能易于给出欧拉场中颗粒速度和浓度分布. 任何颗粒欧拉场性质，例如，颗粒数密度为

$$\langle n_p(x_i, t) \rangle = \dot{q} \int_{t_0}^{t} p(x_i, \tau) \mathrm{d}\tau \tag{10.13.10}$$

其中，$\dot{q}$ 是颗粒数流率，p 是概率密度分布，被假设为高斯分布

$$p(x_i, t) = \frac{(\sigma)^{-3}}{(2\pi)^{3/2}} \exp\left\{-\frac{1}{2\sigma^2}\left[(x - \langle Ut \rangle)^2 + (y - \langle Vt \rangle)^2 + (z - \langle Wt \rangle)^2\right]\right\}$$
$$\tag{10.13.11}$$

其中，$\sigma^2 = \langle v_{pi}^2 \rangle$ 为颗粒脉动均方值，按 Hinze-Tchen 公式选取.

前面已经指出，轨道模型已经被广泛用于工程模拟. 随机轨道模型已经应用于著名的商业软件，如 CFX, ANSYS-FLUENT 和 STAR-CD 等以及杨百翰大学的 PCGC-3 软件中. 轨道模型曾先后被用于模拟燃气轮燃烧室内三维气雾两相流动和燃烧 [52]，以及煤粉燃烧 [53,54] 等. 轨道模型用于工程中的优点是，不用构造

颗粒湍流模型, 易于模拟有复杂经历, 例如, 有水分蒸发、热解挥发和焦炭燃烧的煤粉颗粒, 而且没有数值扩散. 其缺点是, 仍然要构造气体瞬时速度的湍流模型. 由于颗粒轨道模型的半直接模拟性质, 要给出能受到实验检验的颗粒场的足够信息, 需要很大的计算机储存量和计算时间. 文献 [55] 发现, 轨道模型模拟所得的颗粒脉动速度往往小于 PDPA 测量值. 文献 [56] 发现, 轨道模型预报的颗粒浓度分布比 PDPA 测量的要不均匀得多. 图 10.13.1 是一个四角喷燃炉冷态模型中测量的和双流体 k-ε-k_p 两相湍流模型以及随机轨道模型预报的颗粒浓度分布. 显然轨道模型由于低估了颗粒湍流脉动而大大低估了颗粒湍流扩散. 这说明轨道模型没有充分地、完整地模拟出颗粒的湍流脉动.

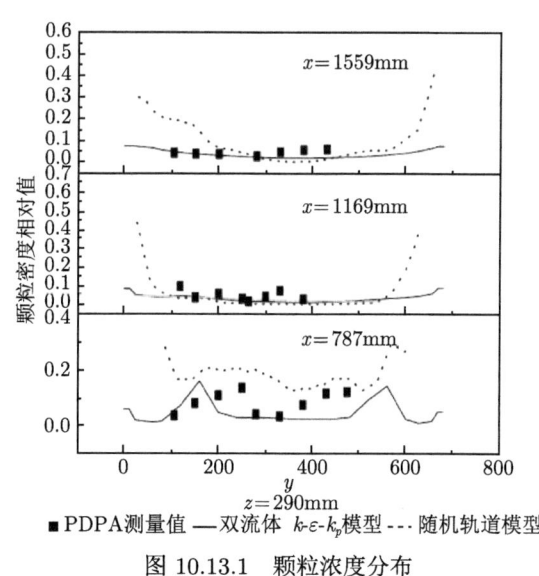

图 10.13.1 颗粒浓度分布

10.13.4 稠密气粒流动的离散单元模拟

稠密气粒流动的欧拉-拉氏模拟中, 当考虑颗粒之间的碰撞时, 被称为离散元模拟 (DEM). 该模型最初由 Tsuji 等[57] 提出, 其后由余艾冰 (A. B. Yu) 等[58] 加以发展和大规模应用. DEM 的控制方程是

$$m_i \frac{\mathrm{d}v_i}{\mathrm{d}t} = f_{f,i} + \sum_{j=1}^{k_i}(f_{c,ij} + f_{d,ij} + f_{ij}^v) + m_i g \tag{10.13.12}$$

$$I_i \frac{\mathrm{d}\omega_i}{\mathrm{d}t} = \sum_{j=1}^{k_i} T_{ij} \tag{10.13.13}$$

其中, 式 (10.13.12) 是颗粒前进动量方程, 其右端各项依次为阻力、颗粒之间碰撞的接触力、摩擦力和重力. 式 (10.13.13) 是颗粒旋转动量方程, 右端是扭矩. 对于颗粒之间碰撞力, 可以用硬球模型或软球模型. 图 10.13.2 和图 10.13.3 给出用 DEM[59] 预报的循环流化床内气粒流动. 可以看到稠密气粒流动中的颗粒聚团和环核流动结构.

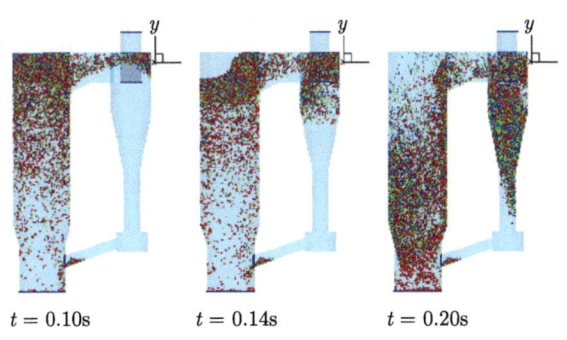

图 10.13.2　循环流化床内颗粒位置

不同颜色代表颗粒不同尺寸 [59]

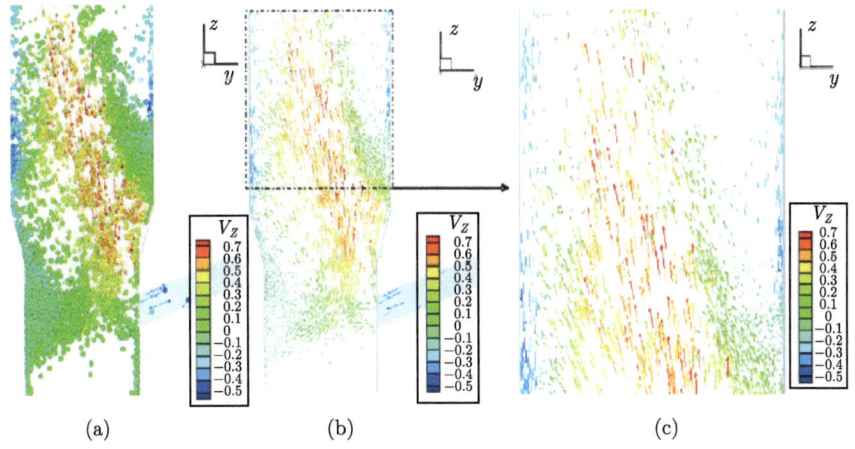

图 10.13.3　循环流化床内流动结构颗粒位置 (a) 以及颗粒速度矢量 (b) 和 (c)[59]

10.14　湍流两相流动的大涡模拟

10.14.1　引言

第 9 章已经指出, 大涡模拟 (LES) 正处于快速发展的状态, 被认为是有前途的第二代 CFD 方法, 已经从单相流动的模拟发展到两相流动的模拟. 多数气粒

流动的 LES 是欧拉-拉氏模拟. 过滤后等温两相流动的气体的连续和动量方程是

$$\frac{\partial \rho}{\partial t} + \frac{\partial}{\partial x_i}(\rho \bar{u}_i) = 0 \tag{10.14.1}$$

$$\frac{\partial}{\partial t}(\rho \bar{u}_i) + \frac{\partial}{\partial x_j}(\rho \bar{u}_i \bar{u}_j) = \frac{\partial}{\partial x_j}\left(\mu\left(\frac{\partial \bar{u}_i}{\partial x_j} + \frac{\partial \bar{u}_j}{\partial x_i}\right) - \frac{2}{3}\left(\mu\frac{\partial \bar{u}_j}{\partial x_j}\right)\delta_{ij}\right)$$
$$-\frac{\partial \bar{p}}{\partial x_i} - \frac{\partial \tau_{ij}}{\partial x_j} + \sum_k \overline{\frac{\rho_k}{\tau_{rk}}(u_{ki} - u_i)} \tag{10.14.2}$$

对两相流动中的气体常采用单相流动的亚网格应力模型, 不考虑颗粒的影响, 也就是第 9 章中讨论过的 Smagorinsky 涡黏模型, Germano 动态涡黏模型和 Kim 亚网格动能方程模型. 亚网格应力是

$$\tau_{ij} \equiv \rho \overline{u_i u_j} - \rho \bar{u}_i \bar{u}_j \tag{10.14.3}$$

Smagorinsky 涡黏模型是

$$\tau_{ij} - \frac{1}{3}\tau_{kk}\delta_{ij} = -2\mu_t \bar{S}_{ij}, \quad \mu_t = \rho(C_s \Delta)^2 |\bar{S}| \tag{10.14.4}$$

$$\bar{S}_{ij} = \frac{1}{2}\left(\frac{\partial \bar{u}_i}{\partial x_j} + \frac{\partial \bar{u}_j}{\partial x_i}\right), \quad |\bar{S}| \equiv \sqrt{2\bar{S}_{ij}\bar{S}_{ij}} \tag{10.14.5}$$

其中, $C_s = 0.16$ 是 Smagorinsky 常数, Δ 是网格尺寸. Germano 的动态涡黏模型中, C_s 不是常数, 而是经过两次过滤后的函数

$$C_s = L_{ij}M_{ij}/(M_{ij}M_{ij})$$

$$M_{ij} = 2\rho C_s \bar{\Delta}^2 \left|\hat{\bar{S}}\right| \hat{\bar{S}}_{ij} - 2\rho C_s \hat{\bar{\Delta}}^2 \left|\hat{\bar{S}}\right| \hat{\bar{S}}_{ij}, \quad L_{ij} = 2\rho C_s \hat{\bar{\Delta}}^2 \left|\hat{\bar{S}}\right| \hat{\bar{S}}_{ij} - 2\rho C_s \bar{\Delta}^2 \left|\hat{\bar{S}}\right| \hat{\bar{S}}_{ij} \tag{10.14.6}$$

Kim 的亚网格动能方程模型是

$$\tau_{ij} = -2\rho v_t \left(\bar{S}_{ij} - \frac{1}{3}\bar{S}_{kk}\delta_{ij}\right) + \frac{2}{3}\rho k^{\text{sgs}}\delta_{ij} \tag{10.14.7}$$

$$\frac{\partial \bar{\rho}k^{\text{sgs}}}{\partial t} + \frac{\partial}{\partial x_i}(\bar{\rho}\bar{u}_i k^{\text{sgs}}) = P^{\text{sgs}} - D^{\text{sgs}} + \frac{\partial}{\partial x_i}\left(\frac{\bar{\rho}v_t}{Pr_t}\frac{\partial k^{\text{sgs}}}{\partial x_i}\right) + \dot{W}_s \tag{10.14.8}$$

$$k^{\text{sgs}} = \frac{1}{2}(\overline{u_i u_j} - \bar{u}_i \bar{u}_j), \quad v_t = C_v(k^{\text{sgs}})^{1/2}\bar{\Delta}, \quad D^{\text{sgs}} = C_\varepsilon(K^{\text{sgs}})^{3/2}/\bar{\Delta}$$

亚网格能量方程的好处是, 避免了涡黏性的负值出现. 在双流体 LES 中, Yuu 等[60] 考虑了颗粒对气体亚网格应力的影响, 在气体亚网格能量方程中增加一个

颗粒源项，然后取局部平衡，即产生等于耗散，所得到的气体亚网格应力代数模型是

$$\nu_t = C_{\nu t} C_\varepsilon^{1/3} k_{\text{sgs}}^{1/2} \Delta \tag{10.14.9}$$

$$\overline{k}_{\text{sgs}}^{1/2} = \frac{-A_2 + \sqrt{A_2^3 + 4A_1(A_3 + A_4)}}{2A_1} \tag{10.14.10}$$

$$A_1 = \frac{C_\varepsilon}{\Delta}, \quad A_2 = \frac{6\pi D D_p^2}{Re}\left(1 + 0.15\overline{Re}_p^{0.687}\right)\frac{\overline{n}}{aT_L + 1}, \quad A_3 = 2C_{\nu t}C_\varepsilon^{1/3}\Delta \overline{D}_D^2$$

$$A_4 = \frac{3\pi C_{\nu t} C_\varepsilon^{1/3} \Delta D_p D^2 \left(1 + 0.15\overline{Re}_p^{0.687}\right)}{\sigma Re} \frac{\partial \overline{n}}{\partial x_i}(\overline{u}_i - \overline{u_{p_i}})$$

此模型用于颗粒-空气射流的欧拉-拉氏大涡模拟，预报的颗粒湍流强度和 LDV 测量结果符合，而且是小颗粒削弱小尺度的气体亚网格湍流，但是缺乏有颗粒影响和无颗粒影响的比较. H. S. Zhou 等 [61] 提出一个有颗粒源项的气体亚网格能量方程模型. 该模型是

$$\tau_{ij}^{\text{sgs}} = \rho_f \overline{u_i' u_j'} = \rho_f \nu_t \left(\tilde{S}_{i,j} - \frac{2}{3}\tilde{S}_{kk}\delta_{ij}\right) - \frac{2}{3}\rho_f \overline{k}^{\text{sgs}}\delta_{ij} \tag{10.14.11}$$

$$\nu_t = C_k \Delta \overline{k}_{\text{sgs}}^{1/2}$$

$$\frac{\partial(\varepsilon \rho_f \overline{k}_{\text{sgs}})}{\partial t} + \frac{\partial(\varepsilon_f \rho_f \overline{u}_{f,j}\overline{k}_{\text{sgs}})}{\partial x_j}$$

$$= \frac{\partial}{\partial x_j}\left[\varepsilon \rho_f \left(\nu_f + \frac{\nu_t}{Pr}\right)\frac{\partial \overline{k}_{\text{sgs}}}{\partial x_j}\right] + \frac{1}{2}\varepsilon \rho_f \nu_t \left(\tilde{S}_{f,j}\tilde{S}_{f,j}\right)$$

$$- \varepsilon \rho_f C_\varepsilon \frac{\overline{k}_{\text{sgs}}^{3/2}}{\Delta} - 3\pi d_p \mu_f \left(1 + 0.15\overline{Re}_p^{0.687}\right)$$

$$\times \left[\overline{n}\frac{2\overline{k}_{\text{sgs}}}{aT_L + 1} - \frac{\nu_t}{\sigma}\frac{\partial \overline{n}}{\partial x_i}(\overline{u}_{f,i} - \overline{v}_{p,i})\right] \tag{10.14.12}$$

此模型用于模拟流化床中气粒流动，但是预报结果没有实验验证.

10.14.2　旋流气粒流动的 E-L 大涡模拟

Apte 等 [62] 对 Sommerfeld 和 Qiu [63] 测量的旋流气粒流动进行了欧拉-拉氏大涡模拟，采用 Germano 动态 Smagorinsky 亚网格应力模型和颗粒随机轨道模型. 图 10.14.1 给出瞬态颗粒位置，显示出颗粒集中在强剪切区域. 图 10.14.2 是统计平均的颗粒均方根脉动速度. 预报值和实验值符合得很好，比 RANS 模拟的结果好得多.

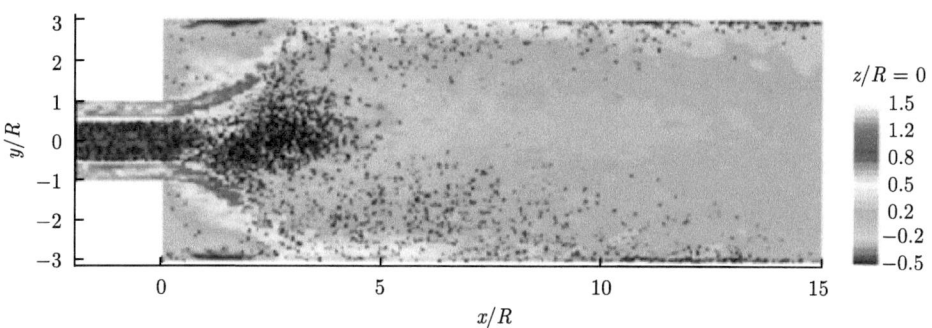

图 10.14.1 瞬态颗粒位置 [62]

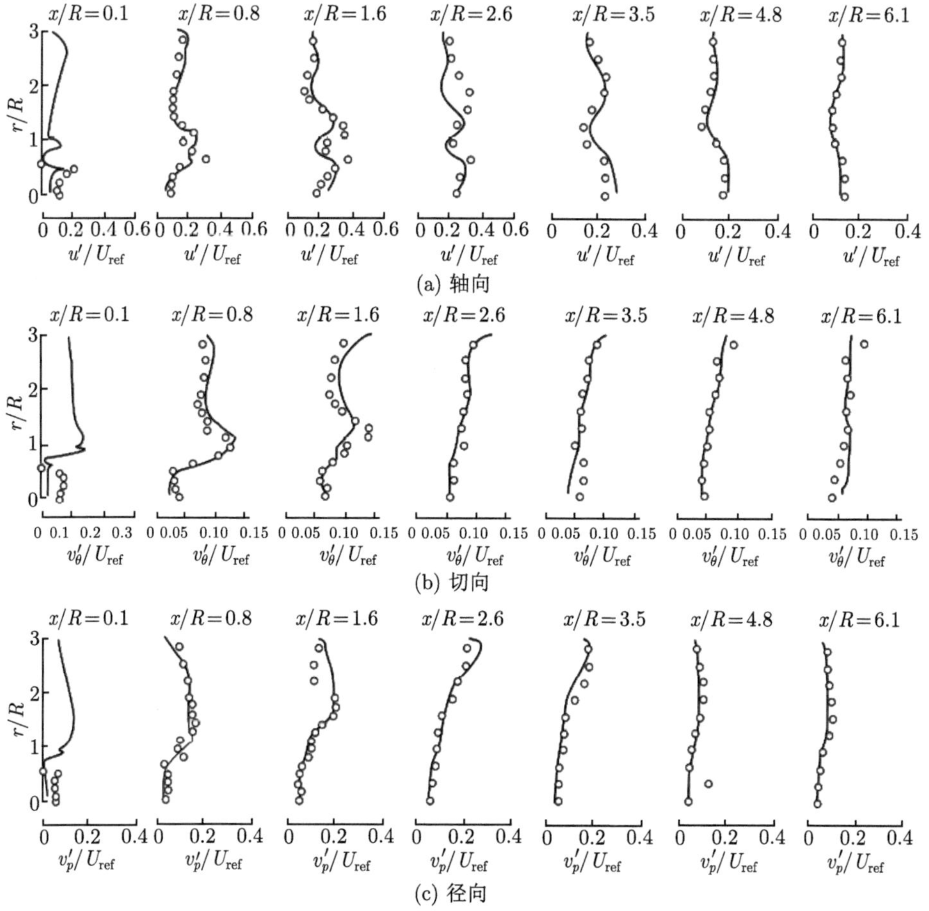

图 10.14.2 颗粒均方根脉动速度 [62]

10.14.3 气泡-液体流动的 E-L 大涡模拟

本书作者及其同事们[64]对气泡-液体流动进行了欧拉-拉氏大涡模拟. 液体动量方程中考虑了颗粒阻力和浮力. 用 Smagorinsky-Lilly 亚网格应力模型. 颗粒运动方程中考虑了阻力、重力、浮力和附加质量力. 过滤后的体积平均的液体连续和动量方程以及颗粒运动方程是

$$\frac{\partial}{\partial t}(\alpha_l\rho) + \frac{\partial}{\partial x_i}(\alpha_l\rho\bar{u}_i) = 0 \qquad (10.14.13)$$

$$\frac{\partial}{\partial t}(\alpha_l\rho\overline{u_i}) + \frac{\partial}{\partial x_j}(\alpha_l\rho\overline{u_iu_j}) = \frac{\partial}{\partial x_j}\left(\alpha_l\mu\frac{\partial\overline{u_i}}{\partial x_j}\right) - \alpha_l\frac{\partial\bar{p}}{\partial x_i} - \alpha_l\frac{\partial\tau_{ij}}{\partial x_j}$$
$$+ \frac{\alpha_b\rho_g}{\tau_r}(u_{bi} - \bar{u}_i) + \alpha_l\rho g_i + \alpha_b\rho g_i \qquad (10.14.14)$$

$$\alpha_b\rho_g\frac{\mathrm{d}u_{bi}}{\mathrm{d}t} = \frac{\alpha_b\rho_g}{\tau_r}(\bar{u}_i - u_{bi}) + \alpha_b(\rho_g - \rho)g_i + \frac{\alpha_b}{2}\rho\frac{\mathrm{d}}{\mathrm{d}t}(\bar{u}_i - u_{bi}) \qquad (10.14.15)$$

所得到的单相液体和两相流中液体的瞬态速度矢量以及气泡轨道见图 10.14.3. 可以看到剪切产生的大涡结构的发展过程. 在剪切产生和气泡产生的双重作用下,两相流中液体的涡旋在尺寸和强度上比单相液体的强,表明气泡增强了液体湍流. 图 10.4.4 和图 10.14.5 给出有气泡和无气泡时的液体脉动速度,同样表明气泡增强了液体湍流. 两相流中的液体均方根脉动速度比单相液体流动的增大了 50%.

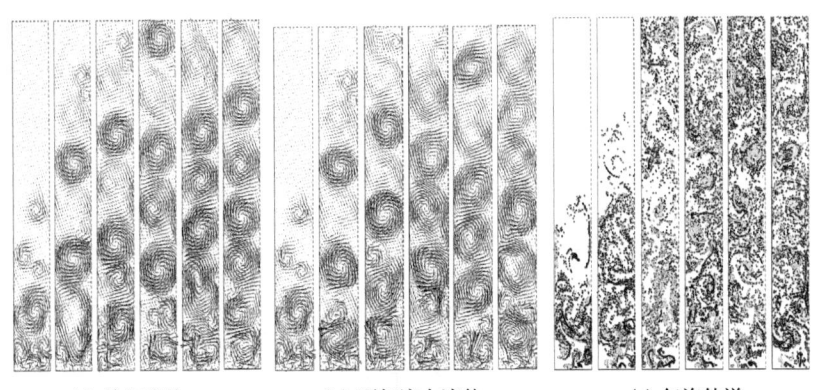

(a) 单相液体　　(b) 两相流中液体　　(c) 气泡轨道

图 10.14.3　瞬态液体速度和气泡轨道

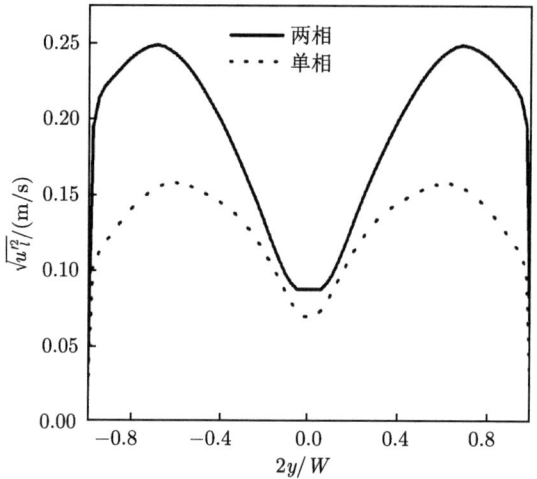

图 10.14.4　液体竖直脉动速度

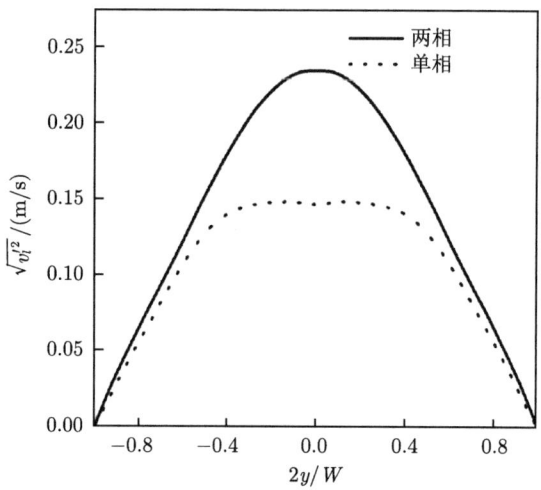

图 10.14.5　液体水平脉动速度

10.14.4　旋流气粒流动的双流体大涡模拟

多数研究者用欧拉-拉氏大涡模拟. 少数研究者报道了双流体大涡模拟, 其中对气体和颗粒都采用 Smagorinsky 亚网格应力涡黏模型, 没有考虑两相亚网格应力的相互作用及其各向异性. 本书作者的研究组[65]提出一种统一二阶矩两相亚网格应力模型, 考虑了两相之间的相互作用及其各向异性, 用于旋流气粒两相流动的双流体大涡模拟. 所用的过滤后的气体和颗粒的连续方程及动量方程是

10.14 湍流两相流动的大涡模拟

$$\frac{\partial}{\partial t}(\alpha_k \rho_k) + \frac{\partial}{\partial x_j}(\alpha_k \rho_k \overline{u_{ki}}) = 0, \quad k = g, p \tag{10.14.16}$$

$$\frac{\partial}{\partial t}(\alpha_g \rho_g \overline{u_{gi}}) + \frac{\partial}{\partial x_j}(\alpha_g \rho_g \overline{u_{gi}}\,\overline{u_{gj}}) = -\frac{\partial \overline{p_g}}{\partial x_j} + \frac{\partial \tau_{g,ij}}{\partial x_j} + \frac{\partial \tau_{gs,ij}}{\partial x_j} + \frac{\alpha_g \rho_g}{\tau_r}(\overline{u_{pi}} - \overline{u_{gi}}) \tag{10.14.17}$$

$$\frac{\partial}{\partial t}(\alpha_p \rho_p \overline{u_{pi}}) + \frac{\partial}{\partial x_j}(\alpha_p \rho_p \overline{u_{pi}}\,\overline{u_{pj}}) = \frac{\partial \tau_{p,ij}}{\partial x_j} + \frac{\partial \tau_{ps,ij}}{\partial x_j} + \frac{\alpha_g \rho_g}{\tau_r}(\overline{u_{gi}} - \overline{u_{pi}}) \tag{10.14.18}$$

其中过滤的气体和颗粒的黏性力分别是

$$\tau_{g,ij} = \mu_{gl}\left(\frac{\partial u_{gi}}{\partial x_j} + \frac{\partial u_{gj}}{\partial x_i}\right) - \frac{2}{3}\mu_{gl}\frac{\partial u_{gj}}{\partial x_j}\delta_{ij}$$

$$\tau_{p,ij} = \mu_p\left(\frac{\partial u_{pi}}{\partial x_j} + \frac{\partial u_{pj}}{\partial x_i}\right) - \frac{2}{3}\mu_p\frac{\partial u_{pj}}{\partial x_j}\delta_{ij}$$

气体和颗粒亚网格应力的定义分别是

$$\tau_{gs,ij} = -\rho_g R_{gs,ij} = -\rho_g\left(\overline{u_{gi}\,u_{gj}} - \overline{u_{gi}}\,\overline{u_{gj}}\right), \quad \tau_{ps,ij} = -\rho_p R_{ps,ij} = -\rho_p\left(\overline{u_{pi}u_{pj}} - \overline{u_{pi}}\,\overline{u_{pj}}\right)$$

取决于以下输运方程

$$\frac{\partial}{\partial t}(\alpha_g \rho_g R_{gs,ij}) + \frac{\partial}{\partial x_k}(\alpha_g \rho_g \bar{u}_{gk} R_{gs,ij}) = D_g^{\text{sgs}} + P_g^{\text{sgs}} + G_{pg}^{\text{sgs}} + \Pi_g^{\text{sgs}} - \varepsilon_g^{\text{sgs}} \tag{10.14.19}$$

$$\frac{\partial}{\partial t}(\alpha_p \rho_p R_{ps,ij}) + \frac{\partial}{\partial x_k}(\alpha_p \rho_p \bar{u}_{pk} R_{ps,ij}) = D_p^{\text{sgs}} + P_p^{\text{sgs}} + \varepsilon_p^{\text{sgs}} \tag{10.14.20}$$

方程 (10.14.19) 和方程 (10.14.20) 右端的各源项以及其他封闭方程和亚网格能量耗散率方程详见文献 [65]. 图 10.14.6 和图 10.14.7 分别给出预报的两相切向速度和均方根脉动速度. 可以看到 LES 模拟给出比 RANS-USM 模拟更好的结果. 当然, 预报值和实验值之间仍然有差距. 这是因为模拟是二维的, 而且使用的是二阶差分格式, 因此不如 Apte 等用三维模拟和高阶差分格式的效果好. 但是双流体大涡模拟比欧拉-拉氏大涡模拟大大节省了计算量.

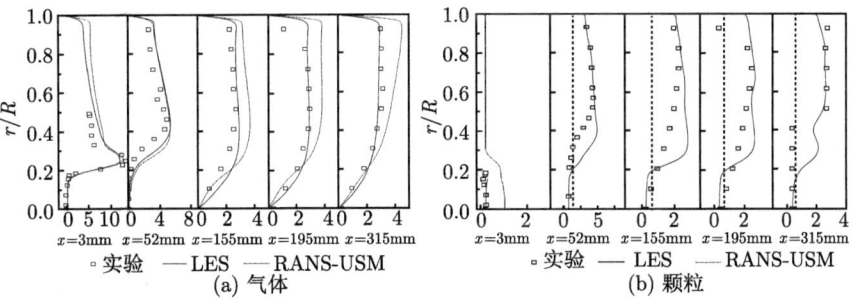

图 10.14.6 两相切向速度

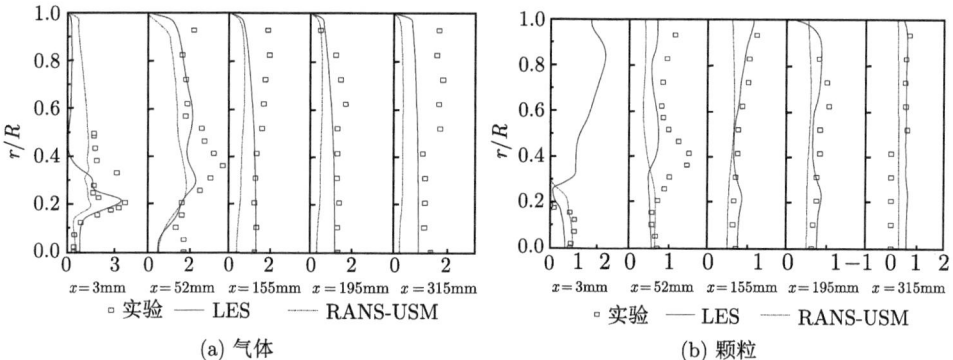

(a) 气体　　　　　　　　　　　　　(b) 颗粒

图 10.14.7　两相切向均方根脉动速度

图 10.14.8 和图 10.14.9 分别给出瞬态气体和颗粒流线. 气体流动中有多个复杂的回流区, 包括一个边角回流区和多个近轴线及中间位置的回流区, 而 RANS 模拟给出的时间平均流动中只看到一个边角回流区和一个中心回流区. 颗粒流动则不同于气体的. 颗粒一开始集中在近轴线区, 然后在离心力和湍流扩散的作用下向壁面移动, 最后分别集中在紧邻壁面和轴线的薄层内. 由于两相的惯性不同, 近轴线区和下游区域内几乎没有颗粒的回流流动.

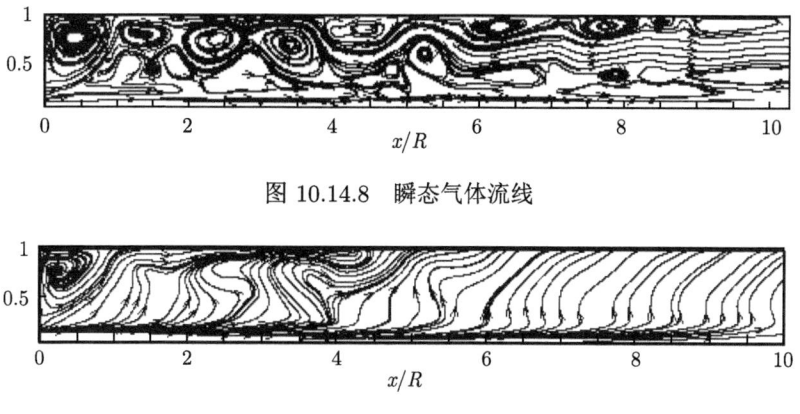

图 10.14.8　瞬态气体流线

图 10.14.9　瞬态颗粒流线

10.15　湍流两相流动的直接数值模拟

近期的离散性两相流动的直接数值模拟 (DNS) 研究中, 注意力集中在全尺度或全部求解的直接数值模拟上. 这就是使用 Lattice-Boltzmann 法或有限差分法求解包含有限尺寸颗粒的三维瞬态 N-S 方程, 其中用流体体积法、阵面追踪法、水平集法以及浸没边界法等处理移动的相交界面. Balachandar 等[66] 用 FDNS

模拟了非定常湍流流动绕过一个 $Re_P = 10 \sim 300$ 的静止和运动的颗粒. FDNS 数据库用来得到颗粒的阻力、升力和其他作用力. 文献 [67] 用 FDNS 模拟的瞬态气泡位置和流体速度等值线分别见图 10.15.1 和图 10.15.2. 从这些结果可以得到气泡上升速度、气泡阻力和液体亚网格应力.

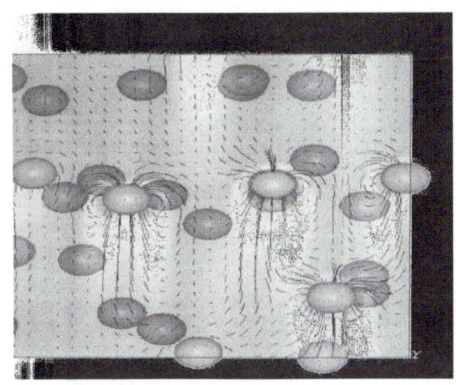

图 10.15.1　瞬态气泡位置

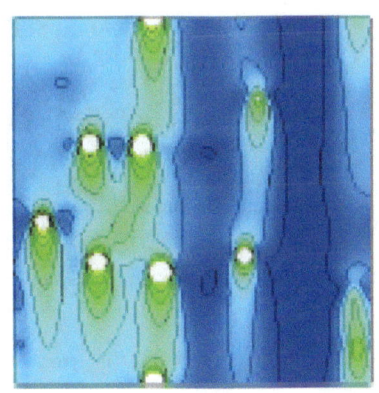

图 10.15.2　瞬态流体速度等值线

文献 [68] 用 FDNS 模拟了不同尺寸的 45 个气泡周围的液体流动, 给出了瞬态液体速度矢量和气泡位置 (图 10.15.3) 以及气泡脉动速度 (图 10.15.4). 可见, 大气泡脉动速度 (用颗粒雷诺数代表) 比小气泡的强. 图 10.15.5 是文献 [69] 用幻影网格浸没边界法 (ghost-cell based immersed boundary method) 的 FDNS 给出的气固之间有传质的颗粒周围的组分浓度分布和气体速度场. 根据这些结果研究了颗粒雷诺数和颗粒之间的距离对传质率的影响.

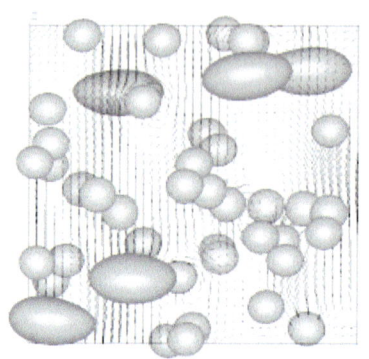

图 10.15.3 瞬态液体速度矢量和气泡位置

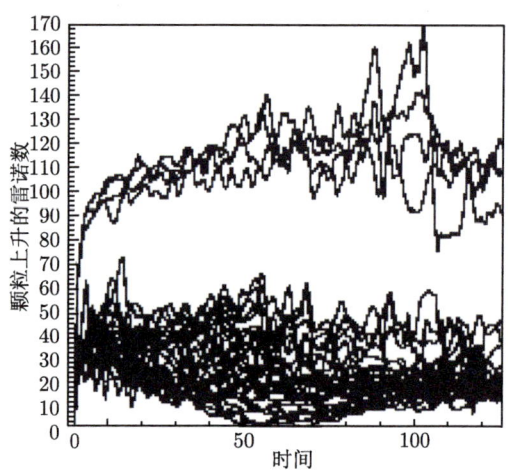

图 10.15.4 瞬态气泡脉动速度

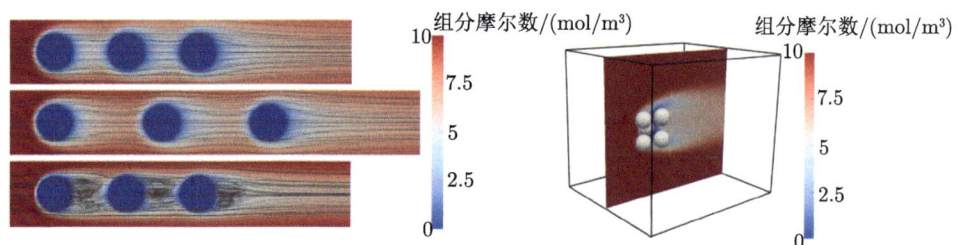

图 10.15.5 颗粒周围的组分浓度和气体速度

图 10.15.6 是文献 [70] 用浸没边界法模拟的含 5487 个颗粒的、有传热的液固两相流动的颗粒周围的瞬态流场和温度场. 可见每个颗粒的表面温度是均匀的.

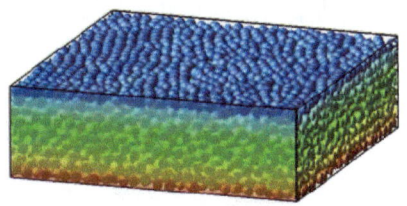

图 10.15.6 瞬态流场和温度场 (颗粒颜色代表其表面温度；断面上颜色表示气体温度，箭头表示速度矢量)

在点源颗粒的 DNS (PDNS) 方面, 文献 [71] 给出各向同性均匀湍流流动中瞬态气体速度矢量和颗粒位置，见图 10.15.7，显示出颗粒处于旋涡结构的边缘处.

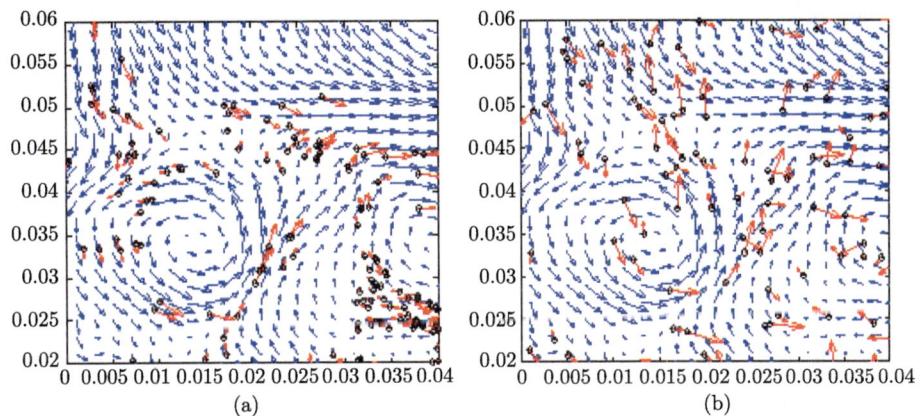

图 10.15.7 瞬态气体速度矢量和颗粒位置

图 10.15.8 是文献 [72] 用 PDNS 得到的气粒射流中的瞬态颗粒位置 (a) $St = 0.01$, (b) $St = 1$, (c) $St = 50$. 该结果显示出在气体湍流的影响下不同尺寸颗粒的弥散情况，类似于其他研究者用大涡模拟和离散涡模拟得到的结果. 模拟结果还表明 $St = 50$ 的大颗粒也降低气体湍流，然而模拟结果没有实验验证.

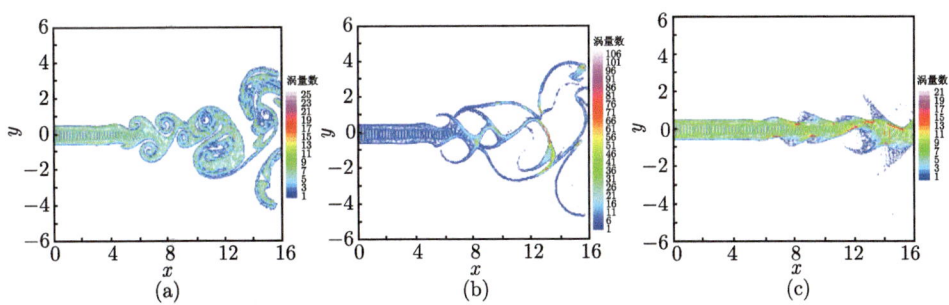

图 10.15.8 气粒射流的涡量云图和颗粒位置

总之，虽然各种 PDNS 结果用来验证 LES 和 RANS 模拟，但是用于单相流动是比较准确的. 用于气粒两相流动，其结果是令人怀疑的，因为颗粒尺寸往往大于 Kolmogorov 尺度，点源颗粒的模拟不符合实际情况. 至于 FDNS, 很多研究只给出定性的结果，更仔细的定量结果，例如，颗粒尾涡导致的湍流变动等，则尚待研究.

参 考 文 献

[1] Crowe C T. The state-of-the-art in the numerical models for dispersed phase flows. Proceedings of the First International Conference on Multiphase Flows, Tsukuba, Japan, 1991, 3: 49-60.

[2] Soo S L. Fluid Dynamics of Multiphase Systems. Ginn: Blaisdell, 1967.

[3] Zhou L X. Multiphase fluid dynamics of gas-particle systems with phase change. Advances in Mechanics (in Chinese), 1982, 12: 141-150.

[4] Elghobashi S E, Abou-Arab T W. A two-equation model for two-phase flows. Physics of Fluids, 1983, 26: 931-938.

[5] Elghobashi S E, Abou-Arab T W, Risk M, Mostafa A. Prediction of the particle-laden jet with a two-equation turbulence model. International Journal of Multiphase Flow, 1984, 10: 697-710.

[6] Rizk M A, Elghobashi S E. A two-equation turbulence model for dispersed dilute confined two-phase flows. International Journal of Multiphase Flow, 1989, 15: 119-133.

[7] Melville W K, Bray K N C. A model of the two-phase turbulent jet. International Journal of Heat and Mass Transfer, 1979, 22: 647-656.

[8] Chen C P, Wood P E. A Turbulence closure model for dilute gas-particle flows. Canadian Journal of Chemical Engineering, 1985, 63: 349-360.

[9] Mostafa A A, Mongia H C. On the interaction of particles and turbulent flow. International Journal of Heat and Mass Transfer, 1988, 31: 2063-2075.

[10] Tchen S M. Mean value and correlation problems connected with the motion of small particles in a turbulent field. Hague: Delft University, 1947.

[11] Hinze J O. Turbulence. New York: McGraw Hill, 1975.

[12] Zhou L X, Zhao H Q, Huang X Q. Numerical and experimental studies of an enclosed gas-particle jet. Proceedings of 3rd Asian Congress of Fluid Mechanics, Tokyo, 1986: 471-474.

[13] Borner T, Durst F. LDA measurements of gas-particle confined jet. Flow and Digital Data Processing, LSTM Report, LSTM 153/E/86, University of Erlangen-Nurnberg, 1986.

[14] Zhou L X, Huang X Q. Particle turbulent kinetic energy transport equation in suspension two-phase flows. Proceedings of 1st International Conference on Fluid Mechanics, Beijing, 1987: 791-793.

[15] Zhou L X, Huang X Q. Prediction of confined gas-particle jets by an energy equation model of particle turbulence. Science in China, English Edi., 1990, 33: 53-59.

[16] Zhou L X, Liao C M, Chen T. A unified second-order moment two-phase turbulence model for simulating gas-particle flows. Numerical Methods in Multiphase Flows, ASME-FED, 1994, 185: 307-313.

[17] Tu J Y, Fletcher C A J. Numerical computation of turbulent gas-particle flow in a 90-degree bend. AIChE Journal, 1995, 41: 2187-2197.

[18] Derevich I V, Zaichik L I. The equation for the probability density of the particle velocity and temperature in a turbulent flow simulated by the Gauss stochastic field. Prikl. Mat. Mekh, 1990, 54: 767.

[19] Reeks M W. On a kinetic equation for the transport of particles in turbulent flows. Physics of Fluids, 1996, A3: 446-456.

[20] Simonin O. Continuum modeling of dispersed turbulent two-phase flows. VKI Lectures: Combustion in Two-phase Flows, 1996.

[21] Laslands S, Sacre C. Transport of particles by a turbulent flow around an obstacle—a numerical study and a wind tunnel approach. Journal of Wind Engineering and Industrial Aerodynamics, 1998, 74-76: 577-587.

[22] Zhou L X, Yang M, Lian C Y, Fan L S, Lee D J. On the second-order moment turbulence model for simulating a bubble column. Chemical Engineering Science, 2002, 57: 3269-3281.

[23] Sommerfeld M. Predictions of test cases. 7th Workshop on Two-Phase Flow Predictions, Erlangen-Nurnberg, 1994.

[24] Zhou L X, Lin W Y, Sun K M. Simulation of swirling gas-particle flows using a k-ε-k_p model. Journal of Engineering Thermophysics (in Chinese), 1995, 16: 481-485.

[25] Zhou L X, Chen T. Simulation of strongly swirling gas-particle flows using USM and k-ε-k_p two-phase turbulence models. Powder Technology, 2001, 114: 1-11.

[26] Zaichik L I. An Equation for the particle velocity probability density function in inhomogeneous turbulent flow. Fluid Dynamics, 1996, 31: 261-267.

[27] Zhou L X, Xu Y. Simulation of swirling gas-particle flows using an improved second-order moment two-phase turbulence model. Powder Technology, 2001, 116: 178-189.

[28] Wang L P, Stock D E. Dispersion of heavy particles by turbulent motion. Journal of Atmospheric Sciences, 1993, 50: 1897-1913.

[29] Huang X Y, Stock D E. Using the Monte-Carlo process to simulate two-dimensional heavy particle dispersion in a uniformly sheared turbulent flow. Numerical Methods in Multiphase Flows, ASME FED, 1994, 185: 243-249.

[30] Yu Y, Zhou L X, Zheng C G, Liu Z H. Simulation of swirling gas-particle flows using different time scales for the closure of two-phase velocity correlation in the second-order moment two-phase turbulence model. Journal of Fluid Engineering, Transactions of ASME, 2003, 125: 247-250.

[31] Zhou L X. Developing theory of probability density function for stochastic modeling of turbulent gas-particle flows. Applied Mathematics and Mechanics (English Edition), 2018, 39: 1019-1030.

[32] Li Y, Zhou L X. A k-ε-PDF two-phase turbulence model for simulating sudden-expansion particle laden flow. ASME-FED, 1996, 236: 311-315.

[33] Zhou L X, Li Y. Simulation of strongly swirling gas-particle flows using a DSM-PDF two-phase turbulence model. Powder Technology, 2000, 113: 70-79.

[34] Liu Z H, Zheng C G, Zhou L X. A second-order-moment-Monte-Carlo (SOM-MC) model for simulating swirling gas-particle flows. Powder Technology, 2001, 120: 216-222.

[35] Zhou L X, Gu H X. Simulation of swirling gas-particle flows using a nonlinear k-ε-k_p two-phase turbulence model. Powder Technology, 2002, 128: 47-55.

[36] Zhou L X, Gu H X. A nonlinear k-ε-k_p two-phase turbulence model. Transactions of ASME, Journal of Fluid Engineering, Transactions of ASME, 2003, 125: 191-194.

[37] Gidaspow D. Multiphase Flow and Fluidization: Continuum and Kinetic Theory Descriptions. New York: Academic Press, 1994.

[38] Cheng Y, Wei F, Guo Y C, Jin Y, Lin W Y. Modeling the hydrodynamics of downer reactors based on kinetic theory. Chemical Engineering Science, 1999, 54: 2019-2027.

[39] Goldschmidt M J V, Kuipers J A M, van Swaaij W P M. Hydrodynamic modeling of dense gas-fluidized beds using the kinetic theory of granular flow: effect of coefficient of restitution on bed dynamics. Chemical Engineering Science, 2001, 56: 571-578.

[40] Neri A, Gidaspow D. Riser hydrodynamics: simulation using kinetic theory. AIChE Journal, 2000, 46: 52-67.

[41] Lu H L, Gidaspow D, Bouillard J, Liu W T. Hydrodynamic simulation of Gas-solid flow in a riser using kinetic theory of granular flow. Chemical Engineering Journal, 2003, 95: 1-13.

[42] Liu Y, Zhou L X, Xu C X, Hu L Y. Two fluid large-eddy simulation of backward-facing step gas-particle flows and validation of second-order-moment two-phase turbulence model. Journal of Chemical Industry and Engineering (in Chinese), 2008, 59: 2485-2489.

[43] Zhou L X, Yu Y, et al., Two-phase turbulence models for simulating dense gas-particle flows. Particuology, 2014, 16: 100-107.

[44] Crowe C T, Sharma M P, Stock D E. The particle-source-in-cell (PSIC) method for gas-droplet flows. J. Fluid Eng., 1977, 99: 325-332.

[45] Gosman A D, Ioannides E. Aspects of computer simulation of liquid-fueled combustors. AIAA 19th Aerospace Science Meeting, 1981.

[46] Smoot L D, Smith P J. Coal Combustion and Gasification. New York: Plenum Press, 1985.

[47] Lockwood F C, Papadopoulos C. A new method for the prediction of particulate dispersion in turbulent two-phase flows. Combustion and Flame, 1989, 75: 403-413.

[48] 岑可法, 樊建人. 工程气固两相流动的理论和计算. 杭州: 浙江大学出版社, 1990: 470-472.

[49] Sommerfeld M, Kohnen G, Ruger M. Some open questions and inconsistencies of Lagrangian particle dispersion models. Proc. Ninth Symp. on Turbulent Shear Flows, Kyoto, Japan, Paper 5.1, 1993.

[50] Baxter L L, Smith P J. Turbulent dispersion of particles. Proc. West. Sec. of Comb. Inst., Salt Lake City, 1988.

[51] Chen X Q, Pereira J C F. Efficient computation of particle dispersion in turbulent flows with a stochastic-probabilistic method. Int. J. Heat Mass Transfer, 1997, 40: 1727-1741.

[52] Boysan F, Ayers W H, Swithenbank J, Pan Z G. Modeling of spray combustion in gas turbine combustors. Report BIC 354, University of Sheffield, 1980.

[53] Boysan F, Weber R, Swithenbank J, Lawn C. Modeling coal-fired cyclone combustor. Combustion and Flame, 1986, 63: 73-85.

[54] Gorner K. Prediction of turbulent flow, heat release and heat transfer in utility boiler furnaces. Coal Combustion, Proc. First Inter. Symp. on Coal Combustion, Ed. Junkai Feng, Hemisphere, 1988: 273-282.

[55] Chang K C, Yang J C. Transient effects of drag coefficient in the Eulerian-Lagrangian calculation of two-phase flows. ASME-FED, 1996, 236: 5-10.

[56] Zhou L X, Li L, Li R X. Simulation of 3-D gas-particle flows and coal combustion in a tangentially fired furnace using a two-fluid-trajectory model. Powder Technology, 2002, 125: 226-233.

[57] Tsuji Y, Kawaguchi T, Tanaka T. Discrete particle simulation of a two-dimensional fluidized bed. Powder Technology, 1993, 77: 79-87.

[58] Zhang M H, Chu K W, Wei F, Yu A B. A CFD-DEM study of the cluster behavior in riser and downer reactors. Powder Technology, 2008, 184: 151-165.

[59] Chu K W, Yu A B. Numerical simulation of complex particle-fluid flows. Powder Technology, 2008, 179: 104-114.

[60] Yuu S, Ueno T, Umekage T. Numerical simulation of the high Reynolds number slit nozzle gas-particle jet using sub-grid-scale coupling large eddy simulation. Chemical Engineering Science, 2001, 56: 4293-4307.

[61] Zhou H S, Flamant G, Gauthier D. DEM-LES of coal combustion in a bubbling fluidized bed, Part I: gas-particle turbulent flow structure. Chemical Engineering Science, 2004, 59: 4193-4203.

[62] Apte S V, Mahesh K, Moin P, Oefelein J C. Large-eddy simulation of swirling particle-laden flows in a coaxial-jet combustor. International Journal of Multiphase Flow, 2003, 29: 1311-1331.

[63] Sommerfeld M, Qiu H H. Detailed measurements in a swirling particulate two-phase flow by a phase Doppler anemometer. International Journal of Heat and Fluid Flow, 1991, 12: 20-28.

[64] Yang M, Zhou L X, Fan L S. Large-eddy simulation of bubble-liquid confined jets. Chinese Journal of Chemical Engineering, 2002, 10: 381-384.

[65] Liu Y, Zhou L X, Xu C X. Large-eddy simulation of swirling gas-particle flows using a USM two-phase SGS stress model. Powder Technology, 2010, 198: 183-188.

[66] Bagchi P, Balachandar S. Unsteady motion and forces on a spherical particle in non-uniform flows. ASME-FED, 251, Paper FEDSM2000-11128, 2000.

[67] Sugiyama K, Takagi S, Matsumoto Y. Direct numerical simulation of rising bubbles. Proc. ASME-FED, Montreal, Canada, FEDSM2000-11141, 2000.

[68] Goz M F, Sommerfeld M, Bunner C, Tryggvason G. Microstructure of a bidisperse swarm of spherical bubbles. Proc.ASME-FED, FEDSM2002-31395, 2002.

[69] Lu J T, Peters E A J F, Kuipers J A M. Direct numerical simulation of fluid-solid mass transfer using a ghost-cell based immersed boundary method. 9th International Conference on Multiphase Flow, May 22-27, Firenze, Italy, 2016.

[70] Gu J C, Kondo K, Takeuchi S, Kajishima T. Direct numerical simulation of heat Transfer in dense particle-liquid two-phase media. 9th International Conference on Multiphase Flow, May 22-27, Firenze, Italy, 2016.

[71] Squires K D, Simonin O. Application of DNS and LES to dispersed two-phase turbulent flows. Proc. 10th Workshop on Two-Phase Flow Predictions. Sommefeld M. Merseburg, Germany, 2002: 152-163.

[72] Luo K, Fan J R, Cen K F. Local-focusing phenomenon and turbulence modulation in particle-laden turbulent jets. Chinese Journal of Chemical Engineering, 2005, 13: 161-166.

第 11 章 湍流燃烧的数值模拟

11.1 引　　言

湍流燃烧和湍流反应广泛存在于大气中污染物排放，化工反应器，炼钢和炼铁炉中的反应，工业炉和电站锅炉以及涡轮机、火箭发动机、冲压发动机及内燃机燃烧室内的燃烧和污染物生成，飞行器重返大气层的烧蚀，电弧或射频放电等离子体发生器中的反应等. 湍流与气相的均相反应以及气体-颗粒之间的异相反应之间有强烈的相互作用. 化学反应可以通过放热引起的密度变化来影响湍流. 早在 20 世纪 40 年代苏联物理学家 Landau[1] 根据无黏性气体力学分析了燃烧的间断面产生的不稳定性，一些研究者据此认为火焰能产生湍流. 但是近年来的激光测量和数值模拟表明，燃烧或者气体膨胀的可压缩性往往是降低而不是增大湍流，究竟是降低还是增大湍流和温度梯度分布的状况有关. 关于湍流对反应的作用，化学反应率在层流条件下取决于分子间的电子交换，即分子间的碰撞数，也就是说，层流反应率取决于分子水平上的混合. 在湍流条件下，化学反应率不仅取决于分子水平的混合，还取决于湍流涡团的随机运动导致的湍流混合. 湍流通过加强不同反应物间以及反应物与产物的混合而提高化学反应率. 这就是说，湍流不仅提高了传热传质系数，而且通过组分浓度和温度脉动提高了化学反应率本身.

11.2　湍流燃烧模型的基本问题

对于层流中的总体/基元反应率或湍流中的瞬时反应率，可用 Arrhenius 公式表达，即

$$w_s = B\rho^m \exp(-E/(RT)) \prod_s Y_s^{m_s} \tag{11.2.1}$$

在最简单的情况下，某种基元反应的两种反应物之间的二级反应率是

$$w_s = B\rho^2 Y_1 Y_2 \exp(-E/(RT)) = k\rho^2 Y_1 Y_2 \tag{11.2.2}$$

运用雷诺展开，取

$$k = \bar{k} + k', \quad Y_1 = \bar{Y}_1 + Y_1', \quad Y_2 = \bar{Y}_2 + Y_2'$$

若忽略密度脉动,取时平均后,如果再忽略三阶关联,则有

$$\bar{w}_s = \overline{k\rho^2 Y_1 Y_2} = \rho^2 \left(\bar{k}\bar{Y}_1\bar{Y}_2 + k\overline{Y_1'Y_2'} + \bar{Y}_1\overline{k'Y_2'} + \bar{Y}_2\overline{k'Y_1'} \right) \tag{11.2.3}$$

或者

$$\bar{w}_s = \rho^2 \bar{k}\bar{Y}_1\bar{Y}_2(1+F) \tag{11.2.4}$$

其中,

$$\bar{k} = \overline{B\exp(-E/(RT))}, \quad F = \frac{\overline{Y_1'Y_2'}}{\bar{Y}_1\bar{Y}_2} + \frac{\overline{k'Y_1'}}{\bar{k}\bar{Y}_1} + \frac{\overline{k'Y_2'}}{\bar{k}\bar{Y}_2} > 0$$

湍流燃烧模型的基本问题是,湍流条件下的时均反应率,即反应率的时均值,不等于用温度和浓度时均值表达的反应率,即 $\bar{w}_s \neq \rho^2 \bar{k}\bar{Y}_1\bar{Y}_2$. 函数 F 是温度脉动和浓度脉动构成的关联量,它反映出湍流通过温度和浓度脉动而强化反应的作用. 如果使用温度和浓度时均值表示的反应率,相当于取 $F=0$, 显然是低估了湍流反应率. 一种直接的思路叫"统计矩方法"(statistical moment method), 即类似于湍流模型方法, 取雷诺展开和时间平均, 但这时遇到了高度非线性的温度指数函数的困难. 下文将再讨论这种处理方法.

11.3 湍流燃烧的涡破碎/涡耗散模型

由于上述湍流燃烧模型的困难,早期的模型是基于物理的模块式的理解. 最简单的湍流燃烧模型是 Spalding[2] 在 20 世纪 70 年代提出的涡破碎 (eddy-break-up, EBU) 模型. 这是一种简单的直观设想, 类似于湍流流动的混合长度模型. 设湍流反应率取决于两个机理——Arrhenius 反应机理 (层流反应动力学机理) 和湍流脉动机理. 湍流反应流动中有两个特征时间, 即反应时间和扩散时间, 后者在湍流流动中就是脉动时间. 反应时间是

$$\tau_c = Y_s/\bar{w}_{sA}$$

其中, $\bar{w}_{sA}$ 是表达层流反应动力学机理的反应率, 就是用时均值表达的反应率, 即

$$\bar{w}_{sA} = \rho^2 \bar{k}\bar{Y}_1\bar{Y}_2 = B\rho^2 \bar{Y}_1\bar{Y}_2 \exp(-E/\bar{T}) \tag{11.3.1}$$

扩散时间 (脉动时间) 是

$$\tau_T = c_T k/\varepsilon$$

EBU-Arrhenius (E-A) 模型中假设时均反应率为 $\bar{w}_s = f_1(\tau_c, \tau_T)$ 或者 $\bar{w}_s = f_2(\bar{w}_{sA}, \bar{w}_{sT})$, 其中, $\bar{w}_{sA}$ 已经由式 (11.3.1) 给出, 问题是要确定 $\bar{w}_{sT}$. Spalding 假设后者正比于浓度脉动均方值 $g = \overline{Y'^2}$ 和脉动频率, 即 ε/k, 这就是涡破碎概念, 因此有 $\bar{w}_{sT} \sim g\varepsilon/k$. 通过量纲分析取

11.3 湍流燃烧的涡破碎/涡耗散模型

$$\bar{w}_{sT} = c_E \rho g \varepsilon / k \tag{11.3.2}$$

其中, c_E 是经验常数, 建议取为 $0.35 \sim 0.4$. 浓度脉动均方值 g 可以由求解输运方程或代数式确定, 也可以简单地假设

$$g \sim Y_1 \text{ 或 } g \sim Y_2 \text{ 或 } g \sim \min[Y_1, Y_2, Y_3] \tag{11.3.3}$$

其中, Y_1, Y_2, Y_3 分别表示燃料、氧和燃烧产物的质量分数. Magnussen 和 Hjertager[3] 给出一个修正式

$$\bar{w}_{sT} = -A_{\text{EBU}} \bar{\rho} \frac{\bar{\varepsilon}}{k} \min\left[Y_f, \frac{Y_{O_2}}{\beta}, B_{\text{EBU}} \frac{Y_P}{1+\beta}\right] \tag{11.3.4}$$

在数值模拟中时均反应率决定于

$$\bar{w}_s = \min[\bar{w}_{sA}, \bar{w}_{sT}] \tag{11.3.5}$$

式 (11.3.5) 称为 E-A 模型. 此模型含义是, 在层流反应率小于湍流反应率的区域中, 取层流反应率, 而在湍流反应率小于层流反应率的区域中, 取湍流反应率. 此模型已用于预报通道中钝体后方湍流预混燃烧 [4] (图 11.3.1) 及突扩室中湍流预混燃烧 [5] (图 11.3.2). 可以看出, 预报值与实验值能取得定性或定量的符合, 但仍存在一定的差异. E-A 模型的好处是简单而直观, 因此虽然这个模型很粗糙, 但是它的鲁棒性好, 至今仍然广泛用于工程中, 包括商业软件 FLUENT、CFX 和 STAR-CD 的湍流燃烧模型中 [6], 叫做 "有限反应率/涡耗散模型" (finite-rate-chemistry/eddy dissipation model, FRCM/EDM). 然而由于实际湍流燃烧的流场中, 大部分区域内温度相当高, Arrhenius 反应率很高, 经常是 $\bar{w}_{sT}$ 显著地

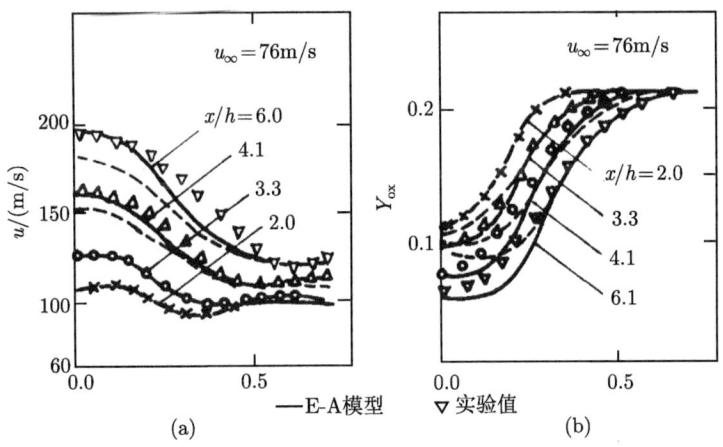

图 11.3.1 钝体后方湍流预混燃烧速度 (a) 和氧浓度 (b)

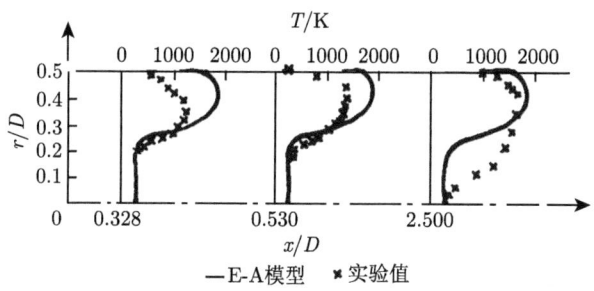

图 11.3.2　突扩室内湍流预混燃烧温度分布

小于 $\bar{w}_{sA}$, 只有 $\bar{w}_{sT}$ 起作用, 因此这一模型实际上几乎没有考虑湍流有反应流动中化学动力学因素的作用. 虽然也被用于污染物生成的模拟中, 显然问题较多. 这一点将在后文中加以分析. 在 FLUENT 软件[6] 中还有一个模型叫 "涡耗散概念"(eddy dissipation concept, EDC) 模型, 据称可以耦合详细反应机理, 但是该模型假设反应发生于小尺度内, 实际上只是层流反应率发生在小尺度内, 而湍流燃烧的时平均反应率主要取决于大尺度结构的作用.

11.4　湍流燃烧的预设 PDF 模型

比较简单的湍流燃烧的模型还有另外一类, 和 E-A 模型的思路不同, 即与湍流的统计特性——概率密度分布函数 (PDF) 有关的模型. 关于 PDF 的概念, 在前文有关湍流的基本概念中曾经提到过, 它是基于统计力学和概率论的分析方法. PDF 的概念最早是针对有反应或者有燃烧的湍流单相流动提出的. 一开始提出的是预设 PDF (presumed PDF) 的方法, 也叫做简化 PDF (simplified PDF) 方法, 用于模拟快速反应即扩散控制的湍流燃烧. 其后, 针对煤燃烧中多种组分的情况, Smoot 和 Smith 提出了简化 PDF 和局部瞬时平衡的湍流燃烧模型. 但是这种模型只能较好地模拟极其快速的氢-空气扩散燃烧. 实验表明, 对烃类燃料和 CO 的湍流燃烧以及湍流条件下 NO_x 的生成, 必须考虑有限反应率, 于是后来又出现了简化 PDF 的有限反应率的模型, 模拟湍流燃烧中的 NO_x 生成. 在简化 PDF 模型中遇到的问题是不容易模拟详细反应动力学. 再后来, 到 20 世纪 80 年代中期, Pope 发展了更为系统的 PDF 理论, 即 PDF 输运方程模型.

11.4.1　简化 PDF 的概念

假设有一个随机函数 f 在 $0 \sim 1$ 随时间作随机变化 (图 11.4.1), 该函数出现在 "f" 到 "$f+df$" 区间的概率为 $p(f)df$, $p(f)$ 就称为概率密度分布函数, 或 PDF, 显然应当有

$$\int_0^1 p(f)\mathrm{d}f = 1 \tag{11.4.1}$$

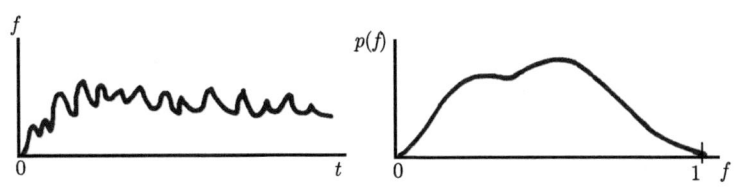

图 11.4.1 概率密度分布函数

如果知道了 PDF，则 f 的统计平均值和脉动均方值可以由下列两个公式确定

$$\bar{f} = \int_0^1 fp(f)\mathrm{d}f, \quad \overline{f'^2} = \overline{f^2} - (\bar{f})^2 = \int_0^1 f^2 p(f)\mathrm{d}f - \left(\int_0^1 fp(f)\mathrm{d}f\right)^2 \tag{11.4.2}$$

任何函数 $\phi(f)$ 的统计平均值和脉动均方值为

$$\bar{\phi}(f) = \int_0^1 \phi(f)p(f)\mathrm{d}f, \quad \overline{\phi'^2} = \int_0^1 \phi^2(f)p(f)\mathrm{d}f - \left(\int_0^1 \phi(f)p(f)\mathrm{d}f\right)^2 \tag{11.4.3}$$

最简单的方法是，可以假设 f 作城垛形脉动的 PDF，见图 11.4.2. 这种情况下，$P(f)$ 在 f_- 和 f_+ 处有两个峰值. 当 $f \neq f_-$ 和 $f \neq f_+$ 时，$p(f)$ 为零. 这时的 PDF 的表达式是

$$p(f) = \alpha\delta(f_-) + (1-\alpha)\delta(f_+) \tag{11.4.4}$$

当 $\alpha = 0.5$ 时，将得到

$$\bar{f} = (f_- + f_+)/2 \tag{11.4.5}$$

$$g = \overline{f'^2} = (\bar{f} - f_-)^2 = (f_+ - \bar{f})^2 \tag{11.4.6}$$

$$f_- = \bar{f} - g^{1/2}, \quad f_+ = \bar{f} + g^{1/2} \tag{11.4.7}$$

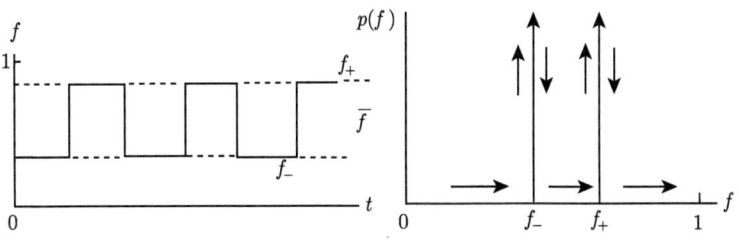

图 11.4.2 城垛形脉动的 PDF

11.4.2 简化 PDF-局部瞬时不混合的快速反应模型

简化 PDF 快速反应模型是 Spalding[7] 提出的. 对于仅有两种反应物如燃料和氧化剂燃烧的单步反应

$$\text{燃料} + \text{氧} \longrightarrow \text{燃烧产物}$$
$$w_F \quad\quad w_{\text{ox}}/\beta \quad\quad\quad -w_{\text{pr}}/(1+\beta)$$

使用 Zeldovich 转换, 得到一个综合质量分数

$$X = Y_F - Y_{\text{ox}}/\beta$$

由于 X 的守恒方程中没有化学反应源项, 所以 X 是一种守恒标量. 对于非预混的扩散燃烧 (两种反应物并未预先混合), 可以引入混合物分数

$$f \equiv (X - X_2)/(X_1 - X_2)$$

这里, X_1, X_2 分别代表瞬态层流扩散火焰的燃料侧及氧侧的 X 值, 显然应当有

$$X_1 = Y_{F1} = 1, \quad X_2 = -Y_{\text{ox}2}/\beta = -1/\beta, \quad f_1 = 1, \quad f_2 = 0$$

一般说来, 混合物分数 f 表示两种组分在空间中或时间上的或两者兼有的混合程度. f 也是守恒标量, 其瞬态守恒方程是

$$\frac{\partial}{\partial t}(\rho f) + \frac{\partial}{\partial x_j}(\rho v_j f) = \frac{\partial}{\partial x_j}\left(D\rho \frac{\partial f}{\partial x_j}\right) \tag{11.4.8}$$

假定快速反应的扩散燃烧局部瞬时不混合, 即假设反应足够快; 燃料与氧化剂在同一时间不共存 (局部瞬时不混合), 但在有限反应区内其时均值可在同一位置上共存; 层流扩散火焰中的燃料、氧及燃烧产物质量分数的空间分布关系现在被当作湍流扩散火焰中 Y_F 与 Y_{pr}, 或 Y_{ox} 与 Y_{pr} 之间瞬态的可能实现的关系 (图 11.4.3). 当 $1 > f > f_F$ 时, 无氧存在, $Y_F = (f - f_F)/(1 - f_F)$. 当 $0 < f < f_F$ 时, 无燃料存在, $Y_{\text{ox}} = 1 - f/f_F$. 需要注意的是, 上式不能推广成为时均值之间的固定关系, 也就是 $\bar{Y}_F \neq (\bar{f} - f_F)/(1 - f_F), \bar{Y}_{\text{ox}} \neq 1 - \bar{f}/f_F$. 因为上述瞬时关系并非时时成立, 而只对 f 的某些值成立, 这些值的出现又有不同的概率. 运用瞬时不混合假定, 则所有的瞬时变量, 包括各组分质量分数、温度均可用同一个守恒标量——混合物分数 f 来表示. 到目前为止我们还不知道时均质量分数和时均温度与时均混合物分数之间的关系. 上述关系式仅表达了湍流涡团内部可能存在的状态, 对整个流场需求解下列时均方程组

11.4 湍流燃烧的预设 PDF 模型

$$\frac{\partial \rho}{\partial t} + \frac{\partial}{\partial x_j}(\rho v_j) = 0 \tag{11.4.9}$$

$$\frac{\partial}{\partial t}(\rho v_i) + \frac{\partial}{\partial x_j}(\rho v_i v_j) = \frac{\partial}{\partial x_j}\left(\mu_e \frac{\partial v_i}{\partial x_j}\right) + S_{vi} \tag{11.4.10}$$

$$\frac{\partial}{\partial t}(\rho k) + \frac{\partial}{\partial x_j}(\rho v_j k) = \frac{\partial}{\partial x_j}\left(\frac{\mu_e}{\sigma_k}\frac{\partial k}{\partial x_j}\right) + G_k - \rho\varepsilon \tag{11.4.11}$$

$$\frac{\partial}{\partial t}(\rho\varepsilon) + \frac{\partial}{\partial x_j}(\rho v_j \varepsilon) = \frac{\partial}{\partial x_j}\left(\frac{\mu_e}{\sigma_\varepsilon}\frac{\partial \varepsilon}{\partial x_j}\right) + \frac{\varepsilon}{k}(c_1 G_k - c_2\rho\varepsilon) \tag{11.4.12}$$

$$\frac{\partial}{\partial t}(\rho\bar{f}) + \frac{\partial}{\partial x_j}(\rho v_j \bar{f}) = \frac{\partial}{\partial x_j}\left(\frac{\mu_e}{\sigma_f}\frac{\partial \bar{f}}{\partial x_j}\right) \tag{11.4.13}$$

$$\frac{\partial}{\partial t}(\rho g) + \frac{\partial}{\partial x_j}(\rho v_j g) = \frac{\partial}{\partial x_j}\left(\frac{\mu_e}{\sigma_g}\frac{\partial g}{\partial x_j}\right) + c_{g1}\mu_T\left(\frac{\partial \bar{f}}{\partial x_j}\right)^2 - c_{g2}\rho g \varepsilon/k \tag{11.4.14}$$

其中,最后一个混合物分数脉动均方值 $g = \overline{f'^2}$ 的方程中耗散项的封闭是假设其正比于湍动能的耗散率而得到的. 求解上述方程组就可以找到时均速度、湍流动能及其耗散率、时均混合物分数以及其脉动均方值的分布. 这就是所谓的 k-ε-f-g 模型. 知道了 f 的时均值及其脉动均方值 g 以后,可以由式 (11.4.7) 求出流场各处的 f_+ 和 f_-,最后可以求出任何一个标量 (组分浓度、温度) 的时均值和脉动均方值

$$\bar{\phi} = \phi(f_-)/2 + \phi(f_+)/2 \tag{11.4.15}$$

$$\overline{\phi'^2} = [\phi(f_-) - \bar{\phi}]^2 - [\phi(f_+) - \bar{\phi}]^2 \tag{11.4.16}$$

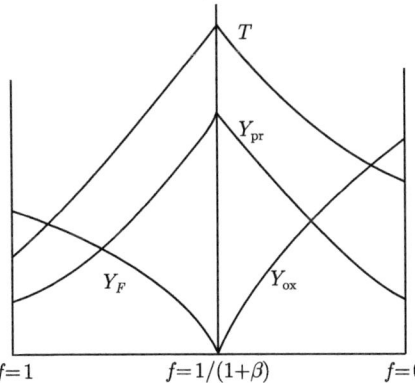

图 11.4.3 湍流扩散火焰中各瞬时浓度之间的关系

其他形式的 PDF, 例如, 截尾高斯分布也可使用, 但其计算量远超过城垛形分布 PDF 所需的. k-ε-f-g 模型对简单的射流扩散火焰的预报结果和 CO、H_2 以及

各种碳氢燃料湍流扩散火焰长度的实验结果一般说来符合较好, 但其间有些差异, 表明了分子扩散和有限反应动力学因素的影响, 对于同轴射流射入突扩燃烧室的湍流扩散燃烧 [8], 预报的速度分布和轴线速度沿轴向变化与实验符合得很好 (图 11.4.4 和图 11.4.5). 由这两个图可以看出, 不同的 PDF 分布给出几乎相同的结果, 差别很小.

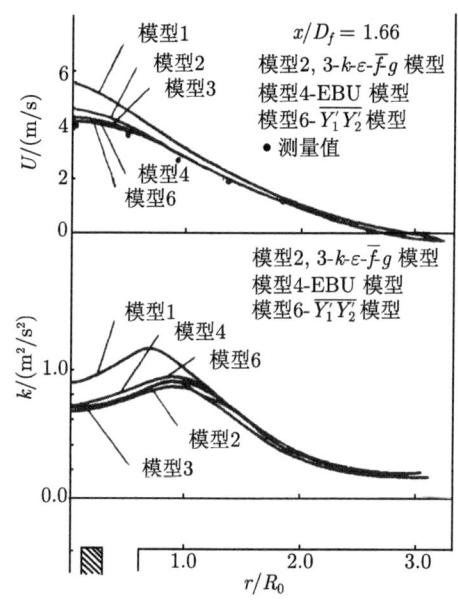

图 11.4.4 湍流扩散燃烧速度和湍流动能

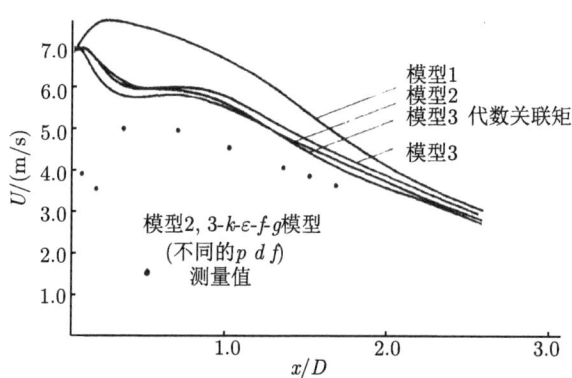

图 11.4.5 湍流扩散燃烧轴线速度沿轴向的变化

11.4.3 简化 PDF-局部瞬时平衡的快速反应模型

上面讨论的模型仅适用于双组分如气体燃料和氧化剂燃烧的简单情况, 对于更复杂的扩散燃烧, 例如, 多组分及多于单步反应的煤的挥发分燃烧, Smoot 和 Smith 提出了简化 PDF 与局部瞬时平衡相结合的模型 [9]. 对于同轴射流射入突扩燃烧室的情况, 其中心一次射流为燃料与空气, 环缝射流为纯空气二次射流, 混合物分数可定义为

$$f = \frac{m_p}{m_p + m_s} \tag{11.4.17}$$

其中, m_p 是来自于一次流的气体原子质量, m_s 是来自于二次流的气体原子质量. 这时混合物分数 f 表示任一时刻在任一位置上的混合程度, 就是局部瞬时当量比. 任何其他守恒标量 (不包括组分的质量分数 Y, 因为 Y 的守恒方程中有源项, 不是守恒标量) 可以表示为

$$\phi = f\phi_p + (1-f)\phi_s \tag{11.4.18}$$

其中, ϕ_p 和 ϕ_s 分别是一次流和二次流中的 ϕ 值. 由于在一般的反应中任何元素既不可能产生也不可能消灭, 因而元素 k 的局部瞬时质量分数 "b_k" 也是一个守恒标量. 当各元素的扩散系数都相等时, 可有

$$b_k = fb_{kp} + (1-f)b_{ks} \tag{11.4.19}$$

对于无辐射及无导热损失的绝热系统, 气体的焓也是守恒标量, 在导热系数和元素扩散系数相等时, 可有

$$h = fh_p + (1-f)h_s \tag{11.4.20}$$

混合物分数的时均值 $\bar{f}$ 和脉动均方值 g 仍可由求解方程 (11.4.13) 和 (11.4.14) 获得. 如前所述, 从已获得的 $\bar{f}$ 与 g 以及假设的 PDF 的形式, 我们可以找到每个位置当地的 PDF. 若对任何标量 ϕ, 函数 $\phi(f)$ 是已知的, 则可得到 ϕ 的时均值

$$\bar{\phi} = \int_0^1 \phi p(f) \mathrm{d}f$$

或者

$$\bar{\phi} = \alpha_p \phi_p + \alpha_s \phi_s + \int_{0_+}^{1_-} \phi p(f) \mathrm{d}f \tag{11.4.21}$$

其中, α_p 和 α_s 分别是 $p(f)$ 在 $f=1$ 和 $f=0$ 时的值, ϕ_p 和 ϕ_s 分别是一次流和二次流中的 ϕ 值. 使用局部瞬时平衡的概念, 按照给定的焓值和元素种类, 能够找到瞬时温度、密度及组分浓度函数关系 (当压力变化甚小时)

$$T = T(b_k, h), \quad \rho = \rho(b_k, h), \quad Y_s = Y_s(b_k, h)$$

使用化学平衡计算, 例如, Newton-Rapson 迭代法、平衡常数法或者 Gibbs 最小能法, 就可以找到上述函数关系. 对于绝热体系, 焓与元素质量分数仅是混合物分数的函数, 即

$$b_k = b_k(f), \quad h = h(f)$$

因此有 $T = T(f)$, $\rho = \rho(f)$, $Y_s = Y_s(f)$, 所以对这种情况我们可以直接使用 $p(f)$ 获得时均温度 $\bar{T}(f)$、时均气体密度 $\bar{\rho}(f)$ 和时均组分质量分数 $\bar{Y}_s(f)$.

对非绝热系统需求解能量方程找出焓 h, 这时有

$$T = T(f, h), \quad \rho = \rho(f, h), \quad Y_s = Y_s(f, h)$$

温度、密度和组分质量分数的时均值应决定于上述各瞬时量对 PDF 乘积的积分. 如果给定 $f = 0$ 和 $f = 1$ 处两个 δ 函数加上其间的截尾高斯分布, 则有

$$\bar{\phi} = \alpha_p \phi_p + \alpha_s \phi_s + \int_{0_+}^{1_-} \phi p(f, h) \mathrm{d}f \mathrm{d}h \tag{11.4.22}$$

但是, 联合概率密度函数 $p(f, h)$ 是难于预先给定的. 一种近似方法是假设 $p(f, h) = p(f)p(h)$. 另一种近似方法是假设 $h = h_f + h_r$, $h_f = h_f(h)$, $h_r = \bar{h}_r$, 于是有 $p(f, h) = p(h)$, 由此可以用来求温度和组分质量分数的时均值. 利用简化 PDF 和

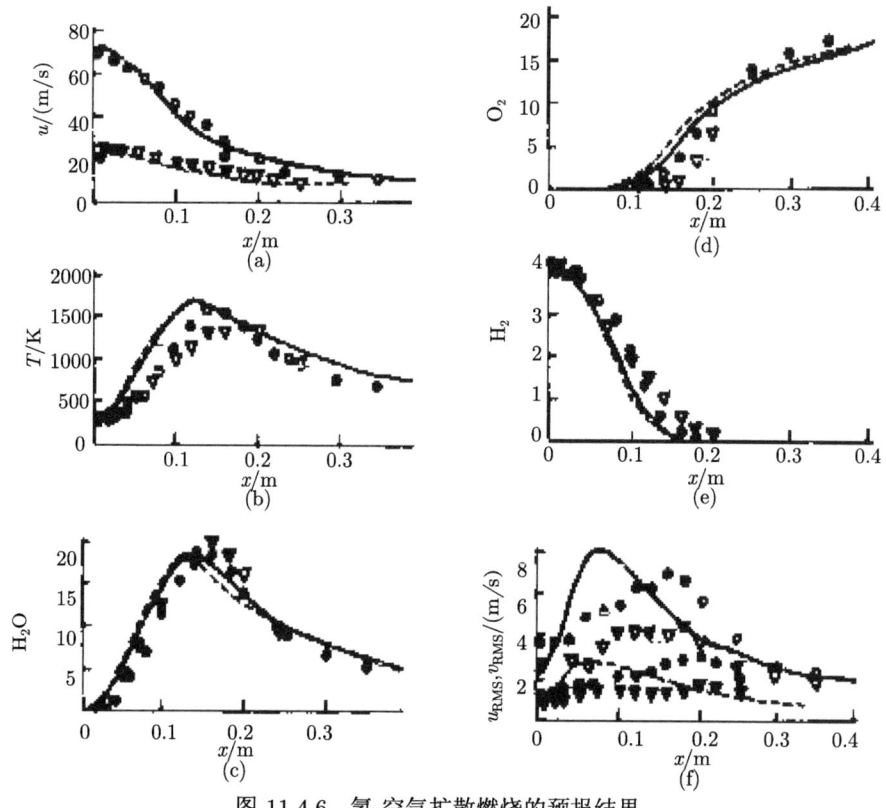

图 11.4.6 氢-空气扩散燃烧的预报结果

11.4 湍流燃烧的预设 PDF 模型

局部瞬时平衡的模型对同轴射流射入突扩燃烧室中的氢-空气扩散燃烧的预报结果如图 11.4.6 所示. 除均方根脉动速度之外, 预报的时均速度、温度及 H_2、O_2 和 H_2O 质量分数均与实验值符合得很好, 这表明氢-空气扩散燃烧的机理接近局部瞬时平衡模型. 但是, 类似流型下预报的甲烷-空气扩散燃烧的组分质量分数 (图 11.4.7) 则与实验结果相去甚远, 甚至定性上不同, 这表明甲烷-空气扩散燃烧, 包括 CO 扩散燃烧, 不处于局部平衡状态, 不能用简化 PDF 局部瞬时平衡模型, 必须考虑有限反应率. 至于氮氧化物的生成, 由于活化能较大, 反应率较低, 则更应当考虑有限反应率了.

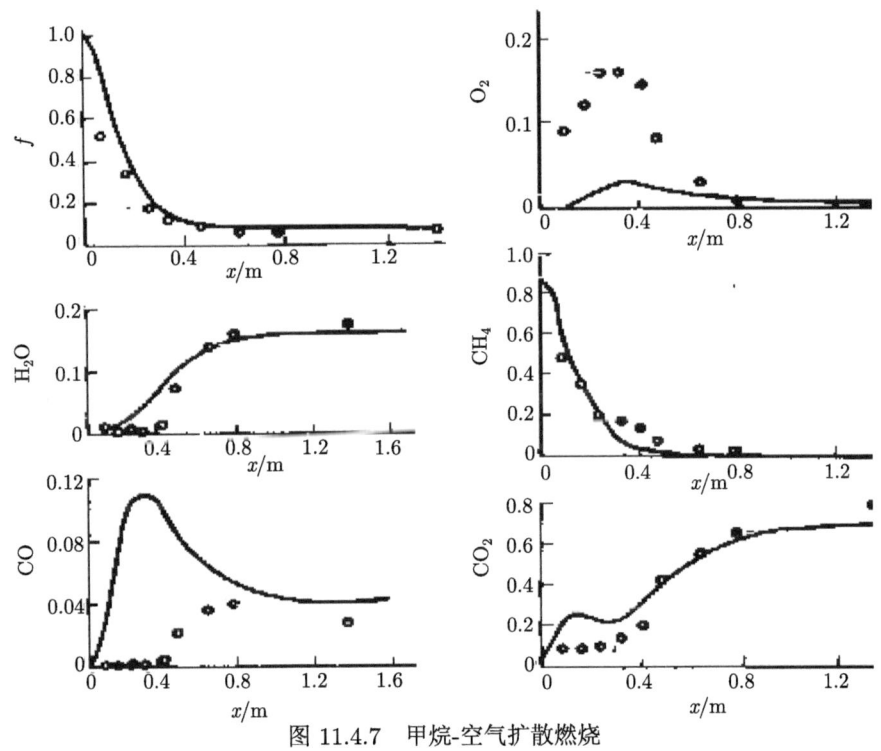

图 11.4.7 甲烷-空气扩散燃烧

11.4.4 湍流反应的简化 PDF-有限反应率模型

11.4.3 节已经讲到, 只有像氢-空气扩散燃烧这类反应速率很快的情况比较接近于局部瞬时平衡, 可以不考虑有限反应动力学. 对于不少反应, 例如, 碳氢燃料和空气的燃烧以及氮氧化物的生成, 其反应率不能看成是无限大的, 或者反应不处于局部瞬时化学平衡状态, 这时要模拟湍流和反应间的相互作用, 如果使用 PDF 概念, 必须考虑有限反应率, 于是发展了湍流反应 (燃烧) 的简化 PDF-有限反应率模型. 典型的问题是湍流燃烧中氮氧化物生成的湍流反应率, 文献 [10] 对此作了总结评述. 对 NO 生成的层流反应机理采用热 NO 的 Zeldovich 假设的机

理, 其瞬时或层流反应动力学表达式为

$$w_{NO}^+ = 1.35 \times 10^{16} T^{-1} \rho Y_{N_2} Y_{O_2}^{0.5} \exp(-69160/T)$$
$$w_{NO}^- = 22.6 T^{-1} \rho Y_{N_2}^2 Y_{O_2}^{-0.5} \exp(-47355/T) \quad (11.4.23)$$

对 NO 生成的湍流反应率采用有限反应率的简化 PDF 模型[11,12]时, 所用 PDF 形式不同. 一种方案是用温度 T 脉动 PDF 和混合物分数 f 脉动 PDF 的乘积来代替联合概率密度函数 $p(f,T)$, 取 NO 生成的时均反应率

$$\bar{w}_{NO} = \int_{T_0}^{T_m} \int_{f_1}^{f_2} w_{NO}(T,f) p(T) \times \left[p(f) \mathrm{d}T \mathrm{d}f \bigg/ \int_{f_1}^{f_2} p(f) \mathrm{d}f \right] \mathrm{d}T \mathrm{d}f \quad (11.4.24)$$

另一种是用无量纲温度脉动的 PDF 和氧浓度脉动的 PDF 的乘积, 取时均反应率

$$\bar{w}_{NO} = \int_0^1 \int_0^1 w_{NO}(\theta, Y_{O_2})(\bar{\rho}/\rho) p(\theta) p(Y_{O_2}) \mathrm{d}\theta \mathrm{d}Y_{O_2} \quad (11.4.25)$$

其中, $\theta = (T - T_{\min})/(T_{\max} - T_{\min})$. 也可以只用混合物分数脉动 PDF, 取

$$\bar{w}_{NO} = \int_0^1 w_{NO}(f) p(f) \mathrm{d}f, \quad f = (X - X_2)/(X_1 - X_2), \quad X = Y_f - Y_{O_2}/\beta \quad (11.4.26)$$

上述各种方案中都用 β 函数形式的 PDF, 取

$$p(\phi) = \left[\phi^{a-1} (1-\phi)^{b-1} \right] \bigg/ \left[\int_0^1 \phi^{a-1} (1-\phi)^{b-1} \mathrm{d}\phi \right] \quad (11.4.27)$$

ϕ 可以是温度、氧浓度或混合物分数. 可以用三个模型计算脉动均方值. 模型 PDF-1 为经验代数式

$$\overline{\phi'^2} = s\bar{\phi}(1-\bar{\phi}) \quad (11.4.28)$$

其中, 取 $s = 0.6$. 模型 PDF-2 为二阶矩代数式

$$\overline{\phi'^2} = c_1 \mu_T \left(\frac{\partial \bar{\phi}}{\partial x_j} \right)^2 \bigg/ (c_2 \rho \varepsilon / k) \quad (11.4.29)$$

模型 PDF-3 为二阶矩输运方程

$$\frac{\partial}{\partial x_j}(\rho v_j g) = \frac{\partial}{\partial x_j} \left(\frac{\mu_T}{\sigma_\phi} \frac{\partial g}{\partial x_j} \right) + c_1 \mu_T \left(\frac{\partial \bar{\phi}}{\partial x_j} \right)^2 - c_2 \rho \varepsilon g/k + 2\overline{\phi' S'_\phi}, \quad g = \overline{\phi'^2} \quad (11.4.30)$$

其中, 方程右端最后一项为辐射或燃烧造成的源项. 文献 [11] 给出的计算与实验的对比表明: 两者有共同的趋势, 但定量上有差别; 有 PDF 的预报值比无 PDF

11.4 湍流燃烧的预设 PDF 模型

的预报值离实验更近; 考虑 PDF 使低温区 NO 预报值升高, 但仍低于实验值, 而高温区预报值降低, 但仍高于实验值. 文献 [12] 所得结果是, 计算所得出口处平均 NO 值和测量值在一个数量级内, 但是两者相差 14% 左右. 考虑 PDF 使进口处轴线附近 NO 升高较多, 但缺乏 NO 剖面实验数据的对照. 文献 [13] 所得结果见图 11.4.8. 其中模型 3 显著地优于模型 1 和 2, 即用二阶矩输运方程更为合理, 模型 2 反而不如模型 1, 输运方程中如无源项, 则模型 3 比模型 2 改善不多. 总的看来, 此模型的预报值和实验值的符合程度不理想. 图 11.4.9 为文献 [14] 给出的用 PDF 有限反应率模型预报的天然气-空气扩散燃烧的 NO_x 生成的结果, 其中实心圆点为实验值, 曲线为预报值, 可以看到, 两者差别较大.

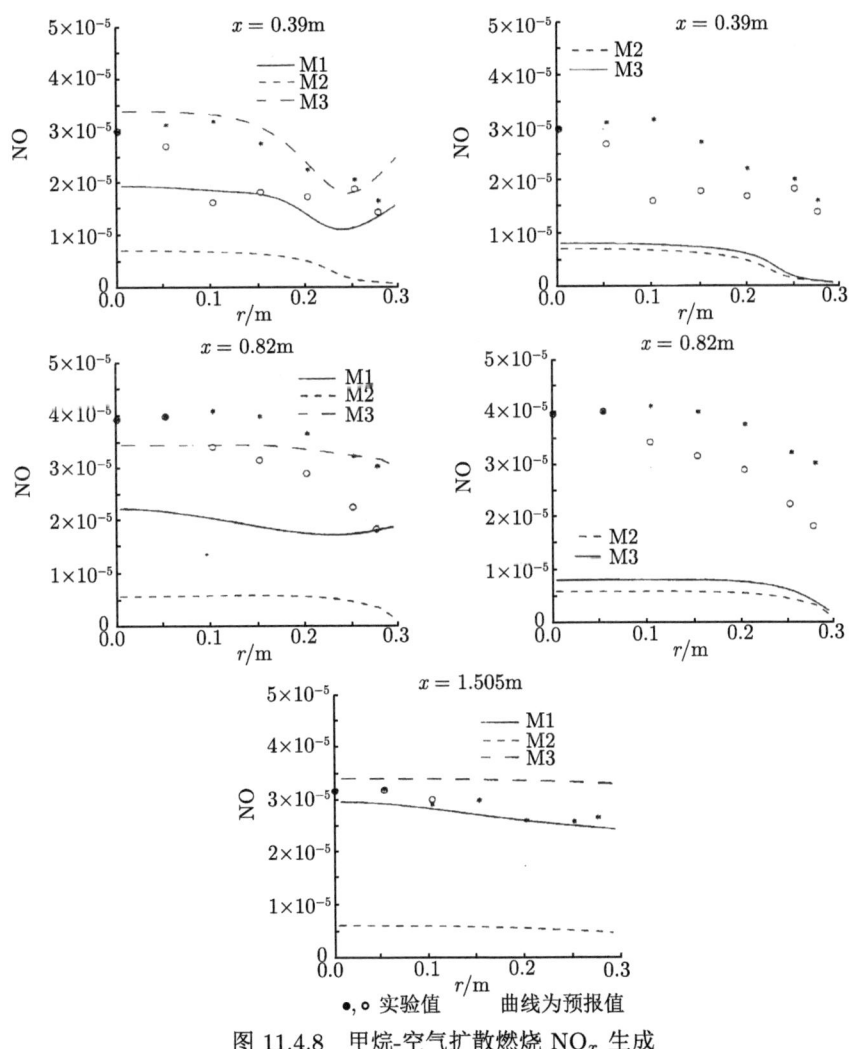

●, ○ 实验值   曲线为预报值

图 11.4.8 甲烷-空气扩散燃烧 NO_x 生成

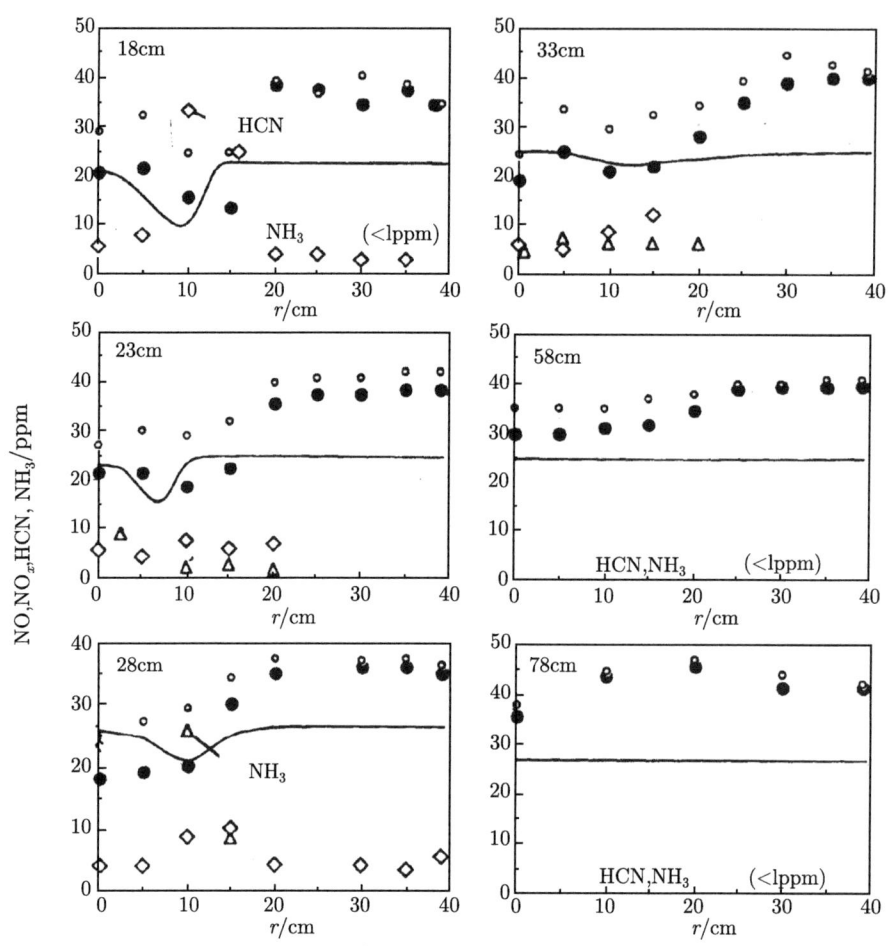

图 11.4.9 天然气-空气扩散燃烧 NO_x 生成

点为实验数据, 曲线为预报值

文献 [15] 采用了设定两个浓度和一个温度的三维联合 PDF 的模型, 模拟 CO 和空气的湍流扩散燃烧. 这可以称为 PDF-4 模型. 该模型采用的 $CO-O_2$ 瞬时反应率表达式为

$$w_{CO} = 3.98 \times 10^{17} \rho^{1.75} Y_{CO} (Y_{H_2O}/M_{H_2O})^{0.5} (Y_{O_2}/M_{O_2})^{0.25} \exp(-E/(RT))$$
(11.4.31)

如果使用混合物分数 f 和焓 h, 则有

$$Y_{H_2O} = (1-f)Y_{H_2O,in}, \quad Y_{O_2} = (1-f)Y_{O_2,in} - \beta(fY_{CO,in} - Y_{CO}), \quad T = h - h_f Y_{CO}/c_p$$

以及

$$w_{CO} = w_{CO}(Y_{CO}, f, h)$$

则时均反应率可以用对联合 PDF 的积分来表达

$$\bar{w}_{\rm CO} = \int_0^1 \int_0^1 \int_{h_{1,\rm in}}^{h_{2,\rm in}} w_{\rm CO}(Y_{\rm CO},f,h)p(Y_{\rm CO},f,h){\rm d}Y_{\rm CO}{\rm d}f{\rm d}h \tag{11.4.32}$$

对联合 PDF 直接假设一个三维截尾高斯分布

$$p(Y,f,h) = C\exp(-Q/2) \tag{11.4.33}$$

其中，C 和 Q 分别是方差、协方差及 Y，f，h 时均值的函数，C 和 Q 本身由二阶矩输运方程决定. 图 11.4.10 给出用这一模型模拟 CO 射流在氧化剂中燃烧的结果和实验值的比较，以及和前文谈到的不考虑湍流脉动的模型 (用时均值表达的反应率)，三个一维 PDF 乘积的有限反应率模型，以及不考虑温度脉动的二阶矩模型 (详见下文) 的模拟结果的比较. 不难看到，这四个模型的模拟结果都和实验值有明显差别. 图中使用的是对数的纵坐标，如果改成普通坐标，差别更大. 这说明，构造联合 PDF 是一件不容易的事.

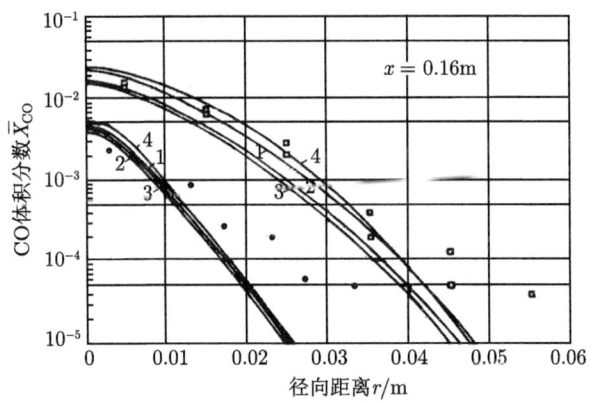

图 11.4.10 CO 射流扩散燃烧的 CO 浓度分布
1-三维 PDF 模型；2，3，4-不考虑浓度脉动的模型；三个一维 PDF 乘积的模型以及不考虑温度脉动的模型

11.5 湍流燃烧的 PDF 输运方程模型

简化 PDF 模型存在的问题是：① 整个流场中 PDF 形式是变化的，例如，在射流中心处接近于高斯分布，而在边缘处则接近于双 δ 分布；② 不好处理详细反应动力学. 因此，Pope[16] 提出了 PDF 输运方程模型，此模型有不同版本，一种常用的是"标量 PDF 方程模型"(composition PDF equation model)，就是速度场或者动量方程用常规的湍流模型的统计矩方法求解，对温度和组分浓度等标量则用 PDF 方程求解. 利用前文中讲到的 PDF 的定义和气体组分以及能量瞬态的

守恒方程，在对速度场采用统计矩模型的情况下，可以导出几何空间以及组分和焓组成的相空间中组分与焓的联合 PDF 输运方程

$$\frac{\partial}{\partial t}(\rho P) + \frac{\partial}{\partial x_j}(\rho v_j P) + \frac{\partial}{\partial \psi_k}(\rho S_k P)$$
$$= \frac{\partial}{\partial \psi_k}\left(\rho \left\langle \frac{\partial J_{j,k}}{\rho \partial x_j}\bigg|\psi\right\rangle P\right) - \frac{\partial}{\partial x_j}\left(\rho \left\langle v_j''\big|\psi\right\rangle P\right) \qquad (11.5.1)$$

方程 (11.5.1) 左端前两项分别为 PDF 的时间变化率和几何空间中的对流输运，左端第三项是化学反应源项，S_k 是组分 k 的反应率，符号 ψ 代表组分空间坐标. 右端两项分别是 PDF 在标量空间的扩散项和几何空间的扩散项. v_j'' 是速度脉动，符号 $\langle \ \rangle$ 代表数学期望值，$\langle A|B \rangle$ 是事件 B 发生的情况下事件 A 的条件平均值. 方程 (11.5.1) 左端各项是精确的，无须封闭模型. PDF 方程模型的优点是，高度非线性的化学反应项是精确的，无须模拟. 右端两项分别是几何空间中分子混合 (扩散) 和湍流引起的标量对流 (湍流标量通量)，需要有封闭模型. 湍流标量通量可以用梯度模拟

$$-\frac{\partial}{\partial x_j}\left[\rho \left\langle v_j''\big|\psi\right\rangle P\right] = -\frac{\partial}{\partial x_j}\left(\frac{\mu_T}{\rho Sc_T}\frac{\partial P}{\partial x_j}\right) \qquad (11.5.2)$$

PDF 方程模型的弱点是对分子混合或小尺度混合项的模拟. Pope 对 PDF 方法用更简单的形式加以描述 [17]，可以认为它是一种"网格颗粒"法或广义的相空间拉氏法. 流场的每个网格中含有大量计算"颗粒" (气体微元)，每个"颗粒"有不同的位置 $X^*(t)$、速度 $U^*(t)$、组分 $\phi^*(t)$ 和脉动频率 $\omega(t)$. "颗粒"质量不变，而其他变量则随时间而演变. "颗粒"随机位置的演变 (相空间的随机轨道) 是

$$\frac{\mathrm{d}X^*(t)}{\mathrm{d}t} = U^*(t) \qquad (11.5.3)$$

在任何一个给定的时刻，流场的平均变量可以由"颗粒"的特性计算出来. 在各个网格点处，用最小二乘法算出平均量，而在网格内可以用线性插值. 颗粒的随机组分方程是

$$\frac{\mathrm{d}\phi^*(t)}{\mathrm{d}t} = -\frac{1}{2}C_\phi \langle \varpi \rangle [\phi^*(t) - \langle \phi \rangle] + S(\phi^*) \qquad (11.5.4)$$

方程 (11.5.4) 右端第一项为用和平均量相互作用 (IEM) 模型封闭的分子混合项，它反映了组分的随机值向当地平均值的松弛过程，该项正比于当地的平均脉动频率. 右端第二项为化学反应源项，是精确而无须模拟的. 对随机速度则用简化的 Langevin 随机运动方程模型 (SLM)

$$\frac{\mathrm{d}U_i^*(t)}{\mathrm{d}t} = -\frac{1}{\langle \rho \rangle}\frac{\partial p}{\partial x_i} - \left(\frac{1}{2} + \frac{3}{4}C_0\right)\langle \varpi \rangle (U_i^* - \langle U_i \rangle) + (C_0\langle \varpi \rangle k)^{1/2}\frac{\mathrm{d}W_i}{\mathrm{d}t} \qquad (11.5.5)$$

方程 (11.5.5) 右端第一项为平均压力梯度项；第二项类似于分子混合的 IEM 模型，代表"颗粒"速度向当地平均值的松弛过程；最后一项含有 Wiener 过程，引

起速度空间的扩散，k 为湍流动能，$\langle \varpi \rangle k$ 就是平均耗散率 ε. $C_0 \varepsilon$ 是扩散系数. 上述随机方程 (11.5.3)~(11.5.5) 可用 Monte-Carlo 法求解. Smoot 等[18] 将标量 PDF 方程模型和 k-ε 湍流模型结合，模拟了钝体稳定的甲烷-空气预混火焰，其中使用了 IEM 小尺度混合模型和 5 步简化反应机理.

预报的轴向速度、温度和组分浓度 (图 11.5.1 和图 11.5.2) 与测量结果大致

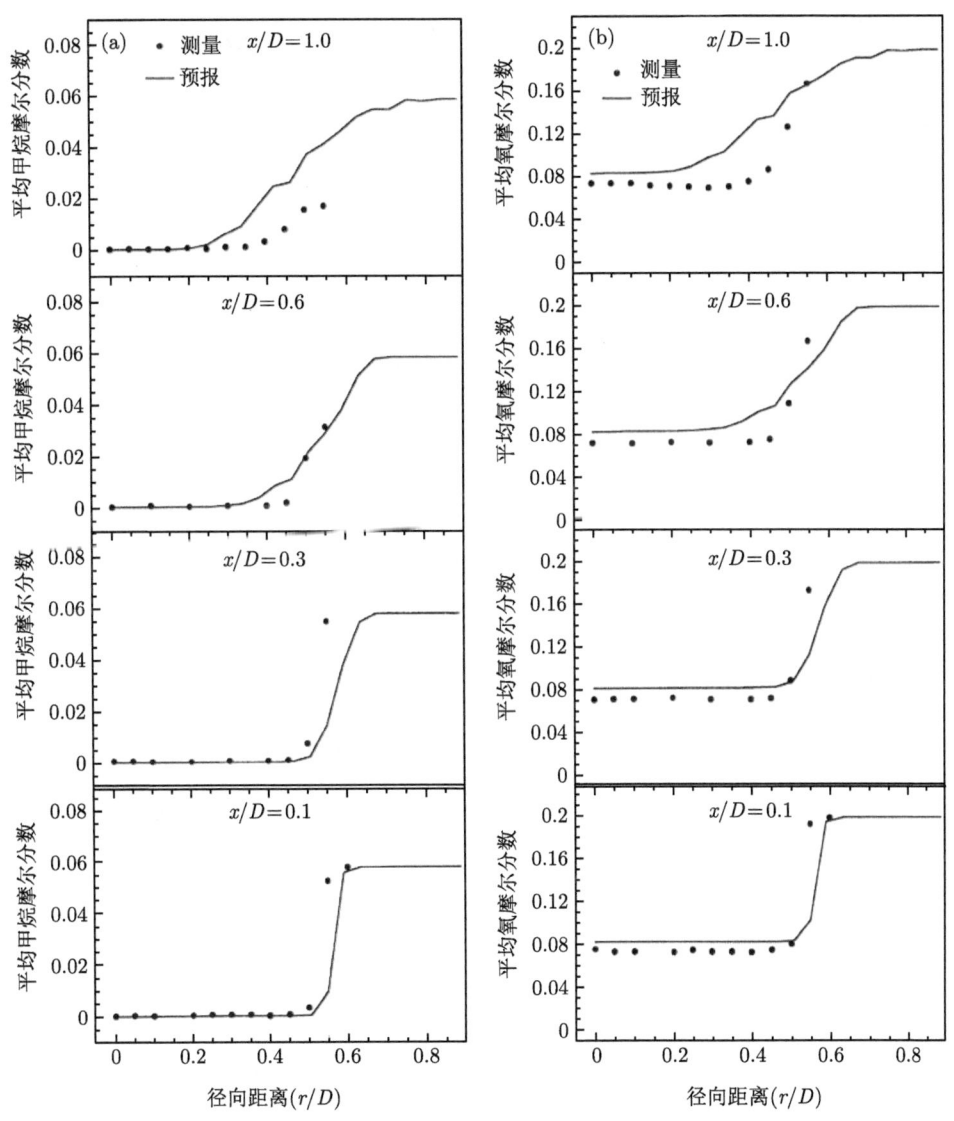

图 11.5.1 甲烷-空气预混燃烧的甲烷和氧的摩尔分数

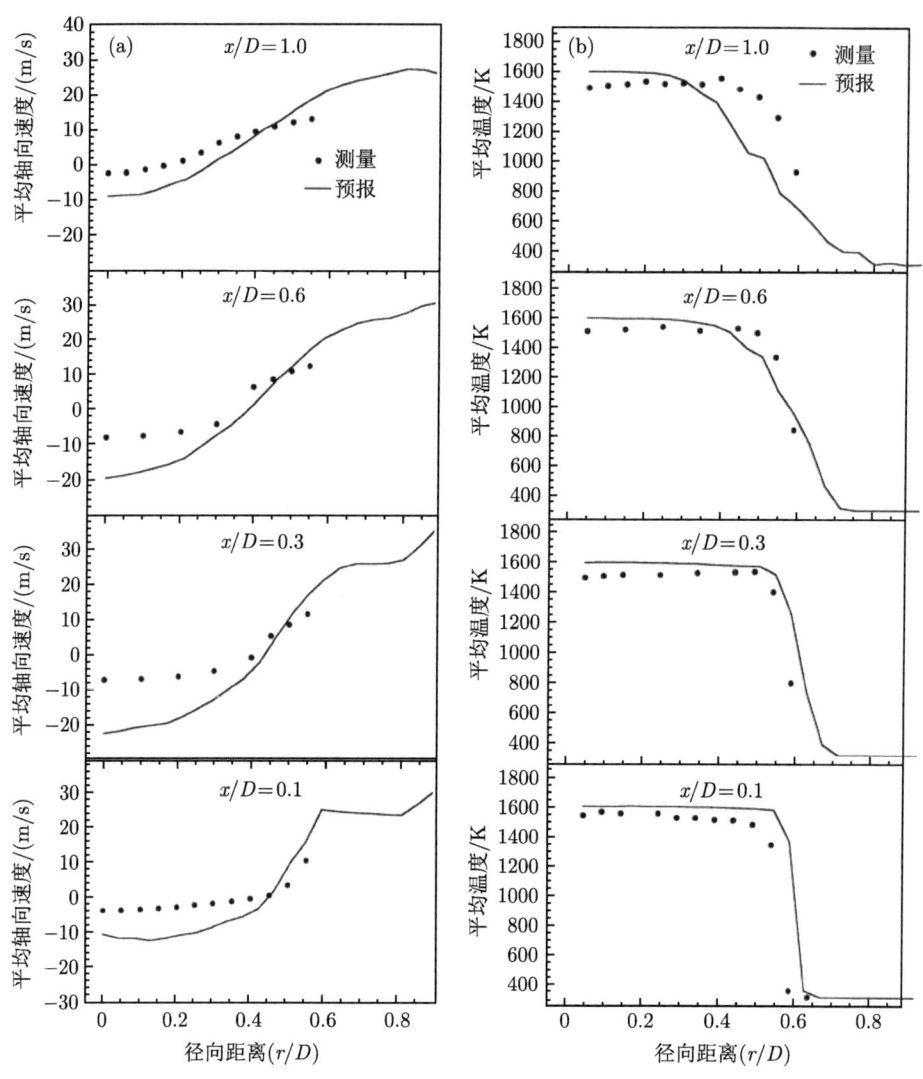

图 11.5.2 甲烷-空气预混燃烧的速度和温度

符合，但是两者间还有一定差距，可能是 k-ε 湍流模型、简化反应机理或者 IEM 混合模型所造成的。作者所在的研究组[19]将标量 PDF 方程模型和雷诺应力湍流模型结合，模拟了 Sandia 甲烷-空气射流扩散火焰 Flame C。图 11.5.3 是预报的温度脉动均方根值，和实验值大致符合。图中 ASOM 模型将在下文阐述。

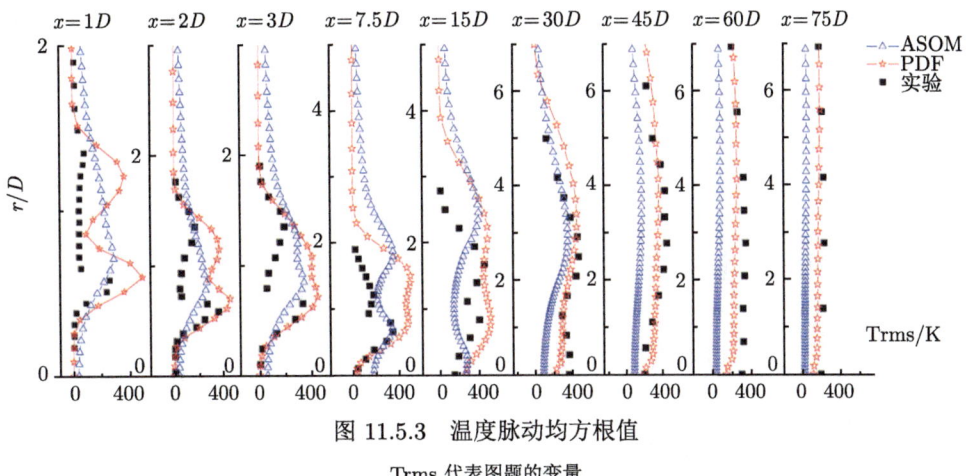

图 11.5.3 温度脉动均方根值

Trms 代表图题的变量

11.6 湍流预混燃烧的 Bray-Moss-Libby 模型

Bray-Moss-Libby (BML) 燃烧模型 [20] 是基于 Damköher-Shelkin[21] 提出的湍流预混火焰的皱褶火焰面的概念. 此模型中预混燃烧进展变量的定义是

$$c = (T - T_u)/(T_b - T_u) = Y_F/Y_{F,b} \tag{11.6.1}$$

若忽略分子输运, Favre 平均的组分 c 的输运方程是

$$\bar{\rho}\frac{\partial \tilde{c}}{\partial t} + \bar{\rho}\widetilde{u_j}\frac{\partial \tilde{c}}{\partial x_j} = -\frac{\partial}{\partial x_j}\left(\overline{\bar{\rho}u_j''c''}\right) + \bar{w}_c \tag{11.6.2}$$

此处双横的上标代表 Favre 平均, 即可压缩流动的密度加权平均值, 两撇代表 Favre 平均的脉动值, w 是反应率, 其封闭式为

$$\bar{w}_c = \rho_u S_L^0 l_0 \Sigma \tag{11.6.3}$$

这里, l_0 是层流火焰的当地变形 (拉伸) 因子; S_L^0 是未拉伸的层流火焰速度; Σ 是火焰面密度 (单位体积的火焰面积), 取决于一个代数式或者输运方程.

11.7 湍流燃烧的条件矩封闭模型

Klimenko 和 Bilger [22] 提出一种条件矩封闭 (conditional moment closure, CMC) 模型. 某一标量的条件平均值的定义是

$$Q = \langle Y | \xi = \eta \rangle \tag{11.7.1}$$

某一组分质量分数的时间平均值可以从对 PDF 积分得到

$$\langle Y \rangle = \int_{-\infty}^{\infty} \langle Y | \xi = \eta \rangle P(\eta) \mathrm{d}\eta \tag{11.7.2}$$

条件矩 Q 的输运方程是

$$\frac{\partial Q P(\eta) \rho_\eta}{\partial t} + \mathrm{div}\left(\rho_\eta \langle VY|\eta\rangle P(\eta)\right)$$
$$= \langle w|\eta\rangle P(\eta) \rho_\eta + \frac{\partial}{\partial \eta}\left(\langle N|\eta\rangle P(\eta) \rho_\eta \frac{\partial Q}{\partial \eta} - \frac{\partial \langle N|\eta\rangle P(\eta) \rho_\eta}{\partial \eta} Q\right) \tag{11.7.3}$$

这里，η 是混合物分数，$P(\eta)$ 是 PDF. 标量耗散率用 $N = D(\nabla \xi)(\nabla \xi)$ 模拟.

此模型的优点是，实验中发现，二阶条件矩可以忽略不计. 因此，条件平均的组分方程中的条件平均反应率是精确的，无须封闭模型. 时间平均值可以从条件平均值对预设的 PDF $P(\eta)$ 积分，或者求解 $P(\eta)$ 的方程得到. 图 11.7.1 是作者及其同事们[23]用 CMC 模型连同 $P(\eta)$ 的输运方程预报的 Sandia 甲烷-空气射流扩散火焰的温度分布，预报值和测量值符合得很好. 但是预报的 NO 质量分数 (图 11.7.2) 和实验值的符合不好，高估了 NO 生成，原因是 NO 生成反应较慢，不能忽略二阶矩，而且还要封闭标量耗散率方程，模型很复杂.

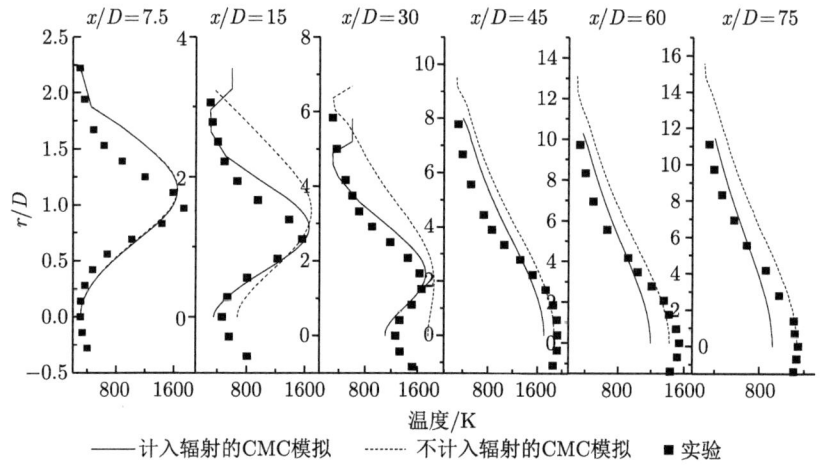

图 11.7.1 温度分布

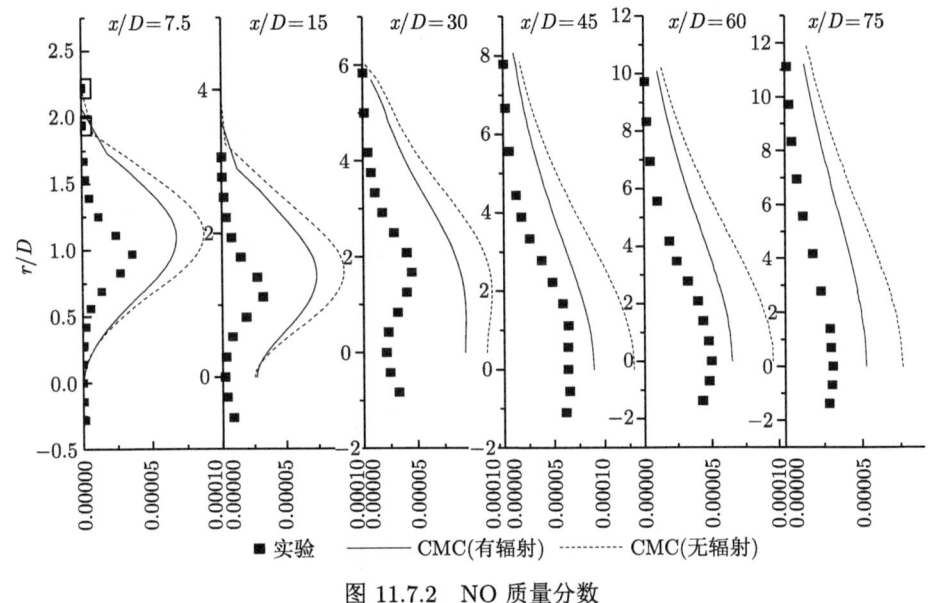

图 11.7.2 NO 质量分数

11.8 湍流燃烧的层流小火焰模型

层流小火焰模型 (laminar flamelet model) 是 Peters 提出的[24], 用于模拟非预混火焰. 其基本思路是, 假设湍流扩散火焰由层流小火焰构成. 使用混合物分数和小火焰方程, 可以把湍流效应和有限反应动力学解耦. 针对一种烃-氧反应

$$C_mH_n + \nu'_{O_2}O_2 \longrightarrow \nu''_{CO_2}CO_2 + \nu''_{H_2O}H_2O$$

混合物分数, 即无量纲综合质量分数的定义为

$$Z = \frac{\xi_C/(mM_C) + \xi_H/(nM_H) + 2(Y_{O_2,2} - \xi_O)/(\nu'_{O_2}M_{O_2})}{\xi_{C,1}/(mM_C) + \xi_{H,1}/(nM_H) + 2Y_{O_2,2}/(\nu'_{O_2}M_{O_2})} \quad (11.8.1)$$

此处下角标 1 和 2 分别代表燃料和氧化剂的进口参数, ξ_C, ξ_H 和 ξ_O 分别表示元素 C, H 和 O 的质量分数, M_C, M_H 和 M_{O_2} 表示其原子量, ν_{O_2} 代表化学当量比. 层流小火焰的概念如图 11.8.1 所示.

Z 值显示出小火焰位置. 若取各组分扩散系数相等, 则 Z 的输运方程是

$$\rho\frac{\partial Z}{\partial t} + \rho u_j\frac{\partial Z}{\partial x_j} = \frac{\partial}{\partial x_j}\left(D\rho\frac{\partial Z}{\partial x_j}\right) \quad (11.8.2)$$

求解此方程可以得到整个流场的 Z 的时均值和脉动值,反映湍流对 Z 的作用. 对预设的 PDF, 可以得到加权平均的组分质量分数和温度

$$\tilde{Y} = \int Y(Z)p(Z)\mathrm{d}Z, \quad \tilde{T} = \int T(Z)p(Z)\mathrm{d}Z \tag{11.8.3}$$

这里的函数 $Y(Z)$ 和 $T(Z)$ 分别是 Y 和 Z 之间以及 T 和 Z 之间的瞬态函数关系, 从求解下列小火焰方程中得到, 其中包含有限反应动力学的作用

$$\rho\frac{\partial Y_\alpha}{\partial t} + \rho u_1 \frac{\partial Y_\alpha}{\partial x_1} = \frac{\partial}{\partial x_1}\left(\rho D \frac{\partial Y_\alpha}{\partial x_1}\right) + \rho S_\alpha \tag{11.8.4}$$

$$\rho\frac{\partial T}{\partial t} + \rho u_1 \frac{\partial T}{\partial x_1} = \frac{\partial}{\partial x_1}\left(\rho D \frac{\partial T}{\partial x_1}\right) + \rho S_T \tag{11.8.5}$$

$$\rho\frac{\partial Z}{\partial t} + \rho u_1 \frac{\partial Z}{\partial x_1} = \frac{\partial}{\partial x_1}\left(\rho D \frac{\partial Z}{\partial x_1}\right) \tag{11.8.6}$$

方程 (11.8.4) 和 (11.8.5) 右端的源项是精确的, 因此详细反应机理可以耦合到小火焰模型中. 常取 β-PDF 作为预设的 $p(Z)$. 层流小火焰模型对模拟扩散火焰如 Sandia 的甲烷-空气射流扩散火焰的效果很好.

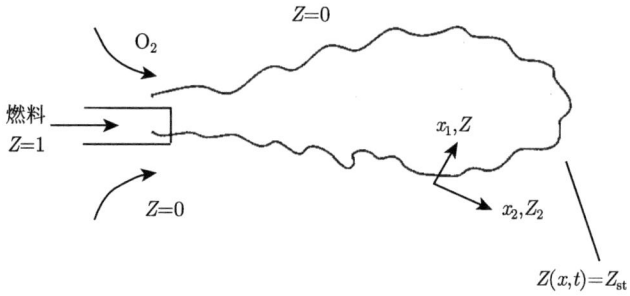

图 11.8.1 层流小火焰的概念湍流射流扩散火焰的混合物分数等值面

11.9 湍流燃烧的二阶矩模型

前文中已经看到, 简单的模型, 例如, EBU(EDM) 模型中, 常常是湍流起支配作用, 反应动力学的作用被大大削弱. 简化 PDF 模型中, 包括快速反应、有限反应率和局部瞬时平衡的 PDF 模型中, 或者是反应动力学没有起作用, 或者是用若干个单变量 PDF 乘积代替联合 PDF, 低估了时平均反应率. 更完善的模型, 如条件矩模型和层流小火焰模型, 只对一定的火焰类型 (如非预混火焰和预混火焰) 和一定的火焰结构 (如皱褶火焰、破碎火焰等) 的模拟效果比较好. BML

11.9 湍流燃烧的二阶矩模型

模型和 G-方程模型局限于模拟预混火焰. PDF 方程模型是通用性比较强的模型, 但是其小尺度混合模型的封闭尚有不确定性, 而且由于要采用 Monte-Carlo 法求解, 计算量几乎比简单模型的大两个数量级, 尤其是用于大涡模拟, 不便于用来解决工程问题. 因此研究者们仍然在寻求更合理且经济的湍流燃烧模型. 另一种途径是回到湍流燃烧的统计矩 (statistical moment) 模型, 就是湍流流动模型的思路, 对 N-S 方程组进行雷诺展开和时间平均, 然后对未知项加以封闭. 但是用这种方法处理反应源项的 Arrhenius 公式中高度非线性的温度指数函数时, 遇到了困难. 为了解决此问题, 不同研究者先后采取了不同的近似处理方法. 最简单的是, 忽略温度脉动, 只考虑浓度脉动 [25], 这在温度变化很大的燃烧问题中显然不合理, 可能只适用于化工过程中温度变化不大的有反应流动的情况. 再一种是分别考虑浓度脉动和温度脉动, 不同程度地忽略温度-浓度脉动关联 [26,27], 自然会低估时平均反应率. 第三种是考虑所有标量的脉动及其关联量, 对温度的指数函数取级数展开近似, 忽略高阶项 [28], 但是其中假定 $E/(RT)$ 和温度脉动相对值的乘积远小于 1. 实际的燃烧情况下, $E/(RT)$ 处于 $5\sim 10$, 而且温度脉动相对值也并非总是远小于 1, 因此舍去高阶项后, 显然也低估了时平均反应率. 作者认为, 基于湍流流动模型的思路来构建湍流燃烧的二阶矩模型, 的确有望综合解决模型的通用性、合理性和经济性. 但是必须在应用雷诺展开和时间平均时, 舍去以上各种近似. 作者所在的研究组最终抛弃了忽略温度-浓度脉动关联和级数展开近似的方法, 考虑所有标量的脉动量及其关联量, 构建了终版的湍流燃烧二阶矩模型, 并且应用于不同燃烧问题的雷诺平均模拟和大涡模拟, 得到了实验和 DNS 的验证.

11.9.1 只考虑浓度脉动的二阶矩模型

最简单的近似方法就是忽略温度脉动, 只考虑浓度脉动 [25], 就是取 $F = \overline{Y_1'Y_2'}/(\bar{Y}_1\bar{Y}_2)$ 和 $\overline{k'Y'} = 0$. 经过推导和封闭, 可以得到浓度-浓度关联的输运方程

$$\frac{\partial}{\partial t}\left(\rho\overline{Y_1'Y_2'}\right) + \frac{\partial}{\partial x_j}\left(\rho V_j \overline{Y_1'Y_2'}\right)$$
$$= \frac{\partial}{\partial x_j}\left(\frac{\mu_e}{\sigma_Y}\frac{\partial \overline{Y_1'Y_2'}}{\partial x_j}\right) + c_{g1}\mu_T \frac{\partial \bar{Y}_1}{\partial x_j}\frac{\partial \bar{Y}_2}{\partial x_j} - c_{g2}\left(\frac{a}{\tau_T} + \frac{b}{\tau_c}\right)\rho\overline{Y_1'Y_2'} \quad (11.9.1)$$

其中,

$$\tau_T = k/\varepsilon, \quad \tau_c = \left[B\rho\left(\bar{Y}_2 + \beta\bar{Y}_1\right)\exp(-E/(R\bar{T}))\right]^{-1}$$

图 11.9.1[8] 是用不同湍流燃烧模型预报的同轴突扩流动扩散燃烧的轴向时平均速度和湍动能的分布. 就时平均速度而言, 浓度关联量模型的预报结果与 EBU 模型的和快速反应-设定 PDF 的结果差不多, 都和实验值接近. 但是没有给出预

报的温度和组分浓度分布,无法判断此模型的可靠程度. 后文将进一步讨论对此模型的评价.

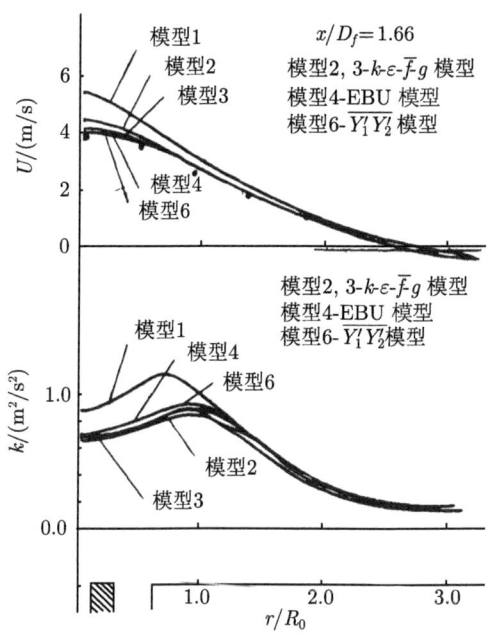

图 11.9.1 同轴突扩流动扩散燃烧的轴向时平均速度和湍动能

11.9.2 对温度指数函数做级数展开近似的二阶矩模型

文献 [28] 综合考虑了浓度脉动、温度脉动和其间的关联,为了克服非线性的温度指数函数的困难,将其做级数展开. 仿照燃烧理论中 Frank-Kamenetsky 的近似方法,取

$$\exp\left(-\frac{E}{RT}\right) = \exp\left[-\frac{E}{R(\bar{T}+T')}\right] = \exp\left[-\frac{E}{R\bar{T}}\left(1+\frac{T'}{\bar{T}}\right)^{-1}\right]$$

假设 $T'/\bar{T} \ll 1$,则有

$$\exp\left(-\frac{E}{RT}\right) \approx \exp\left[-\frac{E}{R\bar{T}}\left(1-\frac{T'}{\bar{T}}\right)\right] = \exp\left(-\frac{E}{R\bar{T}}\right)\exp\left(\frac{E}{R\bar{T}^2}T'\right)$$

将指数函数展开为级数

$$\exp\left(-\frac{E}{R\bar{T}^2}T'\right) = 1 + \frac{E}{R\bar{T}}\frac{T'}{\bar{T}} + \frac{1}{2}\left(\frac{E}{R\bar{T}}\frac{T'}{\bar{T}}\right)^2 + \cdots$$

11.9 湍流燃烧的二阶矩模型

进一步假设 $\dfrac{E}{R\bar{T}}\dfrac{T'}{\bar{T}} \ll 1$，忽略高阶项可得

$$\exp\left(-\dfrac{E}{R\bar{T}^2}T'\right) \approx 1 + \dfrac{E}{R\bar{T}}\dfrac{T'}{\bar{T}} + \dfrac{1}{2}\left(\dfrac{E}{R\bar{T}}\dfrac{T'}{\bar{T}}\right)^2$$

则时平均反应率为

$$\bar{w}_s = \overline{B\rho^2\left(\bar{Y}_1 + Y_1'\right)\left(\bar{Y}_2 + Y_2'\right)\exp\left(-\dfrac{E}{R\bar{T}}\right)\left[1 + \dfrac{E}{R\bar{T}}\dfrac{T'}{\bar{T}} + \dfrac{1}{2}\left(\dfrac{E}{R\bar{T}}\dfrac{T'}{\bar{T}}\right)^2\right]}$$

或者

$$\bar{w}_s = B\rho^2 \bar{Y}_1 \bar{Y}_2 \exp\left(-\dfrac{E}{R\bar{T}}\right)$$
$$\times \left[1 + \dfrac{\overline{Y_1'Y_2'}}{\bar{Y}_1\bar{Y}_2} + \dfrac{E}{R\bar{T}}\left(\dfrac{\overline{T'Y_1'}}{\bar{T}\bar{Y}_1} + \dfrac{\overline{T'Y_2'}}{\bar{T}\bar{Y}_2}\right) + \dfrac{1}{2}\left(\dfrac{E}{R\bar{T}}\right)^2 \overline{\left(\dfrac{T'}{\bar{T}}\right)^2}\right] \quad (11.9.2)$$

此模型综合考虑了浓度脉动和温度脉动及其间的关联. 但是，实际燃烧过程中 $E/(RT)$ 是 $5 \sim 10$ 的数量级，而且温度脉动相对值也并非总是远小于 1，因此上述模型忽略高阶项，必然低估了时平均反应率. 文献 [29] 用此模型模拟了甲烷-空气湍流扩散燃烧，取 50 个组分和 300 个基元反应的详细反应机理. 预报的 NO 质量分数见图 11.9.2. 不难看到，预报值远低于实验值，显示出该模型的严重缺陷.

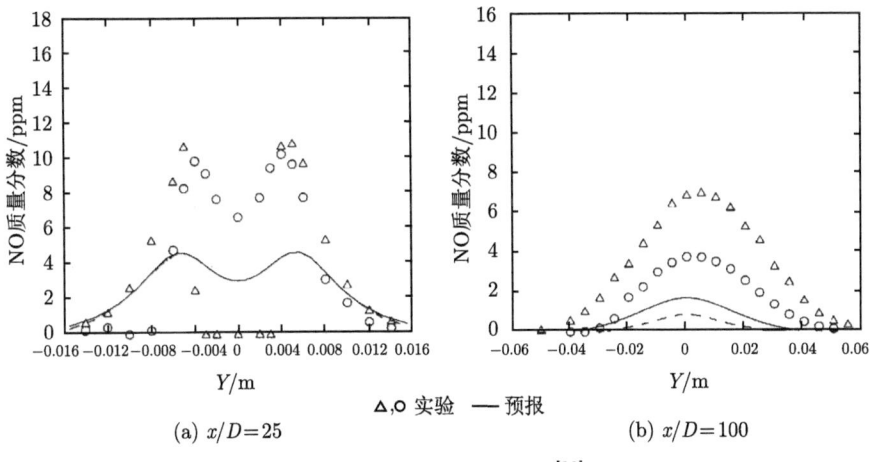

图 11.9.2 NO 质量分数 [29]

11.9.3 两种二阶矩-PDF 模型

进一步的改进是，文献 [30] 提出一种二阶矩-PDF 模型，可以同时考虑浓度脉动和温度脉动及其间的关联. 对浓度-浓度脉动关联 $\overline{Y_1'Y_2'}$ 采用二阶矩封闭，对反应率系数-浓度脉动关联 (含温度-浓度脉动关联) $\overline{k'Y'}$ 用设定 PDF 封闭. 但是在设定 PDF 时，用两个单变量 PDF-$p(Y)$ 和 $p(T)$ 的乘积代替联合概率密度函数 $p(T,Y)$，这就部分忽略了浓度脉动和温度脉动关联. 取

$$\overline{k'Y'} = \overline{kY} - \bar{k} \cdot \bar{Y} = \iint kYp(T)p(Y)\mathrm{d}T\mathrm{d}Y - \bar{k} \cdot \bar{Y}, \quad \bar{k} = \int k(T)p(T)\mathrm{d}T \quad (11.9.3)$$

如果对设定 PDF 采用城垛形脉动的双 δ-PDF

$$p(f) = \alpha\delta(f_-) + (1-\alpha)\delta(f_+), \quad \alpha = 0.5$$

最后可以得到时平均反应率的表达式

$$\bar{w}_s = B\rho^2 \bar{Y}_1 \bar{Y}_2 \exp\left(-E/(R\bar{T})\right) Z \quad (11.9.4)$$

这里, 函数 Z 反映了湍流脉动对反应率的影响, 该函数为

$$Z = \mathrm{ch}\left(\frac{E}{R\bar{T}}\frac{g_T^{1/2}}{\bar{T}}\right)\left[1 + \frac{\overline{Y_1'Y_2'}}{\bar{Y}_1\bar{Y}_2} + \left(\frac{g_{Y_1}^{1/2}}{\bar{Y}_1} + \frac{g_{Y_2}^{1/2}}{\bar{Y}_2}\right)\mathrm{th}\left(\frac{E}{R\bar{T}}\frac{g_T^{1/2}}{\bar{T}}\right)\right]$$

其中,

$$g_T = \overline{T'^2}, \quad g_Y = \overline{Y'^2}, \quad \mathrm{ch}(x) = (\mathrm{e}^x + \mathrm{e}^{-x})/2, \quad \mathrm{th}(x) = \frac{\mathrm{sh}(x)}{\mathrm{ch}(x)}, \quad \mathrm{sh}(x) = (\mathrm{e}^x - \mathrm{e}^{-x})/2$$

方程 (11.9.4) 中包含的各二阶矩取决于方程 (11.9.1). 文献 [31] 用此模型对甲烷-空气湍流扩散燃烧进行了模拟. 预报的湍动能和实验结果的对照见图 11.9.3, 其中, NF, E-A, SOM-1, SOM-3 分别代表直接用时均量表达的模型, EBU-Arrhenius 模型, 级数展开近似的二阶矩模型和上述的二阶矩-PDF 模型. 可以看到, SOM-3 的结果比其他模型更接近实验值, 但是由于此模型在设定 PDF 时用两个单参数 PDF 乘积代替联合 PDF, 仍然部分地忽略了温度脉动和浓度脉动之间的关联, 所以预报结果仍然和实验结果有差距.

第二种二阶矩-PDF 模型完全忽略浓度脉动和温度脉动之间的关联[27], 分别独立地考虑浓度脉动和温度脉动. 对浓度-浓度脉动关联 $\overline{Y_1'Y_2'}$ 取二阶矩封闭, 对温度指数函数脉动的时均值 $\overline{\rho^2 \exp(-E/(RT))}$ 用设定 PDF 封闭. 此模型的时平均反应率表达为

$$\bar{w}_s = B\bar{Y}_1\bar{Y}_2\left[1 + \left(\overline{Y_1'Y_2'}/(\bar{Y}_1\bar{Y}_2)\right)\right]\overline{\rho^2 \exp(-E/(RT))} \quad (11.9.5)$$

11.9 湍流燃烧的二阶矩模型

其中的浓度-浓度脉动关联用方程 (11.9.1) 或者用其简化后的代数式封闭, 而对温度函数时均值, 用设定 PDF 封闭. 例如, 取双 δ-城垛形脉动 PDF, 最后得到

$$\overline{\rho^2 \exp(-E/(RT))} = \bar{\rho}^2 R \bar{T}^2/(T^+ - T^-)[\exp(-E/(RT^+)) - \exp(-E/(RT^-))] \tag{11.9.6}$$

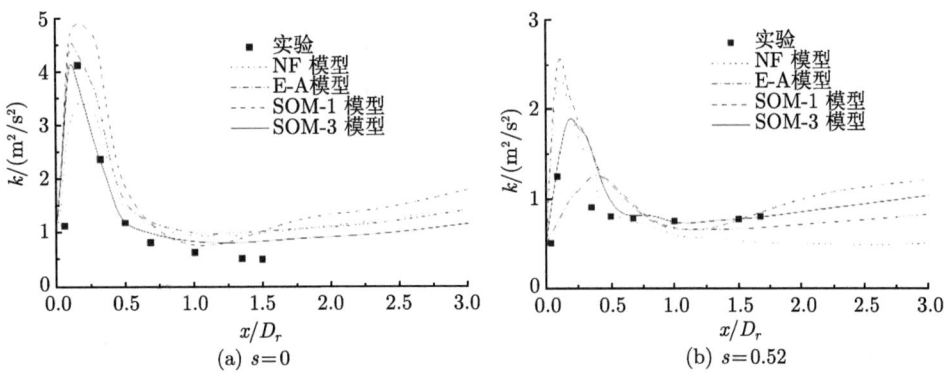

图 11.9.3 突扩湍流扩散燃烧的湍动能

图 11.9.4 为预报的丙烷-空气扩散燃烧温度分布及其和实验值的对照. 可以看出, 此版本的二阶矩-PDF 模型虽然比只考虑浓度脉动的模型好, 但是在近壁区和近入口处预报值仍然和实验值不符合.

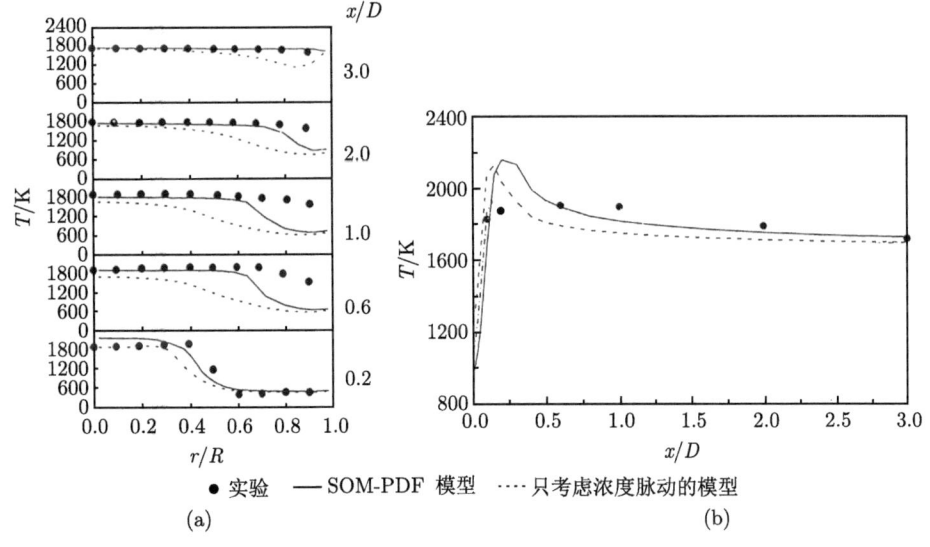

图 11.9.4 温度的径向 (a) 和轴向 (b) 分布

D 为燃烧室直径

11.9.4 终版的湍流燃烧的二阶矩模型

鉴于以上几种版本的二阶矩模型的缺陷,作者[32-34]提出了最终版本的二阶矩模型,当初称为"统一二阶矩模型". 关键问题是如何封闭反应率系数和浓度脉动关联量 $\overline{k'Y'}$. 构建此模型的第一个思路是,从瞬态能量方程和组分方程出发,推导出精确的 $\overline{k'Y'}$ 输运方程. 瞬态组分 1 的方程和能量方程分别是

$$\frac{\partial}{\partial}(\rho Y_1) + \frac{\partial}{\partial x_j}(\rho v_j Y_1) = \frac{\partial}{\partial x_j}\left(\rho D \frac{\partial Y_1}{\partial x_j}\right) - w_1 \tag{11.9.7}$$

$$\frac{\partial}{\partial}(\rho c_p T) + \frac{\partial}{\partial x_j}(\rho v_j c_p T) = \frac{\partial}{\partial x_j}\left(\lambda \frac{\partial T}{\partial x_j}\right) - w_1 Q_1 \tag{11.9.8}$$

将瞬态能量方程各项乘以瞬态浓度 Y_1 以及将瞬态组分方程各项乘以瞬态反应率系数 k,相加后可以得到瞬态值乘积 $\overline{kY_1}$ 的输运方程,再减去类似的交叉相乘得到的平均值乘积 $\bar{k} \cdot \bar{Y}_1$ 的输运方程,两者相减就可以导出精确的 $\overline{k'Y'_1}$ 输运方程

$$\frac{\partial \rho \overline{k'Y'_1}}{\partial t} + \rho \overline{v_j} \frac{\partial \overline{k'Y'_1}}{\partial x_j} = \frac{\partial}{\partial x_j}\left(\rho D \frac{\partial \overline{k'Y'_1}}{\partial x_j}\right) - \rho \overline{v'_j k'} \frac{\partial \overline{Y_1}}{\partial x_j} - \rho \overline{v'_j Y'_1} \frac{\partial \bar{k}}{\partial x_j} - \frac{\partial \overline{v'_j k'Y'_1}}{\partial x_j}$$

$$- 2\rho D \overline{\frac{\partial Y'_1}{\partial x_j} \frac{\partial k'}{\partial x_j}} - \frac{\lambda}{c_P} \frac{E}{R} \overline{\frac{Y'_1}{T^2} \frac{\partial k}{\partial x_j} \frac{\partial T}{\partial x_j}}$$

$$- \frac{2\lambda}{c_P} \overline{\frac{Y'_1}{T} \frac{\partial k}{\partial x_j} \frac{\partial T}{\partial x_j}} - \overline{K'w_1} + \frac{EQ_1}{c_P R} \overline{\frac{Y'_1 k w_1}{T^2}} \tag{11.9.9}$$

第二个思路是,对方程 (11.9.9) 采用类似于封闭雷诺应力方程的办法. 方程 (11.9.9) 左端分别为精确的时间变化率和对流项,无须封闭. 右端第一项为分子扩散项,也无须封闭. 右端其余各项的物理含义分别是平均流剪切产生项,湍流扩散项,黏性耗散项和反应项,需要封闭. 对产生项和湍流扩散项,取梯度模拟,对耗散项和反应项,假设标量耗散率和反应项正比于双时间尺度的湍流动能耗散率,这样就可以得到封闭后的 $\overline{k'Y'_1}$ 输运方程

$$\frac{\partial}{\partial t}\left(\rho \overline{k'Y'_1}\right) + \frac{\partial}{\partial x_j}\left(\rho V_j \overline{k'Y'_1}\right)$$

$$= \frac{\partial}{\partial x_j}\left(\frac{\mu_e}{\sigma_g} \frac{\partial \overline{k'Y'_1}}{\partial x_j}\right) + c_{g1} \mu_T \frac{\overline{k'Y'}}{\overline{T'Y'}} \left(\frac{\partial T}{\partial x_j}\right)\left(\frac{\partial Y}{\partial x_j}\right) - c_{g2} \rho \left(\frac{a}{\tau_T} + \frac{b}{\tau_c}\right) \overline{k'Y'_1}$$

$$\tag{11.9.10}$$

于是,湍流燃烧二阶矩模型的最终形式为

$$\bar{w}_s = \rho^2 \bar{k} \bar{Y}_1 \bar{Y}_2 (1 + F) \tag{11.9.11}$$

$$\bar{k} = B\overline{\exp(-E/(RT))}, \quad F = \overline{Y'_1 Y'_2}/(\bar{Y}_1 \bar{Y}_2) + \overline{k'Y'_1}/(\bar{Y}_1 \bar{k}) + \overline{k'Y'_2}/(\bar{Y}_2 \bar{k}) \tag{11.9.12}$$

11.9 湍流燃烧的二阶矩模型

其中，各二阶关联矩取决于统一形式的输运方程

$$\frac{\partial}{\partial t}\left(\rho\overline{\phi'\psi'}\right) + \frac{\partial}{\partial x_j}\left(\rho v_j\overline{\phi'\psi'}\right)$$
$$= \frac{\partial}{\partial x_j}\left(\frac{\mu_e}{\sigma_g}\frac{\partial\overline{\phi'\psi'}}{\partial x_j}\right) + c_{g1}\mu_T\left(\frac{\partial\phi}{\partial x_j}\right)\left(\frac{\partial\psi}{\partial x_j}\right) - c_{g2}\rho\left(\frac{a}{\tau_c} + \frac{b}{\tau_T}\right)\overline{\phi'\psi'} \quad (11.9.13)$$

其中，ϕ 和 ψ 代表质量分数 Y_1, Y_2 或者反应率系数 k. 系数 c_{g1}, c_{g2} 是经验常数. τ_c, τ_T 分别代表反应时间尺度和湍流时间尺度

$$\tau_T = k/\varepsilon, \quad \tau_c = \left[B\rho\left(\overline{Y_2} + \beta\overline{Y_1}\right)\exp\left(-\frac{E}{R\overline{T}}\right)\right]^{-1}$$

数值实验结果取

$$c_{g1} = 0.01, \quad c_{g2} = 1.4, \quad a = 0.9, \quad b = 0.05$$

时平均的反应率系数只取决于温度脉动的设定 PDF，例如，用双 δ-PDF，则有

$$\bar{k} = B\overline{\exp(-E/(RT))} = B[\exp(-E/(RT^+)) - \exp(-E/(RT^-))]$$

方程 (11.9.11)~(11.9.13) 构成了终版的湍流燃烧二阶矩模型. 其物理意义是：① 时平均反应率取决于反应动力学 (指数前因子 B 和活化能 E) 和湍流特性 (二阶矩)；② 湍流增强了反应率；③ 标量关联矩的输运类似于雷诺应力的输运. 此模型不涉及火焰类型和火焰结构. 对于强剪切流动，或者大涡模拟的亚网格燃烧模型，可以忽略方程 (11.9.13) 中的对流项和扩散项，得到代数二阶矩 (ASOM) 模型

$$\overline{\phi'\psi'} = c\mu_T\left(\frac{\partial\phi}{\partial x_j}\right)\left(\frac{\partial\psi}{\partial x_j}\right) \bigg/ \left[\rho\left(\frac{b}{\tau_T} + \frac{a}{\tau_c}\right)\right] \quad (11.9.14)$$

文献 [35] 用雷诺应力湍流流动模型和湍流燃烧二阶矩输运方程模型以及 E-A 燃烧模型，模拟了本研究组测量的甲烷-空气旋流扩散燃烧. 图 11.9.5 给出旋流数为 $s = 0.43$ 和 0.68 时的温度分布. 可以看到，终版的二阶矩模型的预报结果和实验符合得很好，优于前面几种采取不同近似的二阶矩模型，并且比 E-A 模型的结果合理得多. E-A 模型显著地高估或低估了温度，和实验不符. 图 11.9.6 为 $s = 0.43$ 时几种二阶矩模型预报结果的温度分布的比较[36]，其中 SOM-1 为只考虑浓度脉动关联的模型，SOM-2 为只考虑反应率系数脉动的模型，SOM-3 是分别考虑反应率系数脉动 (含温度脉动) 和浓度脉动的模型. 以上三种模型都忽略了温度脉动与浓度脉动的关联. USM 模型是终版的二阶矩模型. 显然，前面三种模型都低估了温度，只有最后一种模型的结果和实验符合，由图 11.9.7 看出，其原因是前三者低估了时平均反应率. 文献 [19] 同时用 ASOM 模型和标量 PDF

输运方程模型对 Sandia 实验室测量的甲烷-空气射流扩散火焰 (Flame C) 进行了模拟, 预报的温度和甲烷浓度分布分别见图 11.9.8 和图 11.9.9. 由图可见, 除了 $x = 3d \sim 15d$ 的三个横截面处外, 大部分区域内, 两模型都和实验结果符合, 差别不大. 然而 PDF 方程模型的计算时间比 ASOM 模型的大两个数量级, 可见后者更有工程应用前途.

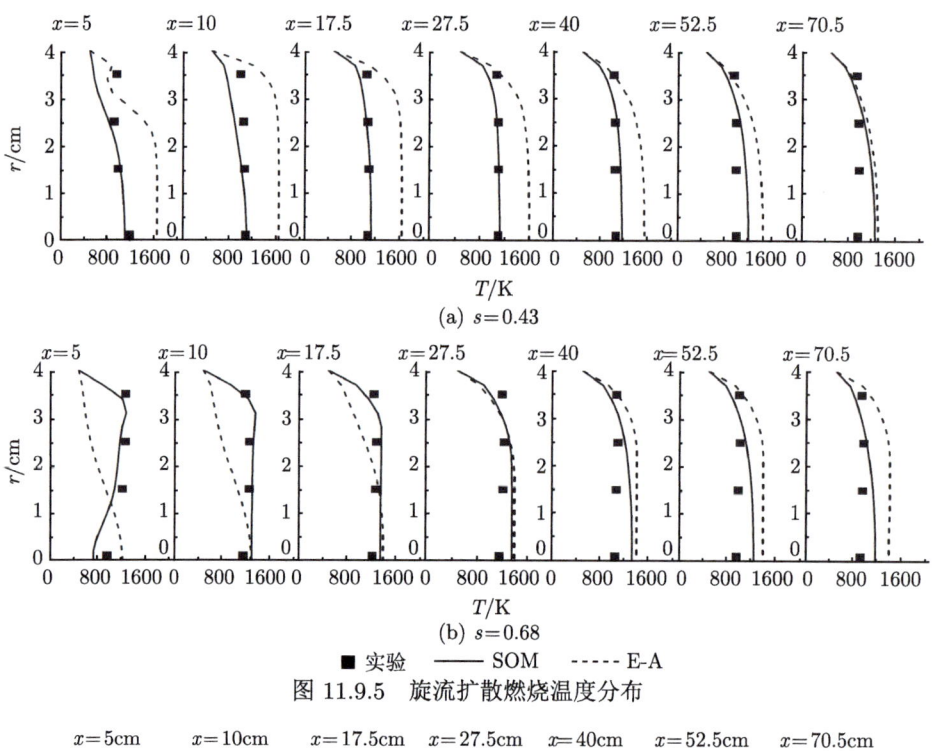

图 11.9.5　旋流扩散燃烧温度分布

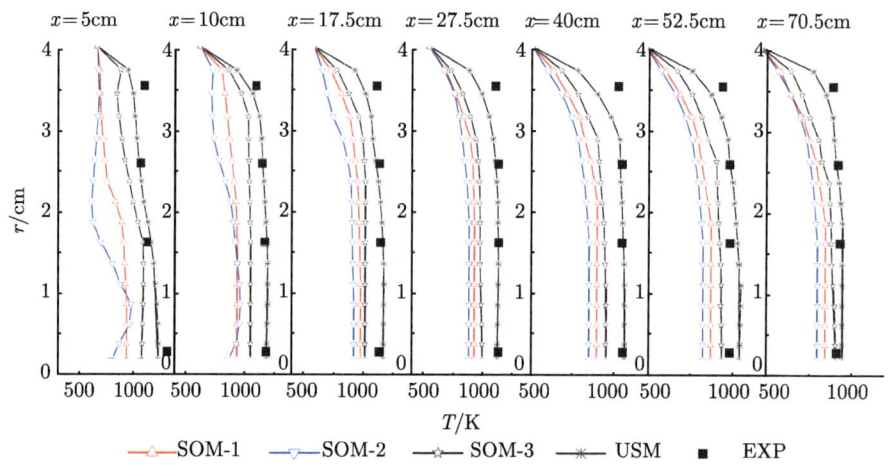

图 11.9.6　几种二阶矩模型预报的温度 (旋流数为 0.43)

11.9 湍流燃烧的二阶矩模型

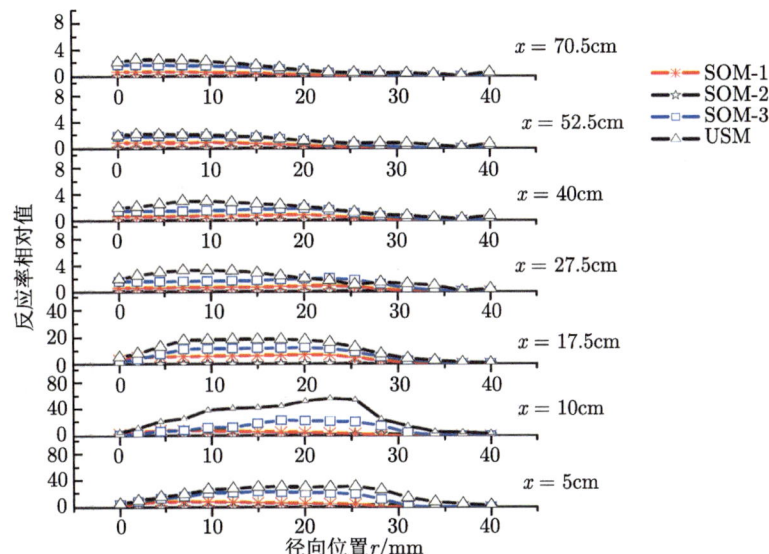

图 11.9.7 几种二阶矩模型预报的时平均反应率 (旋流数为 0.43)

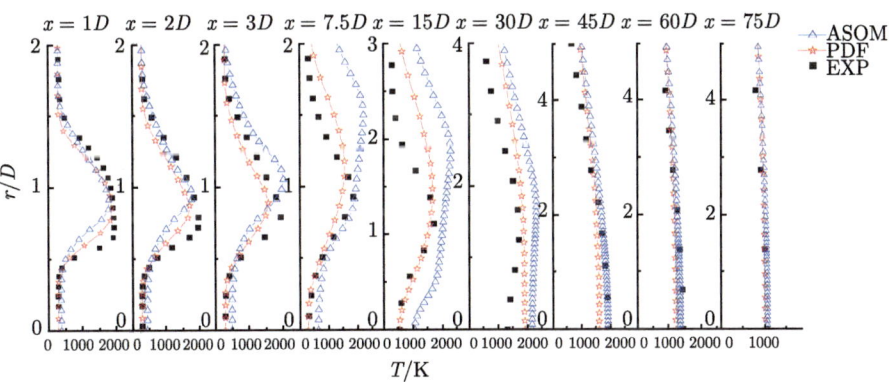

图 11.9.8 甲烷-空气射流扩散燃烧的温度分布

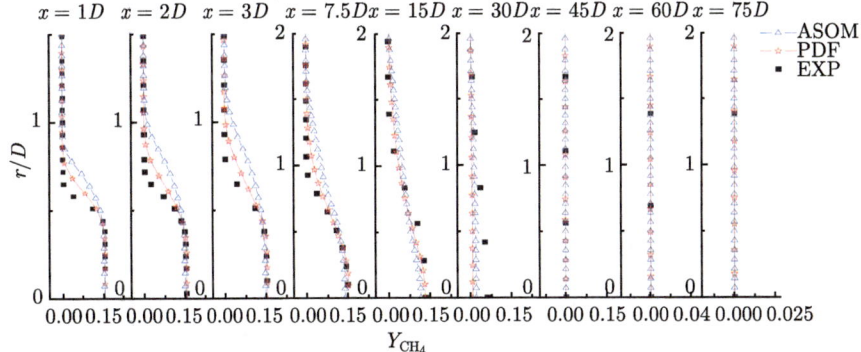

图 11.9.9 甲烷-空气射流扩散燃烧的甲烷浓度分布

图 11.9.10 是文献 [32] 预报的 Sandia 甲烷-空气射流火焰的 NO 浓度分布，可以看到，二阶矩模型的结果和测量的结果符合得很好，而简化 PDF 模型的结果则和测量结果有定性差别.

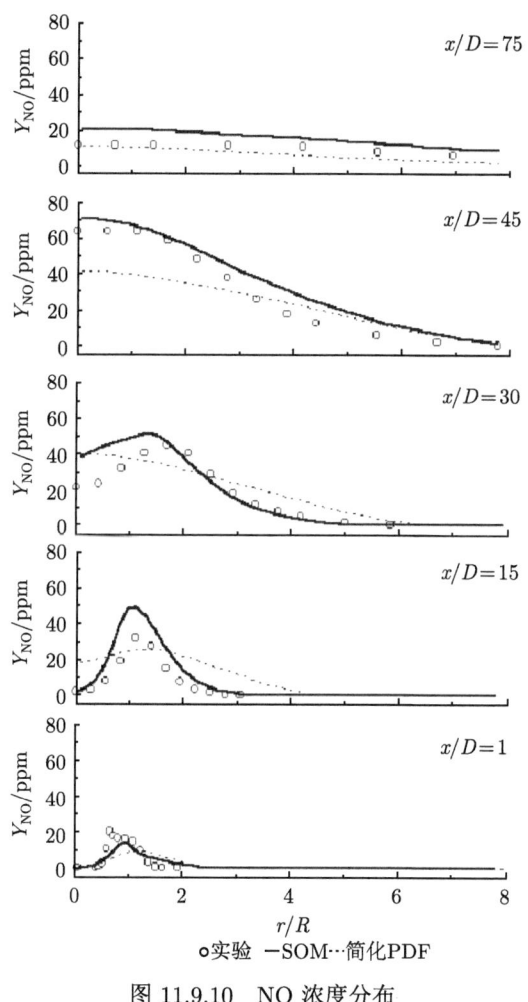

图 11.9.10　NO 浓度分布

为了检验二阶矩模型，文献 [37] 对充分发展的等温反应槽道流动进行了直接数值模拟，采用了谱方法求解. 图 11.9.11 给出 $\overline{K'Y_1'}$ 方程中的产生项、扩散项、耗散项和反应项的精确值与模拟值的对照. 可以看出，除了近壁区之外，产生项和扩散项的模拟值与精确值符合得很好. 耗散项和反应项的封闭模型比较差，要进一步改进. 图 11.9.12 是 ASOM 模型的 $\overline{K'Y'}$ 模拟值和精确值的比较，两者符合得相当好.

11.9 湍流燃烧的二阶矩模型

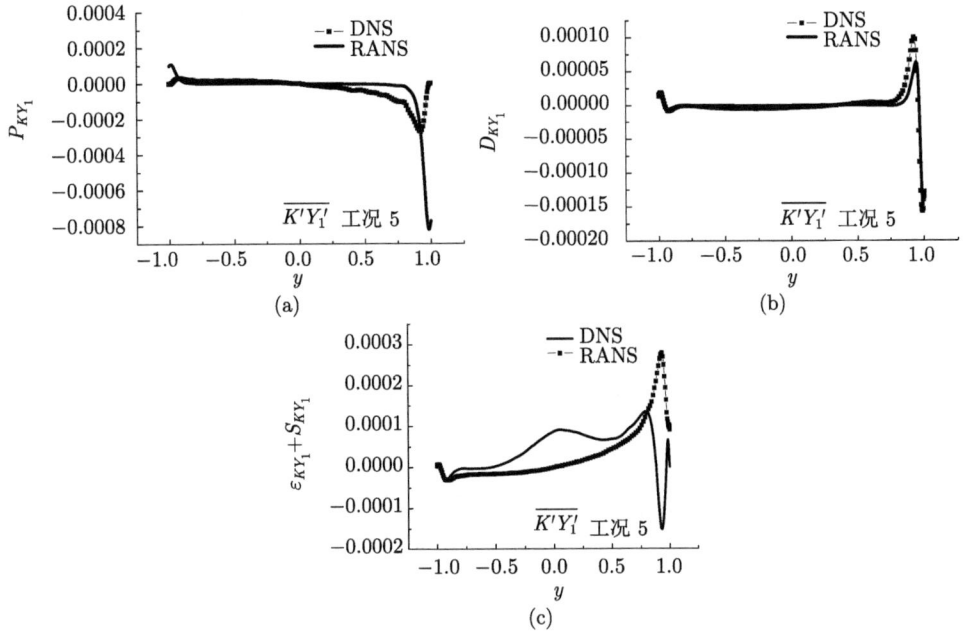

图 11.9.11 $\overline{K'Y_1'}$ 方程中的精确值和模拟值

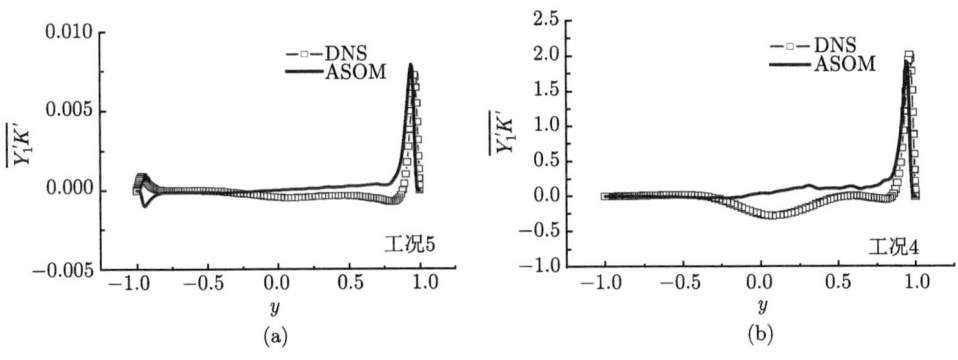

图 11.9.12 代数二阶矩模型中 $\overline{K'Y'}$ 的精确值和模拟值

文献 [38] 用戊烷-空气燃烧的 DNS 数据库检验了二阶矩模型. 图 11.9.13 和图 11.9.14 分别是 DNS 得到的二阶矩模型的产生项及扩散项. 两者的符合尚好. 图 11.9.15 是对经验常数采取了动态方法后的 K-Y 关联 (反应率系数-浓度脉动关联) 方程中反应项的 DNS 值和二阶矩模型模拟的对照,两者的符合相当好.

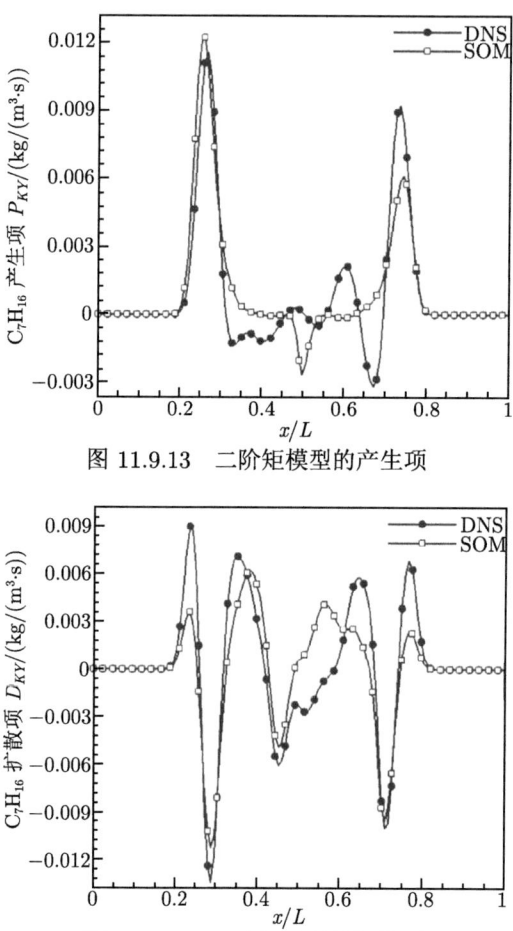

图 11.9.13 二阶矩模型的产生项

图 11.9.14 二阶矩模型的扩散项

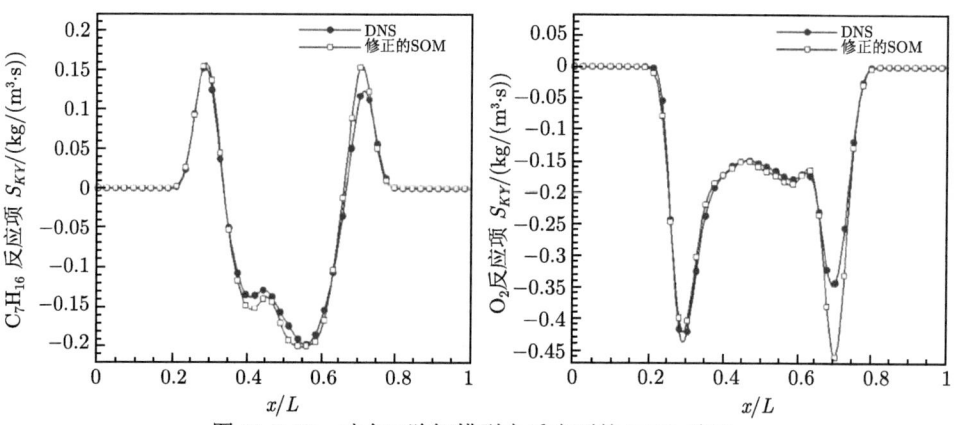

图 11.9.15 动态二阶矩模型中反应项的 DNS 验证

11.10 湍流两相燃烧的数值模拟

湍流两相燃烧 (液雾和固体颗粒燃烧) 广泛存在于燃气轮机燃烧室、航空发动机加力燃烧室、冲压发动机和火箭发动机燃烧室、内燃机、锅炉和工业炉中. 有两类模拟方法, 即欧拉-拉氏模拟和欧拉-欧拉或双流体模拟, 大多数研究者采用欧拉-拉氏模拟. 目前的双流体模拟主要针对流化床和高炉喷煤等稠密气固流动燃烧, 其中对颗粒流动特性中的颗粒应力, 采用颗粒动力论或其修正版本[39,40] 模拟颗粒之间的碰撞. 对液雾和固体燃料粉末的燃烧, 其中颗粒或液滴浓度较低, 其弥散只取决于湍流脉动, 则用欧拉-拉氏模拟, 即对颗粒相采用轨道模型. 轨道模型虽然可以较好地模拟颗粒反应经历, 免去颗粒相的伪扩散, 但是要给出三维空间详细的颗粒速度场和浓度场, 需要很大的计算量. 该模型预报的颗粒脉动速度常常小于 PDPA 测量值, 而且难以处理颗粒进入和离开回流区的问题. 少数研究者采用颗粒相的欧拉模型, 实质上是单流体或无滑移模型[41]. 自 20 世纪 80 年代中期以来本书作者研究了湍流两相燃烧的双流体模型. 双流体模型的优点是易于给出三维空间颗粒的速度、浓度和温度分布, 可以用统一的数值方法求解气粒两相方程组, 处理颗粒进入和离开回流区没有困难. 然而用双流体模型必须解决颗粒湍流模型和颗粒反应经历问题. 颗粒湍流模型问题已经在第 10 章中进行了详细的讨论, 提出了 k-ε-k_p 和 USM 两相湍流模型 关于颗粒经历问题, 某些商业软件, 例如, 早期版本的 PHOENICS 程序中, 在模拟煤粉燃烧时, 假设水分和挥发分以无限大速率释放出来, 而焦炭则服从扩散燃烧的 d^2 线性递减率, 这样就回避了反应经历问题, 但是这样一来就无法模拟不同煤种对燃烧的影响. 为了解决双流体模型模拟颗粒反应经历的问题, 作者提出了湍流两相燃烧的双流体-轨道模型 (气体的欧拉模型 + 颗粒相的连续介质-轨道模型, continuum-continuum-trajectory model, CCT 模型) 和全双流体模型 (full two-fluid model, FTF 模型)[42-45]. 两者都用同样的气相欧拉方程组、颗粒相欧拉连续方程和动量方程, 包括同样的两相湍流模型. FTF 模型只用欧拉坐标的偏微分方程来模拟颗粒的各种经历效应, 包括由水分蒸发、热解挥发和焦炭燃烧引起的颗粒质量变化以及由反应放热和两相间对流传热引起的颗粒温度变化. 而 CCT 模型则用拉氏常微分方程组模拟各种经历效应. CCT 模型已经用于煤粉燃烧器和四角喷燃炉内三维气粒两相流动及煤粉燃烧的模拟[44,45]. FTF 模型也已经用于煤粉燃烧器内两相流动和煤粉燃烧的模拟[45,46].

11.10.1 两相燃烧的双流体模型

两相燃烧的双流体模型中, 体积平均和时间平均的气体连续、动量、能量和组

分方程分别是

$$\frac{\partial \rho}{\partial t} + \frac{\partial}{\partial x_j}(\rho v_j) = -\sum_p n_p \dot{m}_p = S \tag{11.10.1}$$

$$\frac{\partial}{\partial t}(\rho v_i) + \frac{\partial}{\partial x_j}(\rho v_j v_i)$$
$$= -\frac{\partial p}{\partial x_i} + \mu\left(\frac{\partial v_j}{\partial x_i} + \frac{\partial v_i}{\partial x_j}\right) + \rho g_i + \sum_p \frac{m_p}{\tau_r}[n_p(v_{pi} - v_i) + \overline{n_p v_{pi}}]$$
$$+ v_i S + F_{mi} - \frac{\partial}{\partial x_j}(\rho \overline{v_j v_i}) \tag{11.10.2}$$

$$\frac{\partial}{\partial t}(\rho h) + \frac{\partial}{\partial x_j}(\rho v_j h)$$
$$= \frac{\partial}{\partial x_j}\left(\lambda \frac{\partial T}{\partial x_j}\right) - q_r + \sum_p n_p Q_p - \sum_k n_p \dot{m}_p C_{pp} T_p + W_s Q_s - \frac{\partial}{\partial x_j}(\rho \overline{v_j h})$$
$$\tag{11.10.3}$$

$$\frac{\partial}{\partial t}(\rho Y_s) + \frac{\partial}{\partial x_j}(\rho v_j Y_s) = \frac{\partial}{\partial x_j}\left(D\rho \frac{\partial Y_s}{\partial x_j}\right) - W_s - \alpha_S \sum_p n_p \dot{m}_p - \frac{\partial}{\partial x_j}(\rho \overline{Y_s v_j})$$
$$\tag{11.10.4}$$

为了模拟由水分蒸发、颗粒挥发和焦炭燃烧以及两相之间传热造成的颗粒经历，在 FTF 模型中有四个颗粒连续方程，一个颗粒动量方程和一个颗粒能量方程

$$\frac{\partial n_p}{\partial t} + \frac{\partial}{\partial x_j}(n_p v_{pj}) = -\frac{\partial}{\partial x_j}(\overline{n_p v_{pj}}) \tag{11.10.5}$$

$$\frac{\partial(n_p m_p)}{\partial t} + \frac{\partial}{\partial x_j}(n_p m_p v_{pj}) = -m_p \frac{\partial}{\partial x_j}(\overline{n_p v_{pj}}) + n_p \dot{m}_p \tag{11.10.6}$$

$$\frac{\partial(n_p m_c)}{\partial t} + \frac{\partial}{\partial x_j}(n_p m_c v_{pj}) = -m_c \frac{\partial}{\partial x_j}(\overline{n_p v_{pj}}) + n_p \dot{m}_c \tag{11.10.7}$$

$$\frac{\partial(n_p m_w)}{\partial t} + \frac{\partial}{\partial x_j}(n_p m_w v_{pj}) = -m_w \frac{\partial}{\partial x_j}(\overline{n_p v_{pj}}) + n_p \dot{m}_w \tag{11.10.8}$$

$$\frac{\partial}{\partial t}(n_p v_{pi}) + \frac{\partial}{\partial x_j}(n_p v_{pj} v_{pi}) = n_p g_i + \frac{1}{\tau_r}[n_p(v_i - v_{ki}) - \overline{n_p v_{pi}}] + \frac{n_p \dot{m}_p}{m_p}(v_i - v_{pi})$$
$$- \frac{\partial}{\partial x_j}(n_p \overline{v_{pj} v_{pi}} + v_{pj} \overline{n_p v_{pi}} + v_{pi} \overline{n_p v_{pj}})$$
$$\tag{11.10.9}$$

$$\frac{\partial}{\partial t}(n_p h_p) + \frac{\partial}{\partial x_j}(n_p v_{pj} h_p) = \frac{n_p}{m_p}(Q_h - Q_p - Q_{rp}) + \frac{n_p \dot{m}_p}{m_p}(h - h_p)$$
$$- \frac{\partial}{\partial x_j}\left(n_p \overline{v_{pj} h_p} + v_{pj} \overline{n_p h_p} + h_p \overline{n_p v_{pj}}\right) \quad (11.10.10)$$

水分蒸发、颗粒挥发和焦炭燃烧形成的颗粒质量损失率 $\dot{m}_p$ 取决于下列方程组

$$\dot{m}_p = \dot{m}_w + \dot{m}_v + \dot{m}_h \quad (11.10.11)$$

$$\dot{m}_w = \pi d_p Nu D\rho \ln\left(1 + \frac{Y_{ws} - Y_{wg}}{1 - Y_{ws}}\right), \quad Y_{ws} = B_w \exp\left(-\frac{E_w}{RT_p}\right) \quad (11.10.12)$$

$$\dot{m}_v = m_c \alpha B_v \exp\left(-\frac{E_v}{RT_p}\right) \quad (11.10.13)$$

$$\dot{m}_c = -m_c B_v \exp\left(-\frac{E_v}{RT_p}\right) \quad (11.10.14)$$

$$\dot{m}_p = \pi d_p Nu D\rho \ln\left(\frac{\dot{m}_s/\dot{m}_p - Y_s}{\dot{m}_s/\dot{m}_p - Y_{ss}}\right) \quad (11.10.15)$$

$$\dot{m}_s = \pi d_p^2 \rho Y_{ss} B_s \exp\left(-\frac{E}{RT_p}\right) \quad (11.10.16)$$

$$\dot{m}_h = \sum \dot{m}_s \quad (11.10.17)$$

CCT 模型中, 颗粒数密度的连续方程和颗粒速度的动量方程仍然在双流体的欧拉坐标内求解, 而颗粒质量和温度变化取决于常微分方程或代数式. 拉氏坐标系下颗粒能量方程是

$$m_p C \frac{dT_p}{dt} = \pi d_p^2 \varepsilon \sigma (T^4 - T_p^4) + \dot{m}_p C_p (T - T_p)\left[\exp\left(\dot{m}_p C_p/(\pi d_p Nu \lambda)\right) - 1\right]^{-1}$$
$$- \dot{m}_w L_w - \dot{m}_v q_v + \dot{m}_h Q_c$$
$$(11.10.18)$$

计算颗粒质量和温度变化沿着颗粒轨道, 按照欧拉场计算得到的流线来进行. 关于数值方法, FTF 和 CCT 模型中的颗粒方程组都用迎风差分格式在计算单元内积分, 得到差分方程. 用 SIMPLE 算法求解气体方程. 颗粒欧拉方程用类似算法求解, 但是没有压力-速度修正. CCT 模型中求解拉氏颗粒方程组, 把欧拉方程组得到的流线作为轨道, 计算颗粒温度和质量沿轨道的变化. 因此, FTF 模型中有多次迭代的双向耦合 (欧拉气体和欧拉颗粒之间), CCT 模型中有多次迭代的四向耦合 (欧拉气体-欧拉颗粒-拉氏颗粒之间). 具体算例见第 12 章.

11.10.2 湍流两相燃烧的欧拉-拉氏模拟

大多数现存的液雾和固体燃料燃烧的模拟是欧拉-拉氏模拟. 欧拉-拉氏两相流动方程和封闭模型已经在第 10 章中讨论过. 至于一些子模型, 如液滴蒸发、颗粒挥发和焦炭燃烧等模型, 和双流体模型中的相同. 欧拉-拉氏模拟的应用算例见第 12 章.

11.11 湍流燃烧的大涡模拟

单相和两相燃烧的大涡模拟 (LES) 引起人们越来越大的注意, 因为 LES 可以给出瞬态流动和火焰结构, 有助于更好地了解湍流和化学反应的相互作用, 其统计结果比雷诺平均模拟 (Reynolds-Averaged N-S, RANS modeling) 更准确. LES 的重要问题是亚网格应力模型和燃烧模型. 前两章中已经讨论过, LES 要求解过滤后的控制方程, 对剩余的不可解尺度的量用亚网格模型. 亚网格应力模型有 Smagorinsky 模型、Germano 动力模型和 Kim SGS k-方程模型等. 关于亚网格燃烧模型, 文献中有过滤的 PDF 方程模型、G-方程模型、线性涡模型、层流小火焰模型、EBU (EDM) 模型 [47,48] 等. 然而这些模型要么缺乏仔细的实验验证, 要么和实验结果不符合. 对于两相燃烧, 例如, 煤粉燃烧的 LES, 也有一些研究报道. 然而一些统计结果缺乏实验验证 [49], 也有的是 RANS 模拟和 LES 的统计结果差别不大, 两者都大大高估了温度 [50]. 本节中将阐述本书作者所在的研究组进行的旋流扩散燃烧、射流扩散燃烧、钝体稳定的预混燃烧、液雾燃烧和煤粉燃烧的 LES.

11.11.1 气体湍流燃烧大涡模拟过滤的控制方程和封闭模型

气体湍流燃烧 LES 过滤的连续、动量、能量和组分方程分别是

$$\frac{\partial \rho}{\partial t} + \frac{\partial}{\partial x_i}(\rho \bar{u}_i) = 0 \qquad (11.11.1)$$

$$\frac{\partial}{\partial t}(\rho \bar{u}_i) + \frac{\partial}{\partial x_j}(\rho \bar{u}_i \bar{u}_j) = \frac{\partial}{\partial x_j}\left(\mu \frac{\partial \bar{u}_i}{\partial x_j}\right) - \frac{\partial \bar{p}}{\partial x_i} - \frac{\partial \tau_{ij}}{\partial x_j} \qquad (11.11.2)$$

$$\frac{\partial \rho \bar{h}}{\partial t} + \frac{\partial}{\partial x_j}(\rho \bar{h} \bar{u}_j) = \frac{\partial}{\partial x_j}\left(\frac{\mu}{Pr}\frac{\partial \bar{h}}{\partial x_j}\right) - \frac{\partial q_{u_j h}}{\partial x_j} \qquad (11.11.3)$$

$$\frac{\partial \rho \bar{Y}_s}{\partial t} + \frac{\partial}{\partial x_j}(\rho \bar{u}_j \bar{Y}_s) = \frac{\partial}{\partial x_j}\left(\frac{\mu}{Sc}\frac{\partial \bar{Y}_s}{\partial x_j}\right) - \bar{w}_s - w_{\text{sgs}} - \frac{\partial g_{u_j Y_s}}{\partial x_j} \qquad (11.11.4)$$

方程 (11.11.1)~(11.11.4) 中的亚网格应力、热流、质量流和反应率都需要有封闭模型. 亚网格应力的定义是

$$\tau_{ij} \equiv \rho \overline{u_i u_j} - \rho \bar{u}_i \bar{u}_j$$

一种常用的是 Smagorinsky-Lilly 涡黏模型

$$\tau_{ij} - \frac{1}{3}\tau_{kk}\delta_{ij} = -2\mu_t \bar{S}_{ij}, \quad \bar{S}_{ij} \equiv \frac{1}{2}\left(\frac{\partial \bar{u}_i}{\partial x_j} + \frac{\partial \bar{u}_j}{\partial x_i}\right)$$

$$\mu_t = \rho L_s^2 |\bar{S}|, \quad |\bar{S}| \equiv (2\bar{S}_{ij}\bar{S}_{ij})^{1/2} \tag{11.11.5}$$

其中，
$$L_s = \min(\kappa d, C_s V^{1/3})$$

亚网格质量流和热流用梯度模拟封闭

$$g_{j\text{sgs}} = \rho\left(\overline{u_j Y_s} - \bar{u}_j \bar{Y}_s\right) = \frac{\mu_t}{\sigma_Y}\frac{\partial \bar{Y}_s}{\partial x_j} \tag{11.11.6}$$

$$q_{j\text{sgs}} = \rho\left(\overline{u_j T} - \bar{u}_j \bar{T}\right) = \frac{\mu_t}{\sigma_T}\frac{\partial \bar{T}}{\partial x_j} \tag{11.11.7}$$

其中，σ_Y 和 σ_T 是模型常数，取 $\sigma_Y = \sigma_T = 1.0$；$\bar{w}_s, w_{\text{sgs}}$ 分别是过滤后的反应率和亚网格反应率. LES 中使用了两种燃烧模型. 第一种是本书作者提出的二阶矩 (second-order moment, SOM) 模型. SOM-SGS 燃烧模型体现了小尺度温度和浓度脉动对亚网格反应率的影响，表达为

$$w_{\text{sgs}} = \rho^2\left[\bar{K}\left(\overline{Y_{\text{ox}}Y_{\text{fu}}} - \bar{Y}_{\text{ox}}\bar{Y}_{\text{fu}}\right) + \bar{Y}_{\text{ox}}\left(\overline{KY_{\text{fu}}} - \bar{K}\bar{Y}_{\text{fu}}\right) + \bar{Y}_{\text{fu}}\left(\overline{KY_{\text{ox}}} - \bar{K}\bar{Y}_{\text{ox}}\right)\right] \tag{11.11.8}$$

其中，各关联量可以表示为代数式

$$\overline{\Phi\Psi} - \bar{\Phi}\bar{\Psi} = c\mu_t\left(\frac{\partial \bar{\Phi}}{\partial x_j}\right)\left(\frac{\partial \bar{\Psi}}{\partial x_j}\right) \Big/ \left[\rho\left(\frac{a}{\tau_T} + \frac{(1-a)}{\tau_c}\right)\right]c \tag{11.11.9}$$

式中，Φ 和 Ψ 可以代表 Y_1 或 Y_2 或 K，τ_c 是反应的特征时间，τ_T 是湍流脉动的特征时间，a 和 c 是模型常数. 两种特征时间是

$$\tau_c = \left[B\rho\left(\bar{Y}_{\text{O}_2} + \beta\bar{Y}_{\text{CH}_4}\right)\exp\left(-\frac{E}{R\bar{T}}\right)\right]^{-1}, \quad \tau_T = 1/|\bar{S}|$$

其中，β 是化学当量比. 第二种燃烧模型是 EBU 模型. 在 LES 中的表达式是

$$\bar{w}_s + w_{\text{sgs}} = c_1\rho|\bar{S}|\min\left\{\overline{Y_{\text{CH}_4}}, \frac{\overline{Y_{\text{O}_2}}}{\beta}, c_2\frac{\overline{Y_P}}{1+\beta}\right\} \tag{11.11.10}$$

其中，$\beta = 4$. 甲烷-空气和丙烷-空气的反应机理都取为一步统观反应，其反应率分别是

$$w_{\text{fu}} = 2.119 \times 10^{11} Y_{\text{ox}}^{1.3} Y_{\text{fu}}^{0.2} \exp(-2.027 \times 10^8/(RT)) \tag{11.11.11}$$

$$w_{\text{fu}} = 1.0 \times 10^{10} \rho^2 Y_{\text{ox}} Y_{\text{fu}} \exp(-1.84 \times 10^4/T) \tag{11.11.12}$$

11.11.2 各种气体湍流燃烧的大涡模拟

图 11.11.1 是前文提到的甲烷-空气旋流扩散火焰用 LES 得到的,同时用 LES-SOM 和 LES-EBU 以及 RANS-SOM 模拟的时间平均温度[51]. 显然,LES-SOM 和 RANS-SOM 的结果都和实验结果符合,其中在 $x=5\mathrm{cm}$ 和 $x=10\mathrm{cm}$ 的横截面处 LES-SOM 的结果优于 RANS-SOM 的结果. 在大多数区域 LES-SOM 的结果比 LES-EBU 的好得多, 后者显著地高估了温度.

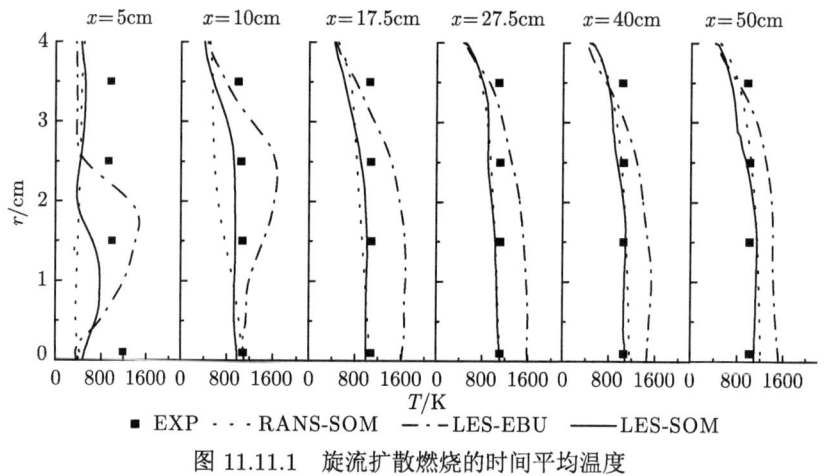

图 11.11.1 旋流扩散燃烧的时间平均温度

文献 [52] 对钝体稳定的 Sydney 旋流燃烧器 (图 11.11.2) 中扩散火焰, 用不同的亚网格应力模型和燃烧模型进行了 LES. 图 11.11.3 是预报的时间平均温度. 这种情况下不同模型的结果差别不大. 文献 [53] 用 SOM-SGS 燃烧模型, 对如图 11.11.4 所示的丙烷-空气旋流燃烧进行了大涡模拟, 图 11.11.5 和图 11.11.6 分别是预报的时间平均速度和温度. 在大多数地点预报结果和实验结果符合.

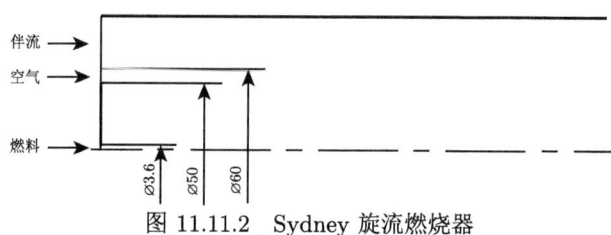

图 11.11.2 Sydney 旋流燃烧器

11.11 湍流燃烧的大涡模拟

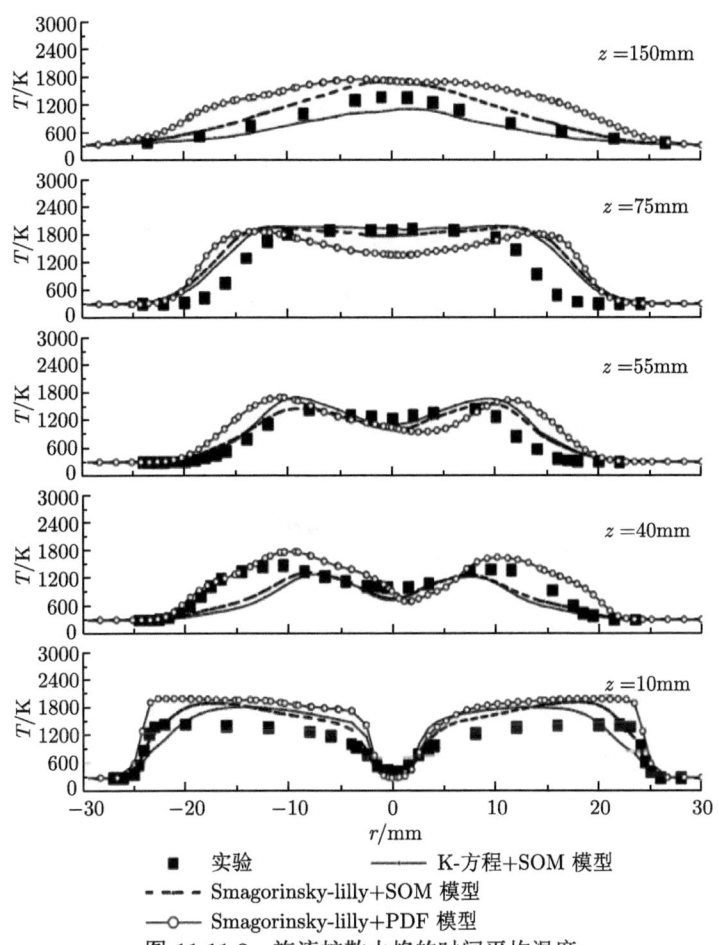

图 11.11.3　旋流扩散火焰的时间平均温度

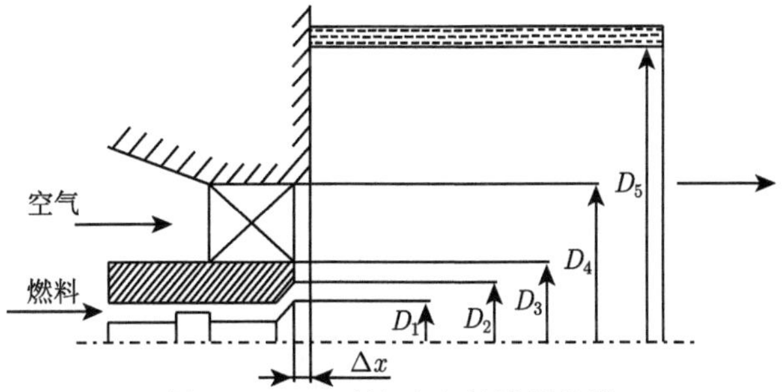

图 11.11.4　丙烷-空气旋流燃烧器

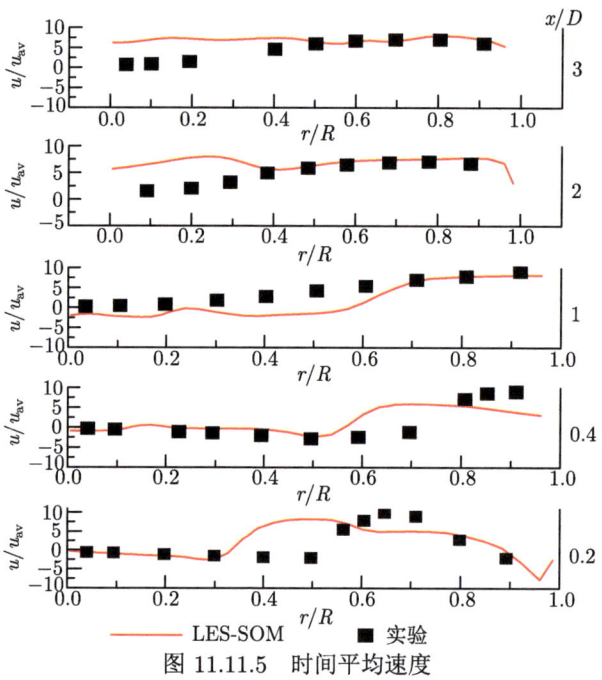

图 11.11.5 时间平均速度

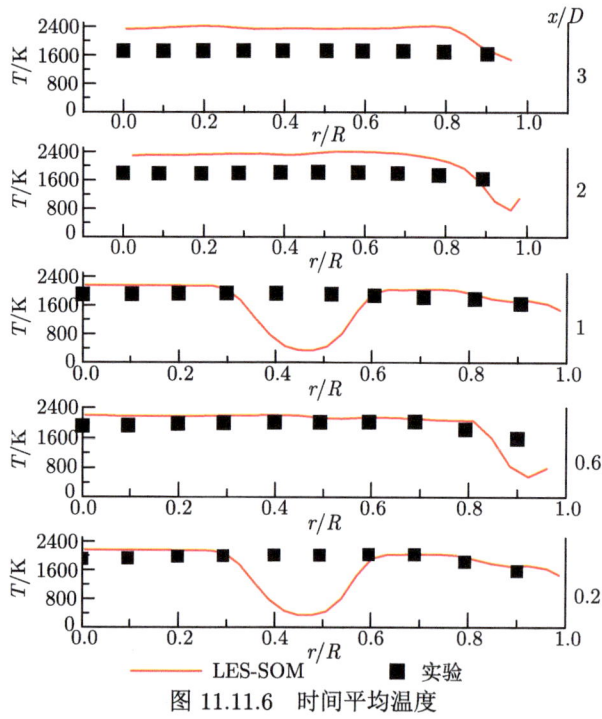

图 11.11.6 时间平均温度

11.11 湍流燃烧的大涡模拟

文献 [54] 对前文提到的 Sandia 测量的甲烷-空气射流扩散火焰进行了大涡模拟, 采用 LES-SOM 燃烧模型, 同时也进行了 RANS-SOM 模拟. 预报的时间平均温度见图 11.11.7. 可见在前五个横截面处 RANS-SOM 模拟结果和 LES-SOM 模拟结果以及实验结果接近. 在下游区域 LES-SOM 模拟结果比 RANS-SOM 模拟结果好.

文献 [55] 对如图 11.11.8 所示的钝体燃烧器中钝体后方的丙烷-空气预混火焰, 用 SOM 模型进行了大涡模拟. 图 11.11.9 为预报的时间平均温度, 和实验值符合得很好. 图 11.11.10 是甲烷-空气旋流扩散火焰的瞬态涡量和温度云图. 由中心和环缝进入的流动形成了强剪切层, 在剪切层周围有许多小旋涡, 剪切层很快扩散开来, 进口附近涡量最大, 上游处形成的大旋涡结构很快破裂, 火焰处于高

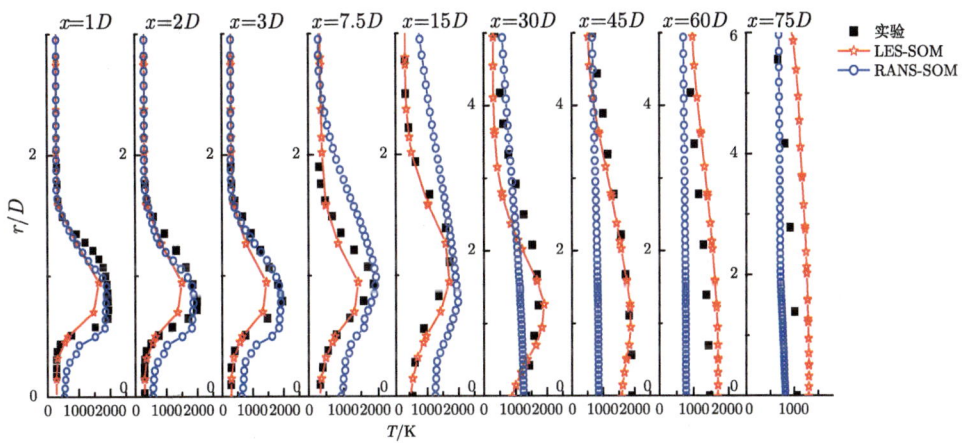

图 11.11.7 甲烷-空气射流扩散火焰的时间平均温度

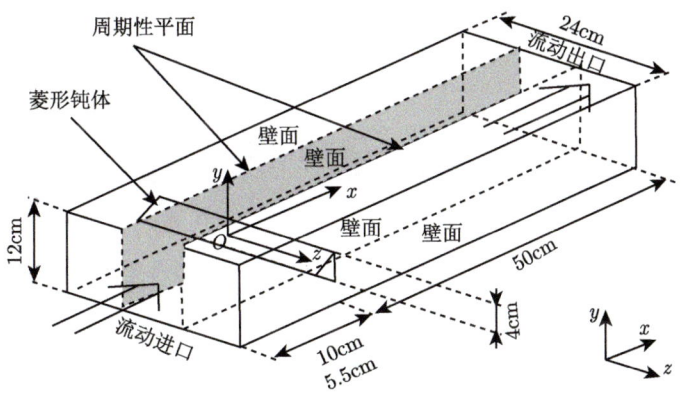

图 11.11.8 钝体燃烧器

剪切区域，显然，大涡结构强化了化学反应，然而旋流火焰中没有明显的薄火焰面. 图 11.11.11 给出甲烷-空气射流扩散火焰的瞬态涡量和温度云图. 其中看到明显的射流中的拟序结构，不同于旋流火焰的是，射流火焰上游处有明显的薄火焰面结构，该处旋涡很小. 下游处形成大旋涡，反应已经完成.

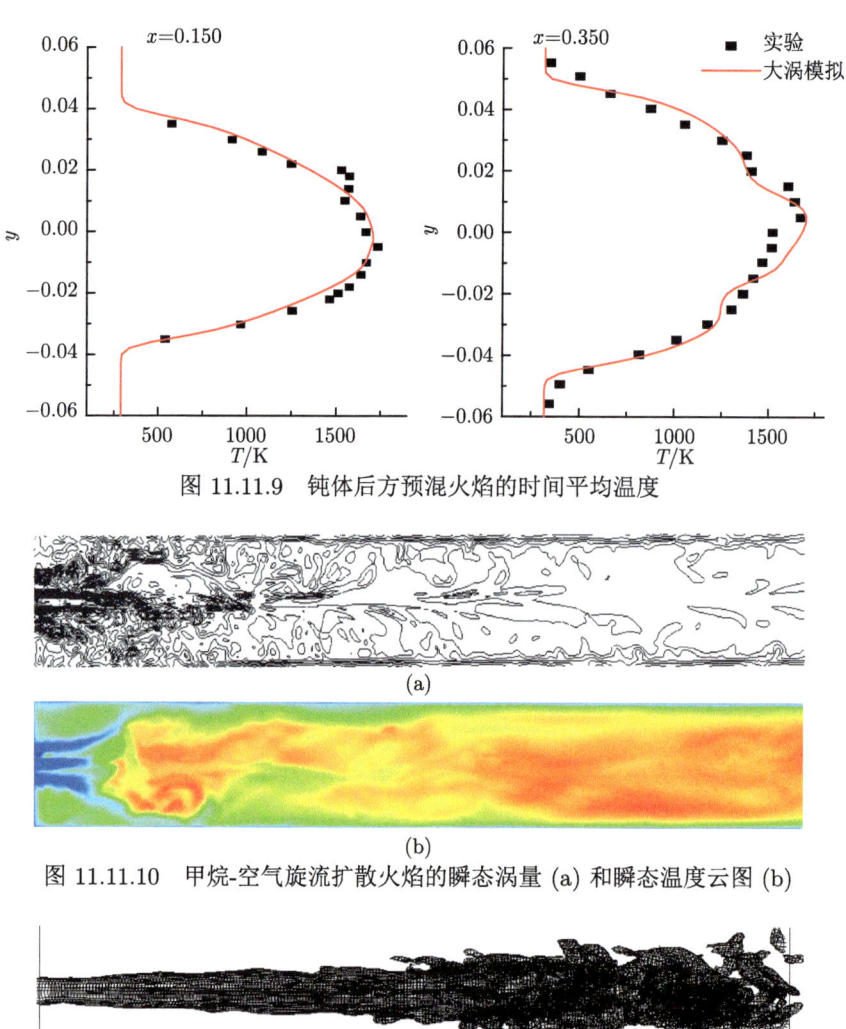

图 11.11.9　钝体后方预混火焰的时间平均温度

图 11.11.10　甲烷-空气旋流扩散火焰的瞬态涡量 (a) 和瞬态温度云图 (b)

图 11.11.11　甲烷-空气射流扩散火焰的瞬态涡量面 (a) 和瞬态温度云图 (b)

所有上述大涡模拟统计结果的实验验证使我们相信，一般说来，SOM 燃烧模型在非预混和预混火焰的大涡模拟中都可以给出比较好的结果，而传统的简单模型，例如，EBU 模型则不行.

11.11.3 乙醇-空气液雾燃烧的大涡模拟

文献 [56] 对乙醇-空气液雾燃烧用 SOM-SGS 模型进行了大涡模拟. 两相燃烧大涡模拟过滤的气体方程组是

$$\frac{\partial \rho}{\partial t} + \frac{\partial}{\partial x_i}(\rho \bar{u}_i) = \bar{S} \tag{11.11.13}$$

$$\frac{\partial}{\partial t}(\rho \bar{u}_i) + \frac{\partial}{\partial x_j}(\rho \bar{u}_i \bar{u}_j) = \frac{\partial}{\partial x_j}\left(\mu\left(\frac{\partial \bar{u}_i}{\partial x_j} + \frac{\partial \bar{u}_j}{\partial x_i}\right) - \frac{2}{3}\left(\mu \frac{\partial \bar{u}_j}{\partial x_j}\right)\delta_{ij}\right)$$
$$- \frac{\partial \bar{p}}{\partial x_i} - \frac{\partial \tau_{ij}}{\partial x_j} + \sum_k \overline{\frac{\rho_k}{\tau_{rk}}(u_{ki} - u_i)} + \overline{u_i S} \tag{11.11.14}$$

$$\frac{\partial \rho \bar{Y}_s}{\partial t} + \frac{\partial}{\partial x_j}(\rho \bar{u}_j \bar{Y}_s) = \frac{\partial}{\partial x_j}\left(\frac{\mu}{Sc}\frac{\partial \bar{Y}_s}{\partial x_j}\right) - \bar{w}_s - w_{\text{sgs}} - \frac{\partial g u_j Y_s}{\partial x_j} + \alpha_s S \tag{11.11.15}$$

$$\frac{\partial \rho \bar{h}}{\partial t} + \frac{\partial}{\partial x_j}(\rho \bar{h} \bar{u}_j) = \frac{\partial}{\partial x_j}\left(\frac{\mu}{Pr}\frac{\partial \bar{h}}{\partial x_i}\right) - \frac{\partial q u_j h}{\partial x_j} - q_r + S_h \tag{11.11.16}$$

采用亚网格 k-方程应力模型，梯度模拟的亚网格质量流和热流模型及两种亚网格燃烧模型. 一种是代数 SOM-SGS 模型，另一种是取 $w_{\text{sgs}} = 0$ (有限反应率模型). 对乙醇-氧反应，取一步统观反应机理：

$$2C_2H_5OH + 6O_2 \longrightarrow 4CO_2 + 6H_2O \tag{11.11.17}$$

反应率 w_s 的 Arrhenius 表达式是

$$w_s = 8.345 \times 10^9 \rho^2 Y_{\text{fu}} Y_{\text{ox}} \exp[-1.26 \times 10^8/(RT)] \tag{11.11.18}$$

对液滴运动和蒸发采用 Lagrangian 模拟. LES 对象是美国加州大学 Berkeley 分校测量的液雾燃烧器，见图 11.11.12.

图 11.11.13 显示液雾燃烧的气体温度，分别用 LES-SOM 和 LES-FA (有限反应率模型) 以及 PDF 方程的 RANS 模拟得到的结果. LES-SOM 的结果比 LES-FA 的好，说明小尺度的温度和浓度脉动对燃烧起作用. 尤其是，LES-SOM 结果给出了实验中观测到的 $r = 0.016$m 处的温度峰值，而 LES-FA 的结果预报不出来. LES 的结果比用最复杂的 PDF 方程的 RANS 模拟结果好得多. 图 11.11.14 给出预报的液滴温度，和实验结果也基本符合.

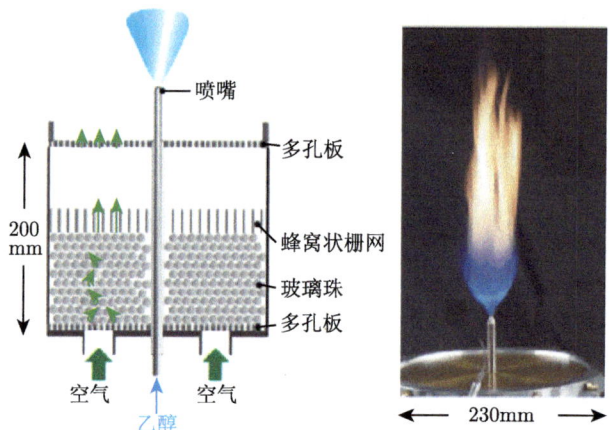

图 11.11.12　液雾燃烧器

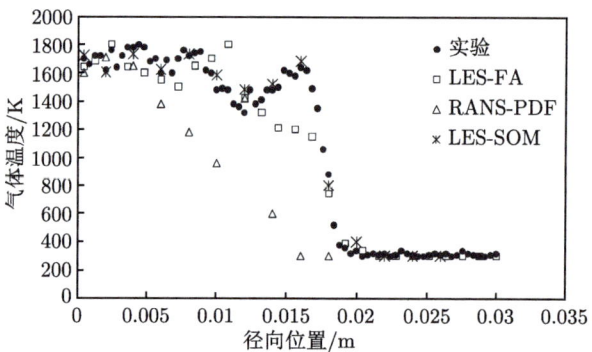

图 11.11.13　液雾燃烧的气体温度

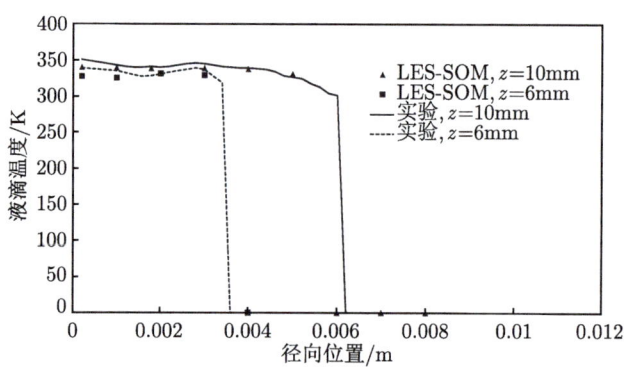

图 11.11.14　液雾燃烧的液滴温度

图 11.11.15 是预报的瞬态涡量等值线. 在进口附近燃料射流的剪切区域内产生了拟序结构, 然后强化成大涡, 最终在下游区域被削弱了. 瞬态温度云图见

图 11.11.16. 高温发展于高剪切区. 有一些高温的火焰小岛, 可能是液滴群燃烧的表征.

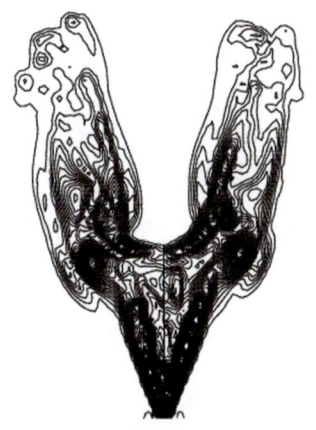

图 11.11.15　瞬态涡量等值线

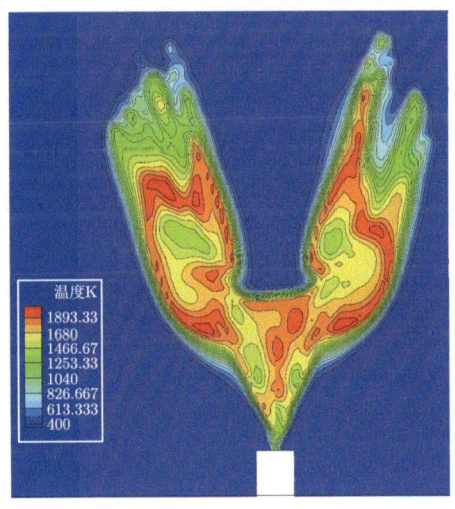

图 11.11.16　瞬态温度云图

11.11.4　旋流煤粉燃烧的大涡模拟

已经发表的煤粉燃烧的大涡模拟研究, 主要是针对煤粉射流燃烧. 本书作者及其同事们[57]用大涡模拟研究了旋流煤粉燃烧, 采用 Smagorinsky-Lilly 亚网格应力模型, 预设 PDF 快速反应和 EBU 燃烧模型, 颗粒挥发模型和焦炭燃烧模型, 所采用的过滤后的气体方程组和液雾燃烧大涡模拟的相同. Smagorinsky-Lilly 模型和气体燃烧中的一样. 亚网格质量流和热流用梯度模拟封闭. EBU 燃烧模型是

$$\bar{w}_s + w_{sgs} = c_1 \rho |\overline{S}| \min\left\{\overline{Y_f}, \frac{\overline{Y_{ox}}}{\beta}, c_2 \frac{\overline{Y_P}}{1+\beta}\right\} \tag{11.11.19}$$

此处 $c_1 = 4.0$，$c_2 = 0.5$. 气体燃烧有两个反应：

$$CH_4 + 2O_2 \longrightarrow CO_2 + 2H_2O \tag{反应 1}$$

$$2CO + O_2 \longrightarrow 2CO_2 \tag{反应 2}$$

另外一种燃烧模型是预设 PDF 快速反应模型. 其中要求解混合物分数方程

$$\frac{\partial}{\partial t}(\rho \bar{f}) + \frac{\partial}{\partial x_j}(\rho \bar{u}_j \bar{f}) = \frac{\partial}{\partial x_j}\left(\frac{\mu}{Sc}\frac{\partial \bar{f}}{\partial x_j}\right) - \frac{\partial m_{jsgs}}{\partial x_j} \tag{11.11.20}$$

此处,

$$m_{jsgs} = \rho\left(\overline{u_j f} - \bar{u}_j \bar{f}\right) = \frac{\mu_t}{\sigma_f}\frac{\partial \bar{f}}{\partial x_j}, \quad \overline{ff} - \overline{f}\overline{f} = \frac{1}{2}L_s^2|\nabla \bar{f}|^2$$

辐射传热用 P1 模型

$$-\bar{q}_r = aG - 4a\sigma \bar{T}^4$$

与此同时，在同样尺寸的旋流燃烧器中，也采用了雷诺应力模型以及和 LES 中同样的燃烧模型即 RANS 模拟. 对颗粒运动采用了拉氏模拟. 对颗粒燃烧采用了双方程挥发模型和扩散-动力焦炭燃烧模型. 所模拟的旋流燃烧器见图 11.11.17. 图 11.11.18~图 11.11.21 分别是用预设 PDF 快速反应模型预报的煤粉燃烧的时间平均轴向速度、温度、氧浓度和 CO 浓度. 预报结果和测量结果的符合较差，低估了温度和高估了 CO 浓度，说明了预设 PDF 快速反应模型的缺陷.

与此同时，对 Abbas 等 [58] 测量的旋流燃烧器的 1/10 模型的煤粉燃烧也进行了大涡模拟，该燃烧器见图 11.11.22.

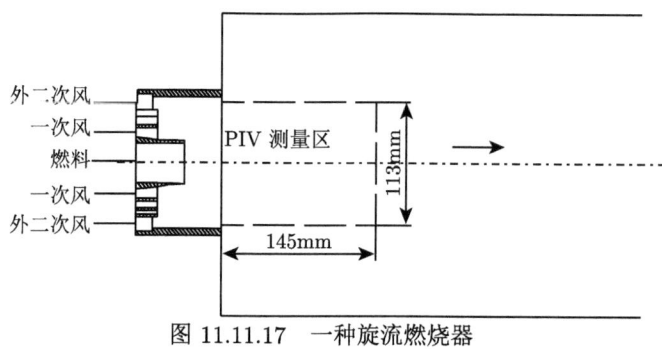

图 11.11.17　一种旋流燃烧器

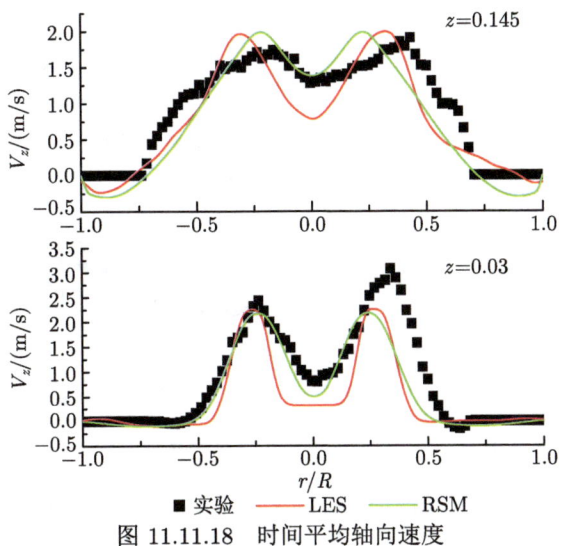

图 11.11.18 时间平均轴向速度

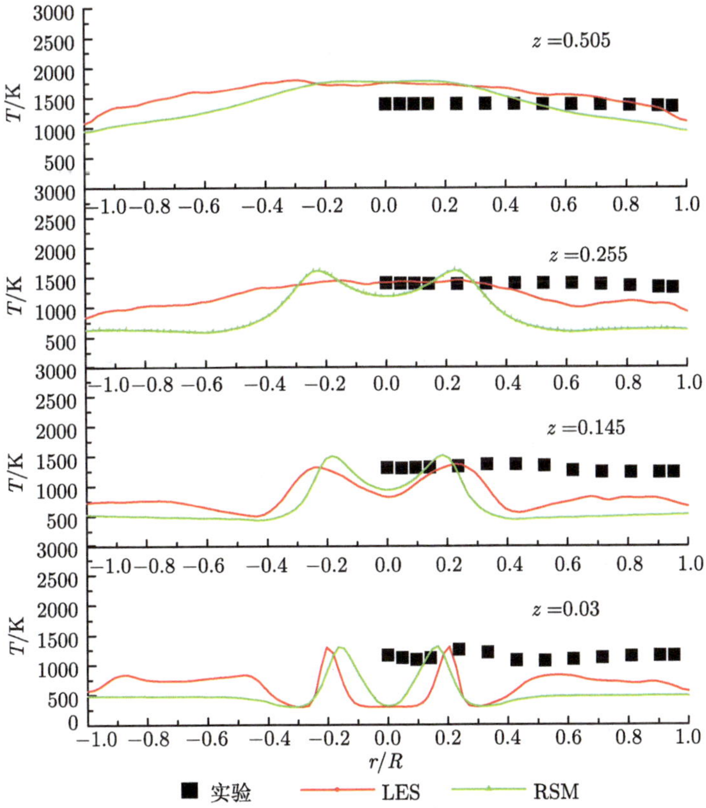

图 11.11.19 温度

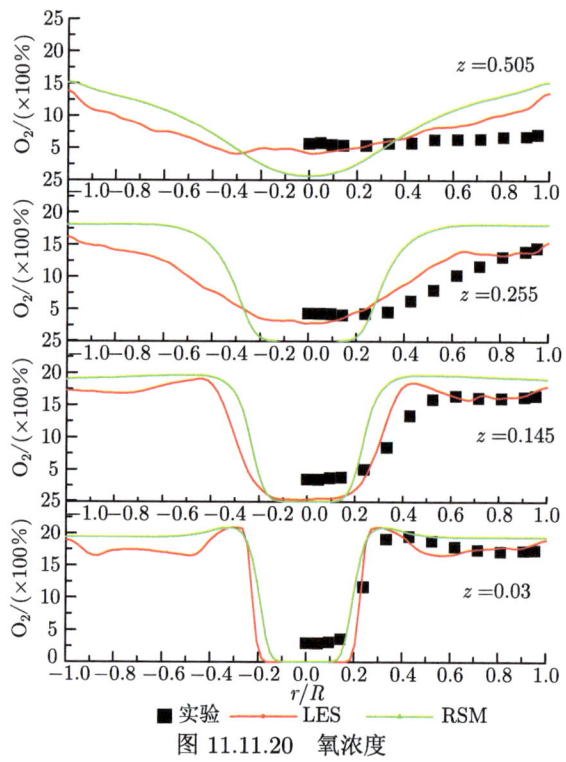

图 11.11.20 氧浓度

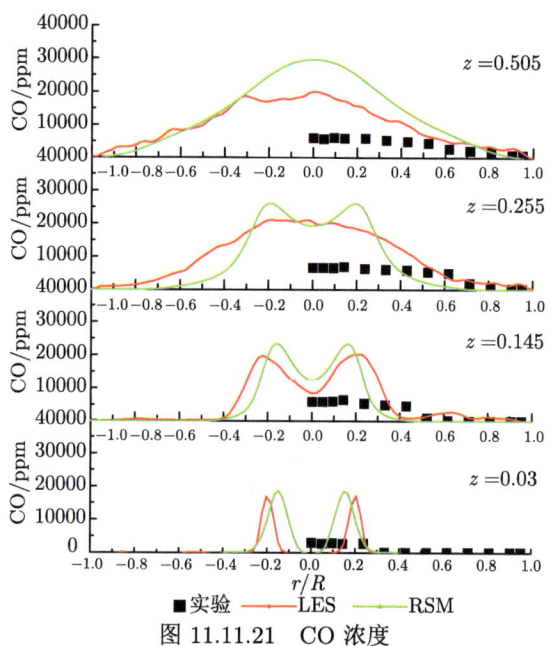

图 11.11.21 CO 浓度

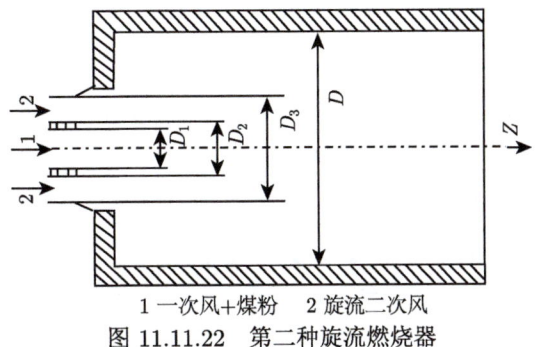

图 11.11.22　第二种旋流燃烧器

图 11.11.23~图 11.11.25 分别是 LES 用 EBU 燃烧模型预报的温度、CO_2 浓度和氧浓度. 除了上游近轴线区高估了温度和组分浓度外, 大部分区域内预报值和实验值符合, 原因是煤粉燃烧过程中焦炭燃烧起主要作用, 气体燃烧起次要作用.

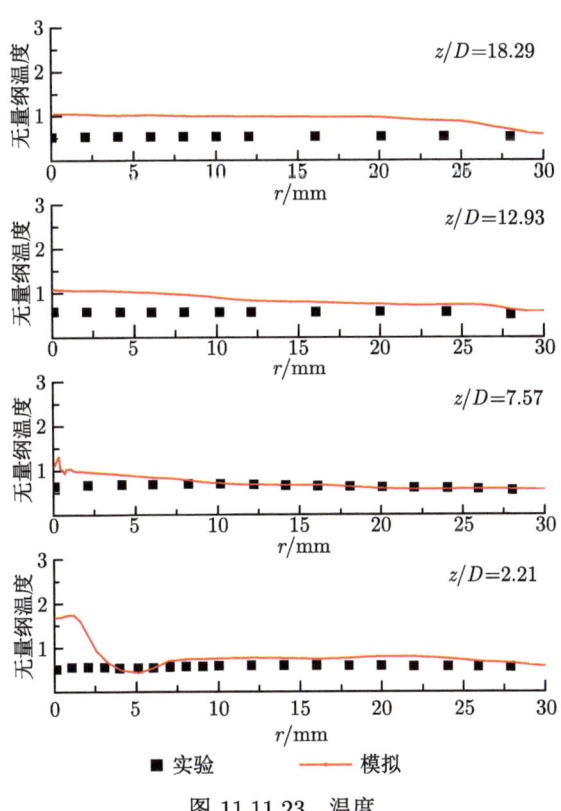

图 11.11.23　温度

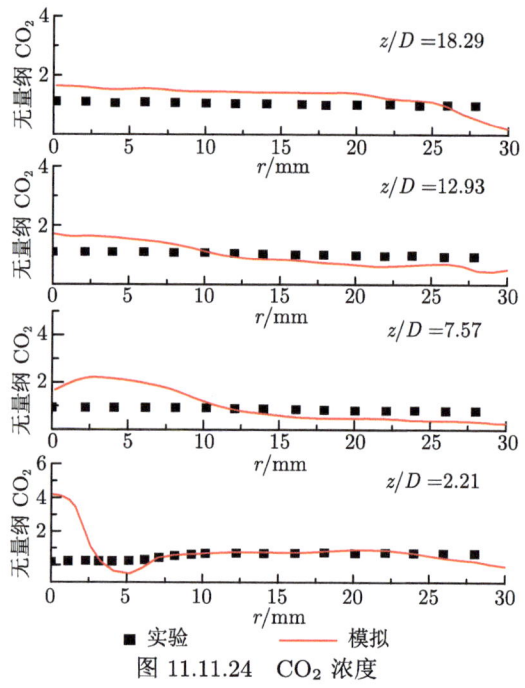

图 11.11.24 CO_2 浓度

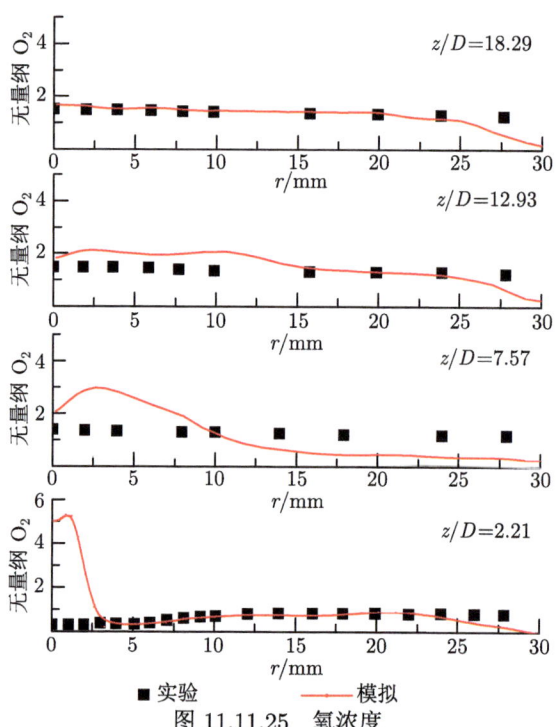

图 11.11.25 氧浓度

图 11.11.26 是同一燃烧室内旋流煤粉燃烧和气体燃烧的瞬态涡量云图. 进口处涡量较强,显示出条状结构,下游区变弱,近壁区有波状拟序结构. 煤粉燃烧的涡量的发展比气体燃烧的快,反映了燃烧的颗粒对气体湍流的影响. 图 11.11.27 是瞬态颗粒浓度云图. 进口处轴线附近看到条状分布的颗粒浓度不高,大量颗粒聚集在气体拟序结构的边缘. 下游区颗粒浓度分布趋于均匀,此后在近壁区略高. 图 11.11.28 是煤粉和气体燃烧的瞬态温度云图. 高温区处于进口附近的高煤粉浓度和条带状拟序结构的高涡量区. 在下游区,涡量和煤粉浓度降低,温度就降低了. 煤粉燃烧的高温区的发展比气体燃烧的早,这是因为在进口附近前者的涡量比后者的强,因此颗粒释放的挥发分和 CO 的燃烧很强烈.

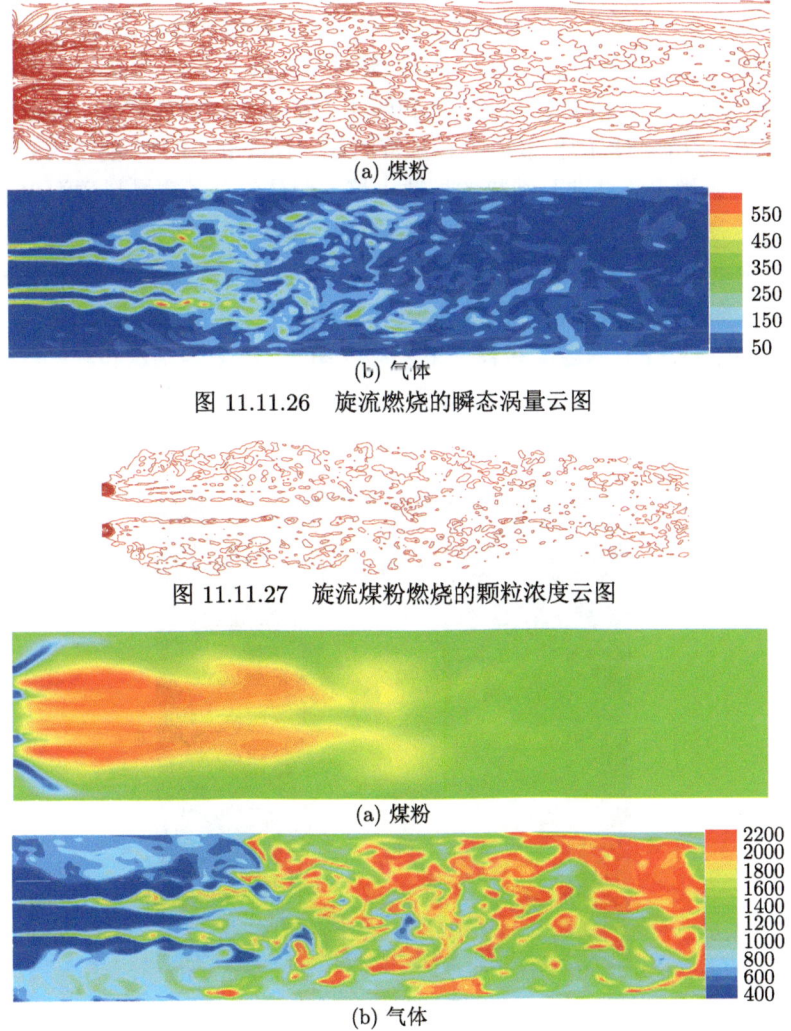

(a) 煤粉

(b) 气体

图 11.11.26 旋流燃烧的瞬态涡量云图

图 11.11.27 旋流煤粉燃烧的颗粒浓度云图

(a) 煤粉

(b) 气体

图 11.11.28 旋流燃烧的瞬态温度云图

11.12 湍流燃烧的直接数值模拟

第 9 章和第 10 章已经指出,直接数值模拟 (DNS) 是在 Kolmogorov 耗散尺度下求解三维瞬态方程组,因此可以给出各个尺度的详细信息,无须任何封闭模型,其精确度取决于数值方法和周期性边界条件. DNS 可以采用谱方法 (时间发展的流动) 或者高阶紧致格式的差分法 (空间发展的流动). 湍流燃烧 DNS 的出现是燃烧理论的历史性突破,由于其可以给出测量也无法观测到的详细信息,改变了人们对燃烧的一些经典概念,例如,不存在纯粹的预混火焰和扩散火焰等. 湍流燃烧 DNS 研究有三个目的: ① 了解湍流火焰的详细结构,例如,究竟是扩散火焰还是预混火焰,是皱褶火焰还是破碎火焰; ② 了解燃烧对湍流的影响,例如,火焰究竟是增强还是削弱湍流; ③ 用 DNS 数据库检验 RANS 模拟和大涡模拟的亚网格模型. 很多 DNS 结果给出了气体和两相火焰结构中的新现象,指出火焰结构往往很复杂,没有纯粹的扩散火焰和预混火焰. Takeno 等[59] 的 DNS 研究中发现,氢-空气悬举火焰并非是纯粹的扩散火焰,而是包含了富燃料预混火焰、很多扩散火焰小岛和边缘火焰. Domingo 等[60] 用 DNS 研究了部分预混的旋流火焰,给出了其中复杂的湍流和火焰结构,发现上游区主要是预混火焰,下游区是部分预混火焰,在核心区有局部的扩散火焰. 罗坤等[61] 用 DNS 研究了旋流氢-空气预混火焰. 图 11.12.1 为温度和释热率云图, 图 11.12.2 为涡量和温度等值面. 受当地湍流涡旋的作用,火焰面呈皱褶形. 高释热率分布呈碗形,意味着旋流火焰中火焰锋面稳定于回流区周围.

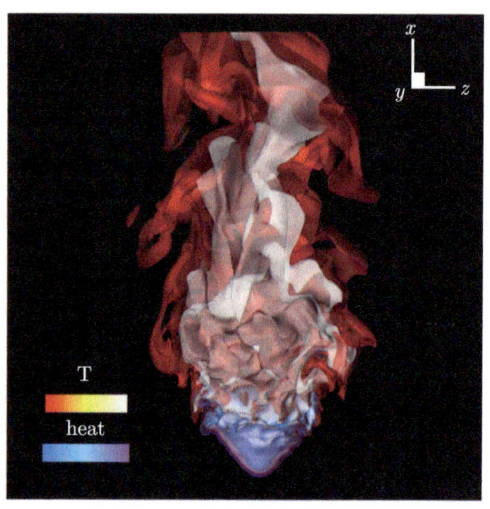

图 11.12.1 温度和释热率云图

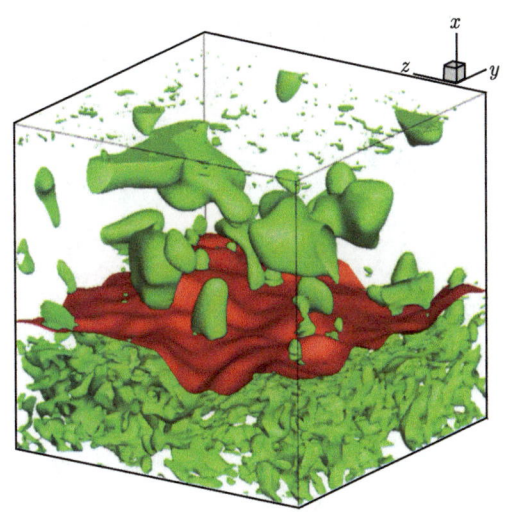

图 11.12.2 涡量 (绿) 和温度 (红) 等值面

罗坤等[62] 对均匀和各向同性湍流场中的庚烷-空气火焰进行了直接数值模拟, 所得到的混合物分数和温度的等值面 (图 11.12.3) 显示出有许多火焰小岛, 而不是连续的火焰面.

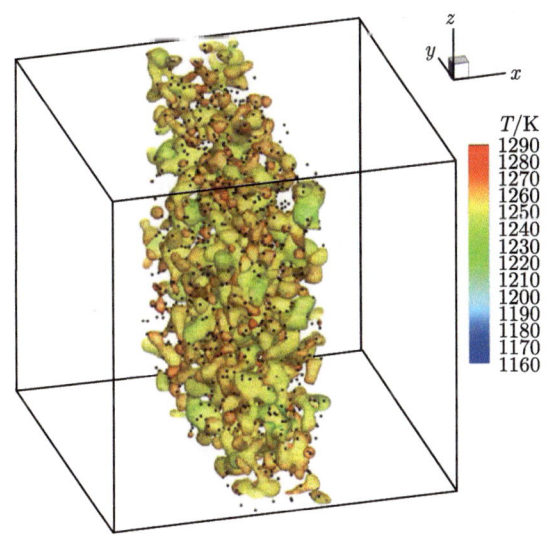

图 11.12.3 庚烷-空气火焰的混合物分数和温度等值面

罗坤等[63] 等用 DNS 研究了旋流液雾火焰, 所得到的瞬态涡量和瞬态温度的等值面见图 11.12.4, 探讨了不同进口条件的影响, 发现液雾火焰中同时存在着预混和扩散火焰.

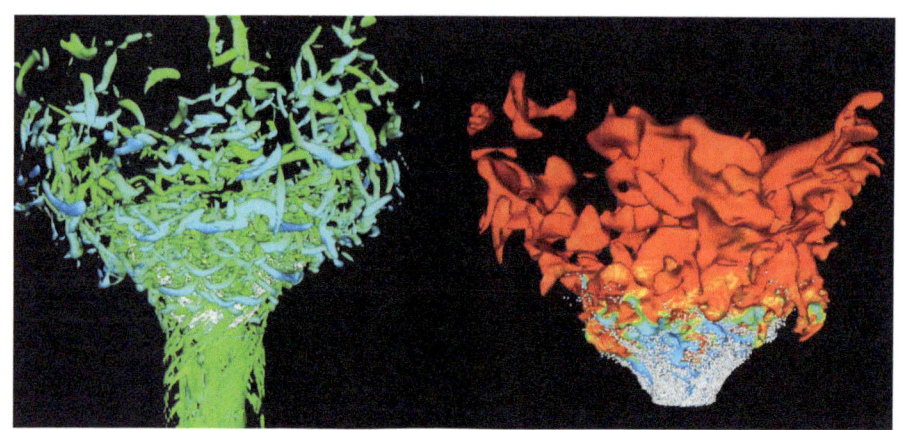

图 11.12.4　旋流液雾火焰的瞬态涡量 (左) 和瞬态温度 (右) 的等值面

对煤粉射流燃烧，罗坤等[64]进行了 DNS 研究. 图 11.12.5 和图 11.12.6 分别是瞬态温度和释热率的等值面. 可以看到充分发展的火焰的复杂结构，高释热率区域分散在火焰表面，上游到下游反应区的结构不同.

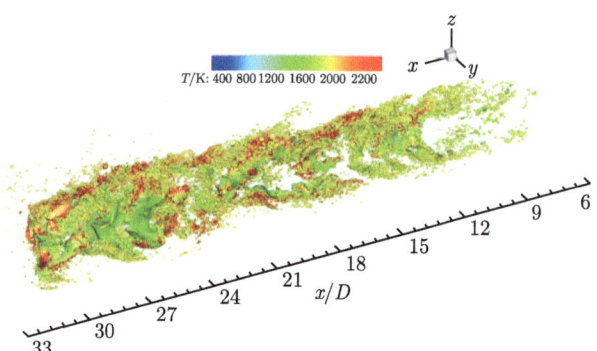

图 11.12.5　瞬态温度等值面

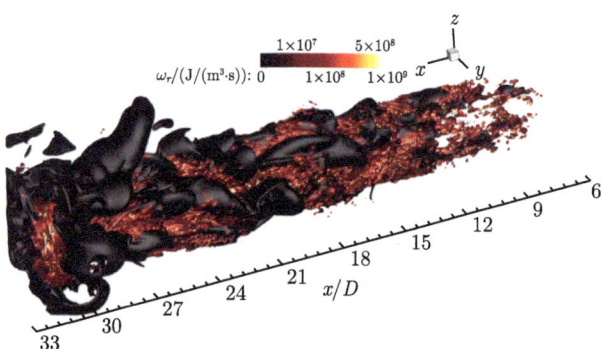

图 11.12.6　瞬态释热率等值面

图 11.12.7 是煤粉火焰指数 (flame index, FI) 云图，显示了在不同轴向位置处同时存在预混和扩散火焰，但比例不同.

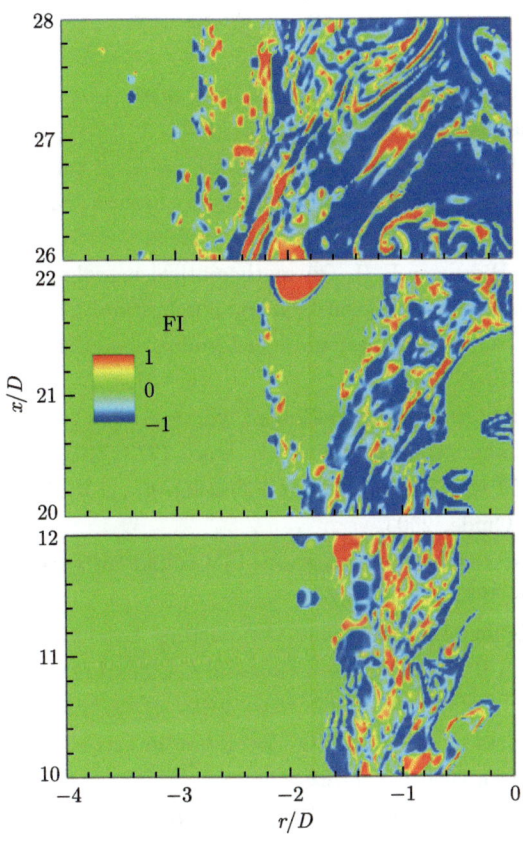

图 11.12.7　煤粉火焰指数云图

关于用 DNS 检验 RANS 模拟和 SGS 亚网格燃烧模型，Pope 等[65] 用等温反应流动的 DNS 检验了 PDF 方程的混合模型、CMC 模型和层流小火焰模型. Domingo 等[66] 根据甲烷-空气 V 形火焰的 DNS 提出了火焰面密度-预设 PDF (flame-surface density-simplified，FSD-PDF) 的 SGS 燃烧模型. Hawkes 和 Chen[67] 用甲烷-空气火焰的 DNS 检验了层流小火焰模型. Poinsot 等[68] 用丙烷-空气火焰的 DNS 检验了层流小火焰模型和 CMC 模型. Minamoto 等[69] 用旋流氢-空气预混火焰的 DNS 检验了层流小火焰模型和 EDC 模型. Chan 等[70] 用 DNS 评价非定常层流小火焰模型中的模型假设和各项的统计. Krisman 等[71] 用 DNS 检验了 PDF 方程中不同的混合模型. Trisjono 和 Pitsch[72] 给出了用 DNS 检验燃烧模型的评述，指出不同方法的误差. 至于燃烧对湍流的影响，Zhang 等[73]

用预混火焰的 DNS 研究了燃烧对雷诺应力方程中若干项的影响.

未来的发展应当是用全尺度求解的 DNS 来研究液雾和煤粉两相燃烧.

参 考 文 献

[1] Landau L, Lifshitz E. Mekhanica Sploshneih Sred (Continuum Mechanics) (俄文). Moscow: National Technology Press, USSR, 1944.

[2] Spalding D B. Development of eddy-break-up model of turbulent combustion. Combustion Inst. Pittsburgh P A. 16th Symposium (International) on Combustion, Pittsburgh: The Combustion Institute, 1976: 1657-1669.

[3] Magnussen B F, Hjertager B H. On mathematical modeling of turbulent combustion with special emphasis on soot formation and combustion. Combustion Inst. Pittsburgh P A. 16th Symposium (International) on Combustion, Pittsburgh: The Combustion Institute, 1976: 719-729.

[4] Mason H B, Spalding D B. Prediction of reaction rates in turbulent boundary-layer flows. European Symposium of the Comb. Inst., 1973: 601.

[5] 张健,周力行. 突扩燃烧室湍流预混反应流的数值模拟. 计算物理, 1999, 16: 265-270.

[6] FLUENT User's Guide. 2003.

[7] Spalding D B. Concentration fluctuations in a round turbulent free jet. Chemical Engineering Science, 1971, 26: 95-107.

[8] Khalil E E. Modeling of Furnaces and Combustors. London: Abacus Press, 1982.

[9] Smoot L D, Smith P J. Coal Combustion and Gasification. New York: Plenum Press, 1985.

[10] Zhou L X. Advances in modeling NO_x formation in turbulent flows. Advances in Mechanics (in Chinese), 2000, 30: 77-82.

[11] Schlatter M, Flury M. Modeling of NO formation in turbulent hydrogen flames. Proc. 3rd Inter. Conf. on Combustion Technology for a Clean Environment, Ed. Carvalho, Paper 18.1, Lisbon, 1995.

[12] Okasanon A, Maki-Mantila E. Use of PDF in modeling of NO formation in methane combustion. Proc. 3rd Inter. Conf. on Combustion Technology for a Clean Environment, Ed. Carvalho, Paper 18.3, Lisbon, 1995.

[13] Beretta A, Mancini N, Podenzani F, Vigevano L. The influence of the temperature fluctuation variance on NO predictions for a gas flame. Proc. 3rd Inter. Conf. on Combustion Technology for a Clean Environment, Ed. Carvalho, Paper 18.4, Lisbon, 1995.

[14] Smoot L D. Fundamentals of Coal Combustion. New York: Plenum Press, 1994.

[15] Gutheil E, Bockhorn H, Fetting F. Elements of modeling of turbulent diffusion flames. Proc. 1st Inter. Symp. on Coal Combustion, Hemisphere, 1988: 181-188.

[16] Pope S B. PDF methods for turbulent reactive flows. Progress in Energy and Combustion Science, 1985, 11: 119-192.

[17] Pope S B. New developments in PDF modeling of non-reactive and reactive turbulent flows. Proc. 2nd Inter. Symp. on Turbulence, Heat and Mass Transfer, Delft University Press, 1997: 35-45.

[18] Cannon S M, Brewster B S, Smoot L D. PDF modeling of lean premixed combustion using in situ tabulated chemistry. Combustion and Flame, 1999, 119: 233-252.

[19] Wang F, Zhou L X, Xu C X, Goldin G M. Comparison between a composition PDF transport equation model and an ASOM model for simulating a turbulent jet flame. International Journal of Heat and Mass Transfer, 2008, 51: 136-144.

[20] Libby P, Williams F A. Turbulent Reacting Flows. London: Academic Press, 1994.

[21] 周力行. 燃烧理论和化学流体力学. 北京: 科学出版社, 1986.

[22] Klimenko A Y, Bilger R W. Conditional moment closure for turbulent combustion. Progress in Energy and Combustion Science, 1999, 25: 595-687.

[23] 邹春, 郑楚光, 周力行. 条件矩模型模拟湍流扩散燃烧. 力学学报, 2002, 34: 969-977.

[24] Peters N. Turbulent Combustion. Cambridge: Cambridge University Press, 2000.

[25] Khalil E E. On the prediction of reaction rates in turbulent premixed confined flames. AIAA Paper 80-0015, 1980.

[26] 周力行. 湍流燃烧的新二阶矩模型. 工程热物理学报, 1996, 17: 353-356.

[27] 朱成凯. 旋流燃烧室内湍流燃烧的数值模拟. 北京: 清华大学, 2002: 11-22.

[28] Khalil E E. Flow and Combustion in Axi-symmetric Furnaces. London: London University, 1977.

[29] Liao C M, Liu Z, Liu C Q. Implicit multi-grid method for modeling turbulent diffusion flame with detailed chemistry. Combustion Science and Technology, 1996, 119: 219-260.

[30] Zhou L X, Chen X L, Zheng C G, Yin J. Second-order moment turbulence-chemistry models for simulating NO$_x$ formation in gas combustion. Fuel, 2000, 79: 1289-1301.

[31] Chen X L, Zhou L X, Zhang J. Numerical simulation of methane-air turbulent jet flame using a new second-order moment model. Acta Mechanica Sinica, 2000, 16: 41-47.

[32] Zhou L X, Qiao L, Zhang J. A unified second-order moment turbulence-chemistry model for simulating turbulent combustion and NO$_x$ formation. Fuel, 2002, 81: 1703-1709.

[33] Zhou L X. Development of SOM combustion model for Reynolds-averaged and large-eddy simulation of turbulent combustion and its validation by DNS. Science in China, 2008, E-51: 1073-1086.

[34] 王方. 湍流燃烧二阶矩模型的 RANS 模拟, LES 和 DNS 研究. 北京: 清华大学, 2006.

[35] Zhou L X, Wang F, Zhang J. Simulation of swirling combustion and NO formation using a USM turbulence-chemistry model. Fuel, 2003, 82: 1579-1586.

[36] Wang F, Xie X, et al. Effect of turbulence on NO formation in swirling combustion. Chinese Journal of Aeronautics, 2014, 27: 797-804.

[37] Wang F, Xu C X, Zhou L X, Chan C K. DNS-LES validation of an algebraic second-order-moment combustion model. Numerical Heat Transfer, 2009, B55: 523-532.

[38] Luo K, Bai Y, Yang J H, Wang H O, Zhou L X, Fan J R. A-priori validation of a second-order moment combustion model via DNS database. International Journal of

Heat and Mass Transfer, 2015, 86: 415-425.

[39] Zhang Y W, Lei F L, Xiao Y H. CFD simulation and parametric study of coal gasification in a circulating fluidized bed. Asia-Pacific Journal of Chemical Engineering, 2015, 10: 307-317.

[40] Yu G B, Chen J H, Li J R, Hu T, Wang S, Lu H L. Analysis of SO_2 and NO_x emissions using two-fluid method coupled with eddy dissipation concept reaction sub-model in CFB combustors. Energy and Fuels, 2014, 28: 2227-2236.

[41] Fiveland W A, Wessel R A. A model for prediction formation and reduction of NO_x in three-dimentional furnaces burning pulverized fuel. Journal of the Institute of Energy, 1991, 64: 41-45.

[42] Zhou L X, Zhang J. A Lagrangian-Eulerian particle model for turbulent two-phase flows with reacting particles. Proceedings of 10th International Conference on Numerical Methods in Fluid Dynamics, Springer-Verlag, 1986: 705-709.

[43] Zhou L X. A multi-fluid model of two-phase flows with pulverized-coal combustion. Proceedings of 1st International Symposium on Coal Combustion, Hemisphere, 1988: 207-213.

[44] Zhou L X, Guo Y C, Lin W Y. Two-fluid models for simulating reacting gas-particle flows, coal combustion and NO_x formation. Combustion Science and Technology, 2000, 150: 161-180.

[45] Zhou L X, Li L, Li R X, Zhang J. Simulation of 3-D gas-particle flows and coal combustion in a tangentially fired furnace using a two-fluid-trajectory model. Powder Technology, 2002, 125: 226-233.

[46] Zhou L X, Zhang Y, Zhang J. Simulation of swirling coal combustion using a full two-fluid model and an AUSM turbulence-chemistry model. Fuel, 2003, 82: 1001-1007.

[47] Kim W, Menon S, Mongia H C. Large-eddy simulation of a gas turbine combustor flow. Combustion Science and Technology, 1999, 143: 25-62.

[48] Fureby C, Lokstrom C. Large-eddy simulation of bluff-body stabilized flames. Proc. 25th International Symposium on Combustion, The Combustion Institute, Bouder, Colorado, USA, 1994: 1257-1264.

[49] Kurose R, Makino H. Large eddy simulation of a solid-fuel jet flame. Combustion and Flame, 2003, 135: 1-16.

[50] Gharebaghi M, Irons R M A, Ma L, Pourkashanian M, Pranzitelli A. Large eddy simulation of oxy-coal combustion in an industrial combustion test facility. International Journal of Greenhouse Gas Control, 2011.

[51] Hu L Y, Zhou L X, Zhang J. Large-eddy simulation of a swirling diffusion flame using a SOM SGS combustion model. Numerical Heat Transfer, 2006, B50: 41-58.

[52] Hu L Y, Zhou L X, Luo Y H. Large-eddy simulation of the Sydney swirling non-premixed flame and validation of several sub-grid scale models. Numerical Heat Transfer, 2008, B53: 39-58.

[53] 王文丽, 周力行, 李荣先. 丙烷-空气旋流扩散火焰的二阶矩亚网格燃烧模型的大涡模拟.

燃烧科学与技术, 2007, 13: 97-100.

[54] Wang F, Zhou L X, Xu C X. Large-eddy simulation of correlation moments in turbulent combustion and validation of the RANS-SOM combustion model. Fuel, 2006, 85: 1242-1247.

[55] 王方, 周力行, 许春晓, 等. 预混燃烧的大涡模拟和燃烧模型的验证. 推进技术, 2008, 29: 33-36.

[56] Li K, Zhou L X, Chan C K. Studies of the effect of spray inlet conditions on flow and flame structures of ethanol-spray combustion by large-eddy simulation. Numerical Heat Transfer, 2012, A62: 44-59.

[57] Hu L Y, Zhou L X, Luo Y H, Xu C S. Measurement and simulation of swirling coal combustion. Particuology, 2013, 11: 189-197.

[58] Abbas T, Lockwood F C, et al. The effect of the near burner aerodynamics on pollution, stability and combustion in a PF-Fired furnace. Combustion Science and Technology, 1991, 91: 346-363.

[59] Takeno T, Mizobuchi Y. Significance of DNS in combustion science. Comptes Rendus Mecanique, 2006, 334: 517-522.

[60] Vervisch L, Domingo P. Two recent developments in numerical simulation of premixed and partially premixed turbulent flames. Comptes Rendus Mecanique, 2006, 334: 523-530.

[61] Wang H O, Luo K, et al. A DNS study of hydrogen/air swirling premixed flames with different equivalence ratios International Journal of Hydrogen Energy, 2012, 37: 5246-5256.

[62] Wang H O, Luo K, Fan J R. Direct numerical simulation and CMC (conditional moment closure) sub-model validation of spray combustion. Energy, 2012, 46: 606-617.

[63] Luo K, Pitsch H, et al. Direct numerical simulations and analysis of three-dimensional n-heptane spray flames in a model swirl combustor. Proceedings of the Combustion Institute, 2011, 33: 2143-2152.

[64] Bai Y, Luo K, Qiu K Z, Fan J R. Numerical investigation of two-phase flame structures in a simplified coal jet flame. Fuel, 2016, 182: 944-957.

[65] Overholt M R, Pope S B. Direct numerical simulation of a statistically stationary, turbulent reacting flow. Combustion Theory and Modeling, 1999, 3: 371-408.

[66] Domingo P, Vervisch L, Payet S, et al. DNS of a premixed turbulent V flame and LES of a ducted flame using a FSD-PDF sub-grid scale closure with FPI-tabulated chemistry. Combustion and Flame, 2005, 143: 566-586.

[67] Hawkes E R, Chen J H. Comparison of direct numerical simulation of lean premixed methane-air flames with strained laminar flame calculations. Combustion and Flame, 2006, 144: 112-125.

[68] Jimenez C, Cuenot B, Poinsot T, et al. Numerical simulation and modeling for lean stratified propane-air flames. Combustion and Flame, 2002, 128: 1-21.

[69] Minamoto Y, Aoki K, et al. DNS of swirling hydrogen-air premixed flames. International Journal of Hydrogen Energy, 2015, 40: 13604-13620.

[70] Chan W L, Kolla H, Chen J H, Ihme M. Assessment of model assumptions and budget terms of the unsteady flamelet equations for a turbulent reacting jet-in-cross-flow. Combustion and Flame, 2014, 161: 2601-2613.

[71] Krisman A, Tang J C K, Hawkes E R, Lignell D O, Chen J H. A DNS evaluation of mixing models for transported PDF modeling of turbulent nonpremixed flames. Combustion and Flame, 2014, 161: 2085-2106.

[72] Trisjono P, Pitsch H. Systematic analysis strategies for the development of combustion models from DNS: a review. Flow, Turbulence and Combustion, 2015, 95: 231-259.

[73] Zhang S, Rutland C J. Premixed flame effects on turbulence and pressure-related terms. Combustion and Flame, 1995, 102: 447-461.

第 12 章 湍流两相流燃烧数值模拟的应用

12.1 引言

湍流两相流燃烧的数值模拟,经过人们多年的研究已经日趋成熟,目前在热能动力、航空航天、化工、冶金、石油等各个领域,有关流动和燃烧的复杂工业装置的数值模拟中得到了越来越广泛的应用. 本书作者过去的著作中 [1-3] 曾经举出过一些应用示例. 下面再给出一些国内外的和本书作者所在的研究组的研究成果,显示出湍流两相流燃烧数值模拟的应用现状和前景.

12.2 大速差射流燃烧室内两相流动和煤粉燃烧

我国劣质煤产量较大,很多电站不得不燃用高水分、高灰分的煤,或者挥发分很低的、难以燃用的无烟煤. 煤粉炉内低负荷火焰稳定问题,特别是当燃用劣质烟煤和挥发分很低的无烟煤时,比较突出,常常必须用油来陪烧. 为了解决这个问题,国内提出了不同的燃烧器结构,如偏置射流燃烧器、逆向射流燃烧器、船形钝体燃烧器和大速差射流燃烧器等 [4]. 其中大速差射流燃烧器是在突扩燃烧室端壁上开若干个小孔,喷入和中心主流方向相同的高速射流,其速度约为主流的 10 倍左右. 例如,当主流速度为 20m/s 时,高速射流速度为 200~300m/s,接近于声速. 原先估计,开孔可以延长边角回流区尺寸,并且起吹灰作用,但是后来的研究发现,实际情况并非如此. 本书作者所在的研究组分别研制了以双流体-轨道模型为基础的 LEAGAP-3 程序和以全双流体模型为基础的 PERT-3 程序 [5],模拟了大速差燃烧器内三维气粒两相流动和煤粉燃烧. 其中对两相湍流用 $k\text{-}\varepsilon\text{-}k_p$ 模型,对挥发分和 CO 湍流燃烧用 EBU-Arrhenius 模型,对辐射用六热流模型,对煤粉挥发热解和焦炭燃烧分别用双热解反应方程模型和同时考虑三种表面反应的扩散-动力模型. 全双流体模型中,还用二阶矩湍流反应模型模拟了湍流条件下的 NO_x 生成率. 图 12.2.1 给出突扩壁上开两个孔的大速差射流燃烧器的简图. 图 12.2.2 和图 12.2.3 分别显示出大速差射流燃烧器内回流区位置和两相速度分布的预报值及测量结果.

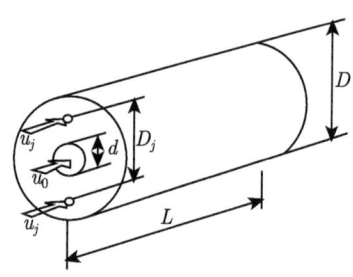

图 12.2.1 大速差射流燃烧器

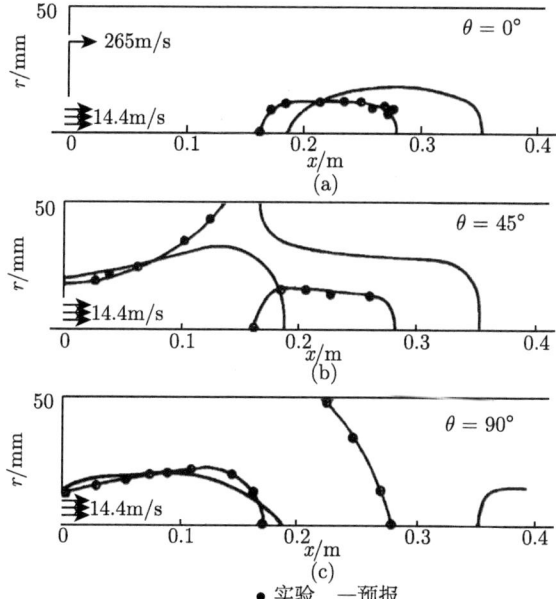

• 实验 —预报

图 12.2.2 大速差射流燃烧器内回流区位置

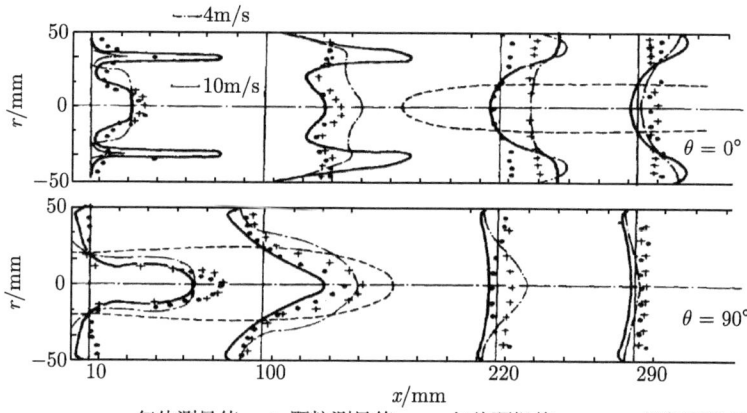

• 气体测量值 + 颗粒测量值 —— 气体预报值 —·— 颗粒预报值

图 12.2.3 大速差射流燃烧器内两相速度

数值模拟预报了燃烧器内冷态单相流动的回流区位置和形状，及其与测量结果的对照．其中 $\theta = 0°$ 表示包含射流孔的纵剖面．结果发现，由于高速射流对主流的卷吸作用，诱导出边角和中心相连的大面积回流区．虽然由于 k-ε 模型的缺陷和测量的误差，预报值和测量值在定量上尚有出入，但是两者在定性趋势上是一致的．可以看到，在没有钝体和旋流的情况下，$\theta = 0°$ 的平面内和主流同方向的高速射流能诱导出中心逆流区，而在和该平面相垂直的 $\theta = 90°$ 的平面内，则出现中心和边角相连的大面积逆流区．图 12.2.4 是预报和测量的颗粒质量流分布，两者符合得很好．可以看到，由于颗粒的惯性，大量颗粒进入中心回流区，提高了其中煤粉颗粒的浓度，有利于火焰稳定和降低氮氧化物污染物的生成．以上的数值模拟结果表明，大速差射流燃烧器的所有上述两相流场特性都有利于低负荷稳燃．数模结果还给出了在一定的流量和流速比的条件下，使逆流区尺寸和回流量最大的最佳射流孔位置，限于篇幅，此处不再赘述．图 12.2.5 和图 12.2.6 分别是全双体 (FTF) 模型和双流体-轨道 (TFT) 模型预报的气体等温线．可以看到，两模型预报结果在定量上有差别，在定性上类似，都指出高温区出现于回流区前驻点之前，显示了高速射流的重要作用．FTF 模型和 TFT 模型的不同是，前者给出的径向方向温度更高、温度变化更快．这些热态模拟结果在定性上和工业实验中观察到的现象类似，在定量上由于测量的困难，尚缺乏实验验证．

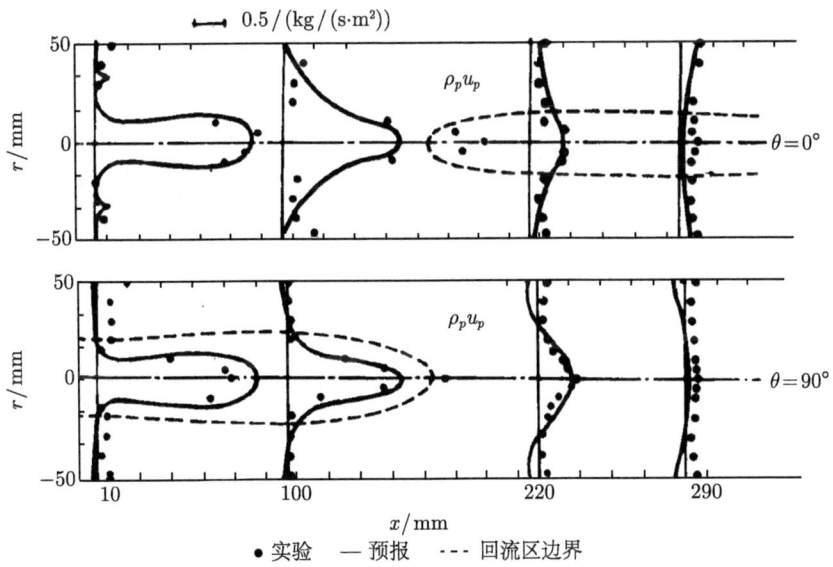

图 12.2.4 大速差射流燃烧器内颗粒质量流分布

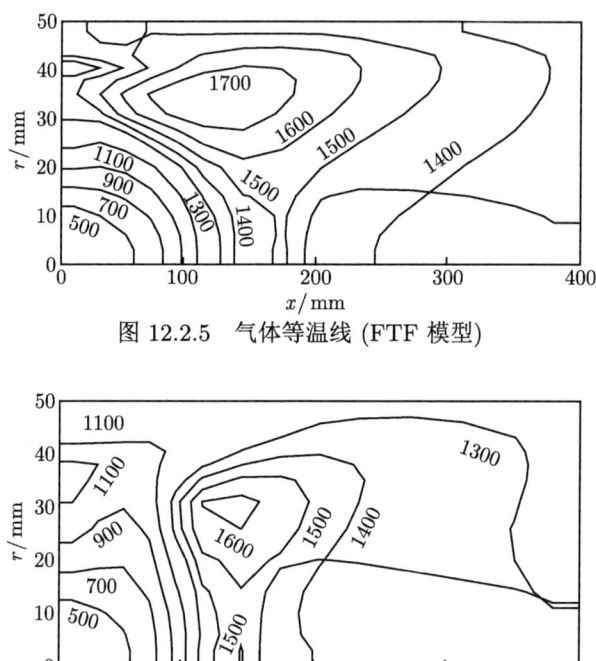

图 12.2.5　气体等温线 (FTF 模型)

图 12.2.6　气体等温线 (TFT 模型)

12.3　旋流燃烧器中煤粉燃烧和氮氧化物生成

旋流燃烧器广泛应用于我国早期按照苏联设计的电站锅炉中. 本文作者所在的研究组[6] 采用 FTF 模型对 Abbas 等[7] 测量的旋流煤粉燃烧器 (图 12.3.1) 中煤粉燃烧和氮氧化物 (NO) 生成进行了数值模拟. 图 12.3.2～图 12.3.5 分别是预报的和测量的有燃烧时的气体和颗粒速度以及气体温度和 NO 浓度, 预报值和测量值符合得良好. 旋流数对出口处 NO 排放的平均值的影响见图 12.3.6, 可以看

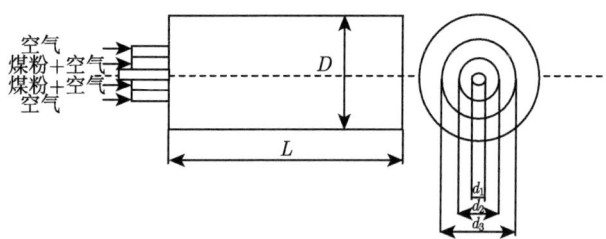

图 12.3.1　旋流煤粉燃烧器

到，旋流数增大时，NO 排放先下降，然后上升，有一个最佳的旋流数使 NO 排放最低. 实际的燃烧室选取旋流数时，还涉及火焰稳定问题，必须综合考虑总体情况.

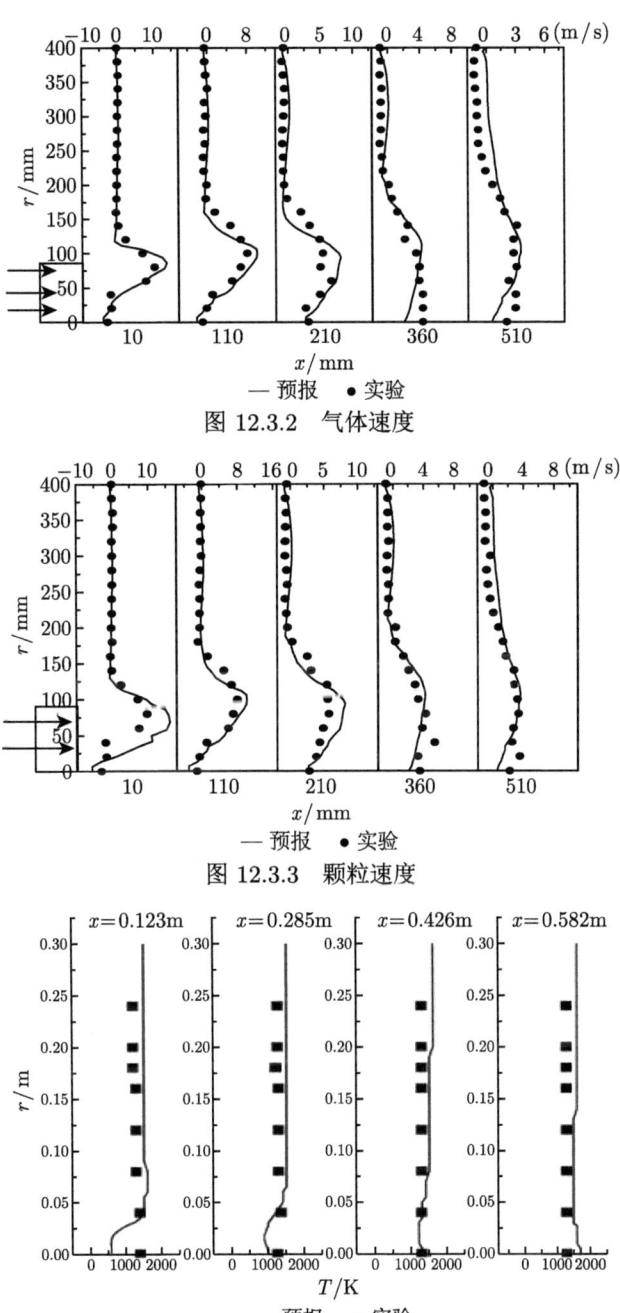

图 12.3.2 气体速度

图 12.3.3 颗粒速度

图 12.3.4 气体温度

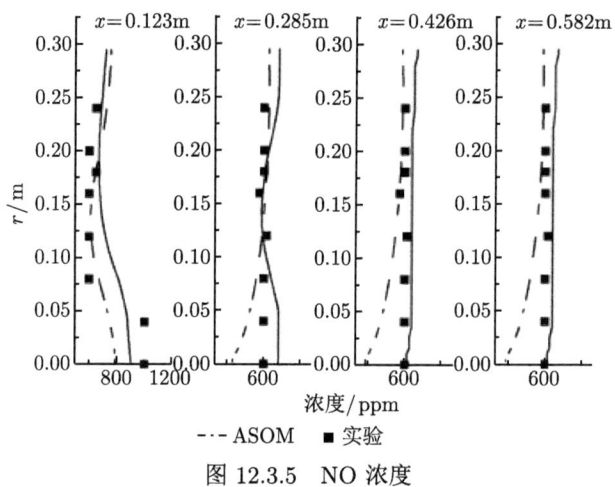

图 12.3.5 NO 浓度

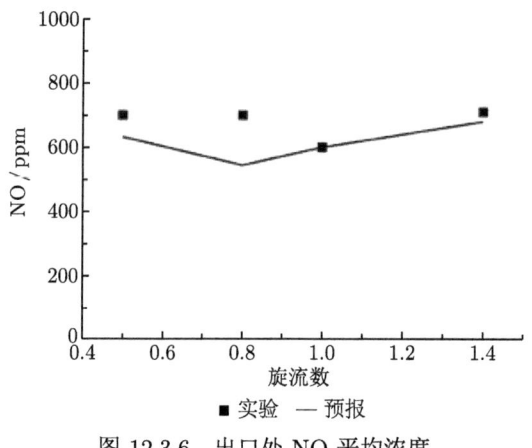

图 12.3.6 出口处 NO 平均浓度

12.4 固排渣涡旋炉内煤粉燃烧

固排渣涡旋炉 (non-slagging vortex combustor) 是美国天主教大学机械系和清华大学工程力学系本书作者合作研制的一种新型固排渣旋风炉, 其几何结构如图 12.4.1 所示. 其特点是多层切向进风和有中心管, 前者意在使环形空间内切向速度分布较均匀, 形成多个煤粉悬浮层, 使煤粉颗粒停留时间延长, 而且浓度分布较均匀. 后者的目的是延长气体和颗粒停留时间, 并且提高辐射换热强度. 该项研究受到美国能源部和海军部的资助, 其研究目的在于燃用美国海军大量储存的, 原来打算用于制备水煤浆的洁净 (预先除灰) 细煤粉 (平均粒径 40μm), 希望燃烧温度不高, 形成固排渣, 而且达到高效率和低污染. 在优化设计中运用了数值模拟[8], 对涡旋炉内轴对称煤粉空气湍流两相流动和燃烧的模拟采用改进的代数应力湍流模型,颗粒随机轨道模型,挥发分和 CO 湍流燃烧的 EBU-Arrhenius 模型,四热流辐射模型以及煤粉颗粒的水分蒸发、热解挥发和焦炭的扩散-动力燃烧等子模型.

图 12.4.2 是模拟所得两种工况下的煤粉燃烧时的气体温度场,由于环形空间

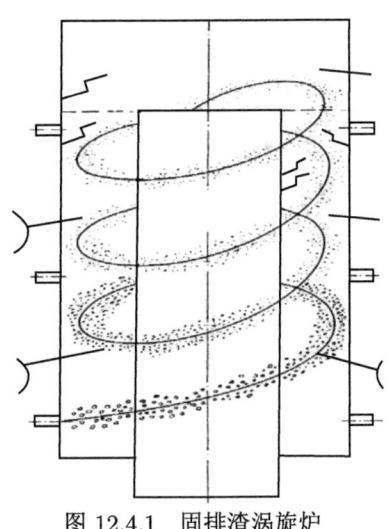

图 12.4.1 固排渣涡旋炉

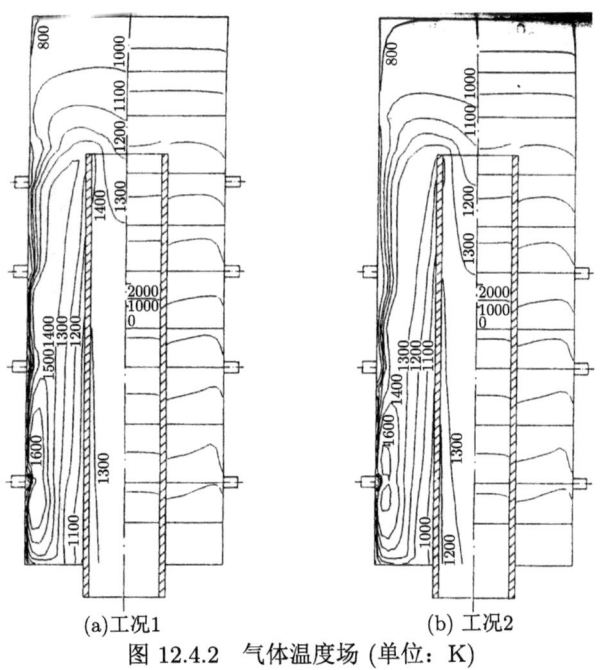

图 12.4.2 气体温度场 (单位: K)

内混合强烈, 切向速度分布均匀, 切向进口附近就形成 1600K 的高温, 煤粉立即挥发着火而燃烧, 然而又由于混合强烈, 大部分地区的温度处于 1200~1400K, 即 900~1100°C 的范围, 显然低于灰熔点, 因此为固排渣. 由于温度不高和煤粉浓度高, 所以氮氧化物排放较低, 到炉顶处氧已经消耗殆尽, 燃烧效率在 95% 以上.

12.5 固排渣喷腾旋风炉内两相流动和煤燃烧

所谓 "喷腾旋风炉"(spouting-cyclonic combustor) 指的是本书作者所在的研究组提出的一种小型燃煤炉 (图 12.5.1), 燃用不磨的散煤 (粒径 3～5mm). 主燃段是一个水平轴的旋风炉, 靠平行的底吹风和一次风相遇射流形成回流运动, 其中大颗粒由于重力和阻力的作用可以多次循环, 延长停留时间. 燃尽段是一个竖直轴的旋风炉, 靠切向二次风形成旋流运动, 小颗粒和没有烧完的大颗粒在其中燃尽. 用数值模拟进行了优化设计, 主要是寻找最佳的一次风和底吹风角度与风量的配合, 以便在喷腾段内形成大尺寸回流区. 作者所在的研究组[9] 用 k-ε-Ap 模型对两相流动进行了三维数值模拟. 图 12.5.2~图 12.5.4 给出喷腾段纵剖面内气体和两相速度矢量图, 显示出在给定的参数下两相速度都有大面积回流区, 但两者的大小和方向不同.

图 12.5.5 给出 LDV 测量的旋风段内两相切向速度, 有典型的 Rankine 涡结构, 即中心的刚体旋转和外围的位涡, 颗粒速度落后于气体速度. 图 12.5.6 是预报的旋风段内两相切向速度矢量图, 可以看出强旋流动的特征, 接近于二维的特

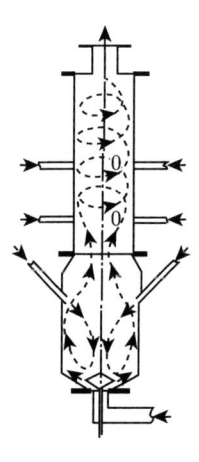
(a) 第一种燃煤炉

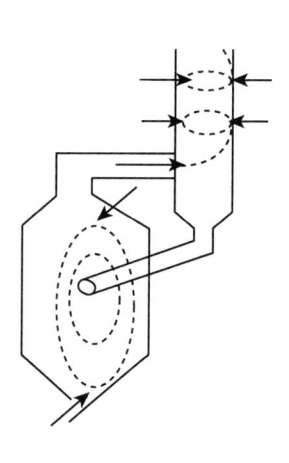
(b) 第二种燃煤炉

(c) 第二种燃煤炉的实物图

图 12.5.1 两种类型的喷腾旋风燃煤炉

12.5 固排渣喷腾旋风炉内两相流动和煤燃烧

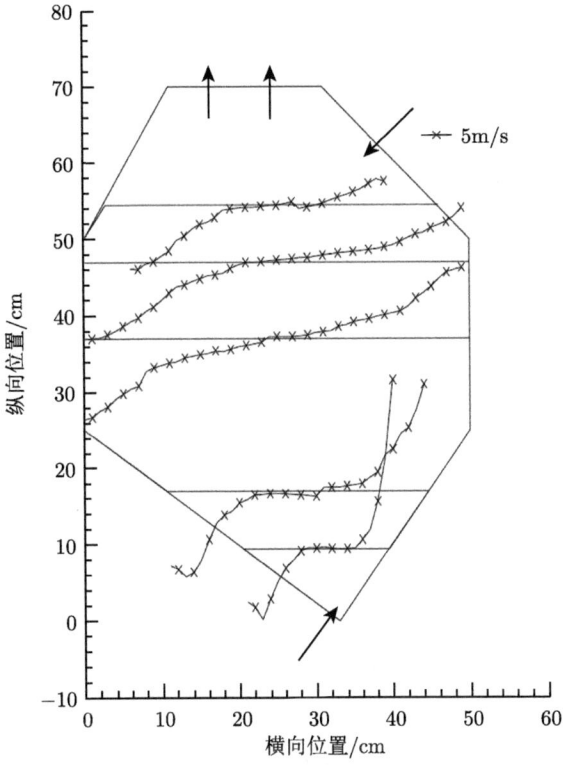

图 12.5.2 第二种喷腾段气体纵向速度

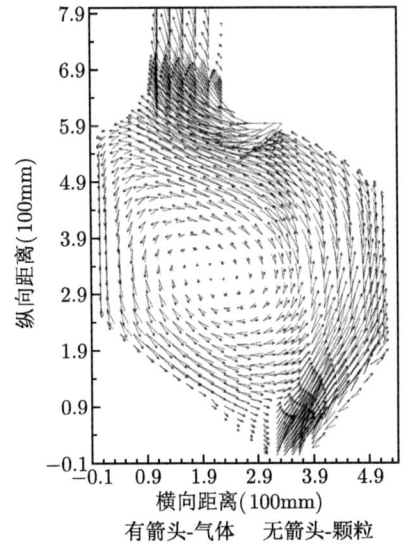

有箭头-气体 无箭头-颗粒

图 12.5.3 第二种喷腾段两相速度

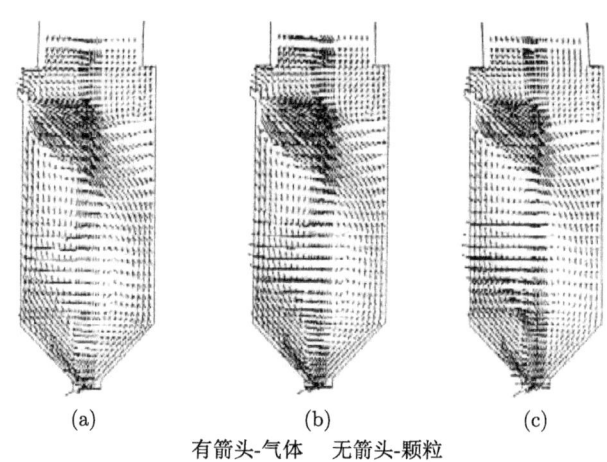

(a) (b) (c)

有箭头-气体　　无箭头-颗粒

图 12.5.4　第一种喷腾段两相速度矢量

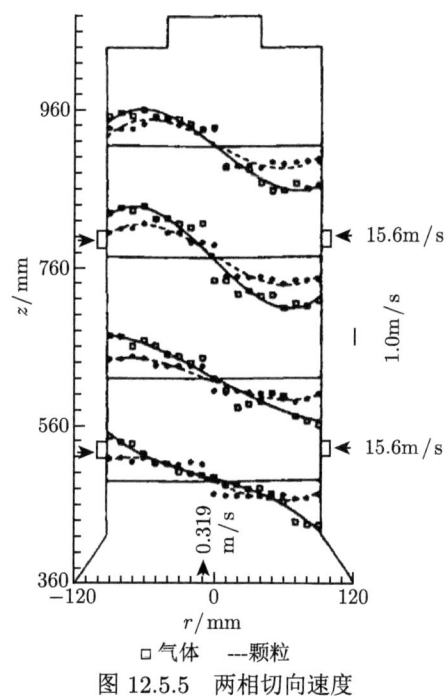

□ 气体　　--- 颗粒

图 12.5.5　两相切向速度

点. 作者所在的研究组进行了喷腾旋风炉煤粉燃烧实验 [22,23]. 用预先不磨的 3 ~ 5mm 的大同散煤颗粒, 底吹风流量 30 ~ 45m^3/h, 一次风流量 30 ~ 40m^3/h, 供煤量 10 ~ 30kg/h, 各进口二次风流量 0 ~ 20m^3/h. 图 12.5.7 是炉内温度随时间的变化, 炉内温度为 1200~1400K, 低于灰熔点, 为固排渣. 在这种小型炉 (高

1m，直径 300mm) 内燃烧效率可以达到 92%，氮氧化物排放浓度为 200~300ppm (图 12.5.8)，达到了高效率、低污染燃烧. 利用喷腾炉的研究结果，由清华大学和俄罗斯圣彼得堡大学合作，改造了营口造纸厂热电厂的一台 65T/h 的四角喷燃炉，实现了低负荷下脱油稳燃，并且省去球磨机，取得了年经济效益 200 万元.

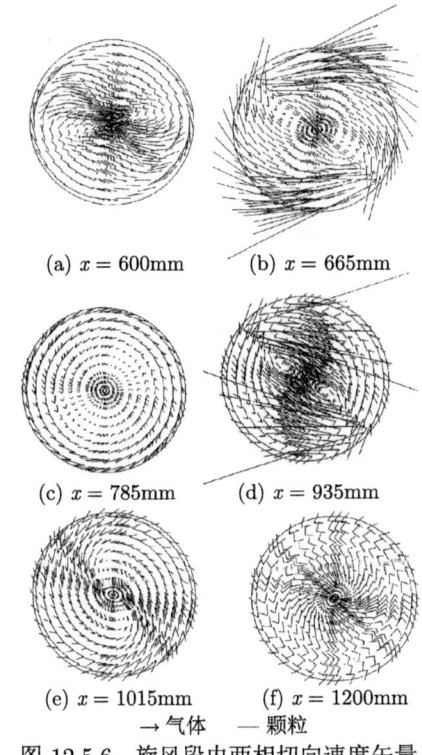

图 12.5.6 旋风段内两相切向速度矢量

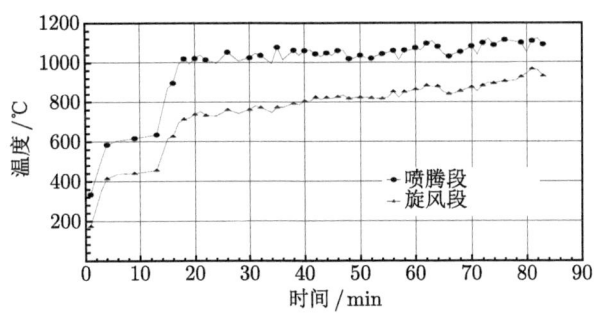

图 12.5.7 燃煤炉内温度随时间的变化

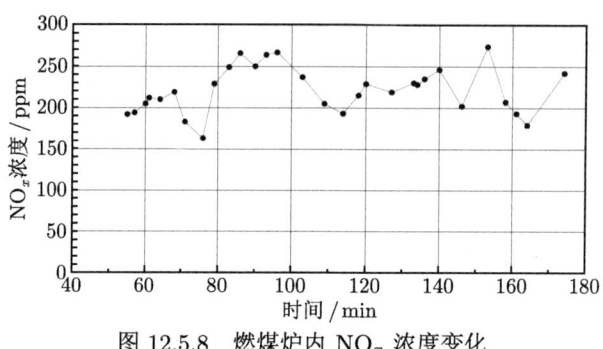

图 12.5.8 燃煤炉内 NO_x 浓度变化

12.6 电站煤粉炉内两相流动和燃烧

四角喷燃煤粉炉是目前各国电站中广泛应用的炉型. 锅炉制造单位常遇到报价设计问题, 锅炉运行中常遇到诸如磨损、过热器超温、低负荷稳燃、卫燃带如何合理布置等问题. 其数值模拟有助于优化设计、指导合理的运行方法, 因此受到国内外的重视. 在这方面, 最著名的是坐落在美国 Utah 州 Provo 城的, L. D. Smoot 所在的高级燃烧工程研究中心 (Advanced Combustion Engineering Research Center, ACERC). 该中心研制了 "PCGC-3" 程序[10], 使用 $k\text{-}\varepsilon$ 湍流模型、颗粒随机轨道模型、气体燃烧的局部瞬时平衡模型来模拟大型煤粉炉. 图 12.6.1 是炉膛的网格系布置. 图 12.6.2 给出预报的和测量的气体速度矢量. 图 12.6.3 是

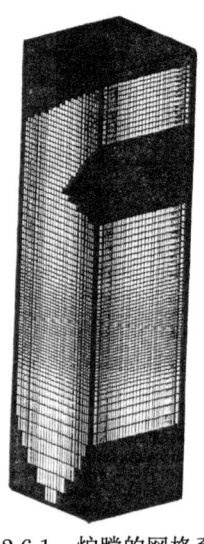

图 12.6.1 炉膛的网格系统

颗粒轨道. 图 12.6.4 和图 12.6.5 给出预报的和测量的 NO 浓度, 有些地点的预报值和测量值符合较好.

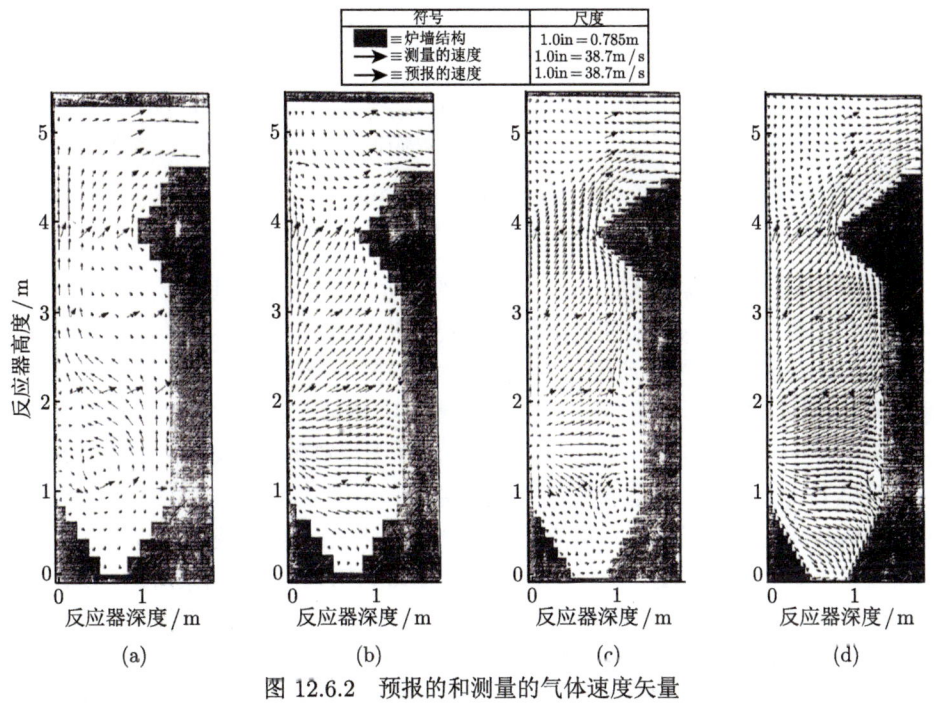

图 12.6.2 预报的和测量的气体速度矢量

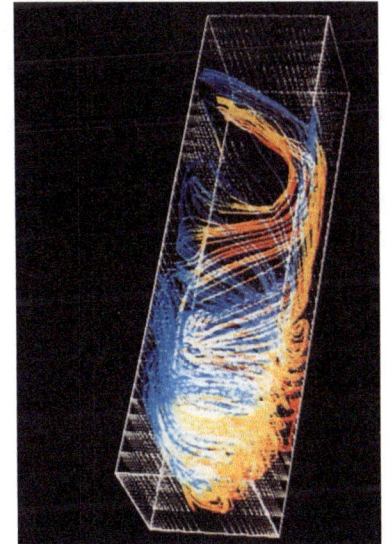

图 12.6.3 颗粒轨道

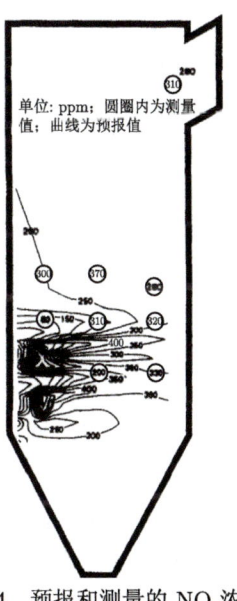

图 12.6.4 预报和测量的 NO 浓度

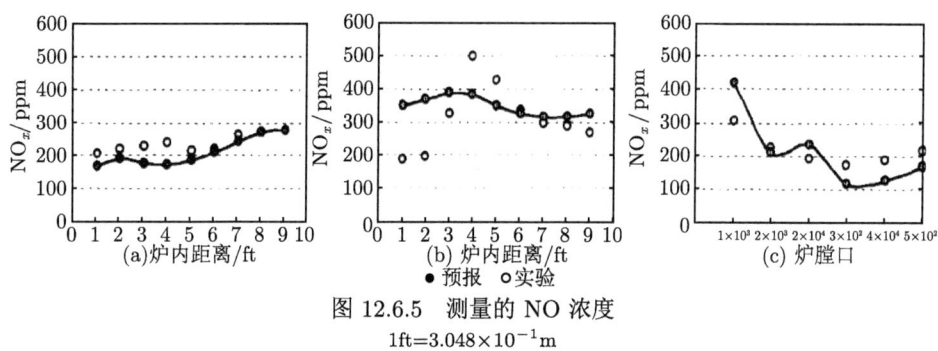

图 12.6.5 测量的 NO 浓度

1ft=3.048×10⁻¹m

大多数研究者, 包括上述 Smoot 团队的研究, 以及商用 CFD 软件 FLUENT、STAR-CD 等, 对炉内两相流动和煤粉燃烧的模拟都采用欧拉-拉氏模拟, 其缺点是难以给出三维空间颗粒速度和浓度场连续分布的详细信息. 少数研究者虽然报道用欧拉-欧拉模型[11], 但是这些模型或者不考虑颗粒和气体之间速度及温度差别, 或者只考虑一种差别, 实际上相当于单流体无滑移模型, 或者不考虑煤粉颗粒的水分蒸发、热解挥发和焦炭燃烧的反应经历, 只模拟焦炭燃烧[12], 这就无法模拟不同煤种产生的影响. 作者提出的双流体-轨道模型可以方便地预报出三维空间中气粒两相速度场、温度和浓度场, 易于与 LDV/PDPA 测量结果对比, 并且可以采用统一的算法对两相速度和颗粒浓度进行求解, 要应用此模型需建立颗粒湍流模型并考虑颗粒经历效应. 作者所在的研究组[13]采用 TFT 模型 (即两相流动的欧拉-欧拉-拉氏模型, 或颗粒相的连续介质-轨道模型), 用于大型四角喷燃炉内三维湍流两相流动和煤粉燃烧的模拟. 基于此模型建立了 LEAGAP-FURNACE-3 程序, 其中采用欧拉气相方程组、欧拉颗粒连续方程和动量方程组, 以及考虑颗粒反应经历效应的颗粒温度和质量变化的拉格朗日常微分方程组. 另一方面, 全尺寸大型四角喷燃炉的模拟中, 由于煤粉射流与网格线斜交, 数值扩散 (伪扩散) 是一个严重问题. 解决这一问题可以采用加密网格、高精度差分格式、追随流线的网格系 (ALE)、人工黏性系数、区域分解法等. 这些方法或者耗费的计算量太大, 或者较为复杂. 在 LEAGAP-FURNACE-3 程序中采用一种简单的, 将网格系扭转一定角度的方法, 使之与煤粉射流进口方向一致, 从而降低了伪扩散. 此外, 在该程序中用离散坐标 (discrete ordinate, DO) 辐射传热模型代替了原有的热流模型. 该程序中使用 k-ε-k_p 两相湍流模型, EBU-Arrhenius 气相湍流燃烧模型, 煤粉颗粒的水分蒸发, 双热解挥发反应模型和焦炭燃烧的扩散-动力模型等子模型. 将 LEAGAP-FURNACE-3 程序的模拟结果和以随机轨道模型 (ST 模型) 为基础的 FLUENT 程序的模拟结果, 以及两相流动的 PDPA 测量结果进行对比. 分别对小尺寸的冷态模型内两相流动, 热态模型炉和全尺寸大型炉内热态两相流动及煤粉燃烧进行了模拟. 等温两相流动的模拟针对如图 12.6.6 所示的冷态炉膛模型.

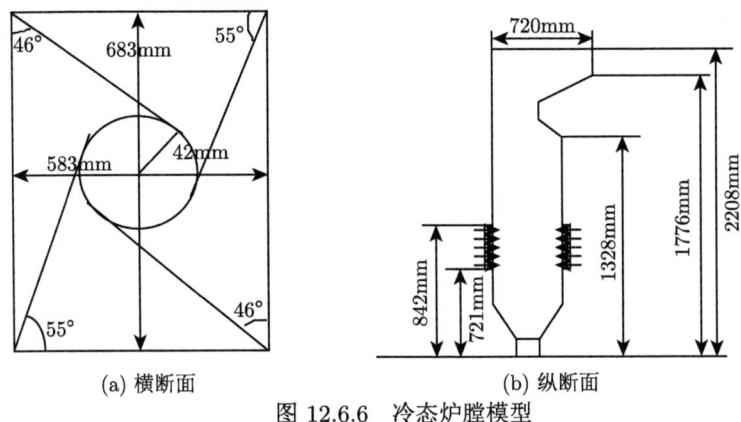

(a) 横断面　　　(b) 纵断面

图 12.6.6　冷态炉膛模型

预报的和测量的冷态模型中的颗粒浓度分布见图 12.6.7. 可见 TFT 模型的结果比 ST 模型的结果与实验的符合更好，ST 模型给出的近壁区高浓度和实验结果不符合，因为 ST 模型低估了颗粒湍流扩散. 煤粉燃烧热态模拟针对的炉膛原型见图 12.6.8. 在 40m×12.6m×12.6m 的计算域内，网格数取为 80×25×25. 煤粉炉中有四组位于边角处的燃烧器，每组燃烧器有 11 个进口的煤粉-空气射流，包括一次风和二次风，与炉墙法线之间呈 39° 和 51° 在水平面上射入炉内，产生旋流流动. 为降低数值扩散，将网格系转动一个角度，使之平行于进口射流方

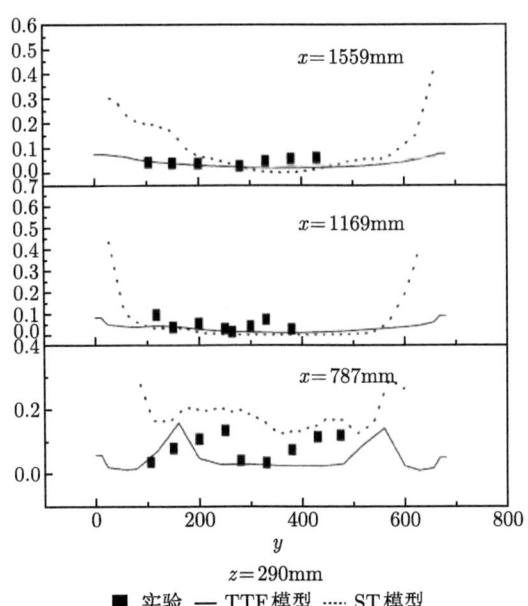

■ 实验 —— TTF模型 ······ ST模型

图 12.6.7　颗粒浓度分布

向 (图 12.6.9). 图 12.6.10 给出一个 $10m \times 2m \times 2m$ 尺寸的炉膛模型的长方形截面内的 $v\text{-}w$ 速度矢量. 网格尺寸为 a: $21 \times 21 \times 21$; b: $21 \times 42 \times 42$; c: 转动后的 $21 \times 31 \times 31$. 射流进口方向: 对于网格系 a 和 b 为 $50°$, 对于网格系 c 为 $0°$. 可以看到, 工况 a 的数值扩散很大, 进口射流很快被淹没了. 工况 b 的网格加密了两倍, 结果仍然没有改善. 工况 c 的结果好得多, 数值扩散大大降低了. 图 12.6.11 是炉内每个地点的等温两相速度矢量, 这只能是双流体模型给出的结果, 是欧拉-拉氏模拟很难办到的. 很明显, 由于惯性的差别, 气体速度和颗粒速度在大小及方向上都不同. 因此无滑移模型是不正确的. 图 12.6.12 是炉内冷态的颗粒浓度等值线, 颗粒浓度分布为在射流碰撞处很高, 然后逐渐变得更平坦, 在近壁处略高, 是离心力作用的结果.

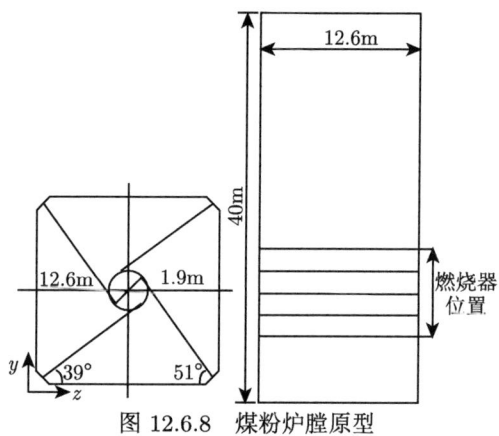

图 12.6.8 煤粉炉膛原型

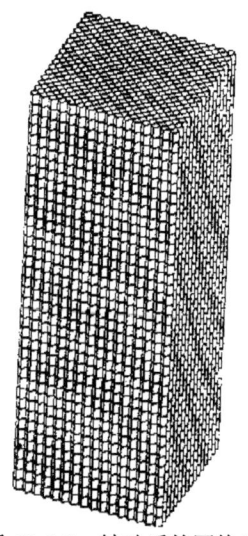

图 12.6.9 转动后的网格系

12.6 电站煤粉炉内两相流动和燃烧

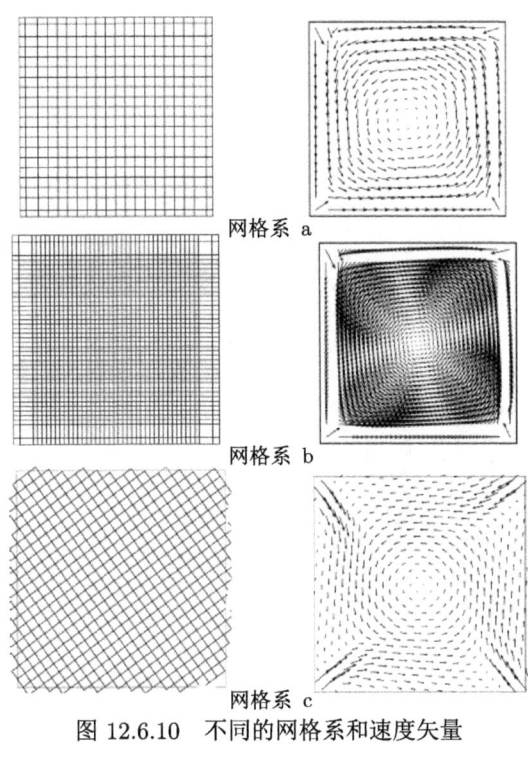

网格系 a

网格系 b

网格系 c

图 12.6.10 不同的网格系和速度矢量

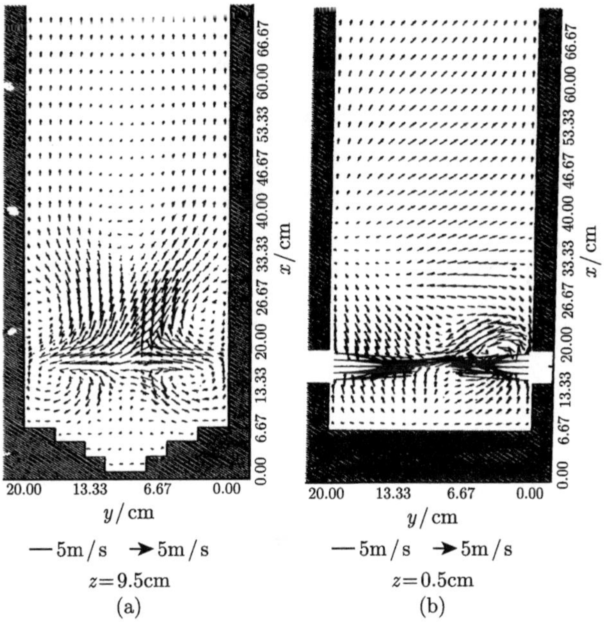

箭头-气体　实线-颗粒

图 12.6.11 等温两相速度矢量

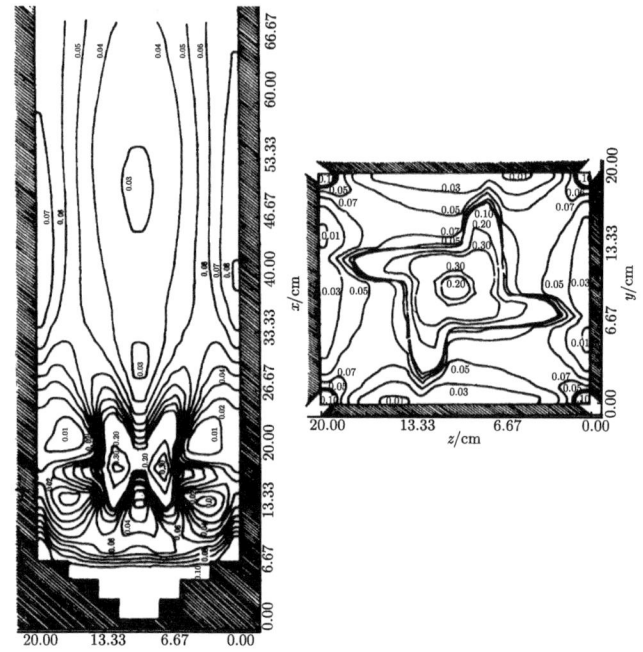

图 12.6.12　炉内冷态的颗粒浓度等值线 (相对值)

图 12.6.13 给出炉膛两个横断面上 TFT 模型预报的 $v\text{-}w$ 气体速度矢量, 表明射流的穿透深度是合理的. 图 12.6.14 是 FLUENT 程序 E-L 模型给出的类似结果. 显然, 由于存在很大的数值扩散, 射流的穿透很短, 不符合实际. 图 12.6.15 显示了用 TFT 模型和 FLUENT 程序 E-L 模型给出的炉膛一个断面的气体温度

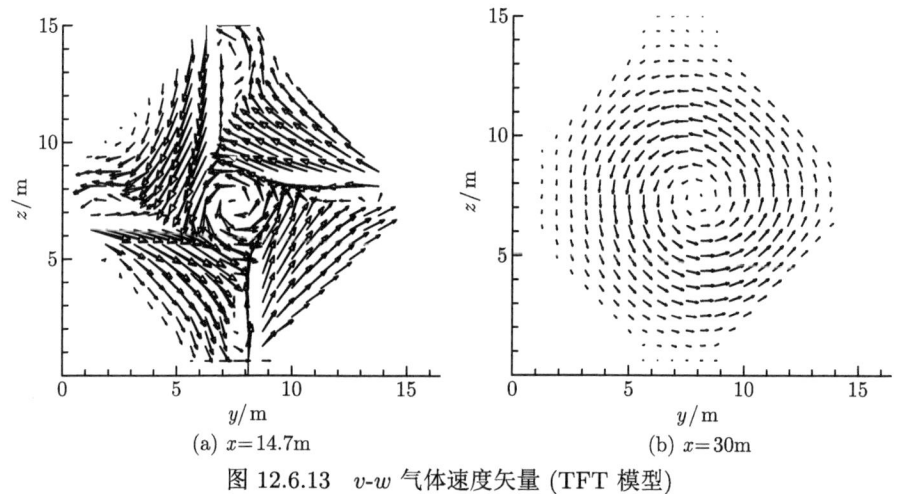

图 12.6.13　$v\text{-}w$ 气体速度矢量 (TFT 模型)

云图. 后者给出中心处不可信的低温 1273K, 因为该模型的结果是, 很多颗粒集聚在壁面附近, 而在中心处颗粒很少. TFT 模型的预报结果是中心处温度接近 1874K, 这在实际的煤粉炉中是合理的.

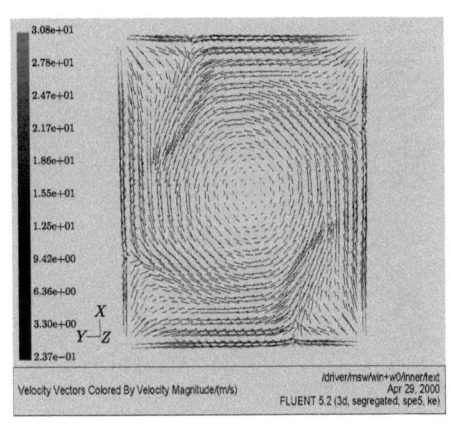 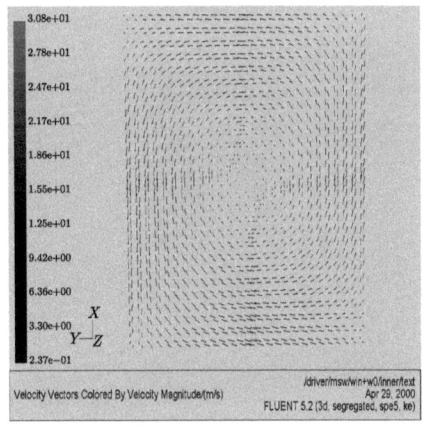

(a) $x=14.7$m (b) $x=30$m

图 12.6.14 v-w 气体速度矢量 (FLUENT 程序)

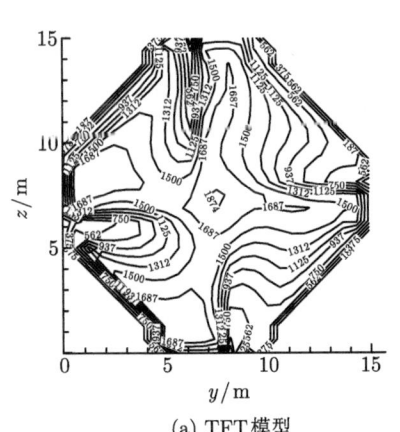 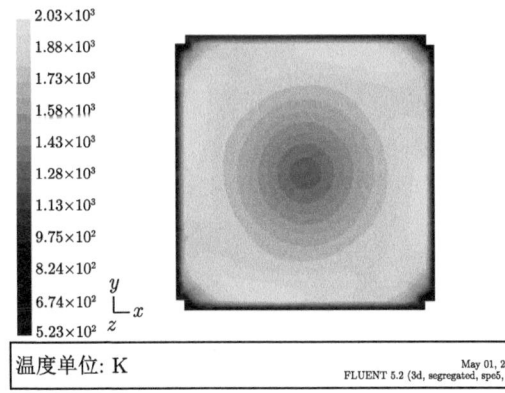

(a) TFT 模型 (b) FLUENT E-L 模型

图 12.6.15 气体温度云图 ($x = 14.7$m)

此外, 出口附近气体仍然有强烈的旋转流动, 速度场是对称的, 但是温度分布不对称, 有局部高温区, 这可能是引起过热器超温的原因之一.

Fan 等[14] 用商业软件模拟了 600 MW 的四角喷燃炉 (图 12.6.16). 预报的气体温度 (图 12.6.17) 没有实验验证.

Zhang 等[15] 用 ANSYS-FLUENT 15.0 软件模拟了 600MW 四角喷燃炉 (图 12.6.18). 图 12.6.19 给出预报的氧和 NO_x 浓度及其实验验证, 符合程度尚好. 颗粒轨道、气体温度和组分浓度云图分别示于图 12.6.20 和图 12.6.21.

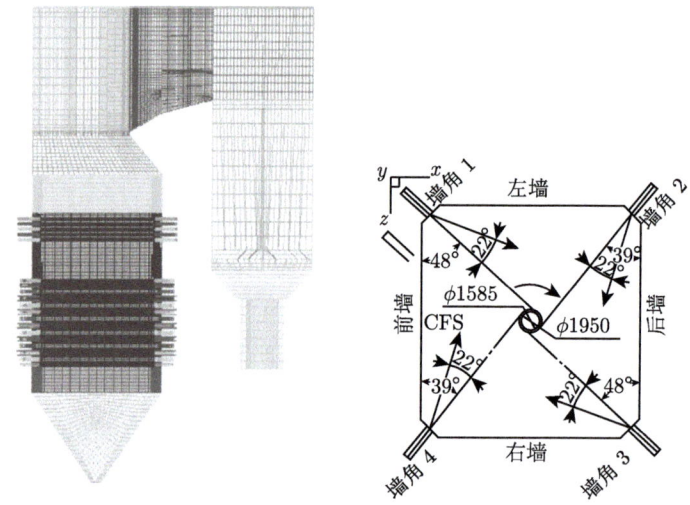

图 12.6.16　600 MW 的四角喷燃炉

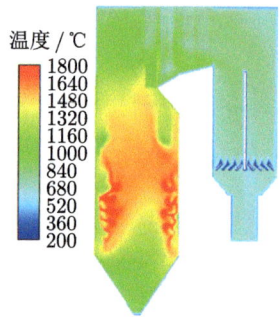

图 12.6.17　气体温度云图

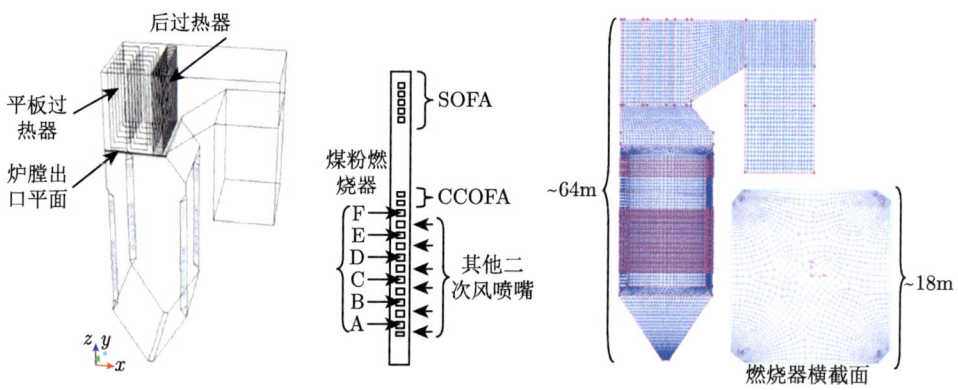

图 12.6.18　四角喷燃炉及其网格系

12.6 电站煤粉炉内两相流动和燃烧

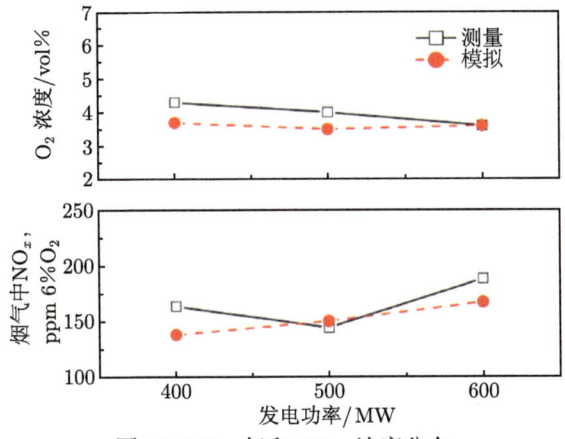

图 12.6.19 氧和 NO_x 浓度分布

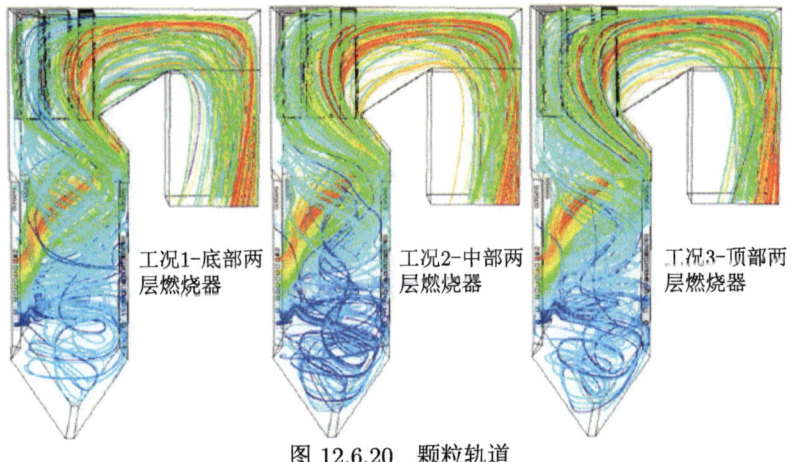

图 12.6.20 颗粒轨道

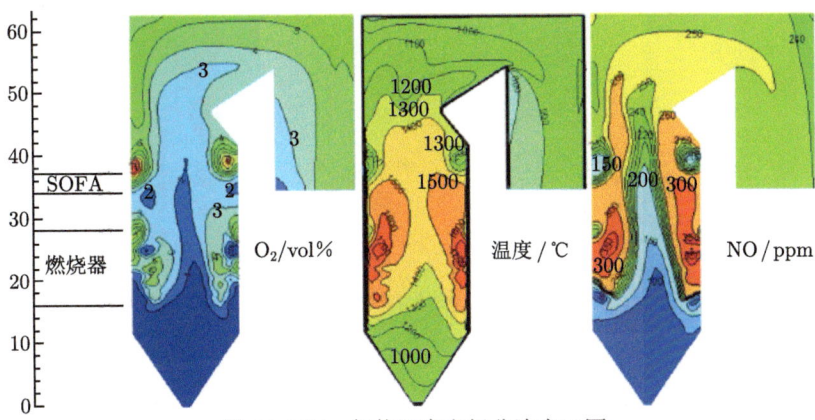

图 12.6.21 气体温度和组分浓度云图

柳朝晖等[16]用 FLUENT 6.3 模拟了 200MW 富氧燃料的四角喷燃炉 (图 12.6.22). 图 12.6.23 和图 12.6.24 分别显示了预报的气体速度矢量和温度云图. 没有给出实验验证.

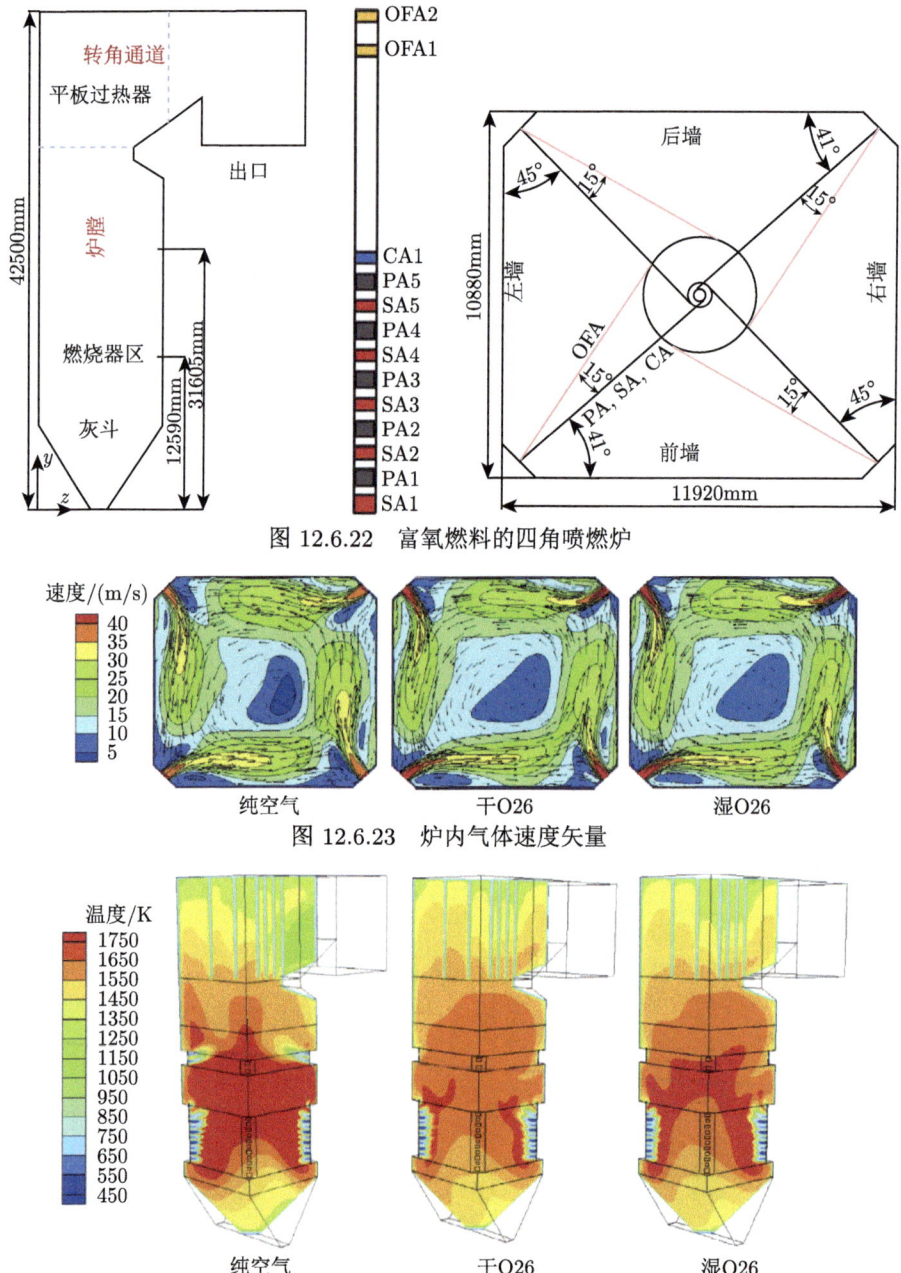

图 12.6.22 富氧燃料的四角喷燃炉

图 12.6.23 炉内气体速度矢量

图 12.6.24 炉内气体温度

12.6 电站煤粉炉内两相流动和燃烧

李争起等[17] 模拟了 W 形火焰炉 (图 12.6.25). 预报的气体温度沿离开一次风口距离的变化 (图 12.6.26) 和实验结果的趋势符合. 图 12.6.27 给出预报的不同空气量 (over-fire air, OFA ratios) 的等温线. 随 OFA 比值的增加, 上方炉膛的底部的高温区逐渐增大.

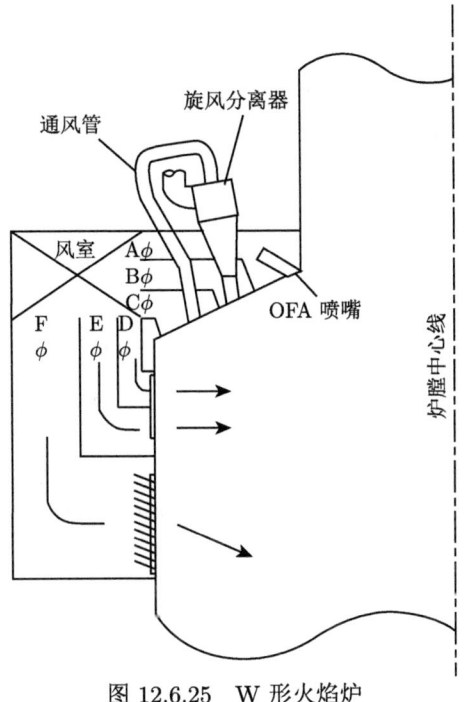

图 12.6.25 W 形火焰炉

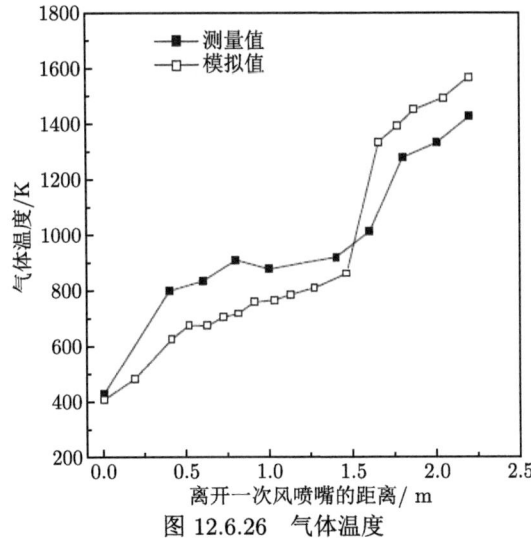

图 12.6.26 气体温度

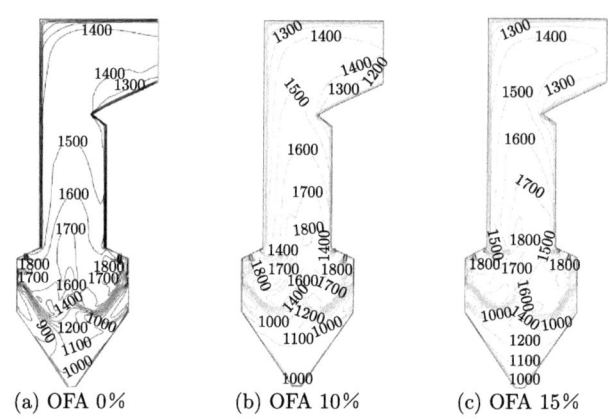

(a) OFA 0%　　(b) OFA 10%　　(c) OFA 15%

图 12.6.27　不同空气量的等温线

12.7　液雾燃烧

液雾燃烧广泛存在于涡轮发动机、火箭发动机、冲压发动机和内燃机中. 文献 [18] 用 k-ε 湍流模型、油滴的确定轨道模型和预设 PDF-快速反应气体燃烧模型, 模拟了突扩燃烧室内煤油雾的燃烧. 预报的气体温度和速度 (图 12.7.1) 与测量值不符合, 显示出确定轨道模型忽略油滴湍流扩散的缺陷.

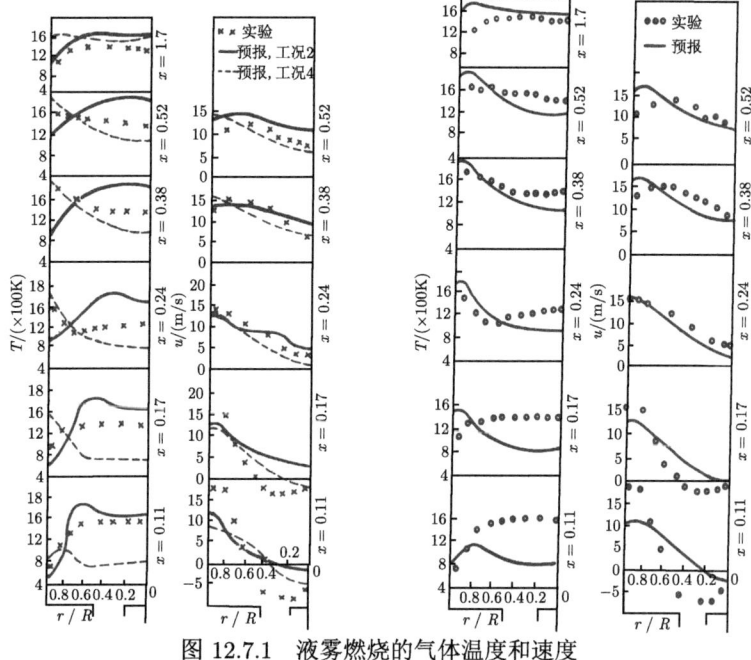

图 12.7.1　液雾燃烧的气体温度和速度

文献 [19] 用 k-ε 湍流模型、油滴确定轨道模型和 EBU-Arrhenius 气体燃烧模型，模拟了燃气轮机燃烧室内液雾燃烧. 预报的油滴轨道、气体速度矢量和气体温度分别见图 12.7.2~图 12.7.4. 可见油滴轨道聚集在气体强烈回流的头部，高温区出现在头部和近壁区，燃烧室内部的速度场、温度场和组分浓度场没有实验验证.

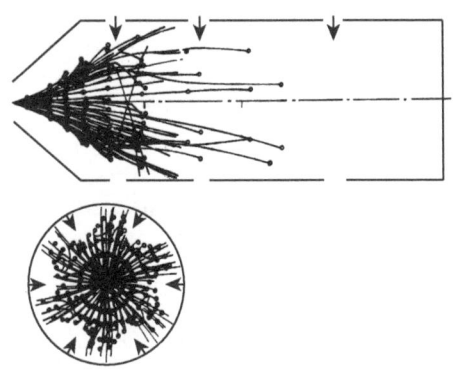

图 12.7.2　油滴轨道

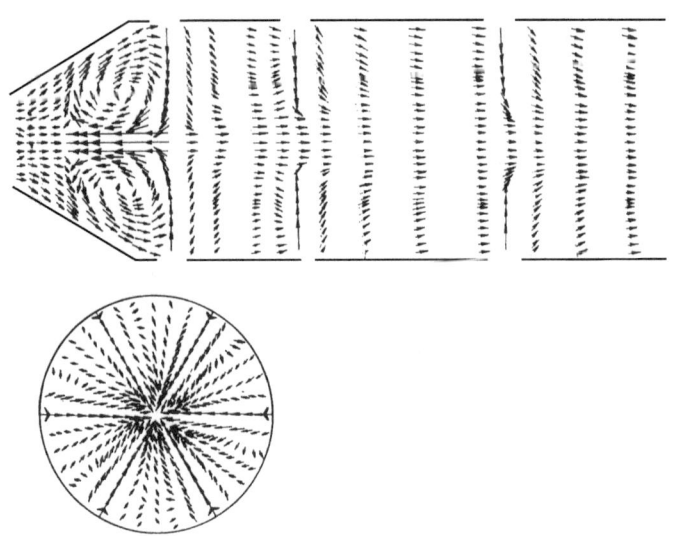

图 12.7.3　气体速度矢量

作者所在的研究组 [20] 用 k-ε 湍流模型和油滴确定轨道模型，模拟了离心式喷嘴逆向射入高温气流的两相流动 (图 12.7.5). 预报的油滴轨道、气体速度分布和液雾质量流见图 12.7.6~图 12.7.8. 41.2~103 μm 油滴轨道的预报值和实验结果大致符合. 预报的气体速度分布和实验结果符合得很好, 显示了喷嘴出口附近的浓雾类似一个钝体, 导致气体速度分布有一个尾迹. 液雾质量流的预报值和实验值大致符合. 在近轴线区低估了质量流, 这是因为确定轨道模型没有考虑油滴的湍流扩散.

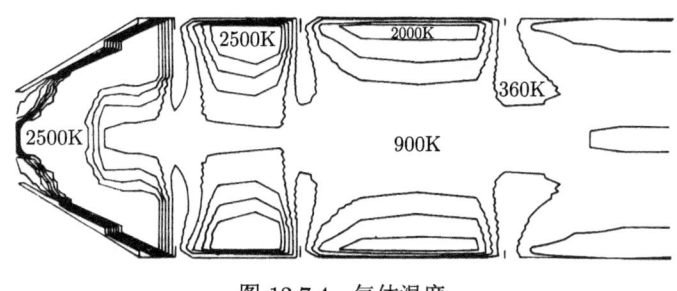

图 12.7.4 气体温度

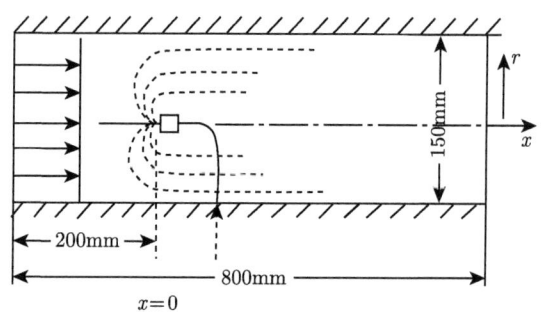

图 12.7.5 离心喷嘴的逆向喷射

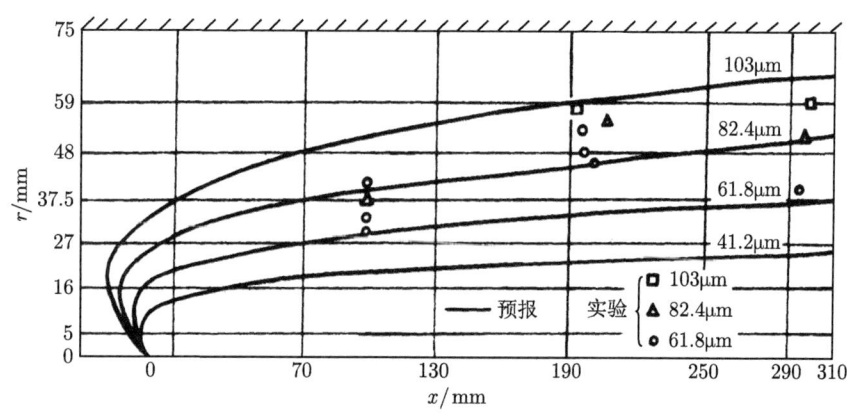

图 12.7.6 油滴轨道

12.7 液雾燃烧

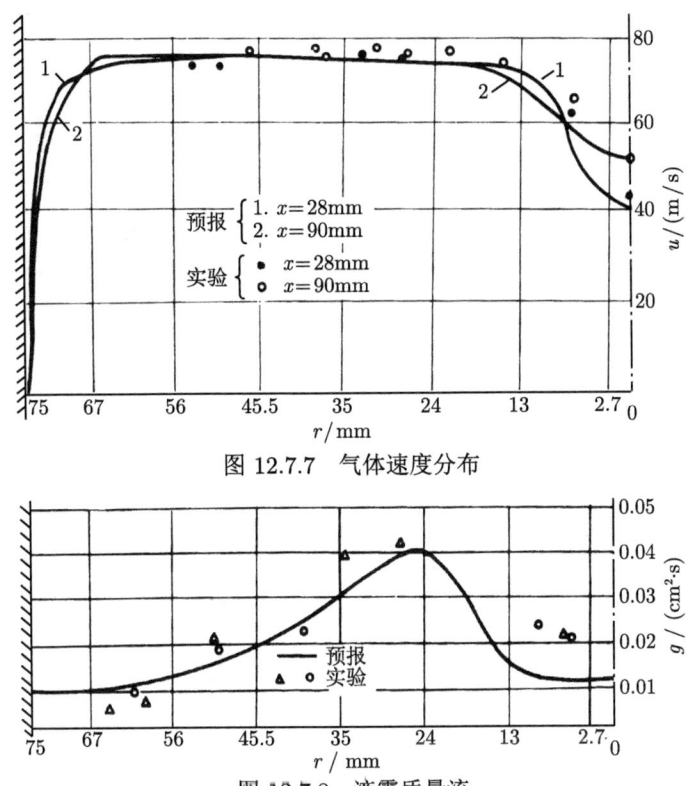

图 12.7.7 气体速度分布

图 12.7.8 液雾质量流

类似地,作者所在的研究组[21] 用 k-ε 湍流模型和油滴确定轨道模型,模拟了涡轮风扇发动机加力燃烧室扩散器 (图 12.7.9) 中有蒸发的液雾-空气两相流动. 预报的气体速度 (图 12.7.10) 和无液雾时的气体温度 (图 12.7.11) 和实验结果符合得良好. 预报的油滴轨道 (图 12.7.12) 和燃料蒸气浓度 (图 12.7.13) 显示出近壁低温区的燃料高浓度,有利于火焰稳定和完全燃烧.

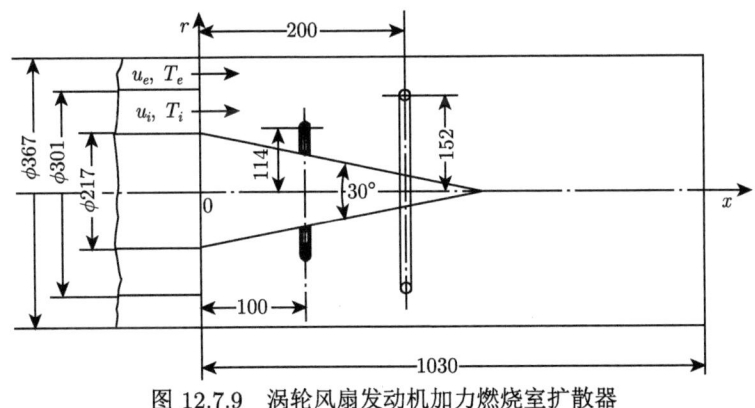

图 12.7.9 涡轮风扇发动机加力燃烧室扩散器

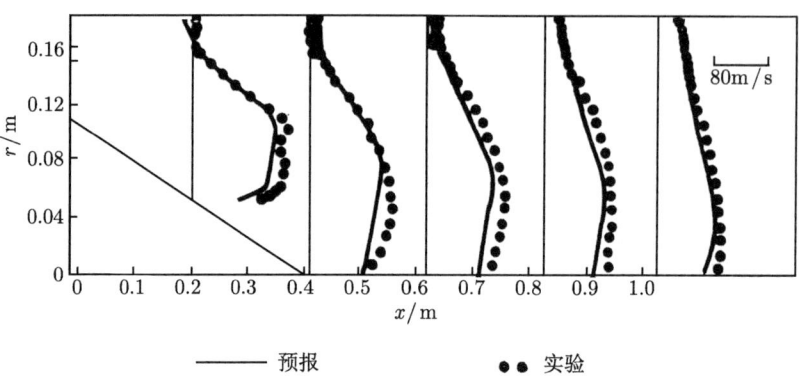

—— 预报　　●● 实验

图 12.7.10　气体速度

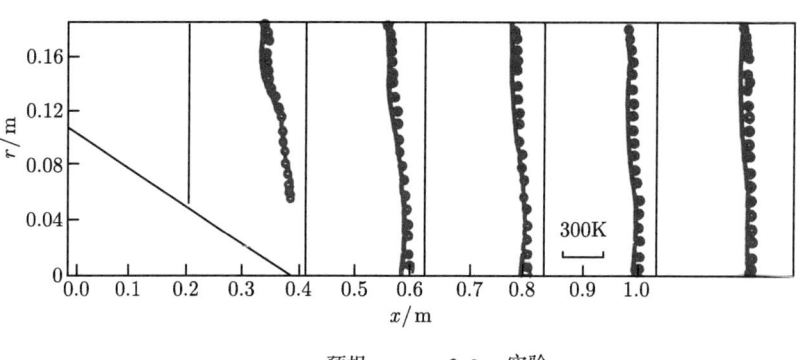

—— 预报　　●● 实验

图 12.7.11　气体温度

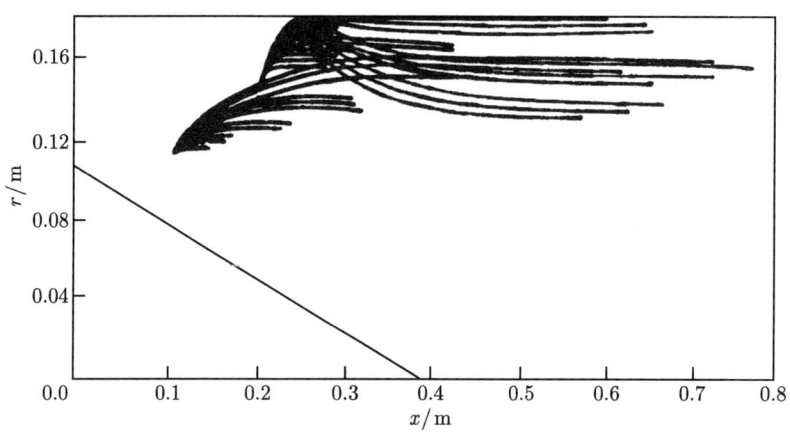

图 12.7.12　油滴轨道

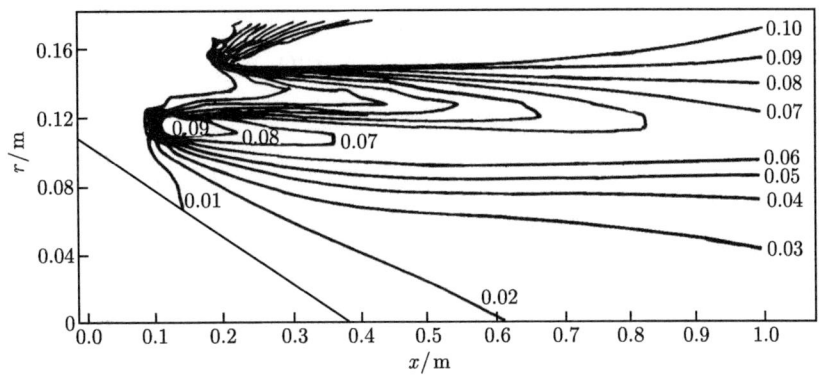

图 12.7.13　燃料蒸气浓度

赵坚行[22] 用 $k\text{-}\varepsilon$ 湍流模型、油滴确定轨道模型和 EBU 燃烧模型，模拟了涡轮发动机环形燃烧室内液雾燃烧. 图 12.7.14 和图 12.7.15 分别给出预报的气体速度矢量和等温线，可以看到近壁区处的回流和高温. 对预报的出口截面上的温度分布和实验值进行了比较，燃烧室内部的预报结果没有详细实验验证.

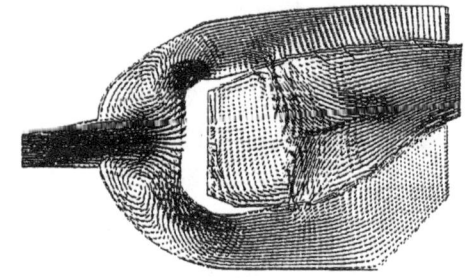

图 12.7.14　气体速度矢量

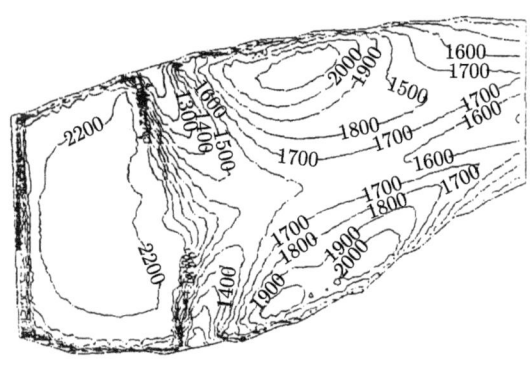

图 12.7.15　气体等温线

作者所在的研究组[23,24]对冲压发动机的双侧进气突扩燃烧室进行了数值模拟. 为了改善火焰稳定, 在进口管内安装有切向出口的中心管, 以便诱导大面积回流区, 如图 12.7.16 所示.

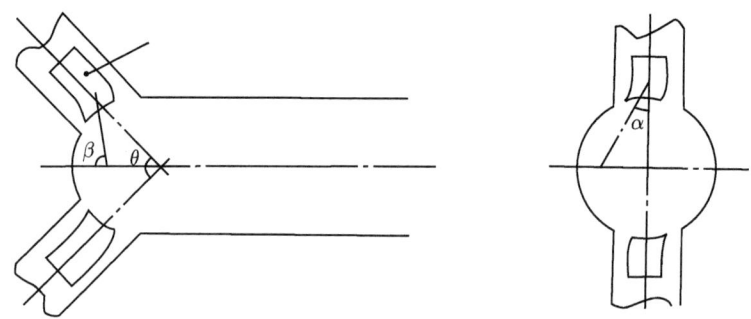

图 12.7.16 冲压发动机的双侧进气突扩燃烧室

作者所在的研究组用 k-ε-Ap 两相湍流模型模拟了等温两相流场. 预报的两相速度矢量见图 12.7.17. 图中显示出大面积回流区形成在燃烧室头部. 预报的气体切向速度和测量值符合 (图 12.7.18). 预报的横截面上气体和颗粒速度 (图 12.7.19) 在大小和方向上都不同. 图 12.7.20~图 12.7.25 分别是用全双流体模型、k-ε-k_p 两相湍流模型、油滴蒸发模型和 EBU 燃烧模型预报的气体速度、油滴速度、气体和油滴温度以及燃料蒸气与氧浓度. 可见回流区内气体温度比油滴温度高出 1200 ~ 1400K. 火焰前锋位于回流区边界, 显示出头部回流区有利于火焰稳定. 回流区内燃料和氧浓度很低, 主要成分是燃烧产物. 燃烧室近轴线区内燃料蒸气浓度由于油滴蒸发而逐渐加大. 在下游区, 燃料和氧浓度由于气体燃烧而减小了.

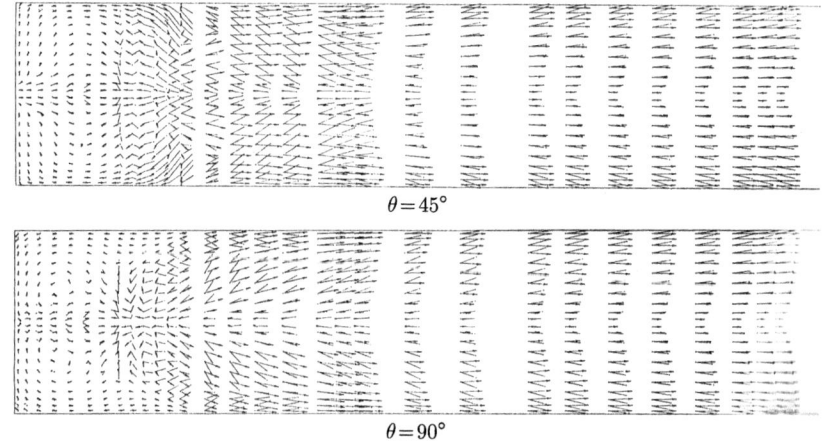

有箭头-气体 无箭头-颗粒
图 12.7.17 两相速度矢量

12.7 液雾燃烧

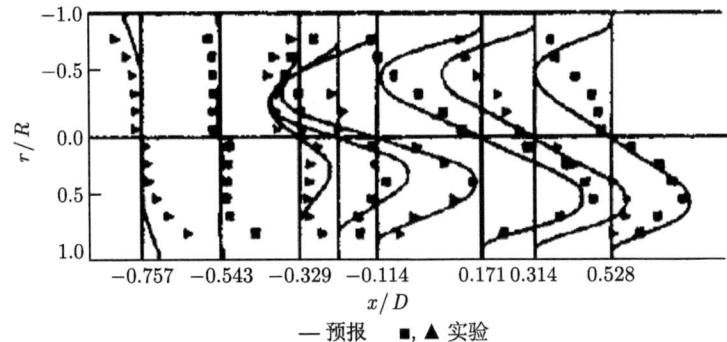

图 12.7.18 气体切向速度分布

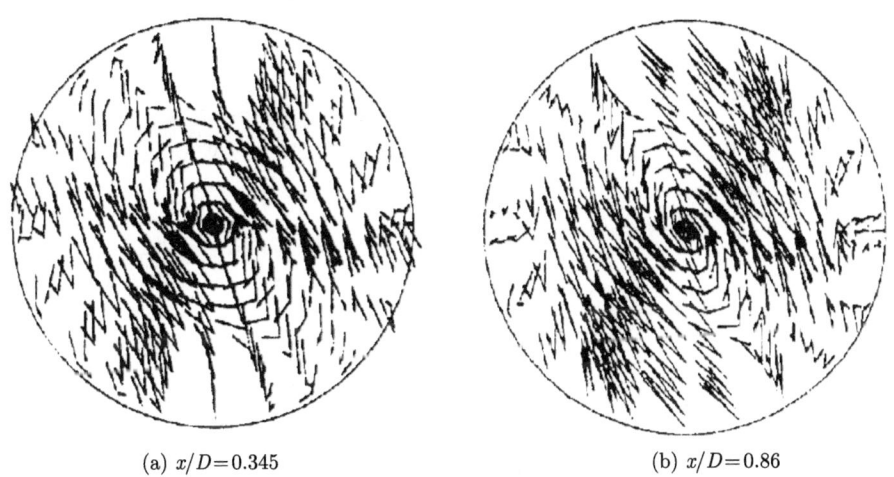

(a) $x/D=0.345$ (b) $x/D=0.86$

有箭头-气体　无箭头-颗粒

图 12.7.19 横截面上气体和颗粒速度

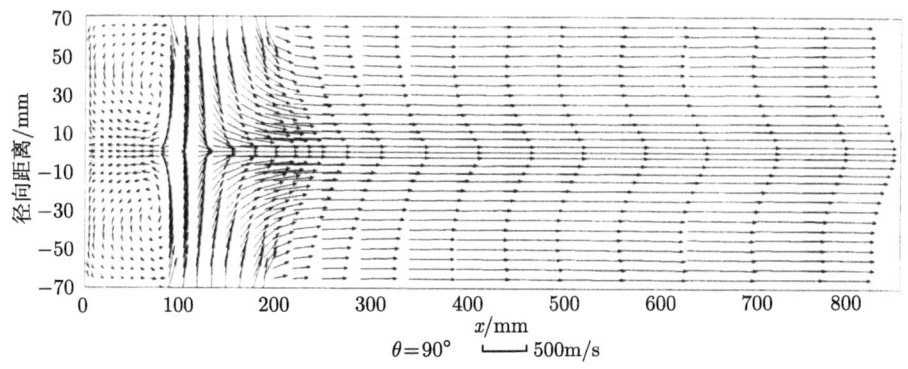

图 12.7.20 有燃烧时的气体速度矢量

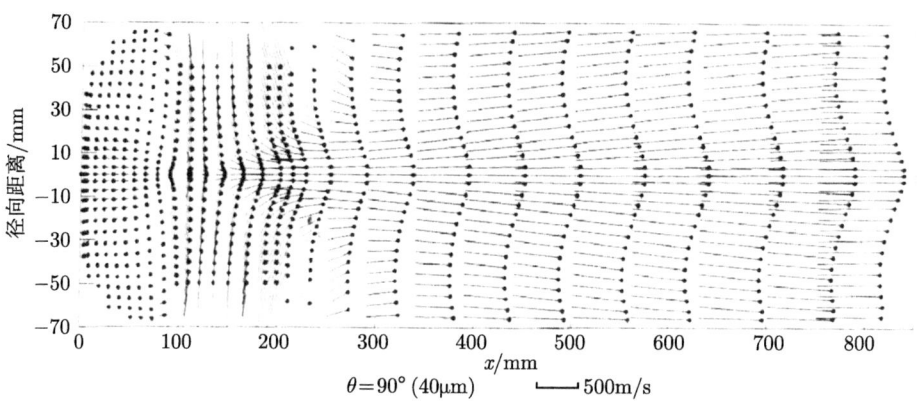

图 12.7.21　有燃烧时的油滴速度矢量

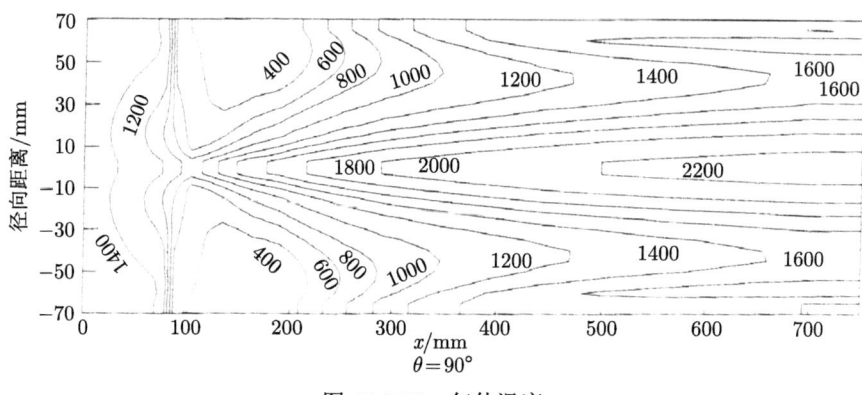

图 12.7.22　气体温度

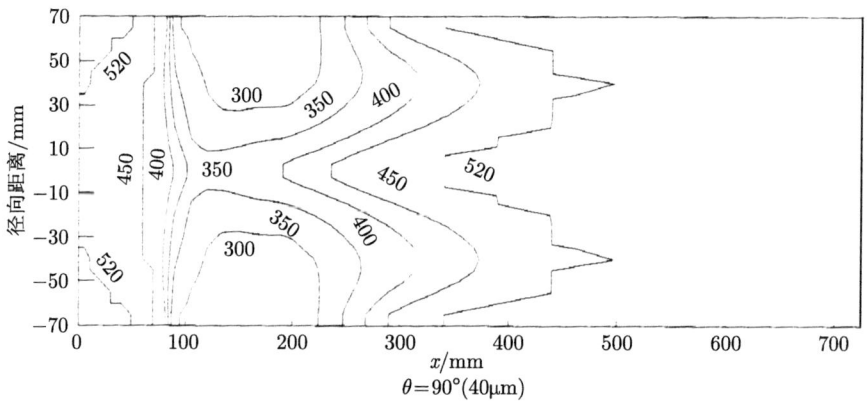

图 12.7.23　油滴温度

12.7 液雾燃烧

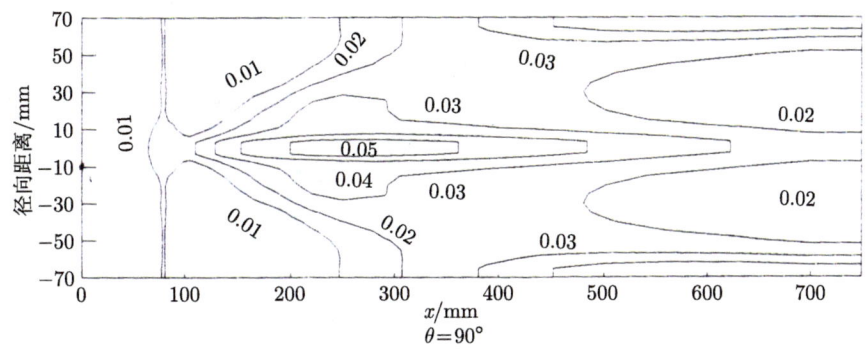

图 12.7.24　燃料蒸气浓度

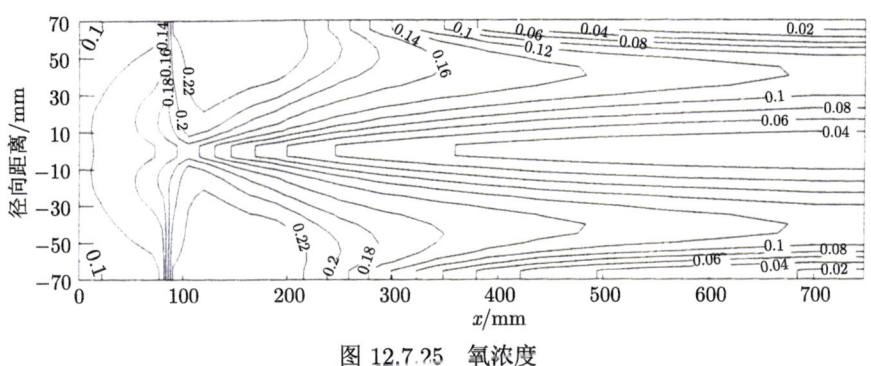

图 12.7.25　氧浓度

Vujanovic 等[25]用欧拉-欧拉和欧拉-拉氏联合法模拟了柴油机内液雾燃烧. 前者用于模拟液体射流的破碎、雾化和蒸发, 后者用于模拟燃烧过程, 包括油滴运动的离散模拟. 柴油机的计算域见图 12.7.26.

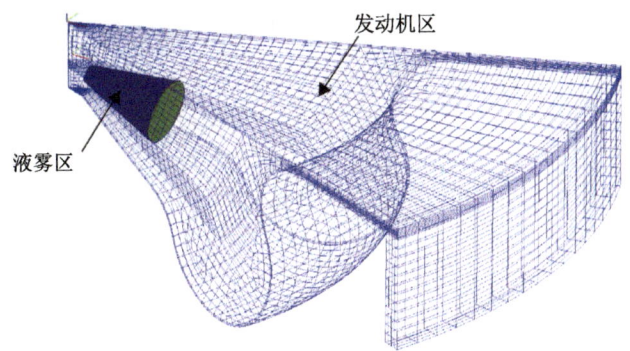

图 12.7.26　柴油机的计算域

预报的气体温度和 NO 浓度云图见图 12.7.27.

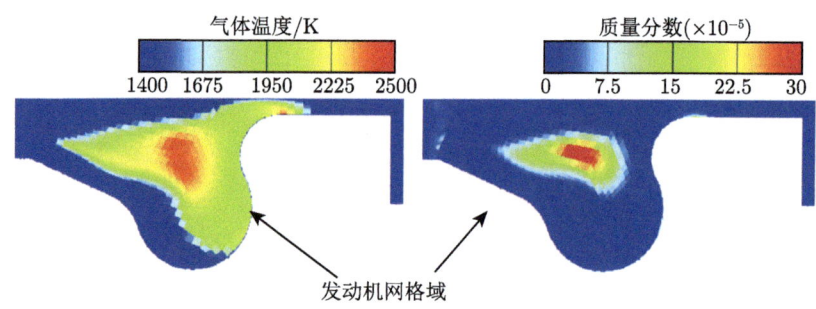

图 12.7.27 预报的气体温度和 NO 浓度云图

预报的和测量的压力及温度随曲柄轴的变化见图 12.7.28，两者符合良好.

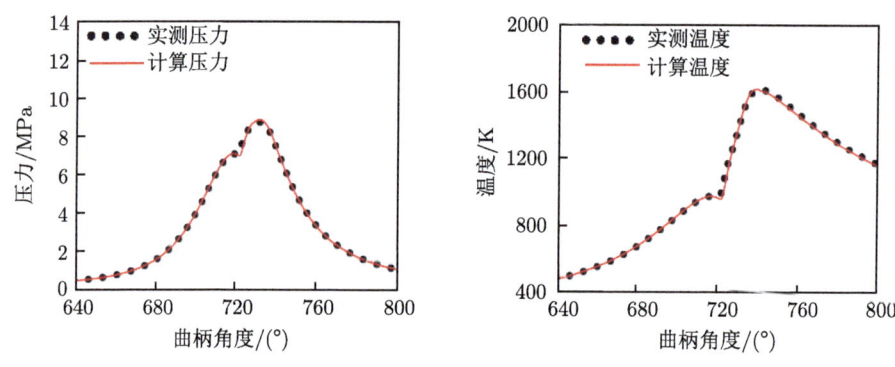

图 12.7.28 预报的和测量的压力及温度随曲柄轴的变化

Pitsch 等[26]用多工况层流小火焰燃烧模型和详细反应机理以及油滴运动拉氏方法的大涡模拟，研究了 NASA 航空发动机燃烧室内液雾燃烧. 图 12.7.29 给出预报的瞬态油滴位置和温度. 图 12.7.30 是预报的瞬态气体轴向速度和温度. 高温区处于边角回流区附近和下游区域. 图 12.7.31 给出时间平均气体温度和 CO_2 浓度. 选择不同的气体物性，可以使预报值和实验值符合较好.

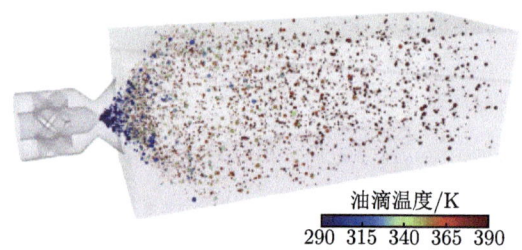

图 12.7.29 瞬态油滴位置和温度

12.7 液雾燃烧

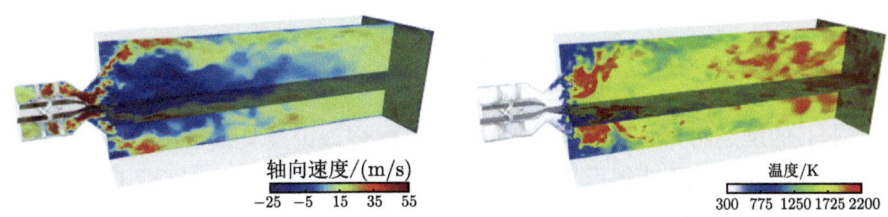

图 12.7.30　瞬态气体轴向速度和温度

Song 等[27] 用 ANSYS-FLUENT 软件，选择 k-ε 湍流模型和定常小火焰模型以及简化反应机理的 RANS 模拟，研究了燃用液态氧-甲烷的火箭发动机中的液雾燃烧. 图 12.7.32 是预报的温度云图，没有实验验证.

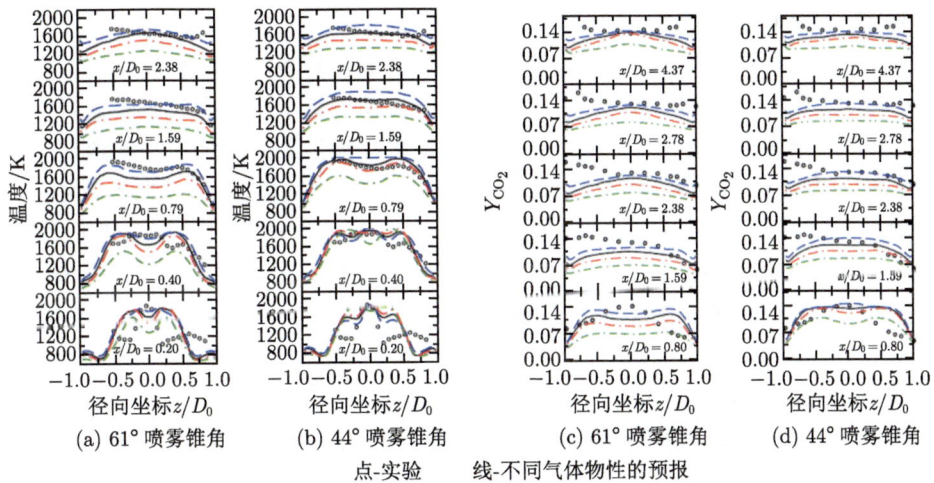

图 12.7.31　时间平均气体温度 (a) 和 (b) 以及 CO_2 浓度 (c) 和 (d)

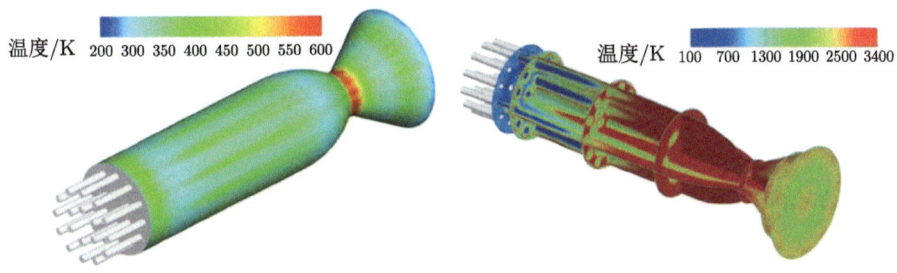

图 12.7.32　液体火箭发动机内温度云图

12.8 结 束 语

由本书的阐述可知，多年来，湍流两相流燃烧理论及其数值模拟、预报结果的实验验证及应用，已经获得巨大进展，在不同层次上将模拟结果用于指导工程设计．可以说，取得这样迅速的进展，是倡导燃烧理论、湍流模型理论和两相流体力学的先辈们所没有预料到的．但是应当指出，还有很多重要问题有待进一步研究解决．例如，两相流燃烧的双流体大涡模拟，模拟详细反应机理的和煤粉燃烧的二阶矩湍流燃烧模型，有燃烧的颗粒的曳力，两相流燃烧中的湍流变动以及两相流燃烧的全尺度直接数值模拟用于检验上述各种子模型等．此外，各种数值模拟还需要 PDPA、PIV、CARS 和 PLIF 等先进测量方法的检验．德国 Sommerfeld 在验证两相流模型方面每 2～3 年组织一次两相流计算国际讨论会，用标准数据检验各种模型，对评价各种模型，指出改进方向，很有好处．美国杨百翰大学高级燃烧工程研究中心具有世界上最大的模拟两相流燃烧的计算机模拟实验室，该实验室创始人 L. D. Smoot 对煤燃烧综合模型中各子模型进行了多方面的实验验证．美国 Sandia 国家实验室 Barlow 等用先进的测量手段积累湍流燃烧的基本数据，并且组织湍流燃烧模型实验验证的系列性会议．在这些研究单位中，理论、数值模拟、激光测量和工程应用已成功地综合在一起，可以系统地获得丰富的研究成果．

在结束本书的叙述之际，作者愿意对燃烧理论、化学流体力学、湍流模型（模式）理论和多相流体力学的先驱们，我国已故的钱学森院士、周培源院士、美国 S. L. Soo 教授、我国周光炯教授、宁晃教授和卞荫贵教授，以及目前健在的燃烧学界和传热学界同行吴承康院士、庄逢辰院士和陶文铨院士，致以崇高的敬意．正是他们激励着作者在本领域内锲而不舍地进行了多年的系统研究，取得了本书中阐述的研究成果．

尽管在我们面前还有许多困难，但是毫无疑问，21 世纪中湍流两相流燃烧的理论和数值模拟必然将得到更大的发展，会更加充分地应用到工程中，产生巨大的经济效益和社会效益．湍流两相流燃烧所涉及的现象十分复杂，作者殷切地希望国内外更多的有志之士加入到研究和发展这门学科的行列中来，贡献出自己的力量．希望广大同行们，包括作者在内，努力做出更多的贡献，来告慰倡导发展这些学科的先辈们．

参 考 文 献

[1] 周力行. 湍流两相流动与燃烧的数值模拟. 北京: 清华大学出版社, 1991.
[2] 周力行. 湍流气粒两相流动和燃烧的理论与数值模拟. 北京: 科学出版社, 1994.
[3] 周力行. 多相湍流反应流体力学. 北京: 国防工业出版社, 2002.

[4] Zhou L X, Lin W Y, Luo W W, Huang X Q. Gas-particle flows and coal combustion in a burner/combustor with high-velocity jets. Combustion and Flame, 1994, 99: 669-678.

[5] Zhou L X, Guo Y C, Lin W Y. Two-fluid models for simulating reacting gas-particle flows, coal combustion and NO_x formation. Combustion Science and Technology, 2000, 150: 161-180.

[6] Zhou L X, Zhang Y, Zhang J. Simulation of swirling coal combustion using a full two-fluid model and an AUSM turbulence-chemistry model. Fuel, 2003, 82: 1001-1007.

[7] Abbas T, Costen P, Lockwood F C. The influence of near burner region aerodynamics on the formation and emission of nitrogen oxides in a pulverized coal-fired furnace. Combustion and Flame, 1991, 91: 346-363.

[8] Nieh S, Zhang J. Numerical simulation of a vortex combustor firing dry ultrafine coal at 0.6 MW thermal output. Combustion Science and Technology, 1991, 77: 59-71.

[9] 周力行. Development of an innovative cyclone coal combustor. 燃烧科学与技术, 2015, 21: 287-292.

[10] Hill S C, Smoot L D. ACERC advances in comprehensive modeling of coal combustion. Proceedings of the Third International Symposium on Coal Combustion, Science Press, Beijing, 1995: 22-33.

[11] Fiveland W A, Wessel R A. A model for prediction formation and reduction of NO_x in three-dimentional furnaces burning pulverized fuel. Journal of the Institute of Energy, 1991, 64: 41-45.

[12] Spalding D B. Numerical computation of multiphase fluid flow and heat transfer. Recent Advances in Numerical Mechanics, Ed. Taylor C, Pinerage Press, 1980.

[13] Zhou L X, Li L, Li R X, Zhang J. Simulation of 3-D gas-particle flows and coal combustion in a tangentially fired furnace using a two-fluid-trajectory model. Powder Technology, 2002, 125: 226-233.

[14] Liu Y, Fan W, Li Y. Numerical investigation of air-staged combustion emphasizing char gasification and gas temperature deviation in a large-scale, tangentially fired pulverized-coal boiler. Applied Energy, 2016, 177: 323-334.

[15] Zhang J, Wang Q Y, Wei Y J, Zhang L. Numerical modeling and experimental investigation on the use of brown coal and its beneficiated semicoke for coal blending combustion in a 600 MW utility furnace. Energy and Fuels, 2015, 29: 1196-1209.

[16] Guo J J, Liu Z H, Wang P, Huang X H, Li J, Xu P, Zheng C G. Numerical investigation on oxy-combustion characteristics of a 200 MWe tangentially fired boiler. Fuel, 2015, 140: 660-668.

[17] Liu G K, Chen Z C, Li Z Q, Li G P, Zong Q D. Numerical simulations of flow, combustion characteristics, and NO_x emission for down-fired boiler with different arch-supplied over-fire air ratios. Applied Thermal Engineering, 2015, 75: 1034-1045.

[18] Banhawy Y E I, Whitelaw J H. Calculation of the flow properties of a confined kerosene-spray flame. AIAAJ, 1980, 18: 1503-1510.

[19] Boysan F, Ayers W H, Swithenbank J, Pan Z. 3-D model of spray combustion in gas-

turbine combustors. Journal of Energy, 1982, 6: 368-375.

[20] 周力行, 林文漪, 蒋铮. 圆管内离心喷嘴逆向喷射的液雾两相流数值计算. 燃烧科学与技术, 1984, 3: 56-64.

[21] Zhou L X, Zhang J. Numerical modeling of turbulent evaporating gas-droplet two-phase flows in an afterburner diffuser of turbo-fan jet engines. Chinese Journal of Aeronautics, 1990, 3: 258-265.

[22] 赵坚行. 燃烧的数值模拟. 北京: 科学出版社, 2002.

[23] 周力行, 林文漪, 廖昌明. 双侧进气突扩燃烧室中三维湍流有旋回流两相流动的数值模拟. 工程热物理学报, 1994, 15: 446-448.

[24] 郭印诚, 周力行, 林文漪. 双侧进气突扩燃烧室中液雾燃烧的数值模拟. 工程热物理学报, 1997, 18: 502-506.

[25] Vujanovic M, Petranovic Z, Edelbauer W, Duic N. Modeling spray and combustion processes in diesel engine by using the coupled Eulerian-Eulerian and Eulerian-Lagrangian method. Energy Conversion and Management, 2016, 125: 15-25.

[26] Knudsen E, Shashank, Pitsch H. Modeling partially premixed combustion behavior in multiphase LES. Combustion and Flame, 2015, 162: 159-180.

[27] Song J, Sun B. Coupled numerical simulation of combustion and regenerative cooling in LOX/Methane rocket engines. Applied Thermal Engineering, 2016, 106: 762-773.

名 词 索 引

B

半包火焰　51, 58
表观密度　103

C

材料密度　103, 108, 114
层流扩散火焰　43, 240
层流预混火焰传播方程近似解　37
层流预混火焰传播方程精确解　41
城垛形脉动　110, 239
稠密颗粒流动的动力论模型　208
稠密气粒流动的离散单元模拟　218
稠密气粒流动的两相湍流模型　211

D

大速差射流燃烧室　297
大涡模拟　109, 129
代数应力和热流模型　139
单方程模型　131
单相湍流模型　129, 161
点源颗粒的直接数值模拟　158
动力燃烧　87, 88, 303
冻结流　102

F

反应级数　6, 7, 24
反应率系数　6, 260
分子扩散系数　5
浮力产生项　125, 130
浮力分层流　141

G

概率密度分布函数　109, 238
固排渣旋风炉　302
固态碳异相反应　83
关联系数　111
广义雷诺比拟　16, 17

过量空气系数　74, 75, 78

H

焓形式的能量方程　11
耗散项　125, 130
厚交换层理论　51, 56
混合物密度　103
混合长度模型　131, 148
活化能　6, 7, 18

J

积分时间尺度　109, 111
积分长度尺度　111
基元反应率　6, 235
剪力产生项　125, 130
简化 PDF 局部瞬时平衡模型　244
简化 PDF 快速反应模型　240
简化 PDF 有限反应率模型　245
截尾高斯分布　111, 241
净反应率　6
绝热燃烧温度　37
绝热着火延迟　24

K

颗粒表观密度　103
颗粒材料密度　103, 108, 183
颗粒弛豫时间　105, 177
颗粒动力学　105, 108
颗粒动量方程　105, 119
颗粒雷诺应力方程　121, 125
颗粒连续方程　119, 214
颗粒能量方程　90, 119
颗粒碰撞时间　90, 119
颗粒漂移速度　215
颗粒群统计守恒方程　121
颗粒随机轨道模型　198, 216

颗粒湍流的代数模型　159
颗粒湍流动能方程　160, 164
颗粒湍流扩散　159, 160
颗粒阻力　104, 105
可逆反应　6
扩散-动力燃烧　87, 88, 303
扩散燃烧　45, 48
扩散项　125, 130

L

雷诺时平均方程组　119
雷诺数　13, 25
雷诺通用输运定理　7
雷诺应力　120, 121
雷诺应力输运方程模型　161
冷端难题　36
连续方程　8, 9, 11
连续介质-轨道模型　269, 310
联合概率密度函数　122, 244
两相流动的欧拉-拉格朗日(轨道)模拟　214
两相燃烧的双流体模型　269
两相速度关联方程　164, 212
两相湍流的非线性 k-ε-k_p 模型　203
零方程模型　131
流动时间　13, 102
流体动量方程　118
流体雷诺应力方程　125, 161

M

马赫数　12, 13, 19
脉动时间　102, 160
煤粉燃烧的大涡模拟　281
煤粒燃烧　81, 82, 90
煤热解挥发的双方程模型　82
摩尔分数　3

N

能量守恒方程　9, 77
拟序结构　59, 109
逆反应率　6

O

欧拉数　13

P

平均分子量　4

Q

气相连续方程　214
气相能量方程　89
全包火焰　51, 58
全尺度直接数值模拟　332

S

时间平均　108, 109
时平均反应率　121, 238
双方程湍流模型　132
双流体大涡模拟　224, 225, 332
双流体模型　121, 158
四角喷燃炉　269, 307

T

碳粒燃烧的单火焰面模型　85
碳粒燃烧的双火焰面模型　88
体积分数　103, 113
体积平均　103, 113
体积平均动量方程　117
体积平均连续方程　115
通量 Richardson 数　138
统计平均值　110, 122
统计守恒方程　121
湍流动能方程　126, 130
湍流动能方程模型　130, 165
湍流动能耗散率　132, 163
湍流两相流动的大涡模拟　219
湍流两相流动的直接数值模拟　226
湍流黏性系数　129, 130
湍流燃烧的层流小火焰模型　255
湍流燃烧的大涡模拟　272, 274
湍流燃烧的二阶矩模型　256, 257
湍流燃烧的数值模拟　235
湍流燃烧的直接数值模拟　288

W

尾部火焰　51, 58
温度形式的能量方程　11, 12
涡旋炉　302
无滑移流　102

名词索引

X
稀疏两相流动　103, 104

Y
压力-应变项　125, 135
液滴着火和灭火　71
液滴蒸发和燃烧　46, 49
液滴阻力（曳力）　104
液雾火焰传播速度　73
液雾燃烧的大涡模拟　279
一步统观反应　6, 273
应力耗散项　136

Z
正反应率　6
直接数值模拟　108, 129
指数前因子　6, 7, 63
质量分数　3, 237
质量加权平均　121, 124
质量载荷　103, 104
质量作用定律　6
终端速度　106
重力分层流　132
驻膜　49, 51
总反应率　6
总能量守恒方程　9
组分分子量　4
组分扩散流　4, 5, 13
组分物质流　4, 15

其他
$k\text{-}\varepsilon\text{-}k_p$ 两相湍流模型　160
$k\text{-}\varepsilon\text{-}Ap$ 两相湍流模型　165, 166
$k\text{-}\varepsilon\text{-}PDF$ 两相湍流模型　189, 191
$k\text{-}\varepsilon$ 双方程湍流模型　132
Arrhenius 定律　4, 84
Boussinesq 表达式　135, 139
Daly-Harlow 模型　154
Damköhler 数　13
Damköhler-Shelkin 皱褶火焰面模型　95
DSM-PDF 两相湍流模型　189, 191
EBU-Arrhenius 模型　297, 303
Fick 定律　4, 8
Fourier 定律　5, 130
Frank-Kamenetsky 定常模型　31
Hinze-Tchen 代数模型　160
Hinze-Tchen 数　102
IPCM　137, 143
Khitrin-Goldenberg 模型　26
Kim 亚网格动能方程模型　151, 220
Kolmogorov 耗散尺度　129, 149
Launder-Rotta 模型　154
Magnus 力　106, 107
Monte-Carlo 模拟　198
Nusselt 数　27, 105
Peclet 数　13
Prandtl 数　25, 105
RANS 模拟　149, 151
Ranz-Marshell 定理　49
Ranz-Marshell 公式　104
Rosin-Rammler 公式　102
Saffman 力　107, 116
Schmidt 数　105
Semenov 非定常模型　20
Sherwood 数　105
Smagorinsky-Lilly 模型　281
Smagorinsky 模型　150, 272
Soo 数　102
Stefan 流　13, 14
Stokes 公式　104
Stokes 数　102
Vulis 着火和灭火模型　29
Wallis-Kliachko 公式　104
Zeldovich 转换　16, 48
Zeldovich-Frank-Kamenetsky 火焰传播方程　35